高职高专"十二五"规划教材

机械结构设计与维护

高朝祥　主　编

王　充　副主编

祝　林　主　审

化学工业出版社

·北京·

本教材是在研究高等职业教育机电类专业特征，吸取相关专业机械基础类课程教学改革经验的基础上，将理论力学、材料力学、机械原理、机械零件及通用零部件维修等课程内容进行了衔接、整合及渗透，把知识和技能有机地融合为一个整体，形成12个模块，即物体的受力及其分析、平面机构的组成及其运动分析、平面连杆机构、凸轮机构、间歇运动机构、机械连接、挠性传动、齿轮传动、蜗杆传动、齿轮系、轴和轴承等。每个模块都通过"观察与思考"引出问题，以"问题为中心"进行综合。

　　本教材可作为高职高专、技师学院机械类专业教材，也可作为成人教育和职工培训教材，还可供工程技术人员参考。

图书在版编目（CIP）数据

机械结构设计与维护/高朝祥主编. —北京：化学工业出版社，2013.7（2020.8重印）

高职高专"十二五"规划教材

ISBN 978-7-122-17623-3

Ⅰ.①机… Ⅱ.①高… Ⅲ.①机械设计-结构设计-高等职业教育-教材 ②机械维修-高等职业教育-教材 Ⅳ.①TH122 ②TH17

中国版本图书馆 CIP 数据核字（2013）第 129102 号

责任编辑：高　钰	文字编辑：项　潋
责任校对：宋　夏	装帧设计：刘丽华

出版发行：化学工业出版社（北京市东城区青年湖南街 13 号　邮政编码 100011）
印　　装：北京虎彩文化传播有限公司
787mm×1092mm　1/16　印张 20½　字数 507 千字　2020 年 8 月北京第 1 版第 4 次印刷

购书咨询：010-64518888　　　　　　售后服务：010-64518899
网　　址：http：//www.cip.com.cn

凡购买本书，如有缺损质量问题，本社销售中心负责调换。

定　　价：58.00 元

前　言

高等职业教育是以就业为导向的教育，以培养学生职业岗位或行业技术需要的综合职业能力为主要目标，课程体系的改革、教材建设应遵循"以能力为本位，以就业为导向"的高等职业教育办学思想，课程内容的知识选择应紧紧围绕能力要求进行组织，既包括学科理论知识，又包括工作过程知识，知识的组合不是简单的各门理论课程的叠加，而是以能力需要进行有机整合。

本教材以常用机构、通用零部件的设计、使用、维护和修理能力或技能的形成为主线，将"理论力学"、"材料力学"、"机械原理"、"机械零件"及"通用零部件维修"等课程内容进行了衔接、整合及渗透，把知识和技能有机地融合为一个整体，形成 12 个模块（章）。每个模块都通过"观察与思考"引出问题，以"问题为中心"进行综合化。

本书在编写过程中，充分考虑了高职高专机械类及近机类专业的特点，突出实用性，理论推导从简，直接切入应用主题；力求做到基本概念阐述清晰，内容精炼、浅显易懂；从读者的认知规律出发，深入浅出，循序渐进，注重素质与能力的提高；编写人员来自教学和生产一线，具有丰富的教学和实践经验，实现课程标准与职业标准相融合、理论实践的无缝对接；引导学生认识和理解相关标准、规范，培养运用标准、规范、手册、图册等有关技术资料的能力。

本书的绪论、第六章由高朝祥编写，第一章由邹修敏编写，第二章由魏圣坤编写，第三章由张国勇编写，第四章由屈超编写，第五章由陈勇编写，第七章由陈晓燕编写，第八章由任小鸿编写，第九章由曾敏编写，第十章由沈印编写，第十一章由王充编写，第十二章由邓小川编写。全书由高朝祥担任主编并统稿，王充担任副主编，祝林主审。

由于编者水平所限，不足之处在所难免，诚恳希望专家及读者批评指正。

编者

2013 年 5 月

目 录

绪　论

知识目标

了解机器、机构、机械、零件、构件的基本概念。了解本课程的学习对象、内容。掌握机械设计的基本要求及一般程序。掌握机械的摩擦、磨损及润滑的基本知识。掌握机械零件失效的基本形式。了解机械零件拆卸、清洗、检验、修理及装配的基本方法。

能力目标

具有系统概括知识的能力，初步具有拆卸、清洗、检验、修理及装配机械零件的基本能力。

机械是人类在长期的生产实践中创造出来的技术装置，在现代生产和日常生活中，机械都起着非常重要的作用。回顾机械发展的历史，从杠杆、斜面、滑轮到汽车、内燃机、缝纫机、洗衣机及机器人等，都说明机械的进步，标志着生产力不断向前发展。因此，使用机器的水平是衡量一个国家现代化程度的重要标志。对于现代工程技术人员，学习和掌握一定的机械结构设计、维护等方面的基础知识是极为必要的。

第一节　机器及其组成

任何机器都是为实现某种功能而设计制作的。图 0-1 所示的是人们熟悉的自行车简图，当人蹬链轮 1 逆时针转动时，将带动链条 2 传动，飞轮内的棘轮棘爪机构驱动后轮 4 转动，使自行车向前运动。

国家标准对机器的定义是：机器是执行机械运动的装置，用来变换或传递能量、物料和信息。按照上述定义，机器可分为动力机器、工作机器、信息机器。

动力机器是能量变换装置，即可将某种形式的能量变换成机械能，或将机械能变换成其他形式的能量。例如电动机、内燃机及发电机等。

工作机器是用来完成有用的机械功或搬运物品的机器。例如，颚式破碎机、金属切削机床、洗衣机、汽车及飞机等。

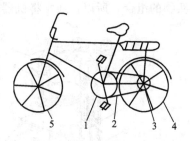

图 0-1　自行车简图
1—链轮；2—链条；3—飞轮；
4—后轮；5—前轮

信息机器是用来获得和变换信息的机器。如机械式计算机、打字机和绘图仪等。但电子计算机由于不依靠机械运动获取和变换信息，所以它不能称为机器。

机器种类繁多，其结构、性能和用途各异，但从机器功能的角度来看，机器一般主要由驱动部分、传动部分、执行部分和控制部分组成。驱动部分为机械提供运动和动力；传动部分则传递运动和动力，并改变运动大小和运动形式；执行部分须完成机器的预定动作和工作任务，且处于整个传动的终端；控制部分使机器的原动部分、传动部分、工作部分按一定的顺序和规律运动，完成给定的工作循环。图 0-2 所示为用于物料运输的带式运输机，由电动机 1、联轴器 2、齿轮减速器 3、联轴器 4、运输机 5 等组成。电动机（驱动部分）将电能转换为机械能提供动力；通过联轴器和减速器（传动部分）将运动和动力传递给运输机（执行部分），实现自动输送物料的功能；通过电动机的电器开关等（控制部分）控制带式运输机运行与停止。

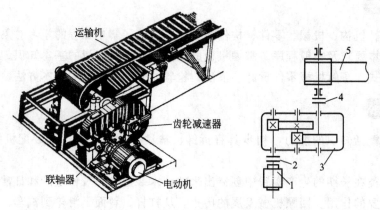

图 0-2　带式运输机

1—电动机；2,4—联轴器；3—齿轮减速器；5—运输机

机器通常具有下列特征：都是人为的实体组合；各实体间具有确定的相对运动；可实现能量的转化，完成有用的机械功。若只具备前两个特征的实体组合则称为机构。常见的机构有连杆机构、凸轮机构、齿轮机构、间歇运动机构等，主要用来传递运动或转换运动形式。在图 0-3 所示的单缸内燃机中，曲轴 1、连杆 2、活塞 3、汽缸体 4 组成一个连杆机构，可将活塞的往复运动转换为曲轴的连续转动。顶杆 5、凸轮 6 和汽缸体 4 组成凸轮机构，将凸轮的连续转动变为阀门顶杆有规律的往复移动。

从结构和运动学的角度分析，机器和机构之间并无区别，都是具有确定相对运动的各种实物的组合，所以，通常将机器和机构统称为机械。

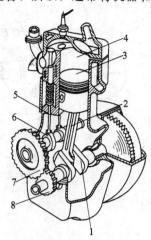

图 0-3　单缸内燃机

1—曲轴；2—连杆；3—活塞；4—汽缸体；
5—顶杆；6—凸轮；7,8—齿轮

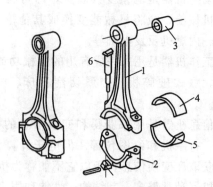

图 0-4　连杆简图

1—连杆体；2—连杆盖；3～5—轴瓦；6—螺栓

机械中的制造单元称为零件。组成机械的各个相对运动的独立整体称为构件，是机械运动单元。构件可以是单一的零件，如图 0-3 所示的内燃机中的曲轴；也可以由若干个零件刚性组成，如图 0-4 所示的连杆由连杆体 1、连杆盖 2、轴瓦 3～5、螺栓 6、螺母、开口销等组成的构件，形成一个运动整体。

凡各种机械中都经常使用的零件，如螺钉、螺母、键、销、轴、齿轮等，称为通用零件；只在某些类型的机械中使用的零件（如曲轴）称为专用零件。

第二节　本课程的内容、性质和任务

一、课程的内容

机械结构设计与维护课程主要讲述机械中的常用机构和通用零部件的工作原理、运动特点、结构特点、运动和动力性能、基本设计理论、计算方法，同时扼要地介绍国家标准和规范，某些标准零部件的选用原则和方法，以及通用零部件的使用、维护和修理等基本知识。

二、课程的性质

本课程是一门技术基础课。它综合运用机械制图、金属材料及热处理、互换性与技术测量等课程的基本知识，解决常用机构、通用零部件设计、使用、维护、修理和装配等问题。

本课程的科学性、综合性、实践性都比较强，是机械类或近机类专业的主干课之一，在相应各专业的教学计划中占有重要的地位，是培养机械设计、管理和维护等能力的必修课。因此，学习时应注意理论联系实际，逐步建立工程实用的观点，培养把理论计算与结构设计、工艺等结合起来解决设计问题的能力，逐步培养通用零部件的使用、维护、修理和装配的能力。

三、课程的任务

本课程的主要任务是培养学生：

① 掌握常用机构的结构、运动特性，初步具有分析和设计常用机构的能力；

② 掌握通用机械零件的工作原理、结构特点、设计计算、维护、修理和装配等基本知识，并初步具有设计机械传动装置的能力，初步具有拆卸、清洗、检验、修理及装配机械零件的基本能力；

③ 具有运用标准、规范、手册、图册等有关技术资料的能力。

总之，通过本课程的学习，应使学生具备机械设备使用、改进、维护和修理的基本知识，培养学生分析机械事故、运用手册设计简单机械传动的基本能力，为今后技术革新创造条件，并为学习有关专业机械设备课程奠定必要的基础。

第三节　机械设计的基本要求及一般程序

一、机械设计的基本要求

机械的类型很多，但其设计的基本要求大致相同，主要有以下几方面。

1. 预定的功能要求

功能要求是指被设计机器的功用和性能指标。设计机器的基本出发点是实现预定的功能要求。为此，必须正确选择机器的工作原理、机构的类型和机械传动方案。一般机器的预定功能要求包括：运动性能、动力性能、基本技术指标及外形结构等方面。

2. 可靠性要求

可靠性要求指在规定的使用时间（寿命）内和预定的环境条件下，机械能够正常工作的一定概率。机械的可靠性是机械的一种重要属性。

3. 经济性要求

在满足使用要求的前提下，还要使其结构简单、便于加工和维护，即零件的加工工艺性和机械的装配工艺性好，降低设计和制造成本，使产品质优价廉，具有市场竞争力。

4. 操作使用要求

设计的机器要力求操作方便，最大限度地减少工人操作时的体力和脑力消耗，改善操作者的工作环境，降低机器噪声，净化废气、废液及灰尘，使其对环境的污染尽可能小。

5. 其他特殊要求

某些机器还有一些特殊要求。例如：机床应能在规定的使用期限内保持精度；经常搬动的机器（如塔式起重机、钻探机等），要求便于安装、拆卸和运输；食品、医药、纺织等机械有不得污染产品的要求等。

总之，必须根据所要设计的机器的实际情况，分清应满足的各项设计要求的主、次程度，切忌简单照搬或乱提要求。

二、机械设计的一般程序

机械设计没有一成不变的程序，应根据具体情况而定。一部机器的诞生，从感到某种需要、萌生设计念头、明确设计要求开始，经过设计、制造、鉴定到产品定型，是一个复杂细致的过程，但一般都要经过如表 0-1 所示的几个阶段。

表 0-1　机械设计的一般程序

阶　　段	工　作　任　务
调查决策阶段	1. 根据市场调查或工作需要,提出设计任务 2. 进行可行性研究,提交可行性报告 3. 明确设计任务,编制详细具体的设计任务书
研究设计阶段	4. 根据设计任务书,进行必要的调查研究和试验分析,构思多个设计方案,通过分析比较,最后择优选用 5. 完成机械产品的总体设计、部件设计、零件设计及电路设计等,设计结果以工程图纸和设计说明书的形式表达出来
制造试验阶段	6. 制造样机,样机试运行或在生产现场试用,验证样机是否满足设计要求,进行全面的技术经济评价 7. 提交试制或试验报告,提出改进意见 8. 修改完善技术设计,通过鉴定
投产销售阶段	9. 小批量试制 10. 正式投产 11. 销售服务

设计过程往往需要配合、交叉、反复进行，并不是截然分开的，有些小型设计或技术改造，其设计过程也可简单些。设计人员要富有创造精神，要从实际情况出发，要调查研究，要广泛吸取用户和工艺人员的意见，在设计、加工、安装和调试过程中及时发现问题、反复修改，以期取得最佳的成果，并从中累积设计经验。

三、机械零部件的标准化

在组织生产时，如果同类产品的规格数量很多，将会给实现互换性带来很大的困难。为此，为在一定的范围内获得最佳秩序，对实际的或潜在的问题制定共同的和重复使用的规则的活动，称为标准化。它包括制定、发布及实施标准的过程。机械零部件的标准化是标准化领域的一个具体对象，设计者应掌握并自觉执行有关标准，提高标准化零部件在机器中所占的比例。机械零部件标准化的主要作用如下。

① 标准化应用于机械零部件的设计，可以缩短设计周期。

② 标准化应用于机械零部件的制造，可以由专业厂大批量生产标准件，能确保产品质量，提高生产效率，降低产品成本；可以减少刀具及量具的规格。

③ 标准化的零部件具有互换性，便于及时更换失效的零件，有利于机器维修。

我国现行的标准分为国家标准（GB）、行业标准、地方标准、企业标准四级。我国已参加了国际标准化组织（ISO），陆续地修订了国家标准，加快了将国际标准转化为我国国家标准的速度。

四、现代机械设计发展动态

随着科学技术的飞速发展，现代机械设计中，已广泛采用一系列现代设计方法，如计算机辅助设计、优化设计、可靠性设计、动态设计、系统设计、造型设计、反求工程设计、模块化设计等，使设计水平有了质的飞跃。机械产品也从单纯机械走向机电一体化，向着高效能、自动化、综合化和智能化等方向发展。

利用计算机帮助工程设计人员进行的设计称为计算机辅助设计（computer aided design，CAD）。它通过计算机建立程序库和数据库进行程序设计、自动设计、绘图，以人机交互方式进行方案和参数对比、选择、优化和决策，高速、高质量地完成最佳设计，使得机械设计进入了新纪元！同时它还可与计算机辅助制造（CAM）、计算机管理自动化结合起来，形成计算机集成制造系统（CIMS）。

机械设计从依赖于经验和实物类比，走向科学、理性、系统分析和创新；从单机走向系统；从静态设计走向动态设计；从单一目标走向多目标；从寻求较佳方案走向最优化。

第四节　机械的摩擦、磨损及润滑

摩擦和磨损是机械运动中普遍存在的现象。摩擦不仅消耗能量，而且使零件发生磨损，甚至导致失效。据统计，全世界在工业方面约有 $1/3\sim1/2$ 的能量消耗于摩擦上，约有 80% 的零件因磨损而报废。为了有效地减小摩擦和磨损，润滑是行之有效的措施。

一、摩擦

在外力的作用下，两物体做相对运动或具有相对运动趋势时，其接触面间产生的阻碍这种运动的切向阻力称为摩擦力，这种现象称为摩擦。按运动状态可分为静摩擦和动摩擦；按运动形式可分为滑动摩擦和滚动摩擦；按润滑状态可分为干摩擦、液体摩擦、边界摩擦和混合摩擦，如图 0-5 所示。

两摩擦表面间未加入任何润滑剂的摩擦状态称为干摩擦，干摩擦状态产生较大的功耗和严重磨损，应尽量避免干摩擦；两摩擦表面被吸附于表面的边界膜（其厚度小于 $0\sim1\mu m$）隔开的摩擦状态称为边界摩擦，其润滑剂油膜强度低，容易破坏，致使两表面直接接触产生磨损；两摩擦表面被吸附的油膜（油膜厚度一般在 $1.5\sim2\mu m$ 以上）完全隔开的摩擦状态称为液体摩擦，理论上不产生磨损，但要实现这种状态所需费用很高；当干摩擦、边界摩擦和

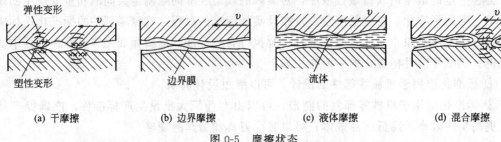

图 0-5　摩擦状态

流体摩擦共存时的摩擦状态称为混合摩擦，其摩擦、磨损状态优于边界摩擦，但次于液体摩擦。

二、磨损

两物体工作表面因摩擦而导致材料不断损失的现象称为磨损。一般来说磨损随载荷和工作时间的增加而增加，软材料比硬材料磨损严重。机械零件严重磨损后，将降低机器的工作效率及可靠性，致使机器提前报废。但磨损并非全部都有害，如工程上的磨削、研磨、抛光以及跑合等，就是利用磨损原理来减小零件的表面粗糙度的。

单位时间内材料的磨损量称为磨损率，磨损量可用质量、体积或厚度来衡量。

1. 磨损的类型

按破坏机理磨损可分为黏着磨损、磨料磨损、疲劳磨损和腐蚀磨损。

（1）黏着磨损　在混合摩擦和边界摩擦状态下，当载荷较大、速度较高时，边界膜极易破坏，两摩擦表面凸峰接触点形成的冷焊结点，因相对滑动被剪切断裂，发生材料由一个表面向另一个表面转移的现象，称为黏着磨损。黏着磨损分为轻微磨损、涂抹、划伤、咬粘等。在齿轮传动、蜗杆传动和滑动轴承等零件中易发生黏着磨损。合理选择配对材料，并对摩擦表面进行电镀、喷镀、表面或化学热处理等处理，限制摩擦面的温度和压强，在润滑剂中加入油性和极压添加剂，都可以减轻黏着磨损。

（2）磨粒磨损　由于摩擦表面上的硬质凸出物因磨损脱落形成的坚硬磨粒或从外部进入摩擦表面的其他硬质颗粒，对零件表面起切削或刮擦作用，从而使金属表层材料脱落的现象，称为磨粒磨损。磨粒磨损是最常见的一种磨损形式，应设法避免或减轻这种磨损。合理选择材料，提高零件表面硬度及降低表面粗糙度，是减轻磨粒磨损的途径，有条件的应尽可能加装防护密封装置。开式齿轮传动常因磨粒磨损而失效。

（3）疲劳磨损　两摩擦表面为点或线接触时，表层产生很大的接触应力。如果接触应力循环变化，零件表层将产生裂纹，随着应力循环次数的增加，裂纹逐步扩展致使表面小片金属脱落，出现小麻坑，这种现象称为疲劳磨损，又称点蚀（图0-6）。它是齿轮、滚动轴承等零件的主要失效形式之一。

（4）腐蚀磨损　摩擦过程中，摩擦面与周围介质发生化学反应或电化学反应而引起表层材料损失的现象，称为腐蚀磨损。它是腐蚀作用与机械作用的结果，如化工设备中与腐蚀介质接触的零部件的磨损。

机械零件的磨损并不一定以某一种形式单独出现，往往是四种磨损形式复合出现。

2. 磨损过程

机械零件的磨损过程大致可分为跑合磨损（磨合）、稳定磨损和剧烈磨损三个阶段。

（1）跑合磨损阶段（图0-7中 Oa 段）　在跑合磨损阶段，随着新加工零件表面的逐渐磨平，磨损速度由快变慢，而后减小到一稳定值，为零件的正常运转创造条件。因此跑合是一种有益的磨损。跑合结束后应清洗零件，更换润滑油。

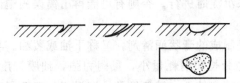

图 0-6　疲劳磨损

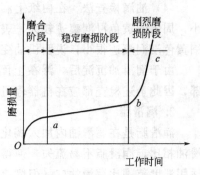

图 0-7　零件的磨损过程

（2）稳定磨损阶段（图 0-7 中 ab 段）　在这一阶段中，磨损缓慢，磨损率稳定，是零件的正常工作阶段，这个阶段的长短代表零件寿命的长短。

（3）剧烈磨损阶段（图 0-7 中 bc 段）　此阶段的特点是磨损率急剧增加，机械效率和精度下降，润滑状态恶化，温度升高，同时伴随产生振动、冲击和噪声，最终导致零件完全失效。

三、润滑

在摩擦面加入润滑剂，以减轻磨损的措施称为润滑。润滑的主要目的是降低摩擦和磨损，同时还具有缓冲、吸振、防锈、散热等作用，对提高机械的工作性能和效率，延长机械的寿命等都有重大影响。

常用的润滑剂有润滑油和润滑脂，还有固体润滑剂（如石墨、二硫化钼等）和气体润滑剂（如空气、氢气、水蒸气等）。

1. 润滑油

润滑油是目前应用最广泛的润滑剂，其最重要的物理性能指标是黏度，它是选择润滑油的主要依据。黏度反映润滑油流动时其内摩擦阻力的大小，黏度越大，其内部阻力越大、流动性就越差，承载后油不容易被挤出，利于形成油膜，但内部摩擦损耗也大。润滑油的黏度随温度升高而降低，而且变化较大。黏度有动力黏度和运动黏度之分。一般润滑油的牌号就是该润滑油在 40℃（或 100℃）时的运动黏度的平均值，牌号数字越大，润滑油的黏度越高，即越稠。

选择润滑油的一般原则是：重载、低速、温度高等情况下，应选择黏度大的润滑油；反之，则选择黏度小的润滑油。

由于润滑油长期处于高温环境中，会氧化而出现变黑、变稠等现象，加之积炭、油泥、漆膜等原因，致使润滑油失效。

判断润滑油是否失效的方法有以下几种。

（1）搓捻鉴别法　取出箱体底部中少量的润滑油，放于手指上搓捻。如有黏稠感觉，并有拉丝现象，说明润滑油未变质，仍可继续使用，否则应更换。

（2）油尺鉴别法　抽出润滑油标尺，对着光亮处观察刻度线是否清晰，如果看不清刻线，则说明机油过脏，需立即更换。

（3）倾倒鉴别法　取箱体底部中少量的润滑油，注入一容器内，然后从容器中慢慢倒出，观察油流的黏度和光泽。如果油流能保持细长且均匀，说明机油内没有胶质及杂质，仍可继续使用，否则应更换。

（4）油滴检查法　在白纸上滴一滴箱体底部中的润滑油，若油滴颜色较浅而且中心黑点小，周围的黄色浸润痕迹较大，表明机油还可以使用；若油滴呈黑褐色且中心黑点很大，周围黄色浸润痕迹很小，说明机油变质应更换。

由于润滑油沉淀后，浮在上面的往往是好的机油，而变质机油或杂质存留在箱体的底部，因此上述检查都应在机器停机后润滑油还未沉淀时进行，否则有可能得出错误的结论。

2. 润滑脂

润滑脂是在润滑油内加入稠化剂、添加剂等制成的膏状润滑剂，又称干油或黄油。与润滑油相比，润滑脂不易流失，使得密封简单，寿命长和消耗量小，黏附力强，油膜强度高，适用温度范围比润滑油广。但摩擦损耗大，机械效率较低，散热性差。润滑脂一般适用于润滑要求不高、供油不便的场合。

润滑脂的主要指标有针入度（稠度）和滴点。

针入度是指将重量为 1.5N 的标准锥体在 25℃恒温下，经 5s 后，由润滑脂表面下沉的深度（以 0.1mm 作单位），表示润滑脂内部阻力大小和流动的难易程度。针入度越小，润滑脂越稠，承载能力越强。

滴点是指润滑脂受热后从标准测量杯的孔口滴下第一滴的温度，标志着润滑脂耐高温的能力，其最高工作温度应比滴点低 20～30℃。

选择润滑脂的一般原则是：压强高、速度低时，应选择针入度小的润滑脂；环境潮湿选用钙基润滑脂；工作温度高选用钠基润滑脂。

第五节　机械零件的失效与修理

机械在使用过程中，由于磨损、疲劳、断裂、变形、腐蚀、老化和维护不良等原因，不可避免地会造成性能的劣化以致出现故障，从而使其不能正常工作。为保持或恢复机械应有的精度、性能和效率等，必须对机械及时进行修理。机械修理过程一般包括：解体前整机检查、拆卸零部件、零部件清洗及检查、零部件修理、装配、试车等。

一、机械零件的失效形式

机械零件丧失工作能力或达不到设计要求的性能时，称为失效。常见的失效形式有以下几种。

1. 断裂

断裂是一种严重的失效形式，它不但使零件失效，有时还会造成严重的人身及设备事故。

零件的断裂通常有两种：一种是零件在外载荷作用下，某一危险截面上的应力超过零件的强度极限时而发生的过载断裂，这种断口表面粗糙；另一种是零件在循环变应力的作用下，危险截面上的应力超过了零件的疲劳强度而发生的疲劳断裂，这种断口表面一般有光滑区和晶粒状粗糙区两部分。

2. 过大变形

过大的弹性变形和塑性变形均会影响机械的正常运行。若车床主轴刚度小，受力时可能产生较大的弯曲（弹性变形大）而影响零件的加工精度；当零件上的应力超过材料的屈服极限时，零件将发生塑性变形，如齿轮轮齿产生塑性变形时将影响其啮合性能。

3. 表面失效

表面失效形式主要有磨损、腐蚀、压溃、胶合和疲劳点蚀等，许多机械零件都因表面破坏而失效。如因磨损使齿轮轮齿的工作曲线被破坏而影响齿轮的啮合性能，引起附加动载荷和噪声，致使轮齿失效，过度磨损使轮齿变薄而造成轮齿折断。

4. 破坏工作条件

有些零件只有在限定的工作条件下才能正常工作，一旦工作条件被破坏则会引起失效。如带传动因过载而打滑、螺纹连接因振动而松动、化工压力容器因材料被腐蚀而引起泄漏、润滑剂因温度过高而失去作用等，都使得机械不能正常工作。

二、机械零件的拆卸

拆卸是机械设备修理工作的重要环节。对机械设备进行修理时，必须经过拆卸才能对失效零部件进行修复或更换。如果拆卸不当，往往会造成零部件的损坏，设备的精度、性能降低，甚至无法修复。

1. 拆卸前的准备工作

① 了解机械的结构、性能和工作原理。在拆卸前，应熟悉机械的有关图纸和资料，深入了解机械各部分的结构特点和相互配合关系，明确各零部件的用途和相互间的作用。

② 选择恰当的拆卸方法，合理安排拆卸顺序。

③ 选用合适的拆卸工具和设施。

④ 准备好清洁、方便作业的拆卸地点。

⑤ 排除机械中的润滑油。

2. 拆卸的一般原则

(1) 根据机械的构造确定拆卸程序　机械的拆卸顺序与装配顺序相反，一般按"附件到主机，由外到内，自上而下"的顺序进行，先由整机拆成部件，再由部件拆成组件，最后由组件拆成零件。

(2) 能不拆的就不拆，该拆的必须拆　如果不需拆卸就能判断零部件的好坏时，就不要拆，以免损伤零件。如果不能肯定内部零件的技术状态，而又可能产生故障的，就必须拆卸检查，以保证机械修理的质量。

(3) 正确使用拆卸工具，严格遵守正确的拆卸方法　拆卸时，尽量采用专用的或选用合适的工具和设备。避免乱敲乱打，以防零件损伤。如必须敲击时，应该在零件表面上垫好软衬垫或者用铜锤、木槌等敲击；一般情况下不允许进行破坏性拆卸；拆卸后的零件，应按顺序放在木架、木箱或零件盘内，防止零件的散乱、破坏或因潮湿而生锈。

(4) 坚持拆卸必须服务于装配的原则　如技术资料不全，拆卸时须记录；对拆卸不可互换的零件要做好标记，以便装配时对号入位，避免发生错乱。

3. 常用的拆卸方法

常用零件的拆卸方法可分为击卸法、拉卸法、顶压法、温差法和破坏法。在拆卸中应根据被拆卸零部件结构特点和连接方式的实际情况，恰当选择。

(1) 击卸法　利用锤子或其他重物在敲击或撞击零件时产生的冲击能量，把零件拆卸下来的方法称为击卸法。它是拆卸工作中最常用的一种方法，具有操作简单、灵活方便、使用范围广等优点，但如果击卸方法不正确容易损坏零件。

(2) 拉卸法　采用专门拉卸器把零件拆卸下来的一种静力或冲击力不大的拆卸方法称为

拉卸法。它具有拆卸比较安全、不易损坏零件等优点，适用于拆卸精度较高的零件或无法敲击的零件。

（3）顶压法　用顶压法是一种静力拆卸方法，适用于拆卸形状简单的过盈配合件。常利用螺旋 C 型夹头、手压机、油压机或千斤顶等工具或设备进行拆卸。

（4）温差法　温差法是利用材料热胀冷缩的性能，加热包容件或冷却被包容件使配合件拆卸的方法。常用于拆卸尺寸较大、过盈量较大的零件或热装的零件。

（5）破坏法　破坏法拆卸是拆卸中应用较少的一种方法，只有在拆卸焊接、铆接、密封连接等固定连接件和相互咬死的配合件时，不得已采用的保存主件、破坏副件的措施。破坏法拆卸一般采用车、铣、锯、錾、钻和气割等方法进行。

三、机械零件的清洗

对拆卸后的机械零件进行清洗是做好维修工作的重要一环。清洗方法和清洗质量对鉴定零件的准确性、维修质量、维修成本和使用寿命等均产生重要影响。清洗包括清除油污、水垢、积炭、锈层和旧漆层等。

1. 清除油污

凡是和各种油料接触的零件在解体后都要进行清除油污的工作，即除油。常用的清洗液为有机溶剂、碱性溶液和化学清洗液等，其方法有擦洗、浸洗、喷洗、振动清洗以及超声波清洗等。

（1）擦洗　将零件放入装有柴油、煤油或其他清洗液的容器中，用棉纱擦洗或毛刷刷洗。这种方法操作简便，设备简单，但效率低，常用于单件小批生产的中小型零件。一般情况下不宜用汽油，因其有溶脂性．会损害人的身体且易造成火灾。

（2）浸洗　将零件浸入恰当清洗液中浸泡，使油污被溶解或与清洗液起化学作用而被消除。适用于批量大、形状复杂及轻度黏附油污的零件。

（3）喷洗　将具有一定压力和温度的清洗液喷射到零件表面，以清除油污。此方法清洗效果好，生产效率高，但设备复杂。适于零件形状不太复杂、表面黏附严重油垢的零件。

（4）振动清洗　将零件放在振动清洗机的清洗篮或清洗架上，浸没在清洗液中，通过清洗机产生振动来模拟人工漂刷动作，并与清洗液的化学作用相配合，达到去除油污的目的。

（5）超声波清洗　将零件放在盛满清洗液的容器中，靠清洗液的化学作用与引入清洗液中的超声波振荡作用相配合达到去污的目的。

2. 除锈

锈是金属表面与空气中氧、水分以及酸类物质接触而生成的氧化物，通常称为铁锈。主要采用机械和化学等方法除锈。

（1）机械法除锈　利用机械摩擦、切削等作用清除零件表面锈层。常用的方法有刷、磨、抛光、喷砂等。单件小批维修可由人工用钢丝刀、刮刀、砂布等打磨锈蚀层。成批或有条件的，可用机器进行除锈，如电动磨光、抛光、滚光等。喷砂除锈是利用压缩空气，把一定粒度的砂子通过喷枪喷在零件的锈蚀表面上，不仅除锈快，还可为油漆、喷涂、电镀等工艺做好准备。

（2）化学法除锈　利用一些酸性溶液溶解金属表面的氧化物，以达到除锈的目的。

四、机械零件的检验方法

机械零件在装配前应严格按技术要求或检修规程进行检验，从而将零件划分为可用、不可用和需要修理的三大类，避免不合格的零件装到机器上，同时避免不需修理或不应报废的零件进行修理或报废。常用检验方法有检视法、测量法和隐蔽缺陷的无损检测等。

1. 检视法

检视法主要是凭人的器官（眼、手和耳等）感觉或借助于简单工具（放大镜、手锤等）、标准块等进行检验、比较和判断零件的技术状态的一种方法。该方法简单易行，不受条件的限制，故普遍使用。检验的准确性依赖于检视人员的经验，且只能进行定性分析和判断。适用于零件的缺陷已明显暴露或次要部位。

2. 测量法

用测量工具或仪器对零件的尺寸精度、形状精度及位置精度进行检测。此方法应用最多，是最基本的检验方法。

3. 隐蔽缺陷的无损检测

无损检测是指借助于各种仪器来检查零件的内在的隐蔽缺陷（如裂纹、气孔等）的方法，主要有磁粉法、渗透法、超声波法和射线法等。

五、机械零件修理方法

设备、部件或零件发生磨损、性能下降以致失效后，为使其恢复到原有可用状态所采取的各种修补、调整、校正措施称为修理。常用修理方法有调整换位法、修理尺寸法、附加零件法、换件法、局部更换法以及恢复尺寸法等。

1. 调整换位法

将已磨损的零件调换一个方位，利用零件未磨损或磨损较轻的部位继续工作的修理方法称为调整换位法。

2. 修理尺寸法

将损坏的零件进行整修，使其几何形状尺寸发生改变，同时配以相应改变了的配件，以达到所规定的配合技术参数，这种修复方法称为修理尺寸法。

3. 镶加零件法

用一个特制的零件装配到零件磨损的部位上，以补偿零件的磨损，恢复它原有的配合关系，这种修复方法称为镶加零件法。

4. 换件法

当零件损坏到不能修复或修复成本太高时，应用新的备用零件更换原来零件的修理方法称为换件法。

5. 局部更换法

当零件的某个部位局部损坏严重而其余部分尚好，这时如果条件允许，可将损坏部分切除，重新制作一个新的部分，用焊接或其他方法使新换上部分与原有零件的基体部分连接成一整体，从而恢复零件的工作能力，这种修复方法称为局部更换法。

6. 恢复尺寸法

通过焊接（电焊、气焊、钎焊）、电镀、喷镀、胶补、锻、压、车、钳、热处理等方法，将损坏的零件恢复到技术要求规定的外形尺寸和性能，这种修复方法称为恢复尺寸法。

无论采用哪种修理方法，都不能破坏零件的形位精度；不能降低零件表面的硬度和耐磨性；不能使零件基体金属组织发生变化和产生有害的残余力；不能影响零件修复后的加工。

六、机械零件的装配方法

将零件按规定的技术要求组装起来，并经过调试、检验使之成为合格产品的过程称为装配。机械零件装配正确与否，对机械运行性能有着重大的影响。若装配不当，即使所有零件加工都合格，也不一定能够装配出合格质量的机械。

装配工艺方法，归纳起来有调整装配法、修配装配法、选配装配法和互换装配法四种。

1. 调整装配法

在装配时，用改变产品中可调零件的相对位置或选用合适调整件装配，以达到装配精度满足技术要求的方法，称为调整装配法，适用于单件和中小批生产的结构较复杂的产品。

2. 修配装配法

在装配时修去指定零件上预留的修配量，以达到装配精度满足技术要求的方法，称为修配装配法，适用于单件和成批生产中精度要求较高产品的装配。

3. 选配装配法

装配时各配合副的零件按照实际尺寸分组选配后，按相应的组内进行装配，以达到装配精度满足技术要求的方法，称为选配装配法，适用于生产批量大的产品。

4. 互换装配法

装配时各配合零件不加选择、调整和修配即可达到装配精度满足技术要求的方法，称为互换装配法，适用于生产批量大的产品。

同 步 练 习

一、填空题

0-1　构件之间具有_____的相对运动，并能完成_____的机械功或实现能量转换的_____的组合，叫机器。

0-2　执行部分须完成机器的_____动作和____任务，且处于整个传动的_____。

0-3　机器的传动部分是把原动部分的运动和功率传递给执行部分的_____。

0-4　机器或机构，都是由_____组合而成的。

0-5　机器或机构的_____之间，具有确定的相对运动。

0-6　机器可以用来_____人的劳动，完成有用的_____。

0-7　组成机械的各个_____的独立整体称为构件。

0-8　从运动的角度看，机构的主要功用在于_____运动或_____运动的形式。

0-9　构件是机器的_____单元。零件是机器的_____单元。

0-10　两摩擦表面间应尽量避免____摩擦，混合摩擦的摩擦、磨损状态优于____摩擦，但次于____摩擦。

0-11　跑合磨损阶段的磨损速度由____变____，而后减小到____，为零件的_____创造条件。因此跑合是一种_____的磨损。

0-12　稳定磨损阶段磨损____，磨损率____，是零件的____工作阶段，这个阶段的长短代表零件____的长短。

0-13　_____反映润滑油流动时其内摩擦阻力的大小，黏度越大，其内部阻力越_____、流动性就越_____，利于形成____。

0-14　取出箱体底部中少量的润滑油，放于手指上搓捻，如有黏稠感觉，并有拉丝现象，说明机润滑油_____。

0-15　润滑脂的针入度越小，润滑脂越____，承载能力越____。

0-16　滴点标志着润滑脂耐____的能力。

0-17　选择润滑油的一般原则是：重载、低速、温度高等情况下，应选择黏度____的润滑油；反之，则选择黏度____的润滑油。

0-18　拆卸是机械设备修理工作的重要环节。如果拆卸不当，往往会造成零部件的____，设备的精度、性能____，甚至_____。

0-19　机械的拆卸顺序与_____顺序相反。一般按"附件到主机，由____到____，自____而____"的顺序进行。

0-20　机械零件的检验方法常用的有检视法、测量法和无损检测等，其中应用最多、最基本的检验方法是_____。

0-21　将已磨损的零件调换一个____，利用零件_____磨损或磨损____的部位继续工作的修理方法称为调整换位法。

二、判断题

0-22　构件都是可动的。　（　　　　）

0-23　组成机械的各个相对运动的独立整体称为零件。　（　　　　）

0-24　只从运动方面讲，机构是具有确定相对运动构件的组合。　（　　　　）

0-25　机构的作用，只是传递或转换运动的形式。　（　　　　）

0-26　机器是构件之间具有确定的相对运动，并能完成有用的机械功或实现能量转换的构件的组合。（　　　　）

0-27　机构中的主动件和被动件，都是构件。　（　　　　）

第一章　物体的受力及其分析

明确力、刚体、平衡、力矩、力偶及约束等基本概念，掌握平面力系平衡的条件及其平衡方程应用。

能分析简单物体的受力，能利用平面力系的平衡方程求解力的大小。

【观察与思考】

• 观察图 1-1 所示的一重物悬挂在弹簧下端，请思考：重物为什么不落下？当将弹簧剪断后，重物为什么要下落？

• 观察图 1-2 所示钢架挂的一重物，你能否确定 A 处是否受力？请思考杆 BC 所受力是否与重物的重量有关？

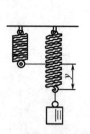

图 1-1　用弹簧悬挂重物

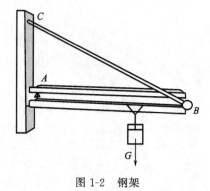

图 1-2　钢架

机械设备在工作时都要受到力的作用。为了解决它们在工作时的承载能力，必须对其组成构件及零件进行受力分析，以便求出力的大小。

第一节　静力分析基础

一、基本概念

1. 力的概念

在长期的生产劳动和生活实践中，人类很早就对力有了感性认识。由感性认识提升到理性认识，形成了力的科学概念：力是物体间相互的机械作用，这种作用使物体的运动状态和形状发生改变。前种改变称为力对物体的外效应，后种改变称为力对物体的内效应。如图 1-3 所示，在力作用下，小车的运动状态发生改变；图 1-4 所示，在力作用下，挑担产生变形，其轴线由直线变为曲线。

图1-3 推车

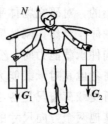

图1-4 挑担

力对物体的作用效果由力的大小、方向和作用点这三个要素决定，改变其中任何一个要素，力对物体的作用效果就会随之改变。

力是矢量，可以用一个带箭头的线段表示，如图1-5所示。线段 AB 的长度按一定比例表示力的大小，即机械作用的强弱，可以根据力的效应大小来测定；线段的方位和箭头的指向表示力的方向；线段的起点 A 或终点 B 表示力的作用点，即力的作用位置；通过力的作用点并沿力的作用方位的直线，称为力的作用线。书中矢量均以黑斜体字表示。

力的国际单位为"牛顿"（N），工程上常用"千牛顿"（kN）作单位，1kN＝1000N。

作用在物体上的一组力称为力系。如果两个力系对同一个物体的作用效果相同，则这两个力系彼此互称等效力系。如果一个力 R 对物体的作用效果和一个力系对该物体的作用效果相同，则力 R 称为该力系的合力，力系中的每个力都称为合力 R 的分力。由已知力系求合力叫力系的合成；相反，由合力求分力叫力的分解。

作用在物体上的力，常以下面两种形式出现。

（1）集中力　两个物体直接接触时，力的作用位置分布在一定的面积上。如果力的作用面积很小，可把它近似看成集中作用在某一点上，这种力称为集中力，如图1-6(a)所示，重力 G、拉力 T 都可视为集中力。

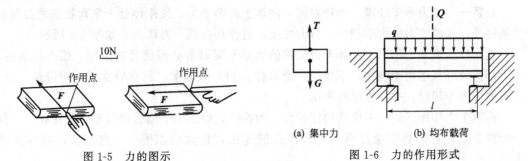

(a) 集中力　　　　　　(b) 均布载荷

图1-5 力的图示　　　　　图1-6 力的作用形式

（2）分布载荷　连续分布在较大面积或较大体积上的力称为分布载荷。如果载荷的分布是大小均匀的，则称为均布载荷，例如匀质等截面杆的自重就是均布载荷，如图1-6(b)所示。均布载荷的大小用载荷集度 q 表示，即单位长度上承受的载荷数值，其单位是牛顿/米（N/m）。均布载荷的合力作用点在受载部分中点（图中的虚线表示合力 Q），方向与载荷集度 q 的方向一致，大小等于载荷集度 q 与受载部分长度 l 的乘积，即 $Q=ql$。

2. 平衡的概念

平衡是指物体相对于参照物静止或做匀速直线运动的状态。如物体在力系作用下而平衡，则称该力系为平衡力系。

3. 刚体与变形体

任何物体在力的作用下，或多或少地都会产生变形，但在一般的工程问题中，物体的变形是极其微小的，对研究物体平衡影响很小，可以忽略不计。这种在力的作用下不发生变形的物体称为刚体。当然，刚体实际上是不存在的，它只是实际物体的理想化模型。

在研究构件承载能力时，变形正是它所研究的主要内容之一，因此，即使物体的变形极其微小，仍需考虑其对承载能力的影响。这种在力的作用下考虑变形的物体称为变形体。物体在工作时所受载荷情况是各不相同的，受载后产生的变形也随之而异。对于杆件（其长度尺寸远大于其他两个方向尺寸的构件）来说，其受载后产生的基本变形形式有轴向拉伸和压缩、剪切、扭转、弯曲，如图 1-7 所示。

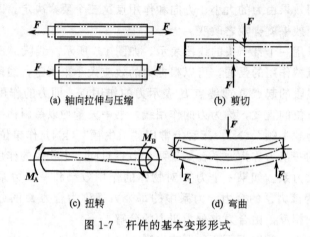

(a) 轴向拉伸与压缩　　　　　　(b) 剪切

(c) 扭转　　　　　　　　　　　(d) 弯曲

图 1-7　杆件的基本变形形式

二、力的基本性质

人类经过长期实践，不仅建立了力的概念，而且还概括出力的基本性质，即静力学公理。

公理一　二力平衡公理　作用在同一刚体上的两个力，使刚体处于平衡状态的必要和充分条件是：这两个力的大小相等，方向相反，且作用在同一直线上，如图 1-8 所示。

这一性质揭示了作用于刚体上最简单的力系平衡时所必需满足的条件。值得注意的是，二力平衡公理只适用于刚体，不适用于变形体。如一段绳索，在两端受到一对等值、反向、共线的压力作用时，并不能保持平衡。

在两个力作用下处于平衡的物体称为二力构件。由二力平衡公理可知，作用在二力构件上的两个力，它们必定通过两个力作用点的连线，且大小相等、方向相反，而与其形状无关。

公理二　加减平衡力系公理　在作用于刚体的一个力系上，加上或减去任何的平衡力系，并不会改变原力系对刚体的作用效果。

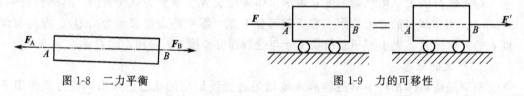

图 1-8　二力平衡　　　　　　　　　　　　图 1-9　力的可移性

由公理一和公理二，可以推出一个重要推论：作用在刚体上某点的力，可沿着它的作用线在刚体内任意移动，并不会改变此力对刚体的作用效果，这个推论称为力的可移性原理。如图 1-9 所示，用水平力 F 在 A 点推车，和用同样大小的水平力 F' 在 B 点拉车，可以产生相同的效果。

由此可见，作用于刚体上的力，其三要素可引申为：力的大小、方向和作用线。

公理三　力的平行四边形公理　作用在物体上某点的两个力，其合力也作用在该点上，合力的大小和方向由以这两个力为邻边所构成的平行四边形的对角线决定，如图 1-10 所示。用矢量等式表示为

$$R = F_1 + F_2$$

利用力的平行四边形法则，也可以将一个力分解成相互垂直的两个分力，这种分解称为力的正交分解。

公理四　作用与反作用公理　两物体间的作用力与反作用力总是大小相等、方向相反、作用线共线，分别作用在两个不同的物体上。

应当注意，作用力与反作用力和二力平衡公理中的一对力是有区别的。作用力与反作用力是分别作用在两个不同的物体上，而二力平衡公理中的一对力是作用在同一物体上的。

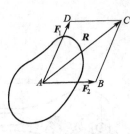

图 1-10　力的合成

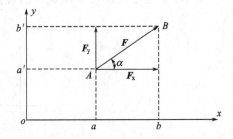

图 1-11　力在坐标轴上的投影

三、力在坐标轴上的投影

1. 力在坐标轴上的投影

如图 1-11 所示，设力 F 作用于 A 点，在力 F 所在的平面内取直角坐标系 oxy，过力 F 的两端 A 和 B 分别向坐标轴 x 作垂线，得垂足 a 和 b。线段 ab 称为力 F 在 x 轴上的投影，用 F_x 表示。力在坐标轴上投影是代数量，其正负号规定如下：由投影的起点 a 到终点 b 的方向与 x 轴的正方向一致时，则力在坐标轴上的投影为正；反之为负。同理，过力 F 的两端 A 和 B 分别向坐标轴 y 作垂线，可求得力 F 在 y 轴上的投影 F_y，即线段 $a'b'$，显然

$$\left.\begin{array}{l} F_x = F\cos\alpha \\ F_y = F\sin\alpha \end{array}\right\} \tag{1-1}$$

2. 合力投影定理

可以论证，合力在坐标轴上的投影，等于力系中各个分力在同一坐标轴上投影的代数和，这个关系称为合力投影定理，即

$$\left.\begin{array}{l} R_x = F_{1x} + F_{2x} + \cdots + F_{nx} = \sum F_x \\ R_y = F_{1y} + F_{2y} + \cdots + F_{ny} = \sum F_y \end{array}\right\} \tag{1-2}$$

上式中的"$\sum$"是个缩写记号，表示"代数和"的意思。

3. 平面汇交力系的合力

如果作用在物体上的各力作用线都在同一平面内，这样的力系称为平面力系。在平面力系中，如果各力作用线都汇交于一点，则这种力系称为平面汇交力系，如图 1-12 所示。平

面汇交力系合成结果为一个过汇交点的合力。

设有一平面汇交力系 F_1、F_2、$\cdots$、F_n，由合力投影定理，合力 R 在坐标轴上的投影为

$$R_x = F_{1x} + F_{2x} + \cdots + F_{nx} = \sum F_x$$

$$R_y = F_{1y} + F_{2y} + \cdots + F_{ny} = \sum F_y$$

根据合力在 x、y 轴上的两个投影，就可以计算出合力 R 的大小与方向。

合力 R 的大小

$$R = \sqrt{\left(\sum F_x\right)^2 + \left(\sum F_y\right)^2} \tag{1-3}$$

合力 R 的方向

$$\tan\alpha = \left| \frac{\sum F_y}{\sum F_x} \right| \tag{1-4}$$

式中，α 是合力 R 与 x 轴所夹的锐角，合力 R 的具体指向由 $\sum F_x$、$\sum F_y$ 的正负决定。

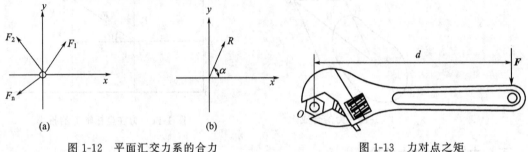

(a)　　　　　　　　　　　(b)

图 1-12　平面汇交力系的合力　　　　　　　　图 1-13　力对点之矩

四、力矩与力偶

1. 力矩

(1) 力对点之矩　如图 1-13 所示，用扳手拧螺母时，力 F 使扳手和螺母绕 O 点转动，由经验知道，使螺母转动的强弱，不仅与力 F 的大小有关，还与 O 点到力 F 作用线的垂直距离 d 有关，点 O 称为矩心（即物体的转动中心），点 O 到力 F 作用线的垂直距离 d 称为力臂，力 F 的大小与力臂 d 的乘积称为力矩，记为

$$M_O(F) = \pm Fd \tag{1-5}$$

力矩是用来描述力对物体的转动效应的。在平面内，力使物体转动时，有两种不同的转向，为了区分这两种转向，对力矩的正负号规定如下：力使物体逆时针转动时，力矩为正，反之为负。

力矩的单位取决于力和力臂的单位，常用的单位为牛顿·米（N·m）或千牛顿·米（kN·m）。

(2) 合力矩定理　设一平面力系由 F_1、F_2、$\cdots$、F_n 组成，其合力为 R，根据合力的定义，合力对物体的作用效果等于力系中各分力对物体作用效果的总和，因此力对物体的转动效果亦等于力系中各分力对物体转动效果的总和。而力对物体的转动效应是用力矩来度量的，所以合力对平面内某点的力矩，等于力系中各分力对该点力矩的代数和。这一结论称为合力矩定理，写成表达式为

$$M_O(R) = M_O(F_1) + M_O(F_2) + \cdots + M_O(F_n) = \sum M_O(F) \tag{1-6}$$

2. 力偶

（1）力偶的概念　在日常生活和工程中经常遇到物体在两个力的作用下产生转动的情况。例如拧螺母（图1-14）、汽车司机双手转动方向盘（图1-15）、旋转钥匙开锁（图1-16）、双手转动丝扳手柄攻螺纹（图1-17）等。这种由大小相等、方向相反、作用线平行但不重合的两个力组成的力系称为力偶，如图1-18所示，记作（F、F'）。力偶中两个力所在的平面称为力偶作用面，力偶中两力作用线之间的垂直距离 d 称为力偶臂。

图1-14　拧螺母

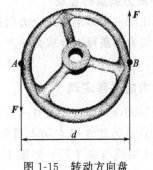

图1-15　转动方向盘

图1-16　旋转钥匙开锁

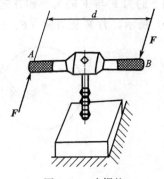

图1-17　攻螺纹

　　力偶对物体只产生转动效应，可用力偶矩来度量。将力偶中一个力的大小与力偶臂的乘积定义为力偶矩，记作 M（F，F'）或简单地用 M 表示，即

$$M=M(F,F')=\pm Fd \tag{1-7}$$

　　上式中的正负号规定如下：力偶使物体逆时针转动时，力偶矩为正，反之为负。力偶矩的单位与力矩的单位相同，也是牛顿·米（N·m）或千牛顿·米（kN·m）。

　　力偶对物体的转动效应由力偶矩的大小、力偶的转向、力偶的作用面这三个要素决定，称为力偶三要素。力偶可用图1-19所示的方法表示。

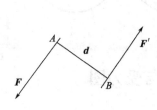

图1-18　力偶

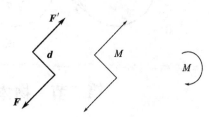

图1-19　力偶的图示

（2）力偶的性质　根据力偶的概念，可以论证力偶具有如下性质。

① 力偶无合力，力偶只能与力偶平衡。

② 力偶在任何坐标轴上的投影都为零，因此力偶对物体不会产生移动效应，只能产生转动效应。

③ 力偶对其作用面内任一点的力矩都为常数，恒等于力偶矩的大小，与矩心的位置无关。

3. 平面力偶系的合成

作用在同一物体上的几个力偶组成一个力偶系。作用在同一平面内的力偶系称为平面力偶系。平面力偶系可以合成为一个合力偶，合力偶的力偶矩等于各分力偶矩的代数和，即

$$M = m_1 + m_2 + \cdots + m_n = \sum m$$

五、力的平移定理

如图 1-20(a) 所示，设有一力 F 作用在刚体上的 A 点，在刚体上任取一点 O，欲将 F 平移到 O 点，为此在 O 点加上两个大小相等、方向相反的力 F'、F''，并且使它们的大小与 F 相等，作用线与 F 平行，如图 1-20(b) 所示。在 F、F'、F'' 三个力中，F 和 F'' 组成力偶，称为附加力偶，其力偶矩 $M = Fd$，也等于 F 对 O 点的力矩 $M_o(F)$。

而剩下的力 F' 与 F 的大小和方向都相同，因此，可以把力 F' 看成是力 F 平移的结果。如图 1-20(c) 所示，力 F' 和力偶（F、F''）的联合作用效果与原力 F 对物体的作用效果相同。

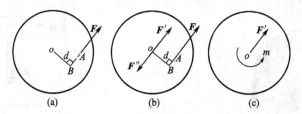

(a) 　　　　　(b) 　　　　　(c)

图 1-20　力的平移

由此可见，作用在刚体上的力，可以平移到刚体内任意一点，但平移后必须附加一个力偶，其力偶矩等于原力对新作用点的力矩，这就是力的平移定理。力的平移定理只适用于刚体，它是一般力系简化的理论依据。

力的平移定理揭示了力对刚体产生移动和转动两种运动效应的实质。以削乒乓球为例（图 1-21），当球拍击球的作用力没有通过球心时，按照力的平移定理，将力 F 平移至球心，平移力 F' 使球产生移动，附加力偶 M 使球产生绕球心的转动，于是形成旋转球。

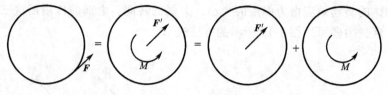

图 1-21　削乒乓球

第二节　物体的受力分析与受力图

在机械或工程中，每一个构件都与其他构件连接在一起，它们之间保持着一定的作用

力，为了研究工程中的力学问题，必须对每一构件作受力分析。由于力是物体间相互的机械作用，因此，首先应清楚所研究的物体（研究对象）与周围物体之间的作用关系。

一、约束及约束反力

在日常生活和工程实际中，经常可以看到，一些物体由于受到周围其他物体的限制而不能向某些方向运动。这种运动受到限制的物体称为非自由体，限制非自由体运动的周围其他物体，称为非自由体的约束。例如悬挂着的电灯由于受到绳的限制，因而不能向下运动，电灯就是非自由体，绳就是电灯的约束。

由于约束限制了非自由体在某些方向的运动，因而它对非自由体就有力的作用。约束作用在非自由体上的力，称为约束反力。由于约束反力起着限制非自由体运动的作用，所以约束反力的方向总是与约束所限制的非自由体的运动方向相反，这是确定约束反力方向的基本原则。

在工程实际中，物体的形状是各种各样的，它们接触的形式也是各种各样的，因此实际约束的形式很多，但有些是具有共同特征的，可以归纳为一类。下面介绍几种工程中常见的约束类型。

1. 柔体约束

由柔软的绳索、链条、胶带等构成的约束称为柔体约束。柔体约束的特点是只能限制非自由体沿约束伸长方向的运动而不能限制其他方向的运动，即只能承受拉力，不能承受压力。所以柔体约束反力作用在与非自由体的接触点处，作用线沿柔体背离非自由体。如图1-22所示，用起重机起吊重物时，钢丝绳对重物构成的约束就是柔体约束，重物受到钢丝绳拉力 T_1、T_2 作用。

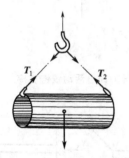

图 1-22 柔体约束反力

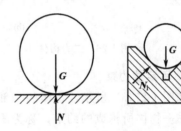

图 1-23 光滑面约束

2. 光滑面约束

由完全光滑的表面构成的约束称为光滑面约束。在工程实际中，完全光滑的表面是没有的，但如两物体间的摩擦力很小，或两物体间的摩擦力对所研究的问题影响很小时，可将摩擦力忽略不计，而认为两物体的接触面是完全光滑的，如导轨、汽缸等就可看成是光滑面约束。光滑面约束只能限制非自由体向着接触面公法线方向的运动而不能限制物体沿接触面切线方向的运动，因此光滑面约束反力的方向是通过接触点，沿着接触处的公法线方向并且指向非自由体，常用 N 表示，如图1-23所示。

3. 固定铰链约束

铰链支座的典型构造如图 1-24（a）所示，A、B 两物体有相同的圆孔，中间用圆柱销钉连接起来，销钉限制了两物体的相对移动，但不限制两物体的相对转动，这种约束称为铰链约束，在铰链连接的两个物体中，如将其中一个物体固定，称为固定铰链，其简化画法如

图 1-24(b) 或(c) 所示。

对于固定铰链约束，其约束反力的作用线一定通过铰链中心，但方向是未知的，通常用一对正交的分力 N_x 和 N_y 表示，如图 1-24(b) 或(c) 所示。但二力构件上的铰链支座，其约束反力的作用线沿着两个铰链中心的连线，如图 1-25 所示。

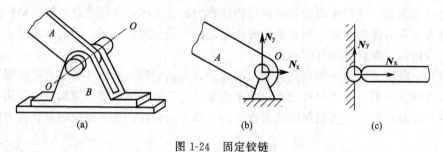

图 1-24　固定铰链

4. 活动铰链约束

如图 1-26(a) 所示，在铰链支座的下面安装几个滚子，再搁置在支承平面上，称为活动铰链。这种支座只能限制物体垂直于支承面的运动，不能限制物体沿支承面切线方向的运动和绕销钉的转动。因此，活动铰链支座的约束反力通过铰链中心并且与支承面垂直，图1-26(b) 为活动铰链支座的简图。

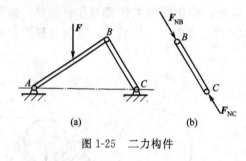

图 1-25　二力构件

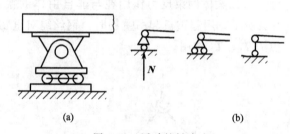

图 1-26　活动铰链支座

5. 固定端约束

如图 1-27(a) 所示，物体的一部分固嵌于另一物体所构成的约束，称为固定端约束，例如，插入地面的电线杆、夹在卡盘上的工件以及建筑物中的阳台等。固定端约束不仅限制了物体的移动，还限制物体的转动，因此其约束反力常用两个正交的分力 N_x、N_y 及一个约束反力偶 m 来表示，如图 1-27(b) 所示。

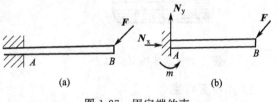

图 1-27　固定端约束

二、物体的受力分析

对于工程问题，常需要对结构系统中的某一构件或某几个构件的组合进行力学计算。这时，首先要根据问题的性质和要求，确定系统中哪些构件是需要研究的，然后将研究对象从系统中分离出来，单独画出该物体的轮廓简图，这种解除约束后的物体称为分离体。最后在分离体上画出全部的主动力，并根据约束情况画出全部的约束反力。这种画有分离体所受全部用力的图称为受力图。这样就得到研究对象的受力图。

画受力图的步骤一般如下。

1. **明确研究对象，取分离体**

根据题意选择研究对象，画出研究对象的分离体简图。需要注意的是，所画的分离体的形状、方位应与原物体相同，不能任意改变。

2. **画主动力**

主动力一般是已知的，只需按已知条件画在分离体上即可。

3. **画约束反力**

研究对象往往同时受到多个约束，为了不漏画约束反力，应先判明存在几处约束，各处约束属于什么类型，然后根据约束类型画出相应的约束反力，不能随意画。

【例 1-1】 一重为 G 的球体 A，用绳子 BC 系在光滑的铅垂墙壁上，如图 1-28（a）所示。试画出球体 A 的受力图。

解： ① 取球体 A 为研究对象，画出其分离体。

② 画主动力。小球受到的主动力为重力 G，作用点在球心 O 点，方向铅垂向下。

③ 画约束反力。小球受到的约束有两个：一个是绳构成的柔体约束，其约束反力作用在绳与小球的连接点 B，方向沿着绳的方向并且背离小球。另一个是墙壁构成的光滑面约束，其约束反力作用在墙壁与小球的接触点 D，方向沿着墙壁与小球的公法线方向（即与墙壁垂直并指向球心 O 点）。球体 A 的受力图如图 1-28（b）所示。

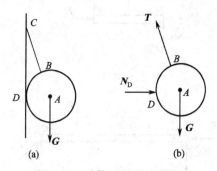

图 1-28 球体 A 的受力分析

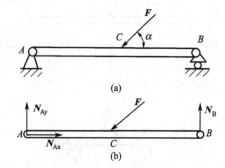

图 1-29 水平梁的受力分析

【例 1-2】 如图 1-29 所示，水平梁 AB 的 A 端为固定铰链支座，B 端为活动铰链支座，梁中点 C 受主动力 F 作用，不计梁的自重，试画出梁的受力图。

解： ① 取梁 AB 为研究对象，画出其分离体。

② 画主动力。梁 AB 受到的主动力 F 作用，作用点在 C 点。

③ 画约束反力。梁 AB 受到的约束有两个：一个是为固定铰链约束 A，其约束反力过铰链中心 A，用两个相互垂直的分力 N_x 和 N_y 来表示。另一个是活动铰链约束 B，其约束反力过铰链中心 B，并与支承面垂直指向梁 AB，其受力图如图 1-29（b）所示。

【例 1-3】 如图 1-30 所示的三铰拱桥，由左、右两半拱铰接而成。设半拱自重不计，在半拱 AB 上作用有载荷 F，试画出左半拱片 AB 的受力图。

解： ① 取半拱片 AB 为研究对象，画出其分离体。

② 画主动力。画出半拱片 AB 受到的主动力 F。

③ 画约束反力。半拱片 AB 受到的约束有两个：一个是为固定铰链约束 A，其约束反力过铰链中心 A，用两个相互垂直的分力 F_{Ax} 和 F_{Ay} 来表示。另一个是固定铰链约束 B，由于右半拱片 BC 是二力构件，铰链约束 B 又在其上，故其约束反力过 B、C 两点的连线，其

受力图如图 1-30(b) 所示。

【例 1-4】　试画出图 1-31(a) 所示的多跨
静定梁中 *AB*、*BC* 及整体的受力图。

解：① 画 *AB* 的受力图。取 *AB* 为研究
对象，画出主动力 F_1，*AB* 受到的约束有两
个：一个是为固定端约束 *A*，另一个是固定铰
链约束 *B*，根据相应的约束反力特征，画出其
受力图，如图 1-31(b) 所示。

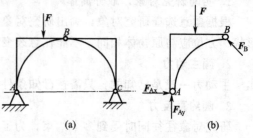

图 1-30　三铰拱桥的受力分析

② 画 *BC* 的受力图。取 *BC* 为研究对象，
画出主动力 F_2，*BC* 受到的约束有两个：一个是为固定铰链约束 *B*，另一个是活动铰链约束
C，根据相应的约束反力特征，画出其受力图，如图 1-31(c) 所示。

③ 画整体 *ABC* 的受力图。取 *ABC* 为研究对象，由于铰链 *B* 在研究对象 *ABC* 内部，因
此不是研究对象 *ABC* 的约束，所以，其上受到的约束只有两个：一个是为固定端约束 *A*，
另一个是固定铰链约束 *B*。画出其受力图，如图 1-31(d) 所示。

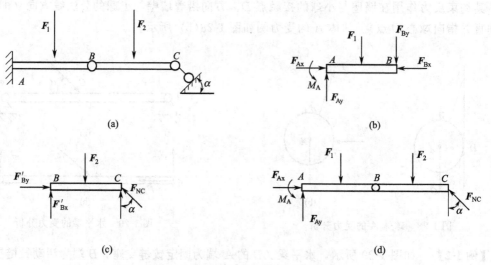

图 1-31　多跨静定梁的受力分析

画受力图有以下注意事项。

① 受力图上所有的力都应标上符号，不同的力，符号不能相同。作用力和反作用力可
用相同的符号，但需加上标 "′" 以示区别。

② 应将约束类型和性质判断准确，不能多画或少画约束力。

③ 只画物体或物体系统所受的外力，物体或物体系统内部各部分之间的作用力（内力）
不能画在受力图上。

④ 只画研究对象所受的力，不画研究对象对周围物体的作用力

第三节　平面力系的平衡

工程上，有许多力学问题，由于结构与受力具有平面对称性都可以在对称平面内简化为
平面问题来处理。若力系中各力的作用线在同一平面内，该力系称为平面力系。根据各力的

作用线分布不同又可分为平面汇交力系（各力的作用线汇交于一点）、平面力偶系（仅由力偶组成）、平面平行力系（各力作用线互相平行）和平面任意力系（各力作用线在平面内任意分布）。

一、平面任意力系的简化

如图 1-32(a) 所示，在刚体上作用有一平面任意力系 F_1、F_2、$\cdots$、F_n。在力系所在平面内任选一点 O，称为简化中心。根据力的平移定理，将力系中的各力向 O 点平移，得到一平面汇交力系（F_1'、F_2'、$\cdots$、F_n'）和一平面力偶系（M_1、M_2、$\cdots$、M_n），如图 1-32（b）所示。

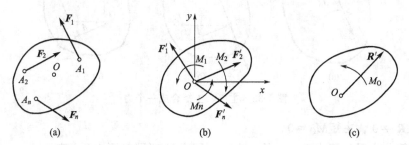

图 1-32　平面任意力系的简化

平面汇交力系（F_1'、F_2'、$\cdots$、F_n'）可合成为一个合力 R'，R' 称为平面一般力系的主矢，其大小可由下式计算

$$R' = \sqrt{\left(\sum F'_x\right)^2 + \left(\sum F'_y\right)^2}$$

由于各力平移后并不改变它们在坐标轴上的投影，因此可按各力在平移前的投影来计算主矢，故上式可写为

$$R' = \sqrt{\left(\sum F_x\right)^2 + \left(\sum F_y\right)^2} \tag{1-8}$$

主矢 R' 与 x 轴所夹锐角为 α，则

$$\tan\alpha = \left|\frac{\sum F_y}{\sum F_x}\right| \tag{1-9}$$

平面力偶系（M_1、M_2、$\cdots$、M_n）可合成为一个合力偶，其合力偶矩 M_O 称为平面一般力系的主矩，主矩的大小可由下式计算

$$M_O = M_1 + M_2 + \cdots + M_n$$

式中各力偶矩的大小等于原力系中各力对简化中心的力矩，即

$$M_1 = M_O(F_1), M_2 = M_O(F_2), \cdots, M_n = M_O(F_n)$$

所以主矩的计算公式可写为

$$M_O = M_O(F_1) + M_O(F_2) + \cdots + M_O(F_n) = \sum M_O(F) \tag{1-10}$$

此式表明，主矩等于原力系中各力对简化中心之矩的代数和。

由此可知，平面任意力系向任一点简化，得到作用于简化中心的一个主矢和一个主矩。换言之，平面任意力系对刚体的作用与一个主矢和一个主矩的作用等效，其作用效果取决于力系的主矢和主矩，因此主矢和主矩是非常重要的两个物理量。

二、平面任意力系简化结果的讨论

平面任意力系向一点简化，一般可得到一个力和一个力偶，即主矢和主矩，这并不是简化的最终结果。当主矢和主矩出现不同值时，简化最终结果会不同。

1. 主矢$R' \neq 0$，主矩$M_O \neq 0$

这时可以把R'和M_O合成一个合力R，如图1-33(c) 所示。合力R的大小和方向与主矢R'相同，作用线到简化中心O的距离为

$$d = \left| \frac{M_O}{R'} \right| \tag{1-11}$$

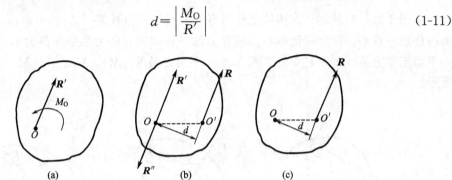

图 1-33　主矢、主矩合成一个力

2. 主矢$R' \neq 0$，主矩$M_O = 0$

原力系简化为通过简化中心点的一个力，即主矢R'即与原力系等效。

3. 主矢$R' = 0$，主矩$M_O \neq 0$

原力系简化结果为一合力偶，即原力系与一个力偶矩等于M_O的力偶等效，这时主矩与简化中心点的选择无关。

4. 主矢$F_R' = 0$，主矩$M_O = 0$

三、平面任意力系的平衡

由上述分析可知，平面任意力系可以简化为一个主矢R'和一个主矩M_O。如主矢和主矩都为零，说明力系不会使物体产生任何方向的移动和转动，物体处于平衡状态，因此，平面任意力系平衡的必要和充分条件是主矢和主矩同时为零，即

$$\begin{cases} R' = 0 \\ M_O = \sum M_O(F) = 0 \end{cases}$$

故有

$$\left. \begin{array}{l} \sum F_x = 0 \\ \sum F_y = 0 \\ \sum M_O(F) = 0 \end{array} \right\} \tag{1-12}$$

式(1-12) 称为平面任意力系的平衡方程的基本形式，该平衡方程的意义为：平面任意力系平衡时，力系中所有力在任选的两个坐标轴上投影的代数和分别等于零；同时力系中所有各力对平面内任一点之矩的代数和也等于零。式(1-12) 可以求解包括力大小和方向在内的三个未知量。

【例 1-5】　双支点外伸梁如图1-34(a) 所示，沿全长有均布载荷$q = 8$kN/m 作用，两支点中间作用有一集中力$F = 8$kN 和一个力偶$m = 2$kN·m，$a = 1$m。试求A、B两支点的约束反力。

解： ① 选梁AB为研究对象，画出其受力图，如图1-34(b) 所示。

② 建立直角坐标系，如图1-34(b) 所示。

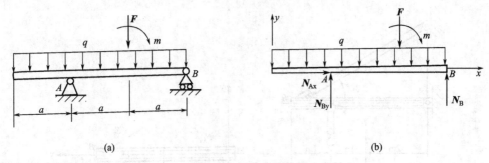

图 1-34　双支点外伸梁

③ 列平衡方程，求解未知力。

$$\sum F_x = 0 \Rightarrow N_{Ax} = 0$$

$$\sum M_A(\pmb{F}) = 0 \Rightarrow N_B \times 2a - m - Fa - q \times 3a \times (0.5a) = 0 \Rightarrow$$

$$N_B = \frac{m + Fa + 1.5qa^2}{2a} = \frac{2 + 8 \times 1 + 1.5 \times 8 \times 1^2}{2 \times 1} = 11 \ (kN)$$

$$\sum F_y = 0 \Rightarrow N_{Ay} + N_B - q \times 3a - F = 0 \Rightarrow$$

$$N_{Ay} = q \times 3a + F - N_B = 8 \times 3 \times 1 + 8 - 11 = 21 \ (kN)$$

通过此例，可归纳出用平衡方程解题的一般步骤如下。

① 选择研究对象。所选的研究对象尽量是既受已知力作用又受未知力作用的物体。

② 画出研究对象的受力图。

③ 建立直角坐标系。所建坐标系应与各力的几何关系要清楚，并尽可能让坐标轴与未知力垂直。

④ 列出平衡方程，求解未知力。矩心应尽可能选在未知力的交点处，以便解题。如求出某未知力为负值，则表示该力的实际方向与假设方向相反。在这种情况下，不必修改受力图中该力的方向，只需在答案中加以说明即可。如以后用到该力的数值，应将负号一并代入。

【例 1-6】　如图 1-35(a) 所示，起重机水平梁 AB 重 $F_G = 1kN$，载荷 $F_Q = 8kN$，梁 A 端为固定铰链支座，B 端用中间铰与拉杆 BC 连接，若不计拉杆 BC 自重，试求拉杆拉力及支座 A 的反力。

解： ① 水平梁取 AB 为研究对象，受力如图 1-35(b) 所示。

② 建立直角坐标系 xAy，列平衡方程

由 $\sum M_A(\pmb{F}) = 0$ 有

$$F_T \sin 30° \times 4 - F_G \times 2 - F_Q \times 3 = 0 \Rightarrow F_T = 13 \ (kN)$$

由 $\sum F_x = 0$ 有

$$F_{Ax} - F_T \cos 30° = 0 \Rightarrow F_{Ax} = 11.26 \ (kN)$$

由 $\sum F_y = 0$ 有

$$F_{Ay} - F_G - F_Q + F_T \sin 30° = 0 \Rightarrow F_{Ay} = 2.5 (kN)$$

四、平面特殊力系的平衡

1. 平面汇交力系的平衡

当平面汇交力系的合力 $\pmb{R}$ 等于零时，该力系不会引起物体运动状态改变，即该力系是

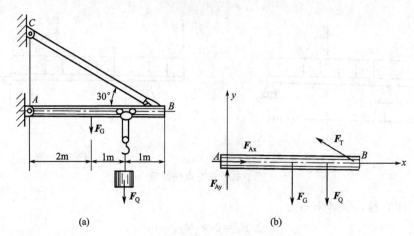

(a)　　　　　　　　　　　　(b)

图 1-35　起重机横梁受力分析

平衡。所以，平面汇交力系平衡的充分必要条件是合力等于零。因此，当平面汇交力系平衡时，因合力 $\boldsymbol{R}=0$，故式（1-12）中的 $M_O=\sum M_O(\boldsymbol{F})=M(\boldsymbol{R})\equiv 0$，即为恒等式，所以平面汇交力系平衡的充要条件为

$$\left.\begin{array}{l}\sum F_x=0\\ \sum F_y=0\end{array}\right\} \tag{1-13}$$

即平面汇交力系平衡时，力系中所有力在任选的两个坐标轴上投影的代数和分别等于零。平面汇交力系独立的平衡方程数有 2 个，应用平面汇交力系的平衡方程可以求解 2 个未知量。

【例 1-7】　圆筒形容器重 $P=15\text{kN}$，置于托轮 A、B 上，如图 1-36（a）所示。试求托轮对容器的约束反力。

解：①选容器为研究对象，其受力图如图 1-36（b）所示，显然为一平面汇交力系。
②建立直角坐标系 xOy，如图 1-36（b）所示。
③列平衡方程，求解未知力。

由 $\sum F_x=0 \Rightarrow N_A\cos60°+N_B\cos60°=0 \Rightarrow N_A=N_B$

由 $\sum F_y=0 \Rightarrow N_A\sin60°+N_B\sin60°-P=0 \Rightarrow N_A=N_B=P/(2\sin60°)=8.66\ (\text{kN})$

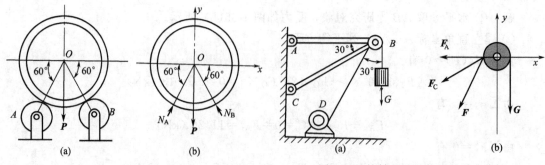

(a)　　　　(b)　　　　　　　　(a)　　　　(b)

图 1-36　容器受力分析　　　　　图 1-37　简易起重机装置的受力分析

【例 1-8】　如图 1-37（a）所示的简易起重机装置，重量 $G=20\text{kN}$ 的重物吊在钢丝绳的一端，钢丝绳的另一端跨过定滑轮 B，绕在绞车 D 的鼓轮上，定滑轮用直杆 AB 和 BC 支承，定滑轮半径忽略不计，定滑轮、直杆以及钢丝绳的重量不计，各处接触都为光滑。试求

当重物被匀速提升时，杆 AB、BC 所受的力。

解： 取定滑轮 B 为研究对象，其受力如图 1-37(b) 所示。

建立图示直角坐标系，列平衡方程

$$\sum F_y = 0 \Rightarrow -F_C \sin 30° - F \cos 30° - G = 0$$
$$\Rightarrow F_C = -74.64 \ (kN)$$
$$\sum F_x = 0 \Rightarrow -F_A - F_C \cos 30° - F \sin 30° = 0$$
$$\Rightarrow F_A = 54.64 \ (kN)$$

F_C 为负值，表明 F_C 的实际指向与图示方向相反，其反作用力为 BC 杆所受的力，所以 BC 杆为受压杆件。

2. 平面力偶系的平衡

平面力偶系合成的结果为一个合力偶，其合力偶矩 $M = \sum m$。当合力偶矩等于零时，物体处于平衡状态，因此，平面力偶系平衡的充要条件为：各分力偶的力偶矩的代数和为零，即

$$\sum m = 0 \tag{1-14}$$

这个表达式称为平面力偶系的平衡方程。

【例 1-9】 用四轴钻床加工一工件上的四个孔，如图 1-38(a) 所示，每个钻头作用于工件的切削力偶矩为 10N·m，固定工件的两螺栓 A、B 与工件成光滑接触，且 $AB = 0.2m$。求两螺栓所受的力。

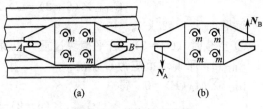

图 1-38 钻床加工工件

解： ① 选工件为研究对象，其受力如图 1-38(b) 所示。

② 工件所受的外力为四个力偶，因力偶只能用力偶平衡，所以两个螺栓对工件的约束反力必组成一个力偶与这四个外力偶平衡，由平面力偶系的平衡条件得

$$\sum m = 0 \qquad N_A(AB) - 4m = 0$$
$$N_A = N_B = 200 \ (N)$$

3. 平面平行力系的平衡

若平面平行力系中各力的作用线与 x 轴垂直，与 y 轴平行，则无论力系是否平衡，各力在 x 轴的投影均为零，即 $\sum F_x = 0$ 恒成立，为一无效方程，故平面平行力系平衡的充要条件是：力系中各力在与力平行的坐标轴上投影的代数和为零，各力对任意点的力矩代数和也为零，即

$$\left. \begin{array}{l} \sum F_y = 0 \\ \sum M_O(F) = 0 \end{array} \right\} \tag{1-15}$$

【例 1-10】 图 1-39(a) 所示为起重机简图。已知：机身重 $G = 700kN$，重心与机身中心线距离为 4m，最大起重量 $G_1 = 200kN$，最大吊臂长 12m，轨距为 4m，平衡块重 G_2，G_2 作用线至机身中心线距离为 6m，试求保证起重机满载和空载时不翻倒的平衡块重。若平衡块重 $G_2 = 750kN$，试分别求出满载和空载时，轨道对机轮的法向反力。

解： 取起重机为研究对象，受力如图 1-39(b) 所示。

(1) 求平衡块重

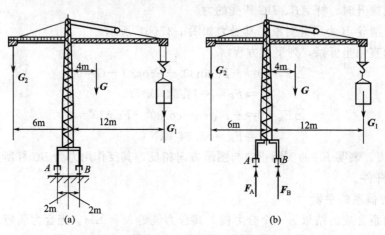

图 1-39　起重机受力分析

① 满载时（$G_1 = 200\text{kN}$）。若平衡块过轻，则会使机身绕点 B 向右翻倒，因此须配一定重量的平衡块。临界状态下，点 A 悬空，$F_A = 0$，平衡块重应为 $G_{2\min}$。

由 $\sum M_B(\boldsymbol{F}) = 0$，得

$$G_{2\min} \times (6+2) - G \times 2 - G_1 \times (11-2) = 0$$

解得 $G_{2\min} = 425\text{kN}$。

② 空载时（$G_1 = 0$）。若平衡块过重，机身可能绕点 A 向左翻倒，临界状态下，点 B 悬空，$F_B = 0$，平衡块重应为 $G_{2\max}$。

由　$\sum M_A(\boldsymbol{F}) = 0$　得

$$G_{2\max} \times (6-2) - G \times (4+2) = 0$$

解得 $G_{2\max} = 1050\text{kN}$。

由此可知，为保证起重机安全，平衡块必须满足下列条件

$$425\text{kN} < G_2 < 1050\text{kN}$$

（2）求 $G_2 = 750\text{kN}$ 时，轨道对机轮的法向反力

① 满载时（$G_1 = 200\text{kN}$）。由　$\sum M_A(\boldsymbol{F}) = 0$　得

$$G_2 \times (6-2) + F_B \times 4 - G \times (4+2) - G_1 \times (12+2) = 0$$

解得 $F_B = 1000\text{kN}$。

由　$\sum F_y = 0$　得

$$F_A + F_B - G_2 - G - G_1 = 0$$

解得 $F_A = 650\text{kN}$。

② 空载时（$G_1 = 0$）。由　$\sum M_A(\boldsymbol{F}) = 0$　得

$$G_2 \times (6-2) + F_B \times 4 - G \times (4+2) = 0$$

解得 $F_B = 300\text{kN}$。

由　$\sum F_y = 0$　得

$$F_A + F_B - G_2 - G = 0$$

解得 $F_A = 1150\text{kN}$。

第四节　考虑摩擦时的平衡问题

摩擦是自然界里普遍存在的现象。前面研究物体平衡时，都假设物体之间的接触面

是完全光滑的，不考虑摩擦力的作用，这仅仅是当摩擦力远小于其他载荷时，对所研究问题的一种简化。但在很多情况下，摩擦对物体的平衡有重要影响，这时就必须考虑摩擦。例如，机床上的三爪卡盘，机械中带传动、摩擦轮及摩擦制动器等，都是依靠摩擦来工作的。

一、滑动摩擦

当两接触物体间有相对滑动趋势时，彼此作用着阻碍相对滑动趋势的阻力，这种力称为静滑动摩擦力，简称静摩擦力。当两接触物体间发生相对滑动时，彼此作用着阻碍相对滑动的阻力，这种力称为动滑动摩擦，简称动摩擦力。由于摩擦力对物体间的相对运动有阻碍作用，所以摩擦力总是作用在接触面（点），沿接触处的公切线，与物体滑动趋势或滑动方向相反。

1. 静摩擦力

静摩擦力的大小随主动力的变化而变化，其大小由平衡方程决定。但是与一般约束反力不同的是，静摩擦力并不随主动力的增大而无限制地增大。当主动力增加到一定值时，物块处于要滑动而未滑动的临界平衡状态。这时只要 F 再增大一点，物体就开始滑动，不再保持静止。物块处于平衡临界状态时的静摩擦力称为最大静摩擦力，用 F_{fm} 表示。

由此可知，静摩擦力的大介于零与最大值之间，即

$$0 \leqslant F_f \leqslant F_{fm}$$

2. 最大静摩擦力

大量的实验证明，最大静滑动摩擦力 F_{fm} 的大小与接触面之间的正压力 F_N 成正比，即

$$F_{fm} = fF_N \tag{1-16}$$

式(1-16) 揭示的规律称为静摩擦定律，又称库仑摩擦定律。式中，f 为静滑动摩擦因数，简称静摩擦因数。它与接触物体的材料、接触面粗糙程度、温度、湿度和润滑情况等因素有关，一般情况下与接触面积的大小无关。静摩擦因数数值可在工程手册中查到。

3. 动摩擦力

动摩擦力的大小也与接触面之间的正压力 F_N 成正比，即

$$F_f' = f'F_N \tag{1-17}$$

式中，比例常数 f' 称为动摩擦因数，与接触物体的材料、接触面粗糙程度、温度、湿度和润滑情况等因素有关。实验证明 f' 略小于 f，这说明推动物体从静止开始滑动比较费力，一旦物体滑动起来后，要维持物体继续滑动就省力了。

值得注意的是，动摩擦力大小没有变化范围，而静摩擦力大小在零与最大静摩擦力之间变化。精度要求不高时，可近似地认为 $f' = f$。

二、摩擦角与自锁现象

(1) 摩擦角　如图 1-40(a) 所示，当物体受外力 F 作用而产生相对滑动趋势时，如果将接触面对物体产生的法向反力 F_N 与切向的静摩擦力 F_f 合成为一个力 R，则力 R 称为接触面的全约束反力，简称为全反力。

由图 1-40(a) 可知，全反力 R 与法线的夹角 φ 随摩擦力 F_f 增大而增大。当静摩擦力 F_f 达到最大值 F_{fm} 时，φ 角也达到最大值 φ_m，全反力 R 与接触面公法线间的夹角的最大值 φ_m

称为摩擦角，如图 1-40（b）所示。由图可得

$$\tan\varphi_m = \frac{F_{fmax}}{F_N} = \frac{fF_N}{F_N} = f \qquad (1-18)$$

即摩擦角的正切等于静摩擦因数，故摩擦角也是反映物体间摩擦性质的物理量。

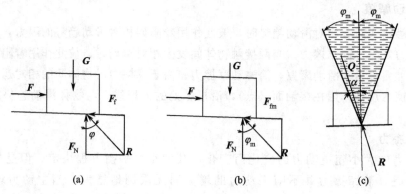

图 1-40　摩擦角与自锁

（2）自锁　由图 1-40（c）所示，将作用于物体上的全部主动力合成一合力 Q，合力 Q 与接触面公法线间的夹角为 α。当物体处于平衡时，主动力的合力 Q 与全反力 R 必然等值、反向、共线，则有 $\alpha = \varphi$。而物体平衡时，全反力 R 作用线不可能超出摩擦角范围，即 $\alpha \leqslant \varphi_m$，否则，物体处于运动状态。

由此可见，只要满足一定几何条件，使得主动力的合力的作用线在摩擦角范围内，即 $\alpha \leqslant \varphi_m$，则不论主动力有多大，总有全反力 R 与之平衡，物体处于静止状态，这种现象称为自锁。故自锁条件为

$$\alpha \leqslant \varphi_m \qquad (1-19)$$

当 $\alpha > \varphi_m$ 时，不论 Q 的数值有多小，都会打破平衡状态，开始运动。

在工程中广泛应用自锁现象设计一些机构和夹具，使其自动卡住。如为保证螺旋千斤顶在被升起的重物的重力作用下不会自动下降，则千斤顶的螺旋升角必须小于摩擦角；而自卸货车的车斗能升起的仰角必须大于摩擦角。

三、考虑摩擦时的平衡问题

考虑摩擦时平衡问题的求解与不考虑摩擦时平衡问题的求解并无原则上的差别。只是在进行物体受力分析时，必须考虑摩擦力，摩擦力的方向与相对滑动趋势的方向相反；在列出平衡方程后，还需要列出补充方程，即 $F_f \leqslant fF_N$；由于静摩擦力的大小在零与最大值之间变化，因此，问题的解答也是一个范围值，称为平衡范围。

【例 1-11】　图 1-41 所示，一重量为 G 的物体放在倾角为 α 的斜面上，若静摩擦因数为 f，摩擦角为 φ_m，且 $\alpha > \varphi_m$，试求使物体保持静止的水平推力 F 的大小。

解：因为斜面倾角 $\alpha > \varphi_m$，物体处于非自锁状态，当物体上没有其他力作用时，物体将沿斜面下滑。当水平推力 F 太小时，不足以阻止物体下滑；当力 F 太大时，又使物体沿斜面上滑。因此欲使物体静止，力 F 的大小需在某一范围内，即

$$F_{min} \leqslant F \leqslant F_{max}$$

（1）求 F_{min}　F_{min} 为使物体不致下滑时所需力 F 的最小值，此时物体处于下滑临界状态，受力情况如图 1-41（b）所示。列平衡方程为

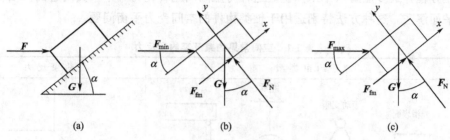

图 1-41　斜面上物体的平衡

$$\sum F_x = 0, \qquad F_{min}\cos\alpha - G\sin\alpha + F_{fm} = 0$$
$$\sum F_y = 0, F_N - F_{min}\sin\alpha - G\cos\alpha = 0$$

列补充方程
$$F_{fm} = fF_N = F_N\tan\varphi_m$$

解得

$$F_{min} = \frac{\sin\alpha - f\cos\alpha}{\cos\alpha + f\sin\alpha}G = \frac{\sin\alpha - \tan\varphi_m\cos\alpha}{\cos\alpha + \tan\varphi_m\sin\alpha}G = G\tan(\alpha - \varphi_m)$$

（2）求 F_{max}　F_{max} 为使物体不至于上滑时所需力 F 的最大值，此时物体处于上滑临界状态，受力情况如图 1-41(c) 所示。列平衡方程为

$$\sum F_x = 0, F_{max}\cos\alpha - G\sin\alpha - F_{fm} = 0$$
$$\sum F_y = 0, F_N - F_{max}\sin\alpha - G\cos\alpha = 0$$

列补充方程

$$F_{fm} = fF_N = F_N\tan\varphi_m$$

解得

$$F_{max} = \frac{\sin\alpha + f\cos\alpha}{\cos\alpha - f\sin\alpha}G = \frac{\sin\alpha + \tan\varphi_m\cos\alpha}{\cos\alpha - \tan\varphi_m\sin\alpha}G = G\tan(\alpha + \varphi_m)$$

综合以上结果可知，使得物体保持静止的水平推力 F 的大小应该满足下列条件

$$G\tan(\alpha - \varphi_m) \leqslant F \leqslant G\tan(\alpha + \varphi_m)$$

第五节　空间力系简介

在工程实际中，如果作用于物体上的力系，其各力的作用线不在同一平面内，而是空间分布的，则这样的力系称为空间力系。

一、空间约束

由于约束反力起着限制非自由体运动的作用，所以约束反力的方向总是与约束所限制的非自由体的运动方向相反。因此，观察物体在空间的六种（沿三轴移动和绕三轴转动）可能的运动中，有哪几种运动被约束所阻碍，有阻碍就有约束反力。阻碍移动为反力，阻碍转动为反力偶。空间常见约束及其约束反力见表 1-1。

二、空间力系平衡的平面解法

在工程中，借助投影原理，常将空间力系投影到三个坐标平面上，得到三个平面力系。由于空间力系平衡，因此，投影后的三个平面力系亦平衡。分别列出各平面力系的平衡方程，联立求解出未知量。虽得到三个平面力系，但每两个平面力系共用一个投影轴，故只有六个独立方程，最多能解六个未知量。这种将空间问题转化为三个平面问题的方法称为空间问题的平面解法。这种方法特别适用于轴类构件的空间受力平衡问题。

表 1-1　空间常见约束及其约束反力

序　号	约束类型	约束反力
1	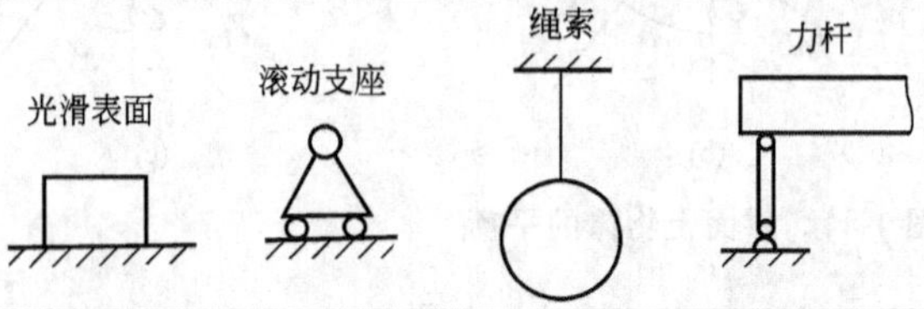 光滑表面　滚动支座　绳索　力杆	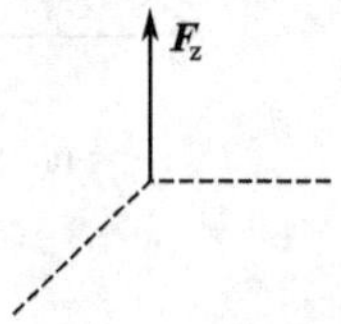 F_z
2	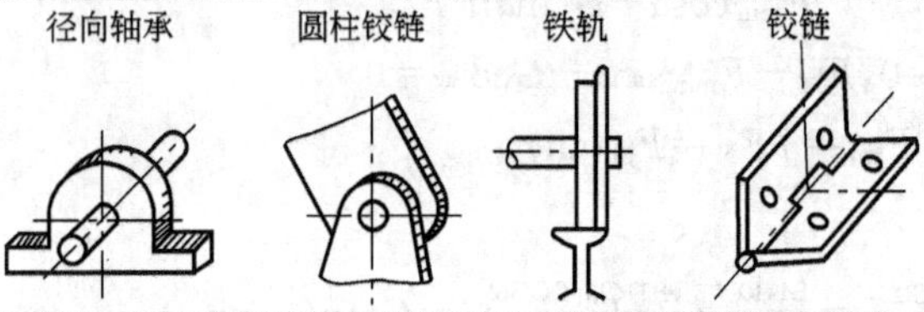 径向轴承　圆柱铰链　铁轨　铰链	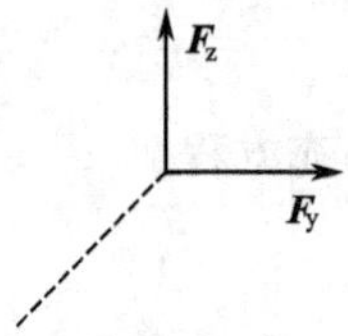 F_z　F_y
3	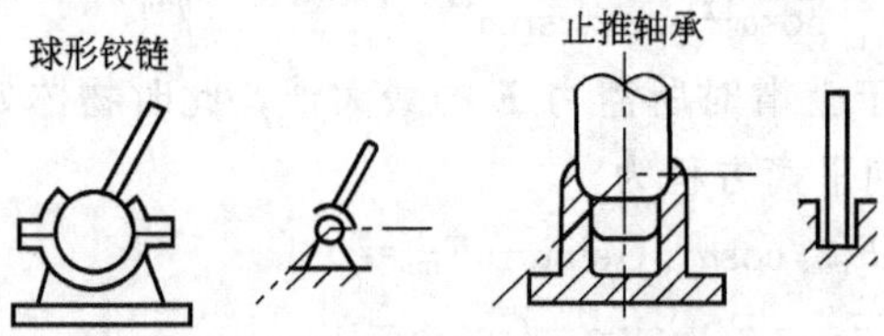 球形铰链　止推轴承	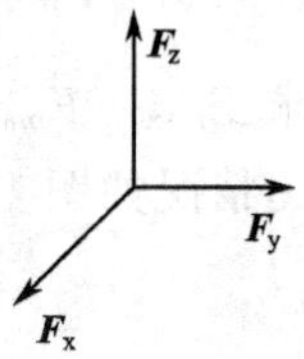 F_z　F_y　F_x
4	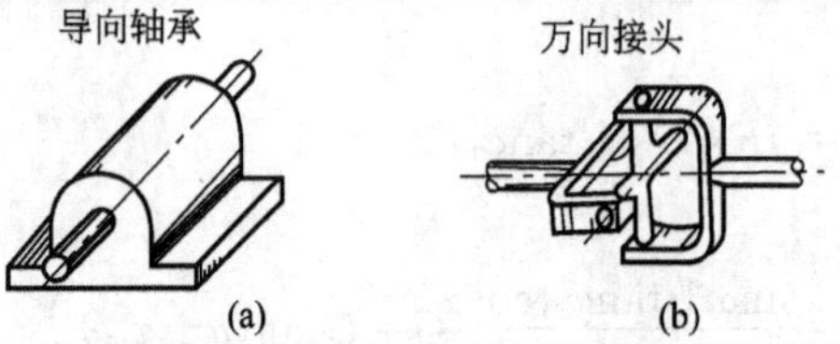 导向轴承 (a)　万向接头 (b)	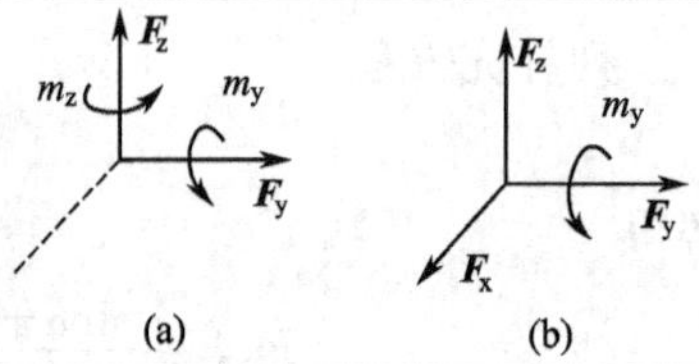 (a) m_z F_z m_y F_y　(b) F_z m_y F_y F_x
5	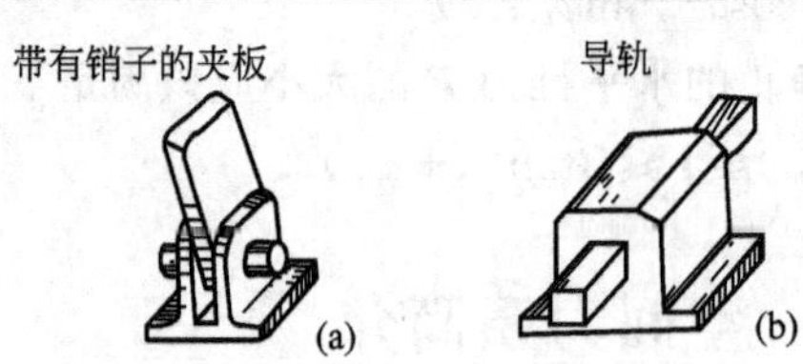 带有销子的夹板 (a)　导轨 (b)	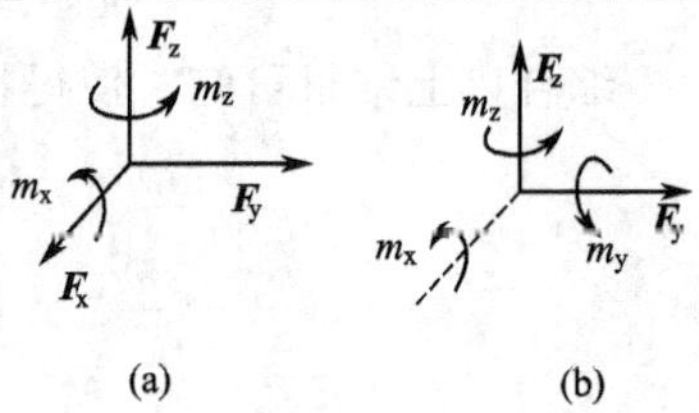 (a) F_z m_z m_x F_y F_x　(b) F_z m_z m_x F_y m_y
6	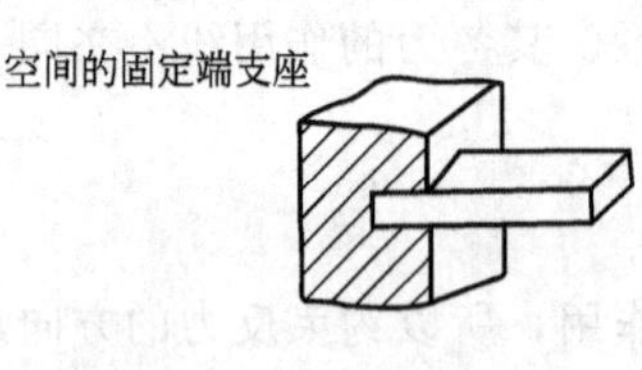 空间的固定端支座	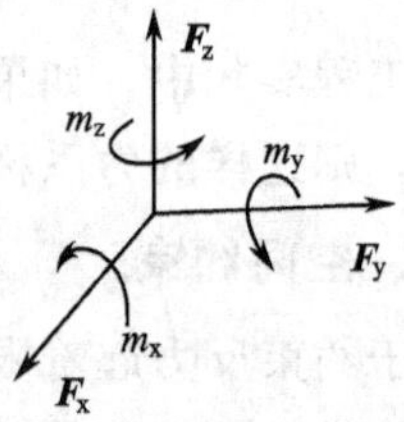 F_z m_z m_y F_y m_x F_x

【例 1-12】　某轴如图 1-42 所示，已知带紧边拉力 $F_1=5\text{kN}$，带松边拉力 $F_2=2\text{kN}$，带轮直径 $D=0.16\text{m}$，齿轮分度圆直径 $d=0.12\text{m}$，压力角 $\alpha=20°$，求齿轮圆周力 F_t、径向力 F_r 和轴承的约束反力。

解：选取轴及齿轮为研究对象，受力如图 1-42（b）所示。向心轴承 A 的约束反力为 F_{Ax}、F_{Az}；向心轴承 B 的约束反力为 F_{Bx}、F_{Bz}。

将受力图投影倒三个坐标平面上，得到三个平面力系，如图 1-42（c）～（e）所示。xz

面 [图 1-42(e)]

$$\sum M_A(\boldsymbol{F})=0,(F_1-F_2)\frac{D}{2}-F_t\frac{d}{2}=0$$

$$F_t=\frac{(F_1-F_2)\dfrac{D}{2}}{d/2}=\frac{(5-2)\times\dfrac{0.16}{2}}{0.12/2}=4\ (\text{kN})$$

$$F_r=F_t\tan\alpha=4\times\tan20°=1.456\ (\text{kN})$$

yz 面[图 1-42(c)]

$$\sum M_B(\boldsymbol{F})=0 \qquad F_r\times200-F_{Az}\times400-(F_1+F_2)\times60=0$$

$$F_{Az}=\frac{200\times1.456-60\times(5+2)}{400}=-0.322\ (\text{kN})$$

$$\sum F_z=0 \quad F_{Az}+F_{Bz}-F_r-(F_1+F_2)=0$$

$$F_{Bz}=1.456+(5+2)-(-0.322)=8.778\ (\text{kN})$$

xy 面 [图 1-42(d)]

$$\sum M_B(\boldsymbol{F})=0 \qquad F_t\times200+F_{Ax}\times400=0$$

$$F_{Ax}=-\frac{F_t}{2}=-\frac{4}{2}=-2\ (\text{kN})$$

$$\sum F_x=0 \quad F_t+F_{Ax}+F_{Bx}=0$$

$$F_{Bx}=-F_t-F_{Ax}=-4-(-2)=-2\ (\text{kN})$$

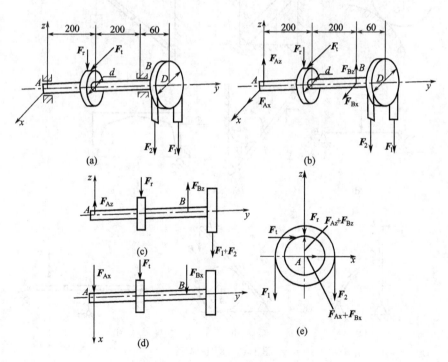

图 1-42 轴受力分析

同 步 练 习

一、判断题

1-1 只受两个力作用的物体，若这两个力的大小相等、方向相反、且作用在同一直线上，则该物体一

定处于平衡。（　　）

1-2　只受两个力作用下的物体称为二力构件。（　　）

1-3　力可沿着它的作用线在刚体内任意移动，并不会改变此力对刚体的作用效果。（　　）

1-4　力可在刚体内任意平移，平移并不会改变此力对刚体的作用效果。（　　）

1-5　作用力与反作用力总是作用在同一物体上。（　　）

1-6　若两个力在同一坐标轴上的投影相等，则这两力相等。（　　）

1-7　如果力的作用线通过矩心，则其力矩等于零。（　　）

1-8　力偶不仅对物体产生移动效应，而且还产生转动效应。（　　）

1-9　力偶无合力，力偶只能与力偶平衡。（　　）

1-10　力偶在任何坐标轴上的投影都为零。（　　）

1-11　力偶对其作用面内一点取矩，与矩心的位置有关。（　　）

1-12　约束反力的方向总是与约束所限制的非自由体的运动方向相反。（　　）

1-13　物体自锁条件为 $\alpha \geqslant \varphi_m$。（　　）

二、作图题

1-14　试画出图1-43中每个标注符号的物体的受力图。设各接触面均为光滑面，未标注重力的不计重力。

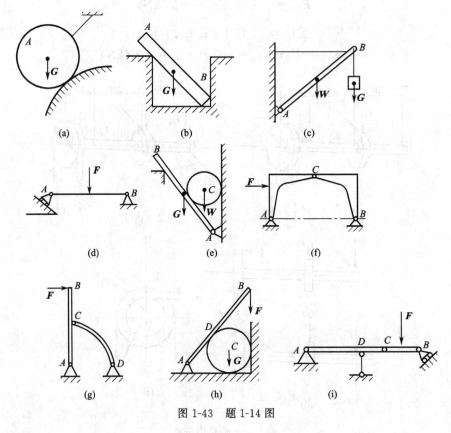

图1-43　题1-14图

三、计算题

1-15　如图1-44所示，求各力在坐标轴上的投影。已知 $F_1 = F_2 = F_4 = 100\text{N}$，$F_3 = F_5 = 150\text{N}$，$F_6 = 200\text{N}$。

1-16　试计算图1-45中力 F 对点 O 之矩。

1-17　图1-46所示的三角支架由杆 AB，AC 铰接而成，在 A 处作用有重力 G，求出图中 AB，AC 所受的力（不计杆自重）。

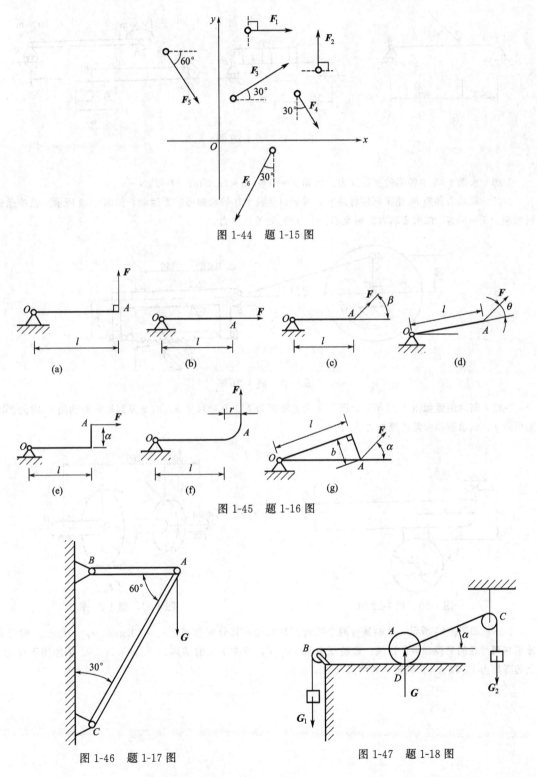

图 1-44 题 1-15 图

图 1-45 题 1-16 图

图 1-46 题 1-17 图

图 1-47 题 1-18 图

1-18 如图 1-47 所示，圆柱 A 重力为 G，在中心上系有两绳 AB 和 AC，绳子分别绕过光滑的滑轮 B 和 C，并分别悬挂重力为 G_1 和 G_2 的物体，设 $G_2 > G_1$。试求平衡时的 α 角和水平面 D 对圆柱的约束力。

1-19　构件的支承及荷载如图 1-48 所示，求支座 A、B 处的约束力。

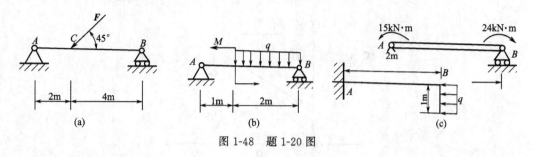

图 1-48　题 1-20 图

1-20　求图 1-48 中各梁的支座反力。已知 $F=6\text{kN}$，$q=2\text{kN/m}$，$M=2\text{kN}\cdot\text{m}$。

1-21　驱动力偶矩 M 使锯床转盘旋转，并通过连杆 AB 带动锯弓往复运动，如图 1-49 所示。设锯条的切削阻力 $F=5\text{kN}$，试求驱动力偶矩及 O、C、D 三处的约束力。

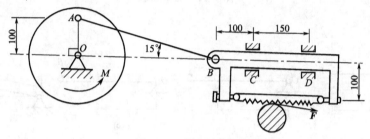

图 1-49　题 1-21 图

1-22　制动装置如图 1-50 所示，已知圆轮上转矩为 M，几何尺寸 a、b、c 及圆轮同制动块 K 间的静摩擦因数 f。试求制动所需的最小力 F_1 的大小。

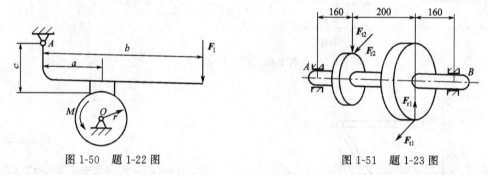

图 1-50　题 1-22 图　　　　　　　　　图 1-51　题 1-23 图

1-23　如图 1-51 所示，某轴装有两个直齿圆柱齿轮，其分度圆半径 $r_1=100\text{mm}$，$r_2=72\text{mm}$。啮合点分别在两齿轮的最高和最低位置。齿轮压力角 $\alpha=20°$，齿轮 1 上的圆周力 $F_{t1}=1.58\text{kN}$。求作用于齿轮 2 上的圆周力 F_{t2} 和 A、B 两轴承的约束反力。

第二章 平面机构的组成及其运动分析

▷ 知识目标

明确机构、运动副、平动、定轴转动及平面运动等概念，理解速度、加速度、角速度及角加速度的含义，掌握平面机构运动简图的绘制方法，掌握平面机构自由度的计算。

▷ 能力目标

能正确绘制平面机构运动简图，能判断机构的相对运动是否确定，能对平面机构中各构件的运动进行分析。

【观察与思考】

• 图 2-1 所示为一台缝纫机，试观察缝纫机是怎样工作的？工作时时各部件的运动是否确定？

• 请思考怎样控制图 2-1 所示缝纫机工作的快慢？

机构是机器的重要组成部分，本章主要介绍机构的基本组成、运动简图的画法以及机构具有确定相对运动条件，同时，还分析了机构中构件的运动情况。

图 2-1 缝纫机

第一节 平面机构的组成及其运动简图

机构是由若干个构件组合而成的，组成机构的所有构件都在同一平面内运动或在相互平行的平面中运动，则称这种机构为平面机构，否则称为空间机构。本章只讨论平面机构。

一、运动副

组成机构的所有构件都应具有确定的相对运动。为此，各构件之间必须以某种方式连接起来，但这种连接不同于焊接、铆接之类的刚性连接，它既要对彼此连接的两构件的运动加以限制，又允许其间产生相对运动。这种两个构件直接接触又能产生一定相对运动的连接称为运动副。运动副中的两构件接触形式不同，其限制的运动也不同，其接触形式不外乎有点、线、面三种形式。两构件通过面接触而组成的运动副称为低副，通过点或线的形式相接触而组成的运动副称为高副。

1. 平面低副

根据两构件间允许的相对运动形式不同，低副又可分为转动副和移动副。

（1）转动副 组成运动副的两构件只能绕某一轴线在一个平面内做相对转动的运动副称为转动副，又称为铰链。如图 2-2(a) 所示，构件 1 与构件 2 之间通过圆柱面接触而组成转动副。

（2）移动副　组成运动副的两个构件只能沿某一方向做相对直线运动，这种运动副称为移动副。如图 2-2(b) 所示，构件 1 与构件 2 之间通过四个平面接触组成移动副，这两个构件只能产生沿轴线的相对移动。

由于低副中两构件之间的接触为面接触，因此，承受相同载荷时，其压强比高副低，不易磨损，但其间为滑动摩擦，摩擦损失比高副大，效率低。

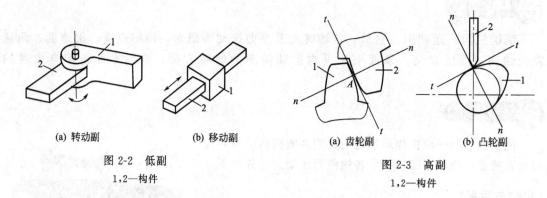

(a) 转动副　　　(b) 移动副　　　　　　(a) 齿轮副　　　　(b) 凸轮副

图 2-2　低副　　　　　　　　　　　　图 2-3　高副

1,2—构件　　　　　　　　　　　　　　1,2—构件

2. 平面高副

如图 2-3 所示的齿轮副和凸轮副都是高副，显然，构件 2 可以相对于构件 1 绕接触点 A 转动，同时又可以沿接触点的切线 $t—t$ 方向移动，只有沿公法线 $n—n$ 方向的运动受到限制。

由于高副中两个构件之间的接触点或线接触，其接触部分的压强比低副高，故容易磨损。

二、平面机构的组成

根据机构工作时构件的运动情况不同，可将构件分为机架、主动件、从动件三类。机架是机构中视作固定不动的构件，用来支承其他活动构件，任何一个机构，必须有一个构件被相对视为机架；机构中接受外部给定运动规律的活动构件称为主动件或原动件，机构通过主动件从外部输入运动，外部驱动力亦作用在主动件上；机构中随主动件而运动的其他可动构件称为从动件。

因此，平面机构是由机架、主动件、从动件三部分通过平面运动副连接而成。

三、平面机构运动简图

机构中各构件的运动取决于原动件的运动规律、运动副的类型和数目、机构的运动尺寸（确定各运动副相对位置的尺寸），而与构件的外形（高副机构的轮廓形状除外）、横截面尺寸、组成构件的零件数目等无关。所以，在分析机构运动时，为了简化问题，便于研究，常常可以不考虑与运动无关的因素，而用一些规定的简单线条和符号表示构件和运动副，按一定比例确定运动副的相对位置，这种用规定的简化画法简明表达机构中各构件运动关系的图形称为机构运动简图。表 2-1 为机构运动简图的常用符号。

绘制机构运动简图一般按下列步骤进行。

① 分析机构，观察相对运动，找出机架、原动件、从动件。

② 循着运动传递路线，确定运动副的类型、数量和位置。

③ 选择投影平面，一般选择与各构件运动平面相平行的平面作为绘制机构运动简图的

投影平面。

④ 确定比例尺，$\mu_1 = \dfrac{\text{实际尺寸(m)}}{\text{图上尺寸（mm）}}$。

⑤ 用规定的符号和线条绘制成简图。（从原动件开始画）

表 2-1　机构运动简图常用符号

名　称		简图称号	名　称		简图称号
构件	杆、轴		机架	基本符号	
	三副元构件			机架是转动副的一部分	
				机架是移动副的一部分	
	构件的永久连接		平面高副	齿轮副外啮合	
平面低副	转动副			齿轮副内啮合	
	移动副			凸轮副	

【例 2-1】　试绘制图 0-3 所示单缸内燃机的机构运动简图。

解：从图 0-3 可知，壳体及汽缸体 4 是机架，缸内活塞 3 是原动件。活塞 3 与连杆 2 相对转动构成转动副；运动通过连杆 2 传给曲轴 1，连杆 2 传给曲轴 1 构成转动副；曲轴 1 将运动通过与之相连的小齿轮 7 传给大齿轮 8，大、小齿轮与机架构成转动副；大齿轮 8 和凸轮 6 同轴，凸轮 6 通过滚子将运动传给顶杆 5，大、小齿轮之间及凸轮与滚子之间都构成高副；滚子与顶杆 5 构成转动副；顶杆 5 与机架构成移动副。

选择适当的比例尺，按照规定的线条和符号，绘出该机构的运动简图，如图 2-4 所示，图中标有箭头的构件 3 是原动件。

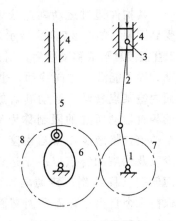

图 2-4　运动简图
1—曲轴；2—连杆；3—活塞；4—汽缸体；5—顶杆；6—凸轮；
7—小齿轮；8—大齿轮

第二节　平面机构具有确定相对运动的条件

机构要实现预期的运动，就必须具有唯一确定的运动，也就是具有运动的可能性和确定性。如图 2-5 所示的三角架，当其中一条边固定时，其他两边在平面内位置亦固定，不具备运动的可能性。如图 2-6 所示的五杆机构，如果选取构件 1 作为原动件，当给定夹角 φ_1 时，构件 2、3、4 既可以处在实线位置，也可以处在虚线或者其他的位置，因此，其从动件的运动是不确定的。如果构件 1、4 的位置参数都确定下来，则其余构件的位置也就确定下来了。

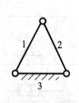

图 2-5　三角架

1～3—构件

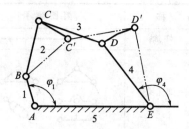

图 2-6　五杆机构

1～5—构件

　　由此可见，无相对运动的构件组合或者是无规则乱动的机构都不能实现预期的运动。将机构的一个构件固定为机架，当其中一个或几个原动件位置确定时，其余从动件的位置也随之确定，机构便具有确定的相对运动。那么究竟需要一个还是多个原动件，才可以使机构具有唯一确定的运动，这就取决于机构的自由度。

一、平面机构的自由度

　　构件做独立运动的可能性称为构件的自由度。如图 2-7（a）所示，构件 AB 在 xOy 平面内有三个独立运动的可能性，它可沿 x 方向和 y 方向移动以及绕点 A 在 xOy 平面内转动。因此，做平面运动的自由构件有三个自由度（即 x、y、φ）。

　　两构件通过运动副连接以后，相对运动受到限制。如图 2-7（b）所示，构件 1 与机架 2 直接接触形成移动副后，则只能沿 x 方向移动，而不能沿 y 方向移动，也不能在 xOy 平面内绕某点转动。运动副对成副的两构件间的相对运动所加的限制称为约束。每增加一个约束，将减少 1 个自由度。约束数目的多少以及约束的特点取决于运动副的形式。平面低副（移动副、转动副）引入 2 个约束，保留 1 个自由度；而平面高副只引入 1 个约束，保留 2 个自由度。

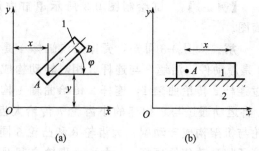

图 2-7　平面运动构件的自由度

1—构件；2—机架

　　设一个平面机构包含 N 个构件，其中一个为机架，则有 $n=N-1$ 个活动构件。构件之间尚未构成运动副时，共有 $3n$ 个自由度。每构成 P_L 个低副，便引入 $2P_L$ 约束；每构成 P_H 个高副，便引入 $2P_H$ 个约束。因此，平面机构所具有独立运动的可能性，即平面机构的自由度 F 应为：全体活动构件在自由状态时的自由度总数与全部运动副所引入的约束总数之差，即

$$F=3n-2P_L-P_H \tag{2-1}$$

【例 2-2】　计算图 2-5 所示三角架的自由度。

解：$n=3$，$P_L=2$，$P_H=0$，则

$$F=3\times2-2\times3-0=0$$

表明该三角架无运动的可能，即构成一个稳定的三角形。

【**例 2-3**】 计算图 2-6 所示五杆机构的自由度。

解：$n=4$，$P_L=5$，$P_H=0$，则

$$F=3\times4-2\times5-0=2$$

表明该五杆机构有 2 个独立运动的可能性。

由此可知，机构要具备运动的可能性，必须要求机构的自由度大于零，即

$$F>0 \tag{2-2}$$

二、平面机构具有确定相对运动的条件

当机构自由度小于或等于零时，各构件间不可能产生相对运动，如图 2-5 所示的三角架。

当原动件数 W 大于机构自由度时，机构将破坏。如图 2-8 所示，图中原动件数 2，机构自由度 $F=3\times3-2\times4=1$，若外界给定的原动件 1 和 3 的运动同时满足，势必将杆 2 拉断。

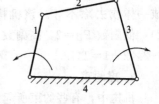

图 2-8 三角架（$W>F$）

1,3—原动件；2—杆

图 2-6 所示，当原动件数为 1 时，小于机构自由度 2，此时从动件 2、3、4 的位置均不能确定；只有给出两个原动件，即构件 1、4 的位置参数都确定下来，才能使其余构件的位置也就确定下来，机构相对运动才确定。

因此，机构具有确定相对运动的条件为：机构自由度数应与机构的原动件数（用 W 表示）相等，且大于零，即

$$F=W>0 \tag{2-3}$$

三、平面机构自由度计算的注意事项

1. 复合铰链

两个以上的构件共用同一转动轴线所构成的转动副称为复合铰链。如图 2-9 所示，构件 1、2、3 在同一轴线上构成转动副，而从俯视图可见，该机构实际包含 2 个转动副。显然，当有 m 个构件组成复合铰链时，应有 $m-1$ 个转动副。

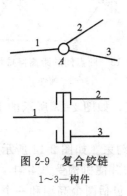

图 2-9 复合铰链

1~3—构件

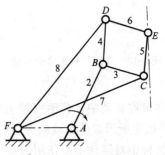

图 2-10 平面直线机构

1~8—杆

【**例 2-4**】 试计算图 2-10 所示平面直线机构的自由度。

解：该机构中 B、C、D、F 四处都是由三个构件组成复合铰链，各有两个转动副。所

以，在该机构中，活动构件数目 $n=7$，低副数 $P_L=10$，高副数 $P_H=0$，则机构自由度

$$F=3\times7-2\times10=1$$

2. 局部自由度

机构中常出现一种不影响整个机构运动的、局部的独立运动，称为局部自由度。如图 2-11(a) 所示，在滚子从动件凸轮机构中，为减少高副元素摩擦，在从动杆 2 和凸轮 1 之间装了一个滚子 4。设想将滚子 4 和从动杆 2 焊在一起，如图 2-11(b) 所示，从动杆 2 的运动并不发生任何变化，可见，滚子 4 与从动杆 2 间的转动为局部自由度。计算机构自由度时应设想将形成局部自由度的两构件焊接成一体或去除不计。该机构活动构件数 $n=2$（构件 1、2），低副数 $P_L=2$，高副数 $P_H=1$，机构自由度 $F=3\times2-2\times2-1=1$。

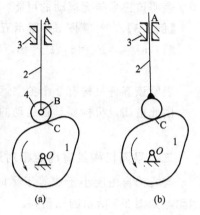

图 2-11　局部自由度
1—凸轮；2—从动杆；
3—机架；4—滚子

3. 虚约束

机构中，有些约束所起的限制作用是重复的，这种不起独立限制作用的约束称为虚约束。在计算自由度时应该先去除虚约束。

平面机构的虚约束常出现于下列情况。

① 两构件在同一导路或平行导路上形成多个移动副，只有一个移动副起作用，其余都是虚约束。如图 2-12(a) 所示，构件 1 与机架 2 形成 A、B、C 三个平行导路的移动副。

② 两个构件组成多个轴线重合的转动副，如图 2-12(b) 所示，只有一个转动副起约束作用，另一个转动副为虚约束。

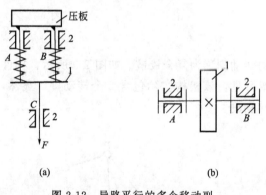

图 2-12　导路平行的多个移动副
1—构件；2—机架

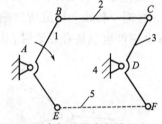

图 2-13　两点间的距离保持恒定
1~5—构件

③ 在机构运动中，若两构件上两点间的距离保持恒定，如图 2-13 所示的 E、F 两点，则用构件相连所形成的运动副为虚约束。

④ 机构中对运动不起作用的对称部分引入的约束为虚约束。如图 2-14 所示，差动齿轮系中，只需要一个齿轮 2 便可传递运动。为了提高承载能力并使机构受力均匀，图中采用了 3 个完全相同的行星轮对称布置。这里每增加一个行星轮（包括两个高副和一个低副）便引进一个虚约束。

虚约束虽不影响机构的运动，但能增加机构的刚性，改善其受力状况，因而广泛采用。

【例 2-5】　试计算图 2-15（a）所示大筛机构的自由度。

解：机构中 C 处为复合铰链，滚子处有局部自由度，E 和 E' 为两构件组成的导路平行的移动副，其中之一为虚约束，弹簧对运动不起限制作用。将滚子与压缩杆焊接成一体，去掉移动副 E' 和弹簧之后得图 2-15（b），其中 $n=7$，$P_L=9$（7 个转动副和 2 个移动副），$P_H=1$，则

$$F=3n-2P_L-P_H=3\times7-2\times9-1=2$$

此机构有两个原动件，故具有确定的相对运动。

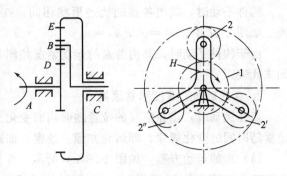

图 2-14　对称结构的虚约束
1,2,2″—齿轮

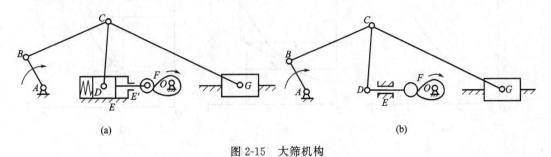

(a)　　　　　　　　　　　　　　(b)

图 2-15　大筛机构

第三节　构件的运动分析

机构工作时，其构件将运动。构件的运动形式有平动、定轴转动和平面运动。

一、构件的平动

1. 构件平动的运动特点

构件运动时，若体内任一直线始终保持与其原来的位置平行，则这种运动称为平行移动，简称平动。例如，图 2-11 所示凸轮机构中从动件 2 的运动，图 2-16 所示车刀的运动和振动筛的运动等，它们都具有上述的共同特点，因而都是平动。构件平动时，体内各点的轨迹可以是直线，也可以是曲线。轨迹是直线的称为直线平动，如车刀的运动；轨迹是曲线的称为曲线平动，如筛子的运动。

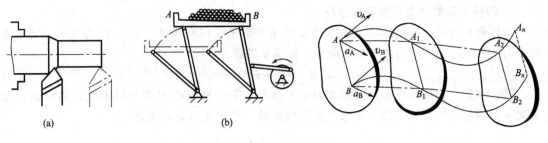

(a)　　　　　　　　　(b)

图 2-16　平行移动　　　　　　　　　图 2-17　平动特点

构件平动时，其内各点的轨迹形状相同；在每一瞬时，各点的速度相同，加速度也相同。如图 2-17 中，$v_A = v_B$，$a_A = a_B$。

由于构件平动时，其内各点的运动情况相同，因此，构件的平动可用其体内任一点的运动来代表。

2. 点的运动、速度和加速度

点在运动时，点在空间的位置随时间而变化。描述机构上点的运动，就是描述点的空间位置随时间的变化规律，即运动方程、速度、加速度。

（1）点的运动方程　如图 2-18(a) 所示，作直角坐标系 Oxy，动点的位置可用坐标 x、y 来表示。当动点 M 运动时，坐标 x、y 都随时间而变化，它们是时间 t 的单值连续函数，即

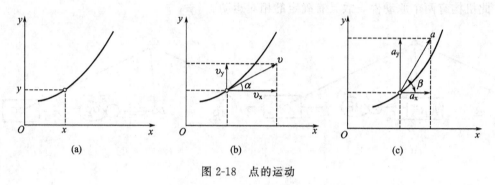

图 2-18　点的运动

$$x = f_1(t) \qquad y = f_2(t) \qquad (2\text{-}4)$$

上述方程称为以直角坐标表示的点的运动方程。

（2）点的速度　点的速度是矢量，是描述点的运动快慢和方向的物理量。点的速度在直角坐标轴上的投影，等于点运动方程对时间的一阶导数，即

$$v_x = \frac{\mathrm{d}x}{\mathrm{d}t}, v_y = \frac{\mathrm{d}y}{\mathrm{d}t}, v = \sqrt{v_x^2 + v_y^2}, \tan\alpha = \left| \frac{v_y}{v_x} \right|$$

式中　α——点的速度与坐标轴 x 之间所夹的锐角，如图 2-18(b) 所示。

（3）点的加速度　点的加速度是矢量，是描述点的速度大小和方向随时间而变化的物理量。

点的加速度在直角坐标轴上的投影，等于速度对时间的一阶导数，或等于点的运动方程对时间的二阶导数，即

$$a_x = \frac{\mathrm{d}v_x}{\mathrm{d}t} = \frac{\mathrm{d}^2 x}{\mathrm{d}t^2}, a_y = \frac{\mathrm{d}v_y}{\mathrm{d}t} = \frac{\mathrm{d}^2 y}{\mathrm{d}t^2}, \tan\beta = \left| \frac{a_y}{a_x} \right| \qquad (2\text{-}5)$$

式中　β——点的加速度与坐标轴 x 之间所夹的锐角，如图 2-18(c) 所示。

3. 构件平动的动力分析基本方程

构件做平动时，其质量 m 与加速度 a 的乘积等于作用在构件上合力 F 的大小，加速度与合力的方向相同，即构件平动的动力分析基本方程为

$$ma = F \qquad (2\text{-}6)$$

【例 2-6】　曲柄连杆机构如图 2-19(a) 所示。取曲柄轴心 O 为坐标原点，当曲柄以角速度 ω 匀速转动时，活塞沿 x 轴做往复直线运动，已知其运动规律为

$$x = r\cos\omega t + \frac{r^2}{4l}\cos 2\omega t + l - \frac{r^3}{4l}$$

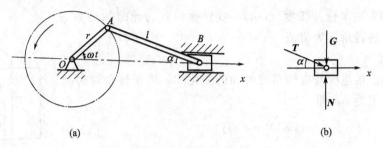

图 2-19　曲柄连杆机构

式中，r 和 l 分别为 OA 和连杆 AB 的长度。活塞重量为 G，不计摩擦，试求当 $\omega t=0$ 时，连杆作用在活塞上的力。

解： 活塞平动，其上受重力 G、滑道反力 N 和连杆作用力 T，如图 2-19(b) 所示。

由活塞运动方程可得

$$v=v_x=\frac{\mathrm{d}x}{\mathrm{d}t}=-r\omega\sin\omega t-\frac{r^2\omega}{2l}\sin 2\omega t$$

$$a=a_x=\frac{\mathrm{d}^2x}{\mathrm{d}t^2}=-r\omega^2\left(\cos\omega t+\frac{r}{l}\cos 2\omega t\right)$$

设连杆与 x 轴所夹锐角为 α，由图 2-19(a) 得

$$\cos\alpha=\frac{\sqrt{l^2-r^2\sin^2\omega t}}{l}$$

根据构件平动的动力分析基本方程得

$$T\cos\alpha=ma_x$$

将前三个式子代入最后一个式子中，求得连杆在活塞上的力为

$$T=-\frac{Glr\omega^2\left(\cos\omega t+\dfrac{r}{l}\cos 2\omega t\right)}{g\ \sqrt{l^2-r^2\sin^2\omega t}}$$

当 $\omega t=0$ 时，$T=-\dfrac{G}{g}r\omega^2\left(1+\dfrac{r}{l}\right)$。

式中，负号表示实际作用于活塞的力与图 2-19(b) 中的方向相反。

二、构件的定轴转动

构件运动时，若体内（或其延伸部分）有一直线始终保持不动，则这种运动称为构件绕定轴的转动，简称定轴转动或转动，这一固定不动的直线称为转轴或轴线。定轴转动在工程实际中有着广泛的应用。如齿轮、带轮、电机转子、机床主轴等的运动都是定轴转动。构件做定轴转动时，除了转轴上的点不动外，其余各点都在垂直于转轴的平面内做圆周运动，其圆心都在转轴上。

1. 转动方程

设构件绕定轴转动，如图 2-20 所示，通过轴线作一假想固定平面 Ⅰ，再通过轴线作假想动平面 Ⅱ 固连于转动构件上。构件转动时 Ⅰ、Ⅱ 平面形成一夹角 φ，φ 称为构件的转角，它可以唯一地确定转动构件的位置。当构件转动时，转角 φ 是时间变量的单值连续函数，即

$$\varphi=f(t) \tag{2-7}$$

上式称为构件的转动方程，它表示构件转动的规律。由转动方程可以确定构件任一瞬时的转角，也就可以确定任一瞬时构件绕定轴转动的位置。

转角 f 的常用单位是弧度（rad）。规定逆时针转动时的转角 φ 为正；顺时针的转角 φ 为负值。

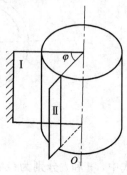

2. 角速度

构件转动的角速度是指转角对时间的变化率，等于转角对时间的一阶导数，记为 ω，即

$$\omega = \frac{\mathrm{d}\varphi}{\mathrm{d}t} = f'(t) \tag{2-8}$$

角速度亦是代数量。当 $\omega > 0$ 时，表明转角 φ 的代数值随时间的增加而增加，构件逆时针转动；反之，当 $\omega < 0$ 时，φ 的代数值随时间的增加而减小，构件顺时针转动。

图 2-20　转角

角速度的常用单位是弧度/秒（rad/s）。

工程中常用转速 n，即每分钟的转数（r/min）表示转动的快慢，角速度与转速之间的关系是

$$\omega = \frac{2\pi n}{60} = \frac{\pi n}{30} \tag{2-9}$$

3. 角加速度

构件转动的角加速度是指角速度对时间的变化率，等于角速度对时间的一阶导数，或等于转角对时间的二阶导数，记为 ε，即

$$\varepsilon = \frac{\mathrm{d}\omega}{\mathrm{d}t} = \frac{\mathrm{d}^2\varphi}{\mathrm{d}t^2} = f''(t) \tag{2-10}$$

角加速度亦是代数值，当 ε 为正时，角速度 ω 的代数值随时间增大；反之减小。当 ε 与 ω 同号时，构件加速转动；当 ε 与 ω 异号时，构件减速转动。

角加速度 ε 的单位是弧度/秒^2（rad/s^2）。

当角加速度 ε 为常量时，称为匀变速转动，则有

$$\omega = \omega_0 + \varepsilon t$$

$$\varphi = \varphi_0 + \omega t + \frac{1}{2}\varepsilon t^2 \tag{2-11}$$

$$\omega^2 = \omega_0^2 + 2\varepsilon(\varphi - \varphi_0)$$

当角速度 ω 为常量时，称为匀速转动，则有

$$\varphi = \varphi_0 + \omega t \tag{2-12}$$

其中，φ_0 为初转角，ω_0 为初角速度。

4. 定轴转动构件内各点的速度

如图 2-21 所示，构件绕定轴转动时，体内各点的速度垂直于各自的转动半径，其方向沿圆周的切线，并与构件转向一致，其大小与各点的转动半径成正比，等于角速度与该各点的转动半径 r 的乘积，即

$$v = r\omega \tag{2-13}$$

$$v = \frac{\pi D n}{60} \tag{2-14}$$

5. 定轴转动构件内各点的加速度

定轴转动构件内各点的加速度一般可分解为切向加速度和法向加速度，如图 2-22 所示。切向加速度 a_τ 大小为 $a_\tau = r\varepsilon$，方向垂直于转动半径，且与角加速度 ε 的转向一致；法向加速

度的大小 $a_n = r\omega^2$，方向沿法线而指向转轴。

动点 M 的全加速度的大小、方向为

$$a = \sqrt{a_t{}^2 + a_n{}^2} = r\sqrt{\varepsilon^2 + \omega^4}$$

$$\beta = \arctan\left|\frac{a_\tau}{a_n}\right| = \frac{|\varepsilon|}{\omega^2} \tag{2-15}$$

式中 β——加速度 a 与转动半径间所夹的锐角。

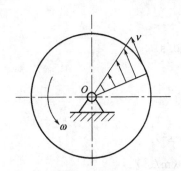 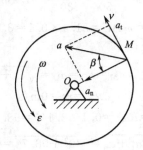 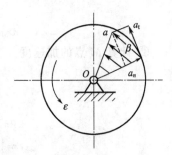

图 2-21 定轴转动构件内各点的速度   图 2-22 定轴转动构件内各点的加速度

由此可知，同一瞬时，定轴转动构件内各点加速度的大小与各点的转动半径成正比，各点的全加速度与转动半径的夹角相同。

【例 2-7】 飞轮的转动方程为 $\varphi = \dfrac{9}{32}t^3$，飞轮上一点 P 与转轴的距离 $r = 0.8\text{m}$。某瞬时 P 点的切向加速度和法向加速度数值相等，试求该点的速度和加速度。

解：角速度和角加速度为

$$\omega = \frac{\text{d}\varphi}{\text{d}t} = \frac{27}{32}t^2$$

$$\varepsilon = \frac{\text{d}\omega}{\text{d}t} = \frac{27}{16}t$$

P 点的切向加速度和法向加速度为

$$a_t = r\varepsilon$$

$$a_n = r\omega^2$$

设在瞬时 t，有 $a_t = a_n$，即有 $r\varepsilon = r\omega^2$，$\varepsilon = \omega^2$

$$\frac{27}{16}t = \left(\frac{27}{32}\right)^2 t^4$$

因此 $t^3 = \dfrac{64}{27}$，$t = \dfrac{4}{3}\text{s}$。

将 t 的值代入 ω 和 ε 的表达式，得到 $\omega = \dfrac{3}{2}\text{rad/s}$，$\varepsilon = \dfrac{9}{4}\text{rad/s}^2$，故

$$v = r\omega = 1.2\text{m/s}$$

$$a = r\sqrt{\varepsilon^2 + \omega^2} = 1.8\sqrt{2} = 2.54 \ (\text{m/s}^2)$$

$$\tan\beta = \frac{|\varepsilon|}{\omega^2} = 1, \beta = 45°$$

β 为全加速度 a 与 P 点转动半径间的夹角。

【例 2-8】 图 2-23 所示平行双曲柄机构。已知主动曲柄做匀速转动，$n_1 = 300\text{r/min}$，

$AC=BD=100\text{mm}$。求连杆 CD 上任意一点 M 的速度和加速度。

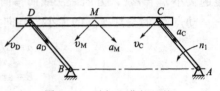

图 2-23　平行双曲柄机构

解：由题意知，平行双曲柄机构的连杆 CD 作平动，则 M 点的速度、加速度与 C、D 点相同。

① 计算 M 点的速度

$$v_M = v_C = v_D = \omega_1 AC$$

$$\omega_1 = \frac{\pi n_1}{30} = \frac{300\pi}{30} = 31.4\,(\text{rad/s})$$

$$v_M = \omega_1 AC = 31.4 \times 0.1 = 3.14\,(\text{m/s})$$

② 计算 M 点的加速度

$$a_M = a_C = a_D = \sqrt{a_t^2 + a_n^2}$$

$$a_\tau = r\varepsilon = 0\,\text{m/s}^2$$

$$a_n = R\omega^2 = 0.1 \times 3.14^2 = 98.7\,(\text{m/s}^2)$$

$$a_M = \sqrt{a_t^2 + a_n^2} = \sqrt{0^2 + 98.7^2} = 98.7\,(\text{m/s}^2)$$

6. 定轴转动构件的动力分析基本方程

定轴转动构件的动力分析基本方程为

$$\sum m_z(F) = J_z\varepsilon \tag{2-16}$$

式中　$\sum m_z(F)$——作用在构件上所有力对转轴 z 之矩的代数和，$\text{N}\cdot\text{m}$；

　　　　J_z——构件对转轴 z 的转动惯量，$\text{kg}\cdot\text{m}^2$；

　　　　ε——角加速度，rad/s^2。

转动惯量是物体转动惯性的量度，其量值取决于物体的形状、质量分布及转轴的位置，其计算公式为

$$J_z = \sum mr^2, \quad J_z = M\rho^2 \tag{2-17}$$

式中　m——构件内任一质点的质量；

　　　r——质点到转轴 z 的距离；

　　　M——构件的质量；

　　　ρ——构件的回转半径。

常见简单形状均质物体的转动惯量如表 2-2 所示。

表 2-2　均质物体的转动惯量和回转半径

物体形状	简图	转动惯量 J_z	回转半径	物体形状	简图	转动惯量 J_z	回转半径
细直杆		$\dfrac{Ml^2}{12}$	$\dfrac{l}{2\sqrt{3}}$	空心圆柱		$\dfrac{M}{2}(R^2+r^2)$	$\sqrt{\dfrac{R^2+r^2}{2}}$
圆柱		$\dfrac{M}{12}(l^2+3R^2)$	$\sqrt{\dfrac{l^2+3R^2}{12}}$	实心球		$\dfrac{2MR^2}{5}$	$\sqrt{\dfrac{2}{5}}R$

续表

物体形状	简图	转动惯量 J_z	回转半径	物体形状	简图	转动惯量 J_z	回转半径
薄圆板		$\dfrac{MR^2}{2}$	$\dfrac{R}{\sqrt{2}}$	薄壁空心球		$\dfrac{2MR^2}{3}$	$\sqrt{\dfrac{2}{3}}R$
圆环		$\dfrac{M}{2}(R_1^2+R_2^2)$	$\sqrt{\dfrac{R_1^2+R_2^2}{2}}$	矩形六面体		$\dfrac{M}{12}(a^2+b^2)$	$\dfrac{\sqrt{a^2+b^2}}{2\sqrt{3}}$

【例 2-9】　如图 2-24 所示，已知飞轮的转动惯量 $J_z=2\times10^3\,\text{kg}\cdot\text{m}^2$，在一不变力矩 M 的作用下，由静止开始转动，经过 10s 后，飞轮转速达到 60r/min。若不计摩擦的影响，求力矩 M 的大小。

解：取飞轮为研究对象，画受力图，如图 2-24 所示。由于力矩 M 是常量，所以飞轮的角加速度 ε 也是常量。

$$\varepsilon=\frac{\omega-\omega_0}{t}=\frac{2\pi}{10}=0.2\pi$$

由式（2-16）得

$$M=J\varepsilon=2\times10^3\times0.2\pi=1.256\times10^3\ (\text{N}\cdot\text{m})$$

三、构件的平面运动

平动和定轴转动是构件最简单的运动。但在工程中常常会遇到构件较复杂的运动形式，如曲柄连杆机构中连杆 AB 的运动（图 2-25）以及沿直线轨道滚动的车轮的运动（图 2-26）等。它们有一个共同的特点：构件在运动时，构件内任意一点至某一固定平面的距离始终保持不变，即构件内任意点都在平行于某一固定平面的平面内运动。这种运动称为构件的平面平行运动，简称平面运动。平动和定轴转动是平面运动的两种特殊情况。在一般情况下，平面运动可看成是平动和定轴转动的合成。

如图 2-27 所示，构件做平面运动，设平面Ⅰ为某一固定平面，刚体内各点到该平面的距离保持不变。先用平行于平面Ⅰ的定平面Ⅱ切割构件，得到构件的截面，即平面图形 S。

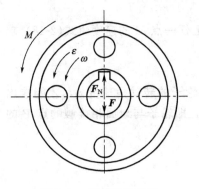

图 2-24　飞轮受力分析

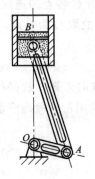

图 2-25　曲柄连杆机构

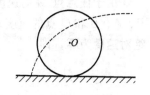

图 2-26　车轮

显然，当构件运动时，平面图形 S 始终在它自身的平面 II 内运动。过平面图形 S 上任意一点 A 作垂直于平面 II 的直线 A_1A_2，在刚体运动的过程中，这种垂直关系保持不变，因而直线 A_1A_2 始终与其原来的位置平行，即直线 A_1A_2 做平动，直线上各点的运动都相同，都可用该直线与平面图形 S 的交点 A 的运动来表示。因此，平面图形 S 上各点的运动可以代表构件上所有各点的运动，即构件的平面运动可以简化为一个平面图形在其自身平面内的运动，如图 2-28 所示。

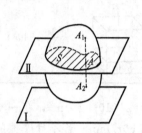

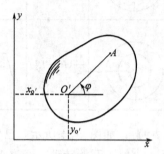

图 2-27 构件运动分析（一）　　　　图 2-28 构件运动分析（二）

1. 平面图形上各点的运动速度分析——基点法

如图 2-29 所示，取平面图形 S 上任意点 O 为基点，平面图形 S 的平面运动可以看成是随同基点 O 平动和绕基点转动的合成。设已知平面图形 S 上任意一点 O 的速度 v_O 和转动角速度 ω，则图形 S 上任意一点 M 的速度为

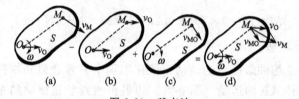

(a)　　　(b)　　　(c)　　　(d)

图 2-29 基点法

$$v_M = v_O + v_{MO} \tag{2-18}$$

上式表明，平面运动的构件上任意一点的速度，等于基点速度与该点随图形绕基点转动的线速度的矢量和。这种方法称为基点法或速度合成法，它是构件平面运动速度分析的基本方法。

【例 2-10】　半径为 R 的车轮，沿直线轨道做纯滚动，如图 2-30(a) 所示。已知轮轴以匀速 v_0 前进，求轮缘上 P、A、B 和 C 各点的速度。

解： 因轮心点 O 的速度已知，故取 O 为基点，则轮缘上任一点 M 的速度由式(2-18) 求得。

$$v_M = v_O + v_{MO}$$

由于任意点 M 的速度大小和方向未知，故必须先求出轮子的转动角速度 ω，才能求出 P、A、B 和 C 点的速度。于是要利用轮子做纯滚动的条件，即轮子与地面相接触的点 P 的绝对速度为零，即

$$v_P = v_O + v_{PO} = 0$$

$$v_{PO} = -v_O$$

也即

$$\omega R = v_O$$

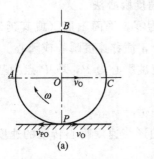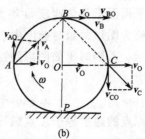

图 2-30　车轮的受力分析

所以
$$\omega = v_O / R$$

因而轮缘上 A、B、C 各点的速度如下。

A 点：$v_A = v_O + v_{AO}$，由于 v_O 与 v_{AO} 垂直，则有

$$v_A = \sqrt{v_O^2 + (\omega R)^2} = \sqrt{2}\, v_O$$

B 点：$v_B = v_O + v_{BO}$，由于 v_O 与 v_{BO} 同方向且垂直于半径，则有

$$v_B = v_O + \omega R = 2 v_O$$

C 点：$v_C = v_O + v_{CO}$，则有

$$v_C = \sqrt{v_O^2 + (\omega R)^2} = \sqrt{2}\, v_O$$

各点速度方向如图 2-30(b) 所示。

2. 平面图形上各点的运动速度分析——速度投影法

由于构件上任意两点间距离保持不变，所以，平面图形内任意两点的速度在这两点连线上的投影相等，此定理称为速度投影定理。利用速度投影定理求平面上某点速度的方法，称为速度投影法。如果已知平面图形上一点的速度大小和方向，又知另一点的速度的方向，则利用此定理就可以迅速求出其速度的大小。

【例 2-11】　椭圆规尺 $AB = 200$mm，AB 两滑块分别在互相垂直的两滑槽中滑动，如图 2-31 所示，已知 A 端速度 $v_A = 20$mm/s，尺 AB 的倾斜角 $\varphi = 30°$，试用投影法求 B 端的速度 v_B。

解： 滑块 A 水平向左运动，带动滑块 B 垂直向下运动。应用速度投影定理，将速度 v_A、v_B 向 AB 连线上投影，可得 $v_A \cos 30° = v_B \cos 60°$，故

$$v_B = \frac{v_A \cos 30°}{\cos 60°} = \frac{20 \times 0.866}{0.5} = 34.64 \text{ (mm/s)}$$

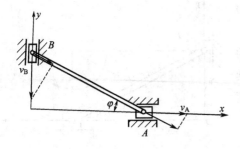

图 2-31　椭圆尺规的受力分析

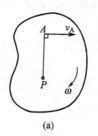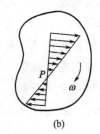

图 2-32　速度瞬心法

3. 平面图形上各点的运动速度分析——速度瞬心法

任意瞬时，只要平面图形的角速度 ω 不为零，平面图形（或其延伸部分）上必有速度为零的一点，这个点称为图形的瞬时速度中心，简称速度瞬心或瞬心。

如图 2-32(a) 所示，某瞬时平面图形的速度瞬心为 P，取 P 点为基点，由基点法可知，图形内任意点 A 的速度

$$v_A = v_P + v_{AP} = v_{AP}$$

即平面图形内任意点的速度等于该点随图形绕速度瞬心转动的速度。v_A 垂直于 A 点与速度瞬心 P 的连线 AP，其大小为

$$v_A = \omega PA$$

由此可见，平面图形的运动可以看成绕瞬心的瞬时转动，其上各点速度的分布规律与图形绕定轴转动各点速度的分布规律相同，如图 2-32(b) 所示。利用速度瞬心求平面图形上点的速度的方法，称为速度瞬心法。速度瞬心位置不是固定的，它是随时间而改变的，即平面图形在不同瞬时具有不同位置的速度瞬心。

下面介绍几种确定速度瞬心位置的方法。

① 如图 2-33(a) 所示，已知 A、B 两点的速度方向，通过这两点作垂直于其速度的两条直线，则此两直线的交点 P 就是速度瞬心。

② 如图 2-33(b)、(c) 所示，若 A、B 两点速度大小不等，其方向与 AB 连线垂直，则瞬心位置可根据速度与其转动半径成正比的关系确定。

③ 如图 2-33(d)、(e) 所示，若任意两点 A、B 的速度 v_A 平行于 v_B，且 $v_A = v_B$，则瞬心在无穷远处，平面图形作瞬时平动。

④ 如图 2-33 (f) 所示，物体沿固定面做无滑动的滚动（纯滚动），此时接触点的速度为零，故该点为瞬心。

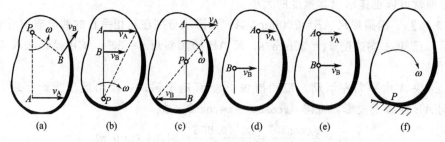

(a)　　　(b)　　　(c)　　　(d)　　　(e)　　　(f)

图 2-33　确定速度瞬心位置

【例 2-12】　用速度瞬心法求例 2-11 中滑块 B 的速度和连杆 AB 的角速度 ω_{AB} 以及 AB 杆中点 D 的速度。

解： 连杆 AB 做平面运动，其上两点 A、B 的速度方向是已知的（图 2-34）。过 A、B 两点分别作各自速度的垂线，其交点 P 即为连杆 AB 的速度瞬心。故连杆 AB 的角速度为

$$\omega_{AB} = \frac{v_A}{AP} = \frac{v_A}{AB\sin 30°} = \frac{20}{200\sin 30°} = 0.2 \text{ (rad/s)}$$

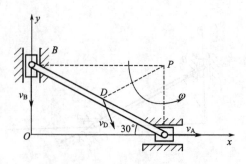

图 2-34　用速度瞬心法求解速度

B 点的速度大小为

$$v_B = BP\omega_{AB} = AB\cos30°\omega_{AB} = 200\cos30°×0.2 = 34.64 \text{（mm/s）}$$

连杆 AB 中点 D 的速度为

$$v_B = DP\omega_{AB} = \frac{AB}{2}\omega_{AB} = 100×0.2 = 20 \text{（mm/s）}$$

其方向垂直于 DP，与 AB 的转向一致。

同 步 练 习

一、填空题

2-1　运动副是指能使两构件之间既保持＿＿＿＿接触，而又能产生一定形式相对运动的＿＿＿＿＿。

2-2　由于组成运动副中两构件之间的＿＿＿＿＿形式不同，运动副分为高副和低副。

2-3　运动副的两构件之间，接触形式有＿＿＿＿接触，＿＿＿＿接触和＿＿＿＿接触三种。

2-4　两构件之间做＿＿＿＿＿接触的运动副，叫低副。

2-5　两构件之间做＿＿＿＿或＿＿＿＿接触的运动副，叫高副。

2-6　转动副的两构件之间，在接触处只允许＿＿＿＿孔的轴心线做相对转动。

2-7　移动副的两构件之间，在接触处只允许按＿＿＿＿方向做相对移动。

2-8　带动其他构件＿＿＿＿＿的构件，叫原动件。

2-9　在原动件的带动下，做＿＿＿＿运动的构件，叫从动件。

2-10　由于低副中两构件之间的接触为＿＿接触，因此，承受相同载荷时，其压强比高副低，不易磨损，但其间为＿＿＿＿摩擦，摩擦损失比＿＿＿＿大，效率＿＿＿＿＿。

2-11　房门的开关运动，是＿＿＿＿＿副在接触处所允许的相对转动。

2-12　抽屉的拉出或推进运动，是＿＿＿＿＿副在接触处所允许的相对移动。

2-13　火车车轮在铁轨上的滚动，属于＿＿＿＿副。

2-14　当机构自由度小于或等于零时，各构件间不可能产生＿＿＿＿＿＿＿＿＿；当原动件数大于机构自由度时，机构将＿＿＿＿＿＿＿＿；小于机构自由度时机构相对运动＿＿＿＿＿＿＿＿＿；＿＿＿＿＿＿＿＿机构自由度时，机构相对运动才确定。

2-15　构件运动时，若体内任一直线始终保持与＿＿＿的位置平行，则这种运动称为平行移动。

2-16　构件平动时，其内各点的轨迹形状＿＿＿＿＿；在每一瞬时，各点的＿＿＿＿＿、＿＿＿＿＿也相同。

2-17　点的速度是描述点的运动＿＿＿＿和＿＿＿＿的物理量。点的速度在直角坐标轴上的投影，等于点运动方程对＿＿＿＿＿＿导数。

2-18　点的加速度在直角坐标轴上的投影，等于＿＿＿＿对时间的一阶导数。

2-19　构件运动时，若体内（或其延伸部分）有＿＿＿＿＿始终保持不动，则这种运动称为构件绕定轴的转动。

2-20　构件转动的角速度是指＿＿＿＿对时间的变化率，等于转角对＿＿＿＿＿＿＿导数。

2-21　构件转动的角加速度是指＿＿＿＿对时间的变化率，等于＿＿＿＿＿＿对时间的一阶导数。

2-22　同一瞬时，定轴转动构件内各点加速度的大小与各点的转动半径成＿＿＿＿，各点的全加速度与转动半径的夹角＿＿＿＿＿＿。

2-23　＿＿＿＿＿＿是物体转动惯性的量度，其量值取决于物体的＿＿＿＿＿＿、＿＿＿＿分布及＿＿＿＿＿＿的位置。

二、判断题

2-24　机器是构件之间具有确定的相对运动，并能完成有用的机械功或实现能量转换的构件的组合。

（　　　　　）

2-25　凡两构件直接接触，而又相互连接的都叫运动副。（　　　　　）

2-26 运动副是连接，连接也是运动副。（　　　）

2-27 运动副的作用，是用来限制或约束构件的自由运动的。（　　　）

2-28 两构件通过内表面和外表面直接接触而组成的低副，都是回转副。（　　　）

2-29 组成移动副的两构件之间的接触形式，只有平面接触。（　　　）

2-30 两构件通过内，外表面接触，可以组成回转副，也可以组成移动副。（　　　）

2-31 运动副中，两构件连接形式有点、线和面三种。（　　　）

2-32 点或线接触的运动副称为低副。（　　　）

2-33 面接触的运动副称为低副。（　　　）

2-34 任何构件的组合均可构成机构。（　　　）

2-35 若机构的自由度数为2，那么该机构共需2个原动件。（　　　）

2-36 机构的自由度数应等于原动件数，否则机构不能成立。（　　　）

三、选择题

2-37 两个构件直接接触而形成的_____，称为运动副。

A. 可动连接　　　　B. 连接　　　　C. 接触

2-38 变压器是_____。

A. 机器　　　　B. 机构　　　　C. 既不是机器也不是机构

2-39 机构具有确定运动的条件是_____。

A. 自由度数目＞原动件数目　　　　B. 自由度数目＜原动件数目；

C. 自由度数目＝原动件数目

2-40 如图2-35所示，图中A点处形成的转动副数为_____个。

A. 1　　　　B. 2　　　　C. 3

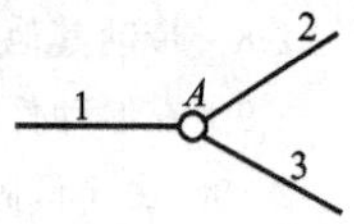

图2-35　题2-40图

四、简答题

2-41 什么是运动副？什么是高副？什么是低副？在平面机构中高副和低副各引入几个约束？

2-42 什么是机构运动简图？绘制机构运动简图的目的和意义？如何绘制机构运动简图？

2-43 什么是机构的自由度？计算自由度应注意哪些问题？

2-44 既然虚约束对机构的运动不起直接的限制作用，为什么在实际机械中常出现虚约束？

2-45 机构具有确定运动的条件是什么？若不满足这一条件，机构会出现什么情况？

2-46 绘制图2-36所示平面机构的运动简图。

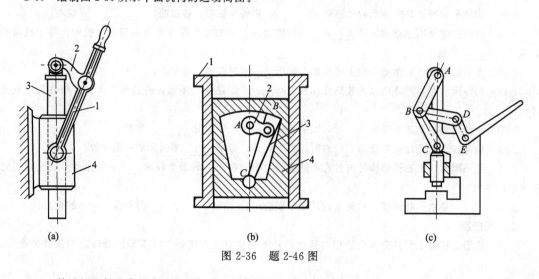

图2-36　题2-46图

2-47 简述用坐标法表示点速度及加速度的方法。

2-48　什么是构件的平动、定轴转动和平面运动？

2-49　简述构件定轴转动的角速度、角加速度的确定方法。

五、计算题

2-50　试计算图 2-37 的机构自由度，并选定原动件，使机构具有确定运动。

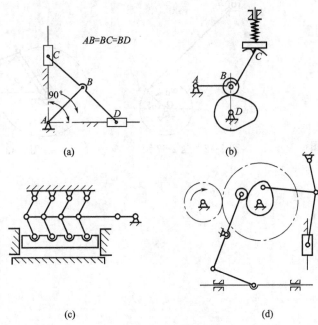

图 2-37　题 2-50 图

2-51　已知某点的运动方程为 $x=t^2$，$y=t^3$，求 1s 末点的速度和加速度。

2-52　已知构件定轴转动方程为 $\varphi=5+t^3$，求 2s 末构件的角速度和角加速度。

2-53　图 2-38 所示的机构中，已知的尺寸为 $O_1A=O_2B=AM=r=0.2$mm，$O_1O_2=AB$，如 O_1 轮按 $\varphi=18\pi t$（rad）的规律转动，求：当 $t=0.5$s 时，AB 杆上 M 点的速度和加速度。

2-54　如图 2-39 所示为一偏置曲柄滑块机构，其曲柄以角速度 $\omega=2\pi$rad/s 绕 O 轴匀速转动，一直曲柄 $OA=50$mm，连杆 $AB=500$mm，偏置距离 $OC=20$mm。求：当曲柄与滑槽平行和垂直时滑块 B 的速度。

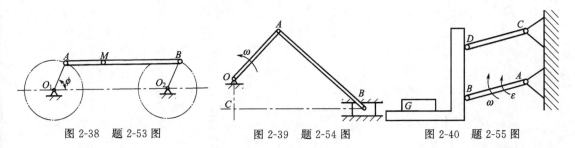

图 2-38　题 2-53 图　　　　图 2-39　题 2-54 图　　　　图 2-40　题 2-55 图

2-55　如图 2-40 所示，双曲柄机构的曲柄 AB 和 CD 分别绕 A、C 转动，带动托架 DBE 运动使重物上升。某瞬时曲柄的角速度 $\omega=4$rad/s，角加速度 $\varepsilon=2$rad/s^2，曲柄长 $R=20$cm。求物体重心 G 的轨迹、速度和加速度。

2-56　如图 2-41 所示，圆盘的质量 $m=100$kg，半径 $r=200$mm，转动惯量 $J_O=20$kg·m^2，悬挂物体重量 $P=5$kN，角加速度 $\varepsilon=3\pi$rad/s^2。求作用在圆盘上的力矩 M。

2-57　如图 2-42 所示的曲柄连杆机构中，$OA=200$mm，$\omega_O=10$rad/s，$AB=1000$mm。求在图示位置

时，连杆的角速度及滑块 B 的速度。

2-58　如图 2-43 所示，曲柄滑块机构中，曲柄 OA＝50mm，连杆 AB＝300mm。曲柄 OA 绕 O 轴作匀速转动，其转速 n＝180r/min。当曲柄与水平线成 60°角时，求：连杆的角速度。

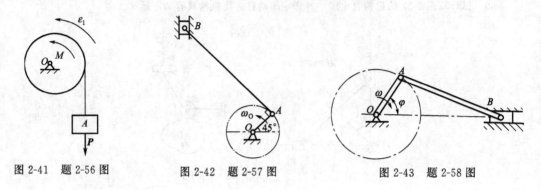

图 2-41　题 2-56 图　　　　　图 2-42　题 2-57 图　　　　　图 2-43　题 2-58 图

第三章　平面连杆机构

明确平面四杆机构的主要形式及其用途；了解铰链四杆机构的组成，掌握铰链四杆机构曲柄存在的条件，掌握铰链四杆机构类型的判别；了解平面四杆机构的工作特性及其运动设计；了解构件内力、应力、许用应力及应变等概念，了解低碳钢、铸铁拉压时的力学性质，掌握轴向拉伸和压缩的内力、应力、变形及强度计算。

能判断平面四杆机构的基本类型；能根据所学知识，分析实际生产、生活中平面连杆机构的工作原理；能利用拉压强度条件解决简单工程结构的强度问题。

【观察与思考】

• 车辆驾驶室挡风玻璃上使用的刮雨器，能在雨天刮去挡风玻璃上的雨水，能有效地防止因下雨使挡风玻璃模糊影响驾驶员视线造成交通事故，请观察刮雨器是怎样工作的？

• 图 3-1 所示为钢料输送机的机构图，想一想，怎样实现钢料输送的？

连杆机构是通过低副（转动副和移动副）将构件连接而成的机构，用以实现运动的变换和动力传递，广泛应用于各种机器、仪器和仪表中，例如内燃机、牛头刨床、碎石机等的主体机构就是连杆机构。

图 3-1　钢料输送机
1～5—构件

连杆机构按各构件间的相对运动的性质不同，可分为空间连杆机构和平面连杆机构。若连杆机构中所有构件均做平行于某一平面的平面运动，则该连杆机构称为平面连杆机构。

平面连杆机构的主要优点：①平面连杆机构中的运动副都是低副，组成运动副的两构件之间为面接触，因而承受的压强小、润滑方便、磨损较小，可以承受较大的载荷；②构件形状简单，加工方便，构件之间的接触是由构件本身的几何约束来保持的，所以构件工作可靠；③在主动件等速连续运动的条件下，当各构件的相对长度不同时，可使从动件实现多种形式的运动，满足多种运动规律的要求；④利用平面连杆机构中的连杆可满足多种运动轨迹的要求。

平面连杆机构的主要缺点：①一般情况下，只能近似实现给定的运动规律或运动轨迹，且设计较为复杂；②当给定的运动要求较多或较复杂时，需要的构件数和运动副数往往较多，这样就使机构结构复杂，工作效率降低，不仅发生自锁的可能性增加，而且机构运动规律对制造、安装误差的敏感性增加；③机构中做复杂运动和做往复运动的构件所产生的惯性力难以平衡，在高速时将引起较大的振动和动载荷，故连杆机构常用于速度较低的场合。

连杆机构还可以根据机构中构件数目的多少分为四杆机构、五杆机构、六杆机构等，其中结构最简单、应用最广泛的是由四个构件组成的平面四杆机构。其他如五杆以上的多杆机构都是在其基础上扩充而成的，所以本章仅讨论平面四杆机构。

第一节　平面四杆机构的类型及应用

平面四杆机构按其运动副不同分为铰链四杆机构和含有移动副的四杆机构。

一、铰链四杆机构的基本形式

各个构件之间全部用转动副连接的四杆机构称为铰链四杆机构，它是平面四杆机构的基本形式。如图 3-2 所示，固定不动的构件 AD 称为机架；用转动副与机架相连的构件 AB 和 CD 称为连架杆；连接两连架杆的杆 BC 称为连杆。连架杆中，能做绕机架上的转动副做整圆周转动的构件 AB 称为曲柄，只能在某一角度内绕机架上的转动副摆动的构件 CD 称为摇杆。根据两连架杆是否成为曲柄或摇杆，铰链四杆机构分为曲柄摇杆机构、双曲柄机构、双摇杆机构三种形式。

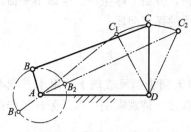

图 3-2　曲柄摇杆机构

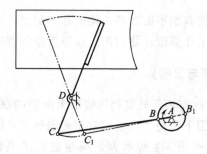

图 3-3　汽车的前窗刮雨器

1. 曲柄摇杆机构

在铰链四杆机构的两个连架杆中，若一个连架杆为曲柄，另一个连架杆为摇杆，则该机构称为曲柄摇杆机构，如图 3-2 所示。曲柄摇杆机构可实现曲柄的整周旋转运动与摇杆的往复摆动间的互相转换。如图 3-3 所示为汽车前窗的刮雨器，当主动曲柄 AB 转动时，从动摇杆做往复摆动，利用摇杆的延长部分实现刮雨动作。图 3-4 所示雷达天线俯仰角调整机构、图 3-5 所示的搅拌器机构都是其应用实例。

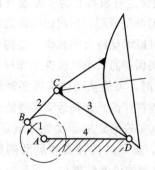

图 3-4　雷达天线俯仰角调整机构
1～4—构件

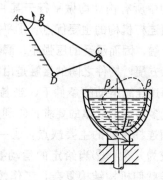

图 3-5　搅拌器机构

2. 双曲柄机构

两个连架杆都是曲柄的铰链四杆机构称为双曲柄机构。通常其主动曲柄等速转动时，从动曲柄做变速转动。如图 3-6 所示的惯性筛机构，其中机构 *ABCD* 是双曲柄机构，当主动曲柄 1 做等速转动时，利用从动曲柄 3 的变速转动，通过构件 5 使筛子 6 作变速往复的直线运动，从而获得所需的加速，达到筛分物料的目的。

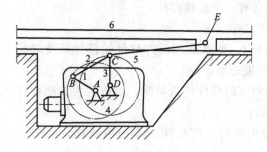

图 3-6　惯性筛机构

1—主动曲柄；2,5—构件；3—从动曲柄；

4—机架；6—筛子

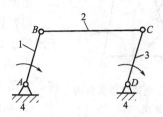

图 3-7　平行四边形机构

1,3—曲柄；2—连杆；4—机架

在双曲柄机构中，如果对边两构件长度分别相等且相互平行，则两曲柄的转向、角速度在任何瞬时都相同，这种机构称为平行四边形机构，如图 3-7 所示。图 3-8 所示的铲斗机构，即利用了平行四边形机构，铲斗与连杆固接做平动，可使铲斗中的物料在运行时不致泼出。

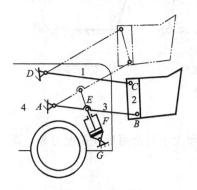

图 3-8　铲斗机构

1,3—曲柄；2—连杆；4—机架

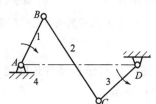

图 3-9　逆平行四边形机

1,3—曲柄；2—连杆；4—机架

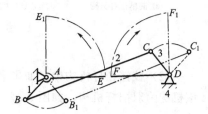

图 3-10　车门启闭机构

1,3—曲柄；2—连杆；4—机架

如图 3-9 所示，在双曲柄机构中，如果对边杆两两相等，但连杆与机架不平行，则两曲柄转向相反、角速度不相等，这种机构称为逆平行四边形机构（或称反平行四边形机构）。如图 3-10 所示的车门启闭机构，采用的是逆平行四边形机构。当主动曲柄 *AB* 转动时，通过连杆 *BC* 使从动曲柄 *CD* 反向转动，从而保证了两扇车门的同时开启和关闭至各自的预定位置。

3. 双摇杆机构

两个连架杆都为摇杆的铰链四杆机构称为双摇杆机构。双摇杆机构可将一种摆动转化为另一种摆动。图 3-11 所示为电风扇摇头机构，当安装在摇杆（连架杆）4 上的电动机转动时，电动机轴上的蜗杆带动蜗轮迫使连杆 1 绕点 *A* 做整周转动，从而带动连架杆 2 和 4 做往复摆动，实现电风扇摇头的目的。

二、铰链四杆机构类型判别

铰链四杆机构的类型与机构中的连架杆是否成为曲柄有关。可以论证，连架杆成为曲柄

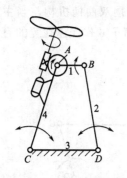

图 3-11　电风扇摇头机构
1—连杆；2,4—连
架杆；3—机架

的条件如下。

① 最短杆件与最长杆件长度之和小于或等于其余两杆件长度之和；

② 连架杆与机架必有一个是最短杆。

由此，可得出如下结论。

（1）铰链四杆机构，如果最短杆件与最长杆件长度之和小于或等于其余两杆件长度之和，则：

① 取与最短杆件相邻的杆件作机架时，该机构为曲柄摇杆机构，如图 3-12(a) 所示；

② 取最短杆件为机架时，该机构为双曲柄机构，如图 3-12(b) 所示；

③ 取与最短杆件相对的杆件为机架时，该机构为双摇杆机构，如图 3-12(c) 所示。

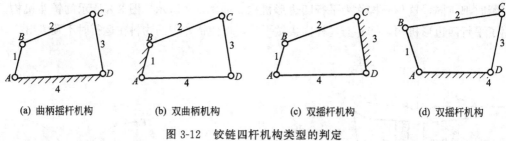

(a) 曲柄摇杆机构　　(b) 双曲柄机构　　(c) 双摇杆机构　　(d) 双摇杆机构

图 3-12　铰链四杆机构类型的判定
1～4—构件

（2）铰链四杆机构中，如果最短杆件与最长杆件长度之和大于其余两杆件长度之和，则该机构为双摇杆机构，如图 3-12(d) 所示。

三、含有移动副的四杆机构

1. 曲柄滑块机构

如图 3-13 所示的机构，连架杆 AB 绕相邻机架 4 做整周转动，是曲柄，另一连架杆 3 在移动副中沿机架导路滑动，称为滑块，该机构称为曲柄滑块机构。当导路中心线通过曲柄转动中心时，称为对心曲柄滑块机构，如图 3-13(a) 所示；当导路中心线不通过曲柄转动中心时，称为偏置曲柄滑块机构，如图 3-13(b) 所示。曲柄滑块机构能实现回转运动与往复直线运动之间的互相转换，广泛应用于内燃机、活塞式压缩机、冲床等机械中。

2. 曲柄导杆机构

导杆机构可以视为改变曲柄滑块机构中的机架演变而成。在图 3-14(a) 所示的曲柄滑块机构中，如果把构件 1 固定为机架，此时构件 4 起引导滑块移动的作用，称为导杆。若杆长 $l_1 < l_2$，如图 3-14(b) 所示，则构件 2 和构件 4 都能做整周转动，这种机构称为曲柄转动导杆机构，该机构可将构件（曲柄）2 的等速转动转换为构件（导杆）4 的变速转动；若杆长 $l_1 > l_2$，如图 3-14(c) 所示，构件 2 能做整周转动，构件 4 只能绕 A 点往复摆动，这种机构称为曲柄摆动导杆机构。该机构可将构件（曲柄）2 的等速转动转换为构件（导杆）4 的摆动。导杆机构广泛应用于牛头刨床、插床等工作机构，如图 3-15 所示。

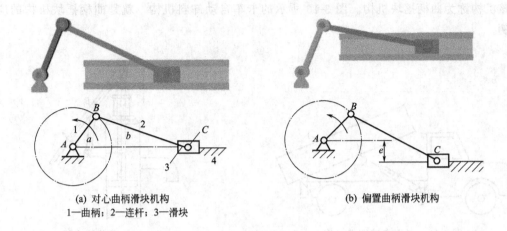

(a) 对心曲柄滑块机构
1—曲柄；2—连杆；3—滑块

(b) 偏置曲柄滑块机构

图 3-13 曲柄滑块机构

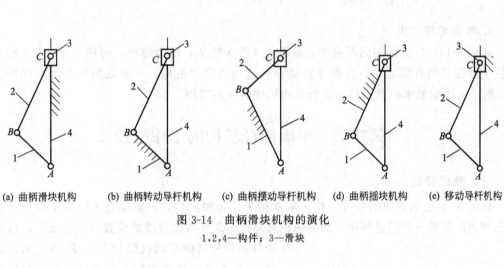

(a) 曲柄滑块机构 (b) 曲柄转动导杆机构 (c) 曲柄摆动导杆机构 (d) 曲柄摇块机构 (e) 移动导杆机构

图 3-14 曲柄滑块机构的演化
1,2,4—构件；3—滑块

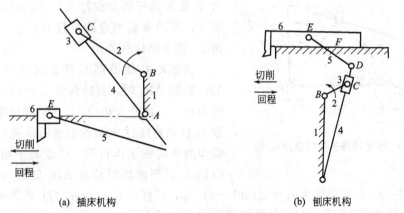

(a) 插床机构

(b) 刨床机构

图 3-15 曲柄导杆机构应用
1—机架；2—曲柄；3—滑块；4—导杆

3. 曲柄摇块机构

如图 3-14(d) 所示，取与滑块铰接的构件 2 作为机架，当构件 1 的长度小于构件 2（机架）的长度时，则构件 1 能绕 B 点做整周转动，滑块 3 与机架组成转动副而绕 C 点转动，故该机构称为曲柄摇块机构。图 3-16 所示的卡车自动卸料机构，就是曲柄摇块机构的应用实例。

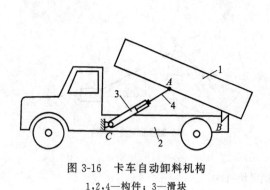

图 3-16　卡车自动卸料机构

1,2,4—构件；3—滑块

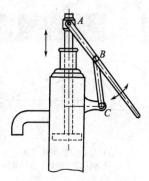

图 3-17　手动抽水机

4. 移动导杆机构

如图 3-14(e) 所示的四杆机构，取滑块 3 作为机架，称为定块，构件（导杆）4 相对于定块 3 做往复的直线运动，故称为移动导杆机构或定块机构，一般取构件 1 为主动件。图 3-17 所示的手动抽水机就是移动导杆机构机构的应用实例。

第二节　平面四杆机构的工作特性

一、急回特性

如图 3-18 所示的曲柄摇杆机构，取曲柄 AB 为原动件，从动摇杆 CD 为工作件。在原动曲柄 AB 转动一周的过程中，曲柄 AB 与连杆 BC 有两次共线的位置 AB_1、AB_2，这时从动件摇杆分别位于两极限位置 C_1D 和 C_2D，其夹角 Ψ 称为摇杆摆角或行程。当摇杆位于两极限位置时，原动曲柄相应两位置 AB_1、AB_2 所夹的锐角 θ，称为极位夹角。

当原动曲柄沿顺时针方向以等角速度 ω 从 AB_1 转到 AB_2 时，其转角为 $\varphi_1 = 180° + \theta$，所用时间为 $t_1 = (180° + \theta)/\omega$，从动摇杆则由左极限位置 C_1D 向右摆过 Ψ 到达右极限位置 C_2D，取此过程作为做功的工作行程，C 点的平均速度为 $v_1 = C_1C_2/t_1$；当曲柄继续由 AB_2 转到 AB_1 时，其转角 $\varphi_2 = 180° - \theta$，所用时间为 $t_2 = (180° - \theta)/\omega$，摇杆从 C_2D 向左摆过 Ψ 回到 C_1D，取此过程为不做功的空回行程，C 点的平均速度为 $v_2 = C_2C_1/t_2$。由于 $\varphi_1 > \varphi_2$，则 $t_1 > t_2$，$v_2 > v_1$。由此可见，当原动件曲柄做等速转动时，从动件摇杆往复摆动的平均速度不同，且摇杆在空回行程中的平均速度大于工作行程的平均速度，这一性质称为连杆机构的急回特性。利用这一特性，可很好地满足某些机械的工作要求，如牛头刨床和插床，工作行程要求速度慢而均匀以提高加工质量，空回行程要求速度快以缩短非生产时间，提高生产效率。

机构的急回特性，可用从动件在空回行程中的平均速度与工作行程中的平均速度之比值

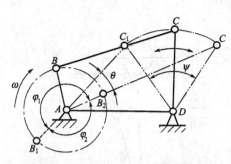

图 3-18　铰链四杆机构的急回运动

K 来衡量，即

$$K=\frac{v_2}{v_1}=\frac{C_2C_1/t_2}{C_1C_2/t_1}=\frac{t_1}{t_2}=\frac{\varphi_1}{\varphi_2}=\frac{180°+\theta}{180°-\theta} \tag{3-1}$$

　　式中 K 称为行程速度变化系数（或称行程速比系数）。上式表明，当极位夹角 $\theta > 0°$ 时，$K > 1$，说明机构具有急回特性；当 $\theta = 0°$ 时，$K = 1$，机构不具有急回特性。极位夹角 θ 越大，K 值越大，机构的急回程度也越大，但机构运动的平稳性也越差。因此在设计时，应根据其工作要求，恰当地选择 K 值。在一般机械中，K 取 $1.1\sim1.3$。

　　由式（3-1）可得

$$\theta=180°\times\frac{K-1}{K+1} \tag{3-2}$$

　　在设计新机械时，通常可根据该机械的急回要求先给出 K 值，然后由式（3-2）算出极位夹角 θ，再确定各构件的尺寸。

　　综上所述，可得连杆机构从动件具有急回特性的条件为：原动件等速整周转动；从动件往复运动；极位夹角 $\theta > 0°$。

　　如图 3-19（a）所示，对于对心曲柄滑块机构，因 $\theta = 0°$，故无急回特性；而对于偏置曲柄滑块机构，如图 3-19（b）所示，因 $\theta \neq 0°$，故具有急回特性；又如图 3-19（c）所示的摆动导杆机构，因 $\theta = \Psi \neq 0°$，所以具有急回特性。

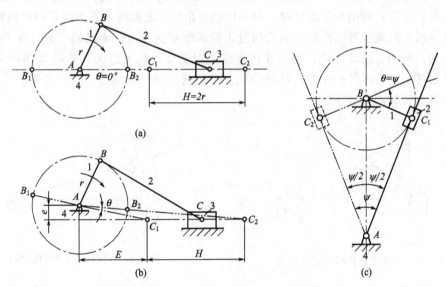

图 3-19　连杆机构从动件急回特性

二、传力特性

　　在工程应用中，除了考虑平面四杆机构满足运动要求外，还应考虑其传力特性，使机构运转轻便，具有良好的传力性能，以减小结构尺寸和提高传动效率高。

1. 压力角与传动角

　　作用于从动件上的力与该力作用点的速度方向所夹的锐角 α 称为压力角。压力角的余角 γ 称为传动角。

　　如图 3-20 所示的曲柄摇杆机构，取曲柄 AB 为主动件，摇杆 CD 为从动件。若不计构件质量、摩擦力，则连杆 BC 为二力杆件。因此，连杆 BC 传递到从动摇杆上的力 F 必沿连

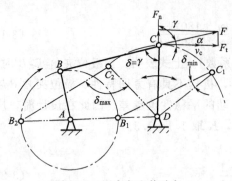

图 3-20 压力角和传动角

杆的轴线而作用于 C 点。因摇杆绕 D 点作摆动（定轴转动），故其上 C 点的速度 v_c 方向垂直于摇杆 CD。力 F 与速度 v_c 方向所夹锐角即为压力角 α。将力 F 分解为沿 v_c 方向的分力 $F_t = F\cos\alpha$ 和沿 CD 方向的分力 $F_n = F\sin\alpha$。F_t 是推动从动摇杆的有效分力；而 F_n 是铰链的正压力，产生摩擦消耗动力，是有害分力。显然，压力角 α 越小，传动角 γ 越大，则有害分力 F_n 越小，有效分力 F_t 越大，机构的传力性能越好。因此，压力角 α、传动角 γ 是判断机构传力性能的重要参数。

由于机构在运动过程中，压力角和传动角的大小随机构的不同位置而变化。为了保证机构在每一瞬时都具有良好的传力性能，通常应使传动角的最小值 γ_{min} 大于或等于其许用值 $[\gamma]$。传动角的许用值 $[\gamma]$ 应根据机构的受力情况、运动副间隙的大小、摩擦、速度等因素而定。对于一般机械，推荐 $[\gamma] = 40° \sim 50°$；对于重载或高速机械，取 $[\gamma] \geqslant 50°$；而对一些轻载或非传力机构，$[\gamma]$ 可稍小于 $40°$。

机构最小传动角 γ_{min} 出现的位置，可以由机构运动简图直观地判定。分析表明：对于曲柄摇杆机构，曲柄为原动件时，曲柄与机架共线的两位置之一出现最小传动角（图 3-20）；对于曲柄滑块机构，曲柄为原动件时，最小传动角出现在曲柄与垂直滑块导路时的位置，偏置曲柄滑块机构的最小传动角出现在曲柄位于与偏距相反方向一侧时的位置（图 3-21）；对于导杆机构，曲柄为原动件时，由于在任何位置时主动曲柄通过滑块传给从动杆的力的方向，与从动杆上受力点的速度方向始终一致，所以传动角始终等于 $90°$（图 3-22），这说明导杆机构具有很好的传动性能。

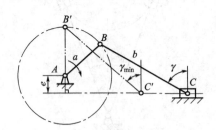

图 3-21 曲柄滑块机构中的传动角

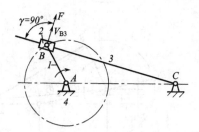

图 3-22 导杆机构中的传动角

2. 死点位置

如图 3-23(a) 所示的曲柄摇杆机构中，若以摇杆 CD 为主动件，则当连杆 BC 与从动曲柄 AB 共线的两个位置时，机构的传动角为零，即连杆作用于从动曲柄的力通过了曲柄的回转中心 A，不能推动曲柄转动。机构的这种位置称为死点位置。

当四杆机构的从动件与连杆共线时，机构一般都处于死点位置。如图 3-23(b) 所示的曲柄滑块机构，若以滑块为主动件时，则从动曲柄 AB 与连杆 BC 共线的两个位置为死点位置。

对于传动机构而言，死点的存在是不利的。为了使机构能够顺利通过死点而正常运转，必须采取适当的措施，常采用安装飞轮加大惯性的办法，如缝纫机就是利用惯性通过死点的。也可采用机构错位排列的办法，如图 3-24 所示，多缸活塞式发动机，将死点位置相互

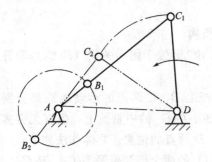

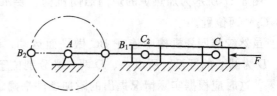

(a) 曲柄摇杆机构的死点位置   (b) 曲柄滑块机构的死点位置

图 3-23 死点位置

错开，从而使曲轴始终获得有效的驱动力矩。

　　另一方面，在工程实践中也可利用机构的死点来实现一定工作要求。如图 3-25 所示为一钻床夹具，当工件被夹紧后 BCD 成一直线，即机构在工件反力 R 的作用下处于死点位置。保证在钻削加工时，工件不会松脱；当需要取出工件时，向上扳动手柄，即能松开夹具。如图 3-26 所示的飞机起落架机构，也是利用死点位置来承

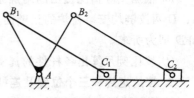

图 3-24 错列机构

受很大的冲击力的。在图示死点位置，由于 BC 杆传给 AB 杆的力通过转动中心 A，所以着陆时起落架不会在冲击力的作用下返回至图中 AB'C'D 位置，从而保证着陆安全。

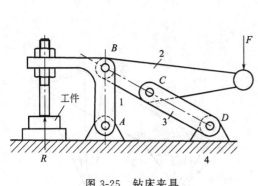

图 3-25 钻床夹具
1～4—构件

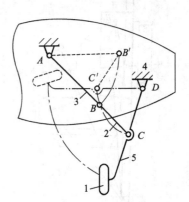

图 3-26 飞机起落架机构
1～5—构件

第三节 平面四杆机构运动设计简介

　　平面四杆机构的运动设计主要是根据给定的设计条件（运动条件、几何条件等），确定机构有关的尺寸参数和各构件的相对位置，而不涉及构件的具体结构。通过运动设计，即可确定平面四杆机构的运动简图及机构的工作特性。

　　平面四杆机构的设计方法有图解法、实验法和解析法。图解法和实验法直观性强，简单、易操作，精度稍低，但可满足一般工程设计需要。解析法精度高，但工作量大，适用于计算机求解。为了阐明设计的思路和方法，本章仅介绍图解法。

一、按连杆的给定位置设计四杆机构

1. 按给定连杆两个位置及连杆长度设计平面四杆机构

图 3-27 所示为加热炉的炉门启闭机构。要求炉门 BC 能位于图示关闭（B_1C_1）和开启（B_2C_2）两位置。

虽然铰链四杆机构中连杆 BC 做平面运动，但连杆上 B、C 两点的运动轨迹是分别以 A、D 为圆心的圆弧。所以 A、D 两点必分别位于 B_1B_2、C_1C_2 的中垂线上，但有无穷多种结果。这时应根据实际情况提出的附加条件来确定 A、D 两点的位置。具体作法如下。

① 选取适当的长度比例尺 μ_l，画出连杆 BC（炉门）的两个已知位置 B_1C_1、B_2C_2。

② 连接 B_1B_2、C_1C_2，分别作 B_1B_2、C_1C_2 的中垂线 b_{12}、c_{12}，则 A 点、D 点应分别在 b_{12} 和 c_{12} 上，且有无穷多解。

③ 根据实际情况提出的附加条件来确定 A、D 两点的位置。若设计的附加要求为希望 A、D 两铰链均安装在炉的正壁面上即图中 y-y 位置，则 y-y 直线分别与 b_{12}、c_{12} 相交点 A 和 D 即为所求。

④ 按比例尺算出各杆件的真实长度，$l_{AB}=AB_1\mu_l$，$l_{CD}=C_1D\mu_l$。

2. 按给定连杆三个位置及连杆长度设计平面四杆机构

这种问题的解题思路和方法与前一种问题基本相同，但由于有三个确定位置，所以一般情况下，A、D 位置就是两中垂线交点，因而有确定解，如图 3-28 所示。

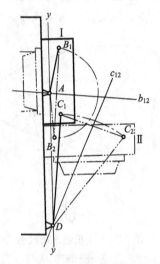

图 3-27　加热炉门启闭机构

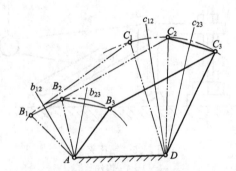

图 3-28　按给定连杆三个位置及连杆
长度设计平面四杆机构

二、按给定行程速度变化系数 K 设计四杆机构

设计具有急回特性的曲柄摇杆机构、偏置曲柄滑块机构和摆动导杆机构等平面四杆机构，一般是根据实际工作需要，首先选定行程速度变化系数 K，然后根据机构在两极限位置处的几何关系，并结合其他辅助条件进行设计。

试用图解法设计一曲柄摇杆机构。已知摇杆长度 l_{CD}，摇杆摆角 $\varPsi$ 及行程速度变化系数 K。

此问题的实质是确定曲柄回转中心 A 的位置。如图 3-29 所示，摇杆的两极限位置为

C_1D 和 C_2D，设所求曲柄回转中心位置为 A 点，AC_1、AC_2 则为曲柄和连杆两次共线的位置，显然 $\angle C_1AC_2$ 即为其极位夹角。若过 C_1、C_2 以及曲柄回转中心 A 作一辅助圆 L，则该圆周 L（角 Ψ 及其对顶角所对的两段圆弧除外）上任意一点，均能满足给定的行程速度变化系数的要求，此时亦有无穷多个解。

根据上述分析，可得其设计步骤如下。

① 由给定的行程速度变化系数 K，由式（3-2）知

$$\theta = 180° \frac{K-1}{K+1}$$

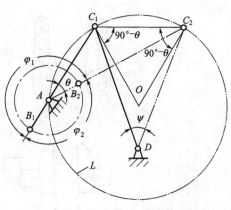

图 3-29　按 K 值设计曲柄摇杆机构

② 选取合适的长度比例尺 μ_l，按已知的摇杆长度 l_{CD} 和摆角 Ψ，作出摇杆的两极限位置 C_1D 和 C_2D。

③ 连接 C_1C_2，作 $\angle C_1C_2O = \angle C_2C_1O = 90°-\theta$，得 C_1O 与 C_2O 两直线得交点 O。以 O 为圆心，OC_1 为半径作辅助圆 L。在该圆周上允许范围内任选一点 A，连接 AC_1，AC_2，则 $\angle C_1AC_2 = \theta$。由于 A 点任选，所以可得无穷多解。当附加某些辅助条件，如给定机架长度 l_{AD} 或最小传动角 γ_{min} 等，即可确定 A 点的位置，使其具有确定解。

④ 根据极限位置处曲柄与连杆共线，故有 $AC_1 = BC - AB$，$AC_2 = BC + AB$，由此可求得

$$AB = \frac{AC_2 - AC_1}{2}, BC = \frac{AC_1 + AC_2}{2}$$

因此曲柄、连杆、机架的实际长度分别为

$$l_{AB} = AB\mu_l, l_{BC} = BC\mu_l, l_{AD} = AD\mu_l$$

第四节　平面连杆机构的结构与维护

一、平面连杆机构的结构

1. 杆件的结构

平面连杆机构中杆件常用结构有杆状、盘状、轴状及块状等结构形式，如图 3-30 所示。

2. 运动副的结构

（1）转动副的结构　销轴与构件之间直接形成的转动副常用结构如图 3-31 所示。

（2）移动副的结构　当移动量较小时，常采用的移动副有活塞与缸体、离合器与导键或花键等结构；当移动量较大时，常采用导轨式移动副，如车床溜板箱与床身形成的移动副。常见导轨式移动副的截面形状如图 3-32 所示。

二、平面连杆机构的维护

① 平面连杆机构是面接触的低副机构，低副中的间隙会引起运动误差，因此，应注意保证良好的润滑以减少摩擦、磨损。

② 导轨式移动副磨损后，应调整间隙，其常用调节方式如图 3-33 所示。图（a）利用螺钉调整镶条的位置；图（b）利用改变压板与移动导轨之间垫片的厚度，来调整移动导轨与

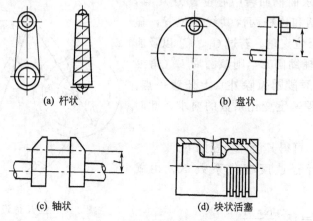

图 3-30　杆件的结构

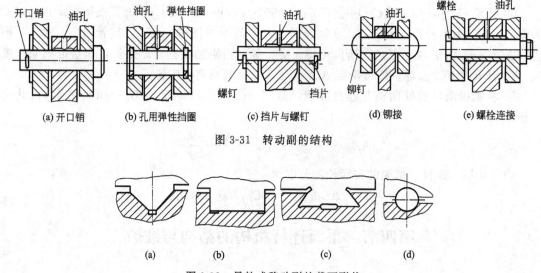

图 3-31　转动副的结构

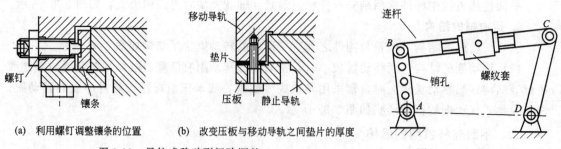

图 3-32　导轨式移动副的截面形状

静止导轨之间的间隙。

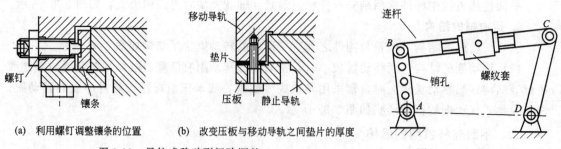

(a) 利用螺钉调整镶条的位置　　(b) 改变压板与移动导轨之间垫片的厚度

图 3-33　导轨式移动副间隙调整　　　　图 3-34　杆长的调节

③ 当滑动轴承、导轨等出现极不均匀磨损时，应进行重新刮研。

④ 平面连杆机构的杆长的调节：平面连杆机构的杆长有时需要调节，以满足从动件行程、工作摆角等运动参数变化的要求。如图 3-34 所示，杆 AB 上预加工几个销孔以调节曲

柄长度；连杆 BC 制成左、右两段，每一段的一端制有旋向相反的螺纹并与螺纹套构成螺旋副，旋转螺纹套，左右两段连杆反向移动，从而调节连杆长度。

第五节　杆件的拉压强度和变形分析

如图 3-35 所示，平面连杆机构工作时，其连杆在不计自重的假设下都可作为二力构件，将产生轴向拉伸或轴向压缩变形。虽然这些杆件外形各有差异，加载方式也不尽相同，但它们都具有共同的特点：作用于杆件上的外力（或外力的合力）与杆件的轴线重合，杆件产生沿轴线方向的伸长或缩短的变形，这种变形称为轴向拉伸或轴向压缩。工程中承受拉伸或压缩的构件很多，如图 3-36 所示的螺栓产生轴向拉伸变形，图 3-37 所示支架中的 AB 杆产生轴向拉伸变形，AC 杆产生轴向压缩变形。

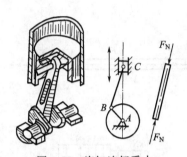
图 3-35　汽缸连杆受力

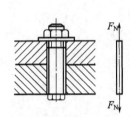
图 3-36　螺栓受力

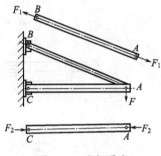
图 3-37　支架受力

一、轴向拉伸与压缩时的内力

1. 内力的概念

作用在构件上的载荷和约束反力统称外力。构件不受外力作用时，材料内部质点之间保持一定的相互作用力，使构件具有固体形状。当构件受外力作用产生变形时，其内部质点之间相互位置改变，原有内力也发生变化。这种由外力作用而引起的构件内部质点之间相互作用力的改变量称为附加内力，简称内力。内力随着外力的增大而增大，但内力的增加是有一定限度的，如果超过这个限度，构件就会发生破坏。

2. 轴向拉伸与压缩时的内力

如图 3-38(a) 所示，欲求杆件某一横截面 m—m 上的内力，可假想用一平面沿该横截面 m—m 将杆件截开，任取其中一部分（如左半部分）作为研究对象，弃去另一部分（如右半部分），如图 3-38(b) 所示，并将移去部分对保留部分的作用以内力代替，设其合力为 F_N。由于整个杆件原来处于平衡状态，故截开后的任一部分仍保持平衡。由平衡方程

$$\sum F_x = 0, \quad F_N - F = 0$$

求得

$$F_N = F$$

这种假想用一截面将杆件截开，从而显示内力和确定内力的方法，称为截面法。它是求内力的一般方法。

轴向拉伸或压缩杆件，因外力 F 作用线与杆件的轴线重合，所以内力 F_N 的作用线必然沿杆件的轴线方向，这种内力称为轴力，常用符号 F_N 为表示。

通过分析可归纳出求轴力的另一计算方法：某截面上的轴力等于截面一侧所有外力的代

数和，背离该截面的外力取正，指向该截面的外力取负，即

$$F_N = \sum F_{截面-侧}$$
(3-3)

外力的代数和为正，则轴力为正，杆件受拉；反之，外力的代数和为负，轴力为负，杆件受压。

3. 轴力图

当杆受到多于两个轴向外力作用时，这时杆件不同段上的轴力将有所不同。为了形象地表示轴力沿杆件轴线的变化情况，用平行于杆件轴线的坐标表示各横截面的位置，以垂直于杆轴线的坐标表示轴力的数值，这样绘出的轴力沿杆轴线变化的图线，称为轴力图。习惯上将正值的轴力画在横坐标上侧，负值的轴力画在下侧。

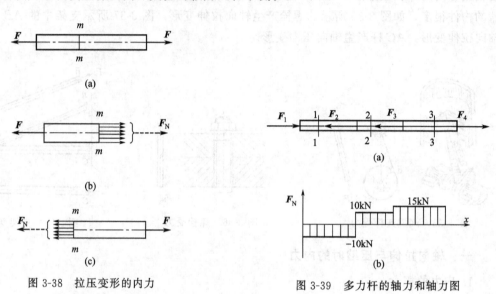

图 3-38　拉压变形的内力

图 3-39　多力杆的轴力和轴力图

【例 3-1】　图 3-39(a) 所示，构件受力 $F_1 = 10\text{kN}$、$F_2 = 20\text{kN}$、$F_3 = 5\text{kN}$、$F_4 = 15\text{kN}$ 作用，试作构件的轴力图。

解：（1）轴力计算　截面 1—1 的轴力 F_{N1} 为

$$F_{N1} = -F_1 = -10\text{kN}$$

截面 2—2 截开的轴力 F_{N2} 为

$$F_{N2} = F_2 - F_1 = 10\text{kN}$$

截面 3—3 的轴力 F_{N3} 为

$$F_{N3} = F_4 = 15\text{kN}$$

（2）画轴力图　如图 3-39(b) 所示。

二、轴向拉伸与压缩时横截面上的应力

1. 应力的概念

在确定了拉伸或压缩杆件的轴力之后，还不能解决杆件的强度问题。例如两根材料相同、粗细不等的杆件，在相同的拉力作用下，它们的内力是相同的。随着拉力的增加，细杆必然先被拉断。这说明，虽然两杆截面上的内力相同，但由于横截面尺寸不同致使内力分布集度并不相同，细杆截面上的内力分布集度比粗杆的大。所以，在材料相同的情况下，判断杆件破坏的依据不是内力的大小，而是内力分布集度，即内力在截面上各点处分布的密集程

度。内力的集度即单位截面面积上的内力，称为应力，应力表示了截面上某点受力的强弱程度，应力达到一定程度时，杆件就发生破坏。

应力是矢量，通常可分解为垂直于截面的分量 σ 和切于截面的分量 τ。这种垂直于截面的分量 σ 称为正应力，切于截面的分量 τ 称为切应力。

在我国法定计量单位中，应力的单位符号为 Pa，其名称为"帕斯卡"或简称"帕"，$1Pa=1N/m^2$。在工程实际中，这个单位太小，通常用 MPa（兆帕）和 GPa（吉帕），$1MPa=10^6Pa=1N/mm^2$，$1GPa=10^9Pa$。

2. 横截面上的应力

要确定横截面上的应力，必须了解内力在横截面上的分布规律。由于内力与变形之间存在一定的关系，因此，可以首先通过试验来观察杆的变形情况。

取一等截面直杆，如图 3-40 所示，试验前在其表面画两条垂直于轴线的横向直线 ab 和 cd，代表两个横截面，然后在杆件两端施加一对轴向拉力 F，使杆件发生变形。此时可以发现直线 ab 和 cd 沿轴线分别平移到 a_1b_1 和 c_1d_1 位置，且仍为垂直于轴线的直线，如图 3-40(a)所示。根据这一试验现象，通过由表及里的分析，可以得出一个重要的假设：杆件变形前为平面的各横截面，变形后仍为平面，仅沿轴线产生了相对平移，仍与杆件的轴线垂直。这个假设称为横截面平面假设。

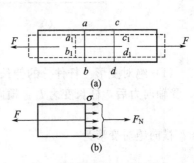

图 3-40　横截面上的正应力

设想杆件是由无数条与轴线平行的纵向纤维构成，根据平面假设可推断，拉杆的任意两个横截面之间的所有纵向纤维产生了相同的伸长量。因此，各纵向纤维的受力也相同。如果认为材料是均匀连续的，则可以推断拉杆横截面上的内力是均匀分布的。因而，横截面上各点处的应力大小相等，其方向与轴力一致，垂直于横截面，故称为正应力，如图 3-40(b)所示，其计算公式为

$$\sigma=\frac{F_N}{A} \tag{3-4}$$

式中　σ——横截面上的正应力；

　　　F_N——横截面上的轴力；

　　　A——横截面面积。

正应力的正负号与轴力对应，即拉应力为正，压应力为负。

【例 3-2】　一正方形截面的阶梯形砖柱，其受力情况、各段长度及横截面尺寸如图 3-41(a)所示。已知 $P=40kN$。试求荷载引起的最大工作应力。

解：首先作柱的轴力图，如图 3-41(b)所示。由于此柱为变截面杆，应分别求出每段柱的横截面上的正应力，从而确定全柱的最大工作应力。

Ⅰ、Ⅱ两段柱横截面上的正应力分别为

$$\sigma_1=\frac{F_{N1}}{A_1}=\frac{-40\times10^3}{240\times240}=-0.69\ (MPa)（压应力）$$

$$\sigma_2=\frac{F_{N2}}{A_2}=\frac{-120\times10^3}{370\times370}=-0.88\ (MPa)（压应力）$$

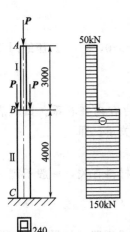

图 3-41　阶梯形砖柱
　　　　受力分析

由上述结果可见，砖柱的最大工作应力在柱的下段，其值为 0.88MPa，是压应力。

三、轴向拉伸与压缩的变形

1. 变形与应变

试验表明：轴向拉伸时杆沿纵向伸长，其横向尺寸缩短；轴向压缩时杆沿纵向缩短，其横向尺寸增加，如图 3-42 所示。杆件沿轴向方向的变形称为纵向变形，垂直于轴向方向的变形称为横向变形。

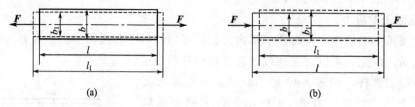

图 3-42　拉压变形

（1）绝对变形　杆件总的伸长或缩短量称为绝对变形。设等直杆原长为 l，横向尺寸为 b，受轴向力后，杆长变为 l_1，横向尺寸变为 b_1，则杆的纵向绝对变形为

$$\Delta l = l_1 - l$$

横向绝对变形为

$$\Delta b = b_1 - b$$

（2）相对变形（线应变）　原始长度不同的杆件，即使它们的绝对变形相同，但它们的变形程度并不相同，因此，绝对变形只表示了杆件变形的大小，不能反映杆件的变形程度。为了度量杆的变形程度，消除杆件原长的影响，用单位长度内杆件的变形量来度量其变形程度。将单位长度内杆件的变形量称为相对变形，又称线应变。与上述两种绝对变形相对应的线应变为

纵向线应变
$$\varepsilon = \frac{\Delta l}{l} = \frac{l_1 - l}{l}$$

横向线应变
$$\varepsilon' = \frac{\Delta b}{b} = \frac{b_1 - b}{b}$$

显然，线应变是一个无量纲的量。拉伸时 $\Delta l > 0$，$\Delta b < 0$，因此 $\varepsilon > 0$，$\varepsilon' < 0$。压缩时则相反，$\varepsilon < 0$，$\varepsilon' > 0$。总之，ε 与 ε' 具有相反的符号。

2. 泊松系数

横向应变 ε' 与纵向应变 ε 为同一外力在同一构件内发生的，必存在内在联系。试验表明：当应力未超过某一极限时，横向应变 ε' 与纵向应变 ε 之间成正比关系，即

$$\varepsilon' = -\mu\varepsilon$$

μ 称为泊松系数或泊松比。泊松系数是一个无量纲的量，其值与材料有关，一般不超过 0.5，说明沿外力方向的应变总比垂直于该力方向的应变大。

3. 虎克定律

杆件在载荷作用下产生变形与载荷之间具有一定的关系。试验结果表明：如果所施加的荷载使杆件的变形处于弹性范围内，杆的轴向变形 Δl 与轴力 F_N、杆长度 l 成正比，而与其横截面面积 A 成反比。引入与材料有关的比例常数 E，得

$$\Delta l = \frac{F_N l}{EA} \tag{3-5}$$

式(3-5)称为虎克定律。

式(3-5)可改写为

$$\frac{\Delta l}{l}=\frac{1}{E}\times\frac{F_N}{A}$$

即

$$\varepsilon=\frac{\sigma}{E} \quad 或 \quad \sigma=E\varepsilon \tag{3-6}$$

式(3-6)是虎克定律的另一表达式。由此,虎克定律又可简述为:若应力未超过某一极限时,则应力与应变成正比。上述这个应力极限称为比例极限 σ_P。各种材料的比例极限是不同的,可由试验测得。

比例常数 E 称为材料的弹性模量。由式(3-5)可知,当其他条件不变时,弹性模量 E 越大,杆件的绝对变形 Δl 就越小,说明 E 值的大小表示在拉、压时材料抵抗弹性变形的能力,它是材料的刚度指标。由于应变 ε 是一个无量纲的量,所以弹性模量 E 的单位与应力 σ 相同,常用 GPa(吉帕)。其值随材料不同而异,可通过试验测定。工程上常用材料的弹性模量列表于 3-1 中,供参考。

表 3-1　常用材料 E、μ 值

材料名称	$E/10^2$GPa	μ	材料名称	$E/10^2$GPa	μ
低碳钢	2~2.2	0.25~0.33	铜及其合金	0.74~1.30	0.31~0.42
合金钢	1.9~2.0	0.24~0.33	橡胶	0.00008	0.47
灰铸铁	1.15~1.6	0.243~0.27			

【例 3-3】　已知阶梯形直杆受力如图 3-43(a)所示,材料的弹性模量 $E=200$GPa,杆各段的横截面面积分别为 $A_{AB}=A_{BC}=1500$mm², $A_{CD}=1000$mm²,试求杆的总伸长。

解:(1)画轴力图　AB 段的轴力为

$$F_{N,AB}=300-100-300=-100 \text{(kN)}$$

BC 段的轴力为

$$F_{N,BC}=300-100=200 \text{(kN)}$$

CD 段的轴力为

$$F_{N,CD}=300 \text{(kN)}$$

轴力图如图 3-43(b)所示。

(2)求杆的总伸长量　各段杆的轴向变形分别为

$$\Delta l_{AB}=\frac{F_{N,AB}l_{AB}}{EA_{AB}}=\frac{-100\times10^3\times300}{200\times10^3\times1500}=-0.1 \text{(mm)}$$

$$\Delta l_{BC}=\frac{F_{N,AB}l_{BC}}{EA_{BC}}=\frac{200\times10^3\times300}{200\times10^3\times1500}=0.2 \text{(mm)}$$

$$\Delta l_{CD}=\frac{F_{N,AB}l_{CD}}{EA_{CD}}=\frac{300\times10^3\times300}{200\times10^3\times1000}=0.45 \text{(mm)}$$

杆的总伸长量为

$$\Delta l=\sum_{i=1}^{3}\Delta l_i=-0.1+0.2+0.45=0.55 \text{(mm)}$$

四、材料在拉伸和压缩时的力学性能

分析构件的强度时,除了计算应力外,还需要了解材料的力学性能。材料的力学性能是

指材料在外力作用下表现出的强度、变形等方面的各种特性，包括弹性模量 E、泊松比 μ 以及极限应力等。研究材料的力学性能，通常是做静载荷（载荷缓慢平稳地增加）试验。本处主要介绍低碳钢和铸铁在常温、静载荷下的轴向拉伸和压缩试验。

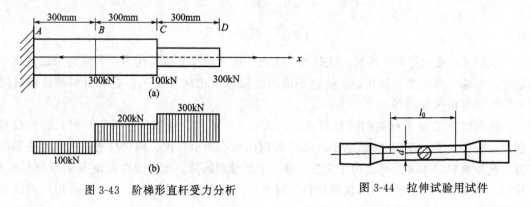

　　图 3-43　阶梯形直杆受力分析　　　　　图 3-44　拉伸试验用试件

1. 低碳钢拉伸时的力学性质

为了便于比较不同材料的试验结果，在做拉伸试验时，首先要将金属材料按国家标准《金属材料室温拉伸试验方法》（GB/T 228—2002）制成标准试件。一般金属材料采用圆形截面试件，如图 3-44 所示。试件中部一段为等截面，在该段中标出长度为 l_0 的一段称为工作段（试验段），试验时即测量工作段的变形量。工作段长度称为标距 l_0，按规定对圆形试件，标距 l_0 与横截面直径 d 的比例为

$$l_0 = 10d \quad 或 \quad l_0 = 5d$$

低碳钢是指含碳量在 0.3% 以下的碳素钢。这类钢材在工程中使用较广，在拉伸试验中表现出的力学性能也最为典型。

将低碳钢制成的标准试件安装在试验机上，开动机器缓慢加载，直至试件拉断为止。试验机的自动绘图装置将试验过程中的载荷 F 和对应的伸长量 Δl 绘成 F-Δl 曲线图，称为拉伸图或 F-Δl 曲线，如图 3-45 所示。

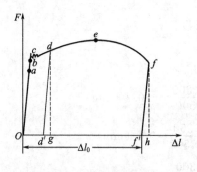

图 3-45　低碳钢的 F-Δl 曲线

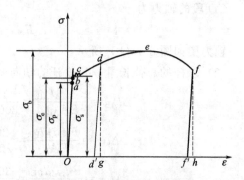

图 3-46　低碳钢的 σ-ε 曲线

试件的拉伸图与试件的原始几何尺寸有关，为了消除试件原始几何尺寸的影响，获得反映材料性能的曲线，常把拉力 P 除以试件横截面的原始面积 A，得到正应力 $\sigma = P/A$，作为纵坐标；把伸长量 Δl 除以标距的原始长度 l_0，得到应变 $\varepsilon = \Delta l/l_0$，作为横坐标。作图得到材料拉伸时的应力-应变曲线图或称 σ-ε 曲线，如图 3-46 所示。从图中可以看出，整个拉伸过程大致可以分为四个阶段。

（1）弹性阶段　弹性阶段由直线段 Oa 和微弯段 ab 组成。直线段 Oa 部分表示应力与应变成正比关系，故 Oa 段称为比例阶段或线弹性阶段，在此阶段内，材料服从虎克定律 $\sigma = E\varepsilon$，a 点所对应的应力值称为材料的比例极限，用 σ_p 表示，低碳钢的 $\sigma_p \approx 200\mathrm{MPa}$。

应力超过比例极限后，应力与应变不再成比例关系，曲线 ab 段称为非线性弹性阶段。只要应力不超过 b 点，材料的变形仍是弹性变形，在解除拉力后变形仍可完全消失。所以 b 点对应的应力称为弹性极限，以 σ_e 表示。由于大部分材料的 σ_p 和 σ_e 极为接近，工程上并不严格区分弹性极限和比例极限，常认为在弹性范围内，虎克定律成立。

（2）屈服阶段　当应力超过弹性极限后，σ-ε 曲线图上的 bc 段将出现近似的水平段，这时应力几乎不增加，而变形却增加很快，表明材料暂时失去了抵抗变形的能力。这种现象称为屈服现象或流动现象。屈服阶段（bc 段）的最低点对应的应力称为屈服极限（或流动极限），以 σ_s 表示。低碳钢的 $\sigma_s \approx 220 \sim 240\mathrm{MPa}$。当应力达到屈服极限时，如试件表面经过抛光，就会在表面上出现一系列与轴线大致成 45° 夹角的倾斜条纹（称为滑移线）。它是由于材料内部晶格间发生滑移所引起的，一般认为，晶格间的滑移是产生塑性变形的根本原因。工程中的大多数构件一旦出现塑性变形，将不能正常工作（或称失效）。所以屈服极限 σ_s 是衡量材料失效与否的强度指标。

（3）强化阶段　过了屈服阶段 bc，图中向上升的曲线 ce 说明材料恢复了抵抗变形的能力，要使试件继续变形必须再增加载荷，这种现象称为材料的强化，故 σ-ε 曲线图中的 ce 段称为强化阶段，最高点 e 点所对应的应力值称为材料的强度极限，以 σ_b 表示，它是材料所能承受的最大应力。低碳钢的 $\sigma_b \approx 370 \sim 460\mathrm{MPa}$。

（4）颈缩阶段　当载荷达到最高值后，可以看到在试件的某一局部的横截面迅速收缩变细，出现颈缩现象，如图 3-47 所示。σ-ε 曲线图中的 ef 段称为颈缩阶段。由于颈缩部分的横截面迅速减小，使试件继续伸长所需的拉力也相应减少。在

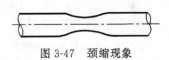

图 3-47　颈缩现象

σ-ε 图中，用横截面原始面积 A 算出的应力 $\sigma = F/A$ 随之下降，降到 f 点时试件被拉断。

试件拉断后弹性变形消失，只剩下塑性变形。工程中常用伸长率 δ 和断面收缩率 Ψ 作为材料的两个塑性指标，分别为

$$\delta = \frac{l_1 - l_0}{l} \times 100\% \tag{3-7}$$

$$\Psi = \frac{A_0 - A_1}{A_0} \times 100\% \tag{3-8}$$

式中　l_1——试件拉断后的标距长度；

　　　l_0——原标距长度；

　　　A_0——试件横截面原面积；

　　　A_1——试件被拉断后在颈缩处测得的最小横截面面积。

δ、Ψ 值越大，则材料的塑性越好。低碳钢的伸长率在 20%～30% 间，其塑性很好。在工程中，经常将伸长率 $\delta \geqslant 5\%$ 的材料称为塑性材料；$\delta < 5\%$ 的材料称为脆性材料。

试验表明，如果将试件拉伸到超过屈服点 σ_s 后的任一点，如图 3-46 中的 d 点，然后缓慢地卸载。这时会发现，卸载过程中试件的应力与应变之间沿着直线 dd' 的关系变化，dd' 与直线 Oa 几乎平行。由此可见，在强化阶段中试件的应变包含弹性应变和塑性应变，卸载后弹性应变消失，只留下塑性应变，塑性应变又称残余应变。

如果将卸载后的试件在短期内再次加载，则应力和应变之间基本上仍沿着卸载时的同一直线关系，直到开始卸载时的 d 点为止，然后大体上沿着原来路径 def（图 3-46）的关系。所以当试件在强化阶段卸载后再加载时，其 σ-ε 曲线图应是图 3-46 中的 $dd'ef$。直线 dd' 的最高点 d 的应力值，可以认为是材料在经过卸载而重新加载时的比例极限，显然它比原来的比例极限提高了，但拉断后的残余应变则比原来的 δ 小，这种现象称为冷作硬化。工程中经常利用冷作硬化来提高材料的弹性阶段，例如起重机的钢索和建筑用的钢筋，常采用冷拔工艺提高强度。

2. 其他材料拉伸时的力学性质

（1）名义屈服极限　由其他金属材料的拉伸应力-应变曲线（图 3-48）可见，拉伸的开始阶段，σ-ε 也成直线关系，服从虎克定律。其次它们的伸长率都大于 10%，但没有明显的屈服阶段。对于没有明显屈服点的塑性材料，工程上规定，取试件产生 0.2% 的塑性应变时，所对应的应力值作为材料的名义屈服极限，以 $\sigma_{0.2}$ 表示（图 3-49）。

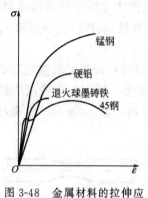

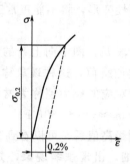

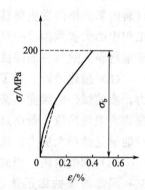

图 3-48　金属材料的拉伸应　　　图 3-49　名义屈服极限　　　图 3-50　铸铁拉伸 σ-ε 曲线
力-应变曲线

（2）铸铁拉伸时的力学性质　铸铁是工程上广泛应用的脆性材料，其拉伸时的应力-应变图是一断微弯曲线，如图 3-50 所示。图中没有明显的直线部分，但应力较小时，σ-ε 曲线与直线相近似，说明在应力不大时可以近似地认为符合虎克定律。铸铁在拉伸时，没有屈服和颈缩现象，在较小的拉应力下就被突然拉断，断口平齐并与轴线垂直，断裂时变形很小，应变通常只有 0.4%～0.5%。铸铁拉断时的最大应力，即为其抗拉强度极限，是衡量铸铁强度的唯一指标。

3. 材料压缩时的力学性能

金属材料的压缩试件常做成圆柱体，其高度是直径的 1.5～3.0 倍，以避免试验时被压弯；非金属材料（如水泥、石料）的压缩试件常制成立方体。

碳钢压缩时的 σ-ε 曲线如图 3-51 所示，与图中虚线所示的拉伸时的 σ-ε 曲线相比，在屈服以前，二者基本重合。这表明低碳钢压缩时的弹性模量 E、比例极限和屈服极限都与拉伸时基本相同。屈服阶段以后，试件产生显著的塑性变形，越压越扁，横截面面积不断增大，试件先被压成鼓形，最后成为饼状，因此，不能得到压缩时的强度极限。

铸铁压缩时的 σ-ε 曲线如图 3-52 所示，其线性阶段不明显，强度极限 σ_b 比拉伸时高 2～4 倍，试件在较小的变形下突然发生破坏，断口与轴线大致成 45°～55° 的倾角，表明试件沿斜面因相对错动而破坏。其他脆性材料，如混凝土、石料等，抗压强度也远高于抗拉强度。

脆性材料抗拉强度低，塑性差，但抗压强度高，且价格低廉，故适合于制作承压构件。

铸铁坚硬耐磨，易于浇注成形状复杂的零部件，广泛用于铸造机床床身、机座、缸体及轴承座等受压零部件。因此，铸铁压缩试验比拉伸试验更为重要。

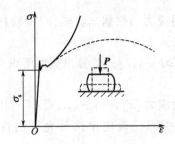
图 3-51　碳钢压缩时的 σ-ε 曲线

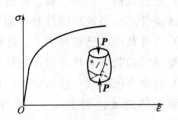
图 3-52　铸铁压缩时的 σ-ε 曲线

五、拉、压杆的强度条件及其应用

1. 极限应力

材料丧失正常工作能力时的应力，称为极限应力，用 σ^0 表示。对于塑性材料，当应力达到屈服极限 σ_s 时，将发生较大的塑性变形，此时虽未发生破坏，但因变形过大将影响构件的正常工作，引起构件失效，所以把 σ_s 定为极限应力，即 $\sigma^0 = \sigma_s$。对于脆性材料，因塑性变形很小，断裂就是破坏的标志，故以强度极限作为极限应力，即 $\sigma^0 = \sigma_b$。

2. 安全系数及许用应力

为了保证构件有足够的强度，它在荷载作用下所引起的应力（称为工作应力）的最大值应低于极限应力。考虑到在设计计算时的一些近似因素，如荷载值的确定是近似的；计算简图不能精确地符合实际构件的工作情况；实际材料的均匀性不能完全符合计算时所作的理想均匀假设；公式和理论都是在一定的假设下建立起来的，所以有一定的近似性；结构在使用过程中偶尔会遇到超载的情况，即受到的荷载超过设计时所规定的标准荷载等诸多因素的影响，都会造成偏于不安全的后果，所以，为了安全起见，应把极限应力打一折扣，即除以一个大于 1 的系数，以 n 表示，称为安全因数，所得结果称为许用应力，用 $[\sigma]$ 表示，即

$$[\sigma] = \frac{\sigma^0}{n} \tag{3-9}$$

对于塑性材料有

$$[\sigma] = \frac{\sigma_s}{n_s} \tag{3-10}$$

对于脆性材料有

$$[\sigma] = \frac{\sigma_b}{n_b} \tag{3-11}$$

式中，n_s 和 n_b 分别为塑性材料和脆性材料的安全因数。一般塑性材料的安全系数取 $1.2 \sim 2.5$，脆性材料的安全系数取 $2.0 \sim 3.5$。

3. 拉、压杆的强度条件

为确保轴向拉、压杆具有足够的强度，要求杆件中最大正应力 σ_{max}（称为工作应力）不超过材料在拉伸（压缩）时的许用应力 $[\sigma]$，即

$$\sigma_{max} \leqslant [\sigma] \tag{3-12}$$

对于等截面直杆，拉伸（压缩）时的强度条件可改写为

$$\frac{F_{Nmax}}{A} \leqslant [\sigma] \tag{3-13}$$

根据上述强度条件，可以解决下列三方面问题。

(1) 强度校核　已知荷载、杆件尺寸及材料的许用应力，根据 $\sigma_{max} \leqslant [\sigma]$ 检验杆件能否满足强度条件，从而判断构件是否能够安全可靠地工作。

(2) 设计截面　已知外力 F、许用应力 $[\sigma]$，由 $A \geqslant F_{Nmax}/[\sigma]$ 计算出截面面积 A，然后根据工程要求的截面形状，设计出构件的截面尺寸。

(3) 确定许用荷载　已知构件的截面面积 A、许用应力 $[\sigma]$，由 $F_{Nmax} \leqslant A[\sigma]$ 计算出构件所能承受的最大内力 F_{Nmax}，再根据内力与外力的关系，确定出构件允许的许可载荷值 $[F]$。

强度计算中，工作应力若大于许用应力，根据设计规范规定，只要不超过许用应力的 5% 也是允许的。

【例 3-4】　如图 3-53 所示，活塞受气体压力 $F_p = 100kN$，曲柄 OA 长度为 120mm，连杆长度 AB 为 $L = 300mm$，截面尺寸 $b = 50mm$，$h = 65mm$，材料许用应力为 $[\sigma] = 50MPa$，当 OA 与 AB 垂直时，试校核连杆的强度。

解：连杆、活塞受力如图 3-53 所示。

$$\sum F_y = 0 \quad F_N' \cos\alpha - F_p = 0$$

$$F_N' = \frac{F_p}{\cos\alpha} = \frac{F_p}{L}\sqrt{L^2 + (OA)^2} = \frac{100}{300}\sqrt{300^2 + 120^2} = 130.12 \ (kN)$$

计算截面面积 $\qquad A = bh = 50 \times 65 = 3250 \ (mm)^2$

校核连杆的强度，有

$$\sigma = \frac{F_N}{A} = \frac{130.12 \times 10^3}{3250} = 40.04 \ (MPa) < [\sigma]$$

所以连杆强度足够。

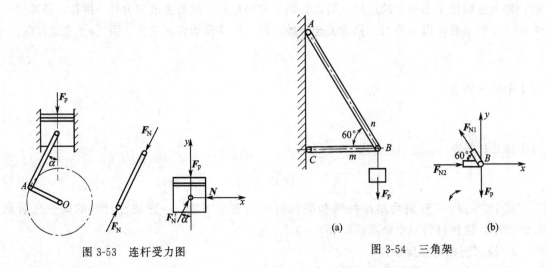

图 3-53　连杆受力图　　　　　　　图 3-54　三角架

【例 3-5】　如图 3-54(a) 所示，三角架由 AB 与 BC 两圆杆铰链而成，材料为钢，许用应力 $[\sigma] = 58MPa$。设 B 点载荷 $F_p = 20kN$，试确定两杆直径。

解：(1) 计算轴力　AB 与 BC 两杆为二力构件，产生轴向拉伸或压缩变形。用截面法将两杆切开，其受力如图 3-54(b) 所示。由平衡方程

$$\sum F_y = 0 \quad F_{N1}\sin60° - F_p = 0$$

得

$$F_{N1} = \frac{F_p}{\sin60°} = 23.09 \ (kN)$$

由

$$\sum F_x = 0 \quad F_{N2} - F_{N1}\cos60° = 0$$

得

$$F_{N2} = F_{N1}\cos60° = 11.55 \ (kN)$$

(2) 确定两杆直径 由强度条件公式可得

$$d \geqslant \sqrt{\frac{4F_N}{\pi[\sigma]}}$$

AB 杆直径 $d_{AB} \geqslant \sqrt{\dfrac{4F_{N1}}{\pi[\sigma]}} = \sqrt{\dfrac{4\times23.09\times10^3}{3.14\times56}} = 22.5 \ (mm)$ 取 $d_{AB} = 23mm$

BC 杆直径 $d_{BC} \geqslant \sqrt{\dfrac{4F_{N2}}{\pi[\sigma]}} = \sqrt{\dfrac{4\times11.55\times10^3}{3.14\times58}} = 15.9 \ (mm)$ 取 $d_{BC} = 16mm$

六、应力集中

产生轴向拉伸或压缩变形的等截面直杆，其横截面上的应力是均匀分布的。但对截面尺寸有急剧变化的杆件来说，通过实验和理论分析证明，在杆件截面发生突然改变的部位，其上的应力就不再均匀分布。这种因截面突然改变而引起应力局部增高的现象，称为应力集中。如图3-55所示，在杆件上开有孔、槽、切口处，将产生应力集中，离开该区域，应力迅速减小并趋于平均。截面改变越剧烈，应力集中越严重，局部区域出现的最大应力就越大。

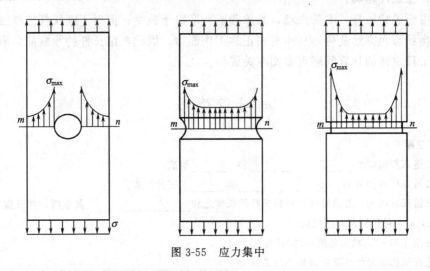

图 3-55 应力集中

截面突变的局部区域的最大应力与平均应力的比值，称为应力集中系数，通常用 α 表示，即

$$\alpha = \frac{\sigma_{max}}{\sigma}$$

应力集中系数 α 表示了应力集中程度，α 越大，应力集中越严重。

为了减少应力集中程度，在截面发生突变的地方，尽量过渡得缓和一些。为此，杆件上应尽可能避免用带尖角的槽和孔，圆轴的轴肩部分用圆角过渡。

七、压杆稳定

如图3-56(a)所示，在细长直杆两端作用有一对大小相等、方向相反的轴向压力，杆件

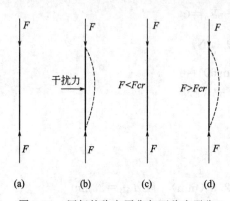

图 3-56　压杆的稳定平衡与不稳定平衡

处于平衡状态。若施加一个横向干扰力，则杆件变弯，如图 3-56（b）所示。但是，当轴向压力 F 小于某一数值 F_{cr} 时，若撤去横向干扰力，压杆能回复到原来的直线平衡状态，如图 3-56（c）所示，此时压杆处于稳定平衡状态；当轴向压力 F 大于某一数值 F_{cr} 时，若撤去横向干扰力，压杆不能回复到原来的直线平衡状态，如图 3-56（d）所示，此时压杆处于不稳定平衡状态。将压杆不能保持其原有直线平衡状态而突然变弯的现象，称为压杆失稳。经分析计算可知，压杆失稳时其横截面上的应力远远小于材料的强度极限 σ_b。可见，失稳破坏与强度破坏不同，它是由平衡形式的突变所致。

失稳现象是突然发生的，事前并无迹象，其后果往往很严重，在飞机和桥梁工程上都曾经发生过这种事故。

杆件所受的轴向压力由小到大逐渐增加到某个极限值 F_{cr} 时，压杆由稳定平衡状态转化为不稳定平衡状态，这个压力的极限值 F_{cr} 称为临界压力。临界压力 F_{cr} 的大小表示了压杆稳定的强弱，临界压力 F_{cr} 越大，则压杆不易失稳，稳定性越强；临界压力 F_{cr} 越小，则压杆易失稳，稳定性越弱。

对于粗而短的压杆，不易失稳，其承载能力取决于强度；但对于细长杆往往因不能维持其直线平衡状态而突然变弯，从而丧失正常工作能力，因此，细长杆的承载能力取决于其稳定性。关于稳定性的计算问题可参阅有关资料。

同 步 练 习

一、填空题

3-1　铰链四杆机构由_____、_____和_____组成。

3-2　铰链四杆机构分为_____、_____和_____三种形式。

3-3　铰链四杆机构，若最短杆件与最长杆件长度之和_____，其余两杆件长度之和，以最短杆件为机架时，可得到双曲柄机构。

3-4　在图 3-57 中，填出各机构的名称。

3-5　连杆机构输出件具有急回特性的条件为_____。

3-6　平面四杆机构的压力角是指_____。

3-7　机构的压力角 α 越_____，传动角 γ 越_____，则机构的传力性能越好。

3-8　当机构处于死点位置时，压力角 $\alpha=$_____，传动角 $\gamma=$_____，驱动力的有效分力 $F_t=$_____。

3-9　四杆机构的行程速比系数 $K=1$，则机构极位角 $\theta=$_____。

3-10　曲柄的极位夹角越_____，机构的急回特性越显著。

3-11　四杆机构存在死点的条件为_____。

3-12　当作用于杆件上的外力与杆件的轴线重合时，杆件产生沿轴线方向的_____的变形，这种变形称为轴向拉伸或轴向压缩。

3-13　由外力作用而引起的构件内部质点之间相互作用力的改变量称为_____，简称_____。

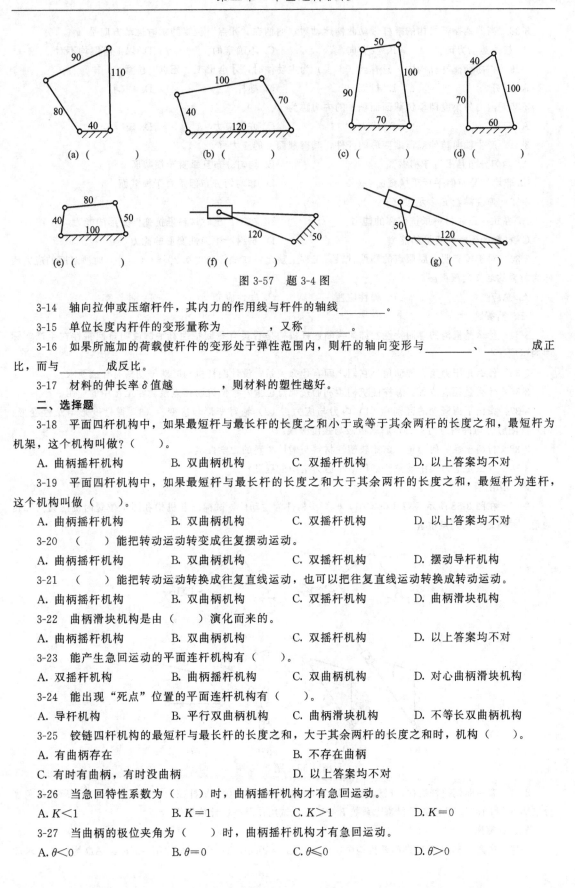

图 3-57　题 3-4 图

3-14　轴向拉伸或压缩杆件，其内力的作用线与杆件的轴线_____。

3-15　单位长度内杆件的变形量称为_____，又称_____。

3-16　如果所施加的荷载使杆件的变形处于弹性范围内，则杆的轴向变形与_____、_____成正比，而与_____成反比。

3-17　材料的伸长率 δ 值越_____，则材料的塑性越好。

二、选择题

3-18　平面四杆机构中，如果最短杆与最长杆的长度之和小于或等于其余两杆的长度之和，最短杆为机架，这个机构叫做？（　　）。

A. 曲柄摇杆机构　　　　B. 双曲柄机构　　　　C. 双摇杆机构　　　　D. 以上答案均不对

3-19　平面四杆机构中，如果最短杆与最长杆的长度之和大于其余两杆的长度之和，最短杆为连杆，这个机构叫做（　　）。

A. 曲柄摇杆机构　　　　B. 双曲柄机构　　　　C. 双摇杆机构　　　　D. 以上答案均不对

3-20　（　　）能把转动运动转变成往复摆动运动。

A. 曲柄摇杆机构　　　　B. 双曲柄机构　　　　C. 双摇杆机构　　　　D. 摆动导杆机构

3-21　（　　）能把转动运动转换成往复直线运动，也可以把往复直线运动转换成转动运动。

A. 曲柄摇杆机构　　　　B. 双曲柄机构　　　　C. 双摇杆机构　　　　D. 曲柄滑块机构

3-22　曲柄滑块机构是由（　　）演化而来的。

A. 曲柄摇杆机构　　　　B. 双曲柄机构　　　　C. 双摇杆机构　　　　D. 以上答案均不对

3-23　能产生急回运动的平面连杆机构有（　　）。

A. 双摇杆机构　　　　B. 曲柄摇杆机构　　　　C. 双曲柄机构　　　　D. 对心曲柄滑块机构

3-24　能出现"死点"位置的平面连杆机构有（　　）。

A. 导杆机构　　　　B. 平行双曲柄机构　　　　C. 曲柄滑块机构　　　　D. 不等长双曲柄机构

3-25　铰链四杆机构的最短杆与最长杆的长度之和，大于其余两杆的长度之和时，机构（　　）。

A. 有曲柄存在　　　　　　　　　　B. 不存在曲柄

C. 有时有曲柄，有时没曲柄　　　　D. 以上答案均不对

3-26　当急回特性系数为（　　）时，曲柄摇杆机构才有急回运动。

A. $K<1$　　　　B. $K=1$　　　　C. $K>1$　　　　D. $K=0$

3-27　当曲柄的极位夹角为（　　）时，曲柄摇杆机构才有急回运动。

A. $\theta<0$　　　　B. $\theta=0$　　　　C. $\theta\leqslant0$　　　　D. $\theta>0$

3-28　当曲柄摇杆机构的摇杆带动曲柄运动对，曲柄在"死点"位置的瞬时运动方向是（　　）。

A. 按原运动方向　　　　B. 反方向　　　　C. 不确定的　　　　D. 以上答案均不对

3-29　在曲柄摇杆机构中，只有当（　　）为主动件时，才会出现"死点"位置。

A. 连杆　　　　　　　B. 机架　　　　　　C. 摇杆　　　　　　D. 曲柄

3-30　内力的集度即单位截面面积上的内力称为（　　）。

A. 应变　　　　　　　B. 应力　　　　　　C. 许用应力　　　　D. 极限应力

3-31　产生轴向拉伸或压缩变形的杆件，其横截面上的应力（　　）。

A. 均匀分布且平行于横截面　　　　　　　B. 均匀分布且垂直于横截面

C. 非均匀分布但平行于横截面　　　　　　D. 非均匀分布但垂直于横截面

3-32　弹性模量 E 表示了（　　）。

A. 在拉、压时材料抵抗破坏的能力　　　　B. 在拉、压时材料抵抗弹性变形的能力

C. 材料产生塑性变形的能力　　　　　　　D. 材料产生弹性变形的能力

3-33　对于没有明显屈服点的塑性材料，工程上规定，取试件产生 0.2% 的（　　）时所对应的应力值作为材料的名义屈服极限。

A. 总应变　　　　　　B. 弹性应变　　　　C. 塑性应变　　　　D. 伸长率

三、简答题

3-34　什么是机构的急回特性？如何判断连杆机构是否具有急回特性？举例说明急回特性在生产实际中的运用。

3-35　什么是压力角、传动角？它们之间有什么关系？设计四杆机构时对传动角有什么要求？

3-36　什么是死点位置？怎样使机构顺利通过死点位置？举例说明死点位置在工程中的应用。

3-37　指出下列概念的区别：（1）内力与应力；（2）绝对变形与应变；（3）弹性变形与塑性变形；（4）极限应力与许用应力；（5）屈服极限与强度极限。

3-38　材料塑性如何衡量？试比较塑性材料与脆性材料的力学性能。

3-39　什么是应力集中现象？如何减小应力集中的程度？

四、作图题

3-40　在图 3-58 所示各四杆机构中，标箭头构件为主动件，试标出各机构在图示位置时的压力角和传动角，并判定有无死点位置。

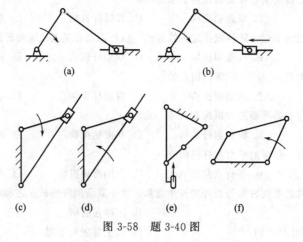

(a)　　　　　　　(b)

(c)　　(d)　　(e)　　(f)

图 3-58　题 3-40 图

3-41　有一曲柄摇杆机构，已知摇杆长 420mm，摆角 $\Psi=90°$，摇杆在两极限位置时与机架所成的角度分别为 60°和 150°，机构的行程速比系数 $K=1.25$，试用作图法设计该机构。

五、计算题

3-42　在图 3-59 所示铰链四杆机构中，已知：$l_{BC}=50\text{cm}$，$l_{CD}=35\text{cm}$，$l_{AD}=30\text{cm}$，AD 为机架，求此

机构分别为（1）曲柄摇杆机构；（2）为双摇杆机构；（3）双曲柄机构时，l_{AB}的取值范围。

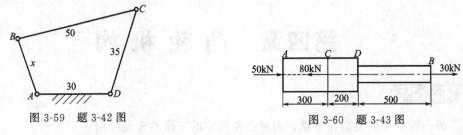

图 3-59　题 3-42 图　　　　　　　　　图 3-60　题 3-43 图

3-43　阶梯状直杆受力如图 3-60 所示。已知 AD 段横截面面积 $A_{AD}=1000\text{mm}^2$，DB 段横截面面积 $A_{DB}=500\text{mm}^2$，材料的弹性模量 $E=200\text{GPa}$。求各截面的应力和该杆的总变形量 Δl_{AB}。

3-44　如图 3-61 所示对心曲柄滑块机构 ABC，在图位置平衡，已知 $l_{AB}=400\text{mm}$，$l_{BC}=800\text{mm}$，$\varphi=60°$，滑块上受工作阻力 $F=20\text{kN}$，连杆 BC 的材料为 20 钢，$[\sigma]=80\text{MPa}$，$E=200\text{GPa}$，许用变形量 $[\Delta l]=\pm0.35\text{mm}$，试按强度条件确定其横截面积并校核其刚度。

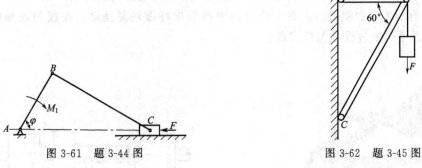

图 3-61　题 3-44 图　　　　　　　图 3-62　题 3-45 图

3-45　三角架由 AB 与 BC 两杆用铰链连接而成，如图 3-62 所示，两杆的截面面积分别为 $A_1=100\text{mm}^2$、$A_2=250\text{mm}^2$，两杆的材料是 Q235，许用应力为 $[\sigma]=120\text{MPa}$。设作用于节点 B 的载荷 $F=20\text{kN}$，不计杆自重，试校核两杆的强度。

第四章 凸轮机构

了解凸轮机构的类型和特点，理解凸轮机构的工作原理及应用。

根据所学知识，能分析实际生产、生活中凸轮机构的工作原理。

【观察与思考】

• 观察图 4-1 所示的手动补鞋机，请思考其运动和动力是怎样传递的？

• 图 4-2 所示为一台绕线机，在工作过程中需要摇杆做往复摆动，使线匀速地缠绕在绕线轴上，请思考这个过程是怎样实现？

图 4-1　手动补鞋机

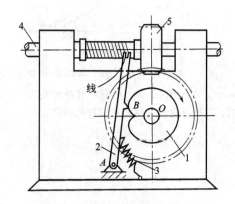

图 4-2　绕线机

1—凸轮；2—摇杆；3—回复弹簧；4—绕线轴；5—蜗杆

许多机械常要求其中某些从动件的位移、速度、加速度按照预定的规律变化。这种要求虽然可用连杆机构实现，但它只能近似地实现给定的运动规律，且设计方法也较繁复，故当从动件的位移、速度、加速度必须严格按照预定规律变化时，常用凸轮机构。

凸轮机构主要由凸轮、从动件和机架组成。凸轮是一个具有特殊曲线轮廓或凹槽的构件，一般以凸轮作为主动件，它常做等速转动，但也有做往复摆动和往复直线移动的。通过凸轮与从动件的直接接触，驱使从动件做往复直线运动或摆动。只要适当地设计凸轮轮廓曲线，就可以使从动件获得任意预定的运动规律，因此凸轮机构广泛应用于各种自动化机械、自动控制装置和仪表中。

第一节 凸轮机构的应用和分类

一、凸轮机构的应用和特点

凸轮机构具有传动、导向和控制等功能。当它作为传动机构时可以产生复杂的运动规律；当它作为导向机构时，则可以使执行机构的动作端产生复杂的运动轨迹；当它作为控制机构时，可以控制执行机构的工作循环。

图 4-3 所示为内燃机配气凸轮机构，当凸轮 1（主动件）做匀速转动时，其轮廓将驱使气阀 2（从动件）做上下往复移动，使其按预定的运动规律开启或关闭（关闭靠弹簧的作用），以控制燃气定时进入汽缸或废气定时排出。凸轮轮廓曲线的形状决定了气阀开闭的起讫时间、速度和加速度的变化规律。

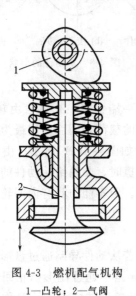

图 4-3 燃机配气机构
1—凸轮；2—气阀

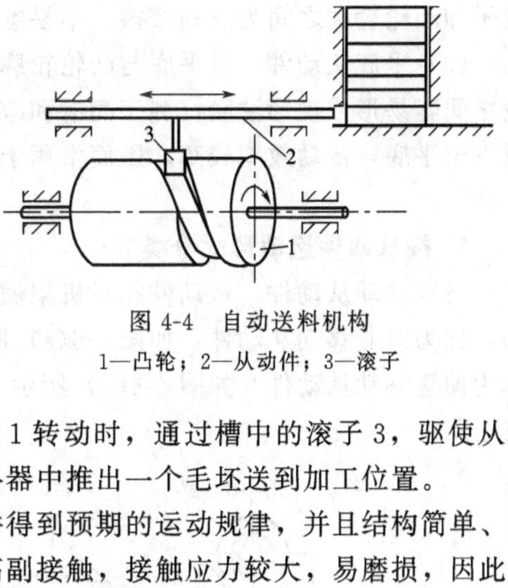

图 4-4 自动送料机构
1—凸轮；2—从动件；3—滚子

图 4-4 所示为自动送料机构。当有凹槽的凸轮 1 转动时，通过槽中的滚子 3，驱使从动件 2 作往复移动。凸轮每转一周，从动件即从储料器中推出一个毛坯送到加工位置。

只要设计出适当的凸轮轮廓，就可以使从动件得到预期的运动规律，并且结构简单、紧凑，易于设计。但由于凸轮轮廓与从动件之间为高副接触，接触应力较大，易磨损，因此凸轮机构多用于传递动力不大的场合。

二、凸轮机构的分类

1. 按凸轮形状分类

（1）盘形凸轮 又称平板凸轮，是一个绕固定轴线回转并具有变化向径的盘形构件，从动件在垂直于凸轮轴线的平面内运动，如图 4-3 所示配气机构中的凸轮就是盘形凸轮。盘形凸轮是凸轮的最基本形式，但从动件的行程不能太大，否则，其结构庞大。

（2）移动凸轮 移动凸轮是一个具有曲线轮廓并做往复直线运动的构件，如图 4-5 所示。有时，也可将移动凸轮固定，而使从动件相对于凸轮移动。

（3）圆柱凸轮 圆柱凸轮是在圆柱端面上制出曲线轮廓或在圆柱面上开有曲线凹槽并绕圆柱轴线旋转的构件，如图 4-4 所示。圆柱凸轮机构的从动件可以获得较大的行程。

2. 按从动件形状分类

（1）尖顶从动件　以尖顶与凸轮轮廓接触的从动件，如图 4-6(a) 所示。这种从动件结构简单，尖顶能与任意复杂的凸轮轮廓保持接触，故可使从动件实现复杂的运动规律。但因尖顶易于磨损，所以只适用于传力不大的低速场合，如仪表机构等。

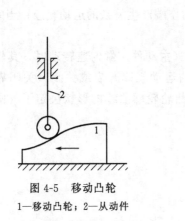

图 4-5　移动凸轮
1—移动凸轮；2—从动件

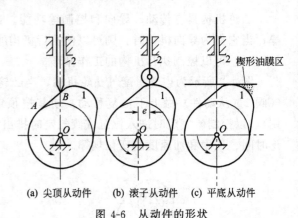

(a) 尖顶从动件　(b) 滚子从动件　(c) 平底从动件

图 4-6　从动件的形状

（2）滚子从动件　如图 4-6(b) 所示，这种从动件的一端铰接一个可自由转动的滚子，滚子和凸轮轮廓之间为滚动摩擦，不易磨损，可承受较大的载荷，因而应用最为广泛。

（3）平底从动件　以平底与凸轮轮廓接触的从动件，如图 4-6(c) 所示。由于平底与凸轮之间容易形成楔形油膜，利于润滑和减少磨损；不计摩擦时，凸轮给从动件的作用力始终垂直于平底，传动效率较高，因而常用于高速凸轮机构中。但不能与具有内凹轮廓的凸轮配对使用。

3. 按从动件运动形式分类

（1）移动从动件　从动件相对机架做往复直线运动。若从动件导路通过盘形凸轮回转中心，称为对心移动从动件，如图 4-6(a) 所示。若从动件导路不通过盘形凸轮回转中心，则称为偏置移动从动件，如图 4-6(b) 所示，从动件导路与凸轮回转中心的距离称为偏距，用 e 表示。

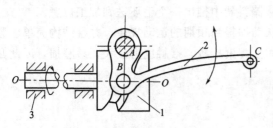

图 4-7　缝纫机挑线杆机构
1—圆柱凸轮；2—从动挑线杆；3—机架

（2）摆动从动件　从动件相对机架做往复摆动。如图 4-7 所示的缝纫机挑线机构，当圆柱凸轮 1 转动时，利用其上凹槽的侧面迫使从动挑线杆 2 绕其转轴往复摆动，完成挑线动作。

4. 按凸轮与从动件保持接触的方式分类

凸轮机构是一种高副机构，需采取一定的措施来保持从动件与凸轮的接触，这种保持接触方式称为封闭（锁合）。常见的封闭方式有以下几种。

（1）力封闭　力封闭主要是利用弹簧力、从动件自重等外力使从动件与凸轮始终保持接触，如图 4-3 所示。

（2）几何封闭　几何封闭是利用凸轮和从动件的特殊几何结构使两者始终保持接触，如

图 4-7 所示。

将不同类型的凸轮和从动件组合起来，就可得到各种不同形式的凸轮机构。

第二节 凸轮机构工作过程及从动件常用运动规律

一、凸轮机构工作过程及运动参数

图 4-8(a) 为一对心尖顶移动从动件盘形凸轮机构。在凸轮轮廓上各点的轮廓向径是不相等的，以凸轮轴心为圆心，以凸轮轮廓最小向径 r_{min} 为半径所作的圆称为基圆，其半径为基圆半径，用 r_b 表示。在图示位置时，从动件处于上升的最低位置，即从动件尖端位于离轴心 O 最近位置 A，称为起始位置。当凸轮以等角速度 ω_1 逆时针转过 δ_t 时，凸轮轮廓 AB 段的向径逐渐增大，推动从动件由最近点 A 上升到最远点 B'，这一过程称为推程，对应凸轮转过的角度 δ_t 称为推程角。从动件上升的最大位移 h（$h=OB-OA$）称为行程。当凸轮继续转过 δ_s 时，凸轮轮廓 BC 段的向径不变，从动件停留在最远点不动，对应凸轮转过的角度 δ_s 称为远休止角。当凸轮继续转过 δ_h 时，凸轮轮廓 CD 的向径逐渐减小，从动件在重力或弹簧力的作用下由最远点返回到最近点，这一过程称为回程，对应凸轮转过的角度 δ_h 称为回程角。当凸轮继续转过 δ_s' 时，凸轮轮廓 DA 段的向径不变，对应凸轮转过的角度 δ_s' 称为近休止角。当凸轮再继续转动时，从动件重复上述运动。

如果以直角坐标系的纵坐标代表从动件位移 s，横坐标代表凸轮的转角 δ，则可画出从动件位移 s 与凸轮转角 δ 之间的关系曲线，如图 4-8(b) 所示，这种曲线称为从动件位移曲线，可用它来描述从动件的运动规律。位移、速度、加速度线图统称为运动线图。根据凸轮轮廓分析从动件的位移、速度和加速度，称为凸轮机构的运动分析。

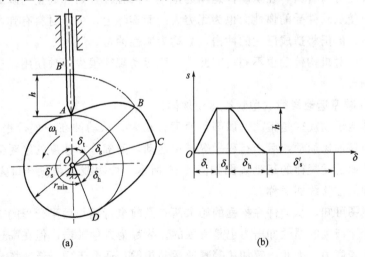

(a)   (b)

图 4-8 对心尖顶移动从动件盘形凸轮机构

显然，从动件的运动规律取决于凸轮的轮廓曲线形状，反之，从动件的不同运动规律要求凸轮具有不同形状的轮廓曲线。因此，设计凸轮机构时，应首先根据工作要求确定从动件的运动规律，再据此来设计凸轮的轮廓曲线。

二、从动件的运动规律

从动件的运动规律是指从动件的位移、速度、加速度与凸轮转角（或时间）之间的变化规律，它是设计凸轮的重要依据。常用的运动规律种类很多，下面介绍几种最基本的运动规律。

1. 等速运动规律

等速运动规律是指凸轮以等角速度转动时，从动件在推程或回程的运动速度为常数的运动规律，其运动线图如图 4-9 所示。

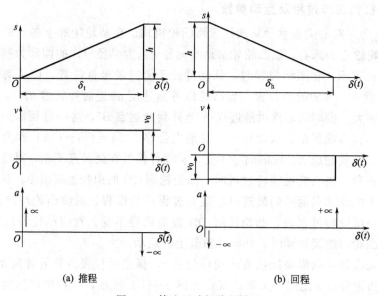

(a) 推程　　　　　　　　　　　　　　(b) 回程

图 4-9　等速运动规律的线图

从加速度线图可以看出，在从动件运动的推程（回程）开始和终止的瞬时，理论上加速度为无穷大，致使从动件受的惯性力也为无穷大。而实际上，由于材料有弹性，加速度和惯性力均为有限值，但仍将造成巨大的冲击，故称为刚性冲击。

这种刚性冲击对机构传动很不利，因此，等速运动规律很少单独使用，或只能应用于凸轮转速很低的场合。

2. 等加速等减速运动规律（抛物线运动规律）

等加速等减速运动规律是指凸轮以等角速度转动时，从动件在一个行程（推程或回程）中，前半行程做等加速运动，后半行程做等减速运动，两部分加速度的绝对值相等的运动规律。等加速等减速运动规律的运动线图如图 4-10 所示，位移线图两段开口方向不同的抛物线，推程和回程的位移线图对称。

由加速度线图可知，从动件在推程的始末两点及前半行程与后半行程的交界处，加速度存为有限值突变，产生的惯性冲击力也是有限的，故称为柔性冲击。但在高速下仍将导致严重的振动、噪声和磨损。因此，等加速等减速运动规律只适合于中、低速场合。

3. 余弦加速度运动规律（简谐运动规律）

余弦加速度运动规律是指凸轮以等角速度转动时，从动件加速度按余弦规律变化的运动规律。余弦加速度运动规律的运动线图如图 4-11 所示。由加速度线图可知，对于"停—升—停—降"型运动，这种运动规律的从动件在升程和回程的始点和终点两处仍然存在加速度值的有限值突变，即存在柔性冲击，故不宜用于高速场合。但对于无停程的"升—降—升"型运动，加速度无突变，因而没有冲击，这时可用于高速条件下工作。

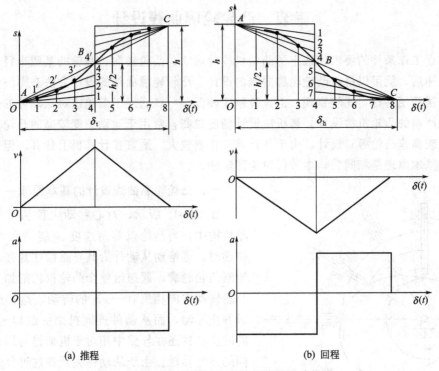

(a) 推程   (b) 回程

图 4-10   等加速等减速运动规律的运动线图

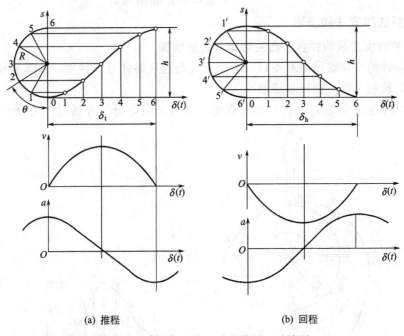

(a) 推程   (b) 回程

图 4-11   余弦加速度运动规律的运动线图

除了上述运动规律外，为了满足特殊工作要求，取长补短，可以采用组合运动规律，如改进梯形加速度运动规律、改进正弦加速度运动规律等，以获得较理想的动力特性。

第三节　凸轮轮廓曲线设计

当根据工作条件的要求，选定了凸轮机构的形式、凸轮转向、凸轮的基圆半径和从动件的运动规律后，就可以进行凸轮轮廓曲线的设计。凸轮轮廓曲线的设计方法有图解法和解析法。图解法简便易行，比较直观，但设计精度较低，一般适用于低速或对从动件的运动规律要求不太严格的凸轮机构设计。解析法设计精度较高，常用于运动精度较高的凸轮（如仪表中的凸轮或高速凸轮等）设计，由于其计算工作量较大，适宜在计算机上计算。但这两种设计方法的基本原理是相同的，本节仅讨论图解法。

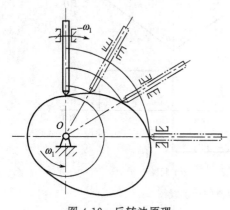

图 4-12　反转法原理

一、凸轮轮廓曲线设计的基本原理——反转法

如图 4-12 所示，对心移动尖顶从动件盘形凸轮机构中，当凸轮以等角速度 ω_1 绕轴心 O 逆时针转动时，将推动从动件沿其导路做往复移动。为了绘制凸轮轮廓，假想给整个凸轮机构附加上一个与凸轮转动方向相反（$-\omega$）的转动，这样凸轮就相对静止不动，而从动件连同机架一起以 $-\omega$ 转动，同时从动件还在导路中相对于机架作与原来完全相同的往复移动。由于从动件尖顶在这种复合运动中始终与凸轮轮廓保持接触，所以从动件尖顶的轨迹就是凸轮轮廓曲线。

二、图解法的方法和步骤

1. 对心移动尖顶从动件盘形凸轮轮廓曲线的绘制

已知从动件的位移线图如图 4-13（b）所示，凸轮顺时针方向转动，基圆半径 r_b 已确定，要求设计凸轮轮廓曲线。设计步骤如下。

① 将位移曲线的推程运动角 δ_t 和回程运动角 δ_h 分段等分，并通过各等分点作垂线，与

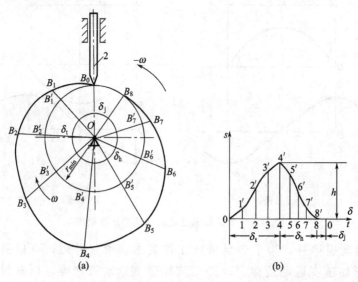

图 4-13　对心移动尖顶从动件盘形凸轮机构

位移曲线相交, 即得相应凸轮各转角时从动件的位移 $11'$, $22' \cdots$, 如图 4-13 (b) 所示。

② 以与位移线图相同的比例尺作基圆, 并通过基圆圆心作一直线, 即为从动件导路线, 其与基圆交点 B_0 作为从动件尖点的起始位置。

③ 以 B_0 为初始点, 按 $-\omega$ 方向在圆周取角度, 并将它们分成与图 4-13 (b) 对应的若干等分, 得 B_1'、B_2'、B_3'、B_4'、B_5'、B_6'、B_7'、B_8 点。通过基圆圆心向外作各等分点的射线, 即为反转后从动件导路的各个位置。

④ 在位移曲线中量取各个位移量, 并取 $B_1'B_1 = 11'$, $B_2'B_2 = 22'$, $B_3'B_3 = 33' \cdots$ 得反转后从动件尖顶的一系列位置 B_1, B_2, $B_3 \cdots$

⑤ 将 B_0, B_1, $B_2 \cdots$ 连成光滑的曲线, 即可得到要设计的凸轮轮廓曲线。

2. 对心移动滚子从动件盘形凸轮轮廓曲线的绘制

如图 4-14 所示, 滚子式与尖顶式的区别在于尖端变为滚子。凸轮转动时滚子与凸轮的相切点不一定在从动件的导路线上, 但滚子中心位置始终处在该线上, 从动件的运动规律与滚子中心的运动规律一致, 所以其凸轮轮廓曲线的设计需要分两步进行。

① 将滚子中心看成尖顶从动件的尖顶, 按尖顶从动件盘形凸轮轮廓曲线的绘制出轮廓曲线 β_0, 这一曲线称为凸轮的理论轮廓曲线。

② 以理论轮廓曲线上的各点为圆心、以滚子半径 r_T 为半径作一系列的圆, 这些圆的内包络线 β 即为凸轮上与从动件直接接触的轮廓, 称为凸轮的工作轮廓曲线, 如图 4-14 所示。

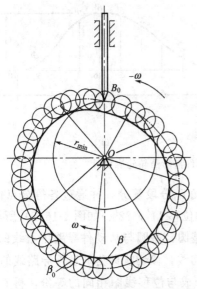

图 4-14　滚子从动件盘形凸轮机构

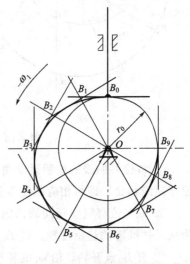

图 4-15　平底从动件盘形凸轮机构

需要指出的是: 对于滚子式从动件盘形凸轮, 其基圆半径仍然是指凸轮理论轮廓的最小向径, 在设计时必须注意这一点。

3. 对心移动平底从动件盘形凸轮轮廓曲线的绘制

对心移动平底从动件盘形凸轮轮廓曲线的绘制与滚子从动件相仿, 也要按两步进行 (图 4-15)。

① 把平底与从动件的导路中心线的交点 B_0 看成尖顶从动件的尖顶, 按照尖顶从动件凸轮轮廓曲线的画法, 求出导路中心线与平底的各交点 B_1, B_2, $B_3 \cdots$

② 过以上各交点 B_1，B_2，B_3…作一系列表示平底的直线，然后作此直线簇的包络线，即得到该凸轮的工作轮廓曲线。

4. 偏置直动从动件盘形凸轮轮廓的设计

偏置移动尖顶从动件盘形凸轮机构，如图 4-16 所示，其从动件导路的轴线不通过凸轮的回转轴心 O，而是有一偏距 e。从动件在反转运动过程中依次占据的位置不再是由凸轮回转轴心 O 作出的径向线，而是始终与 O 保持一偏距 e 的直线。此时，若以凸轮回转中心 O 为圆心，以偏距 e 为半径作圆称为偏距圆，则从动件在反转运动过程中其导路的轴线始终与偏距圆相切，因此，从动件的位移应沿这些切线量取。现将作图方法叙述如下。

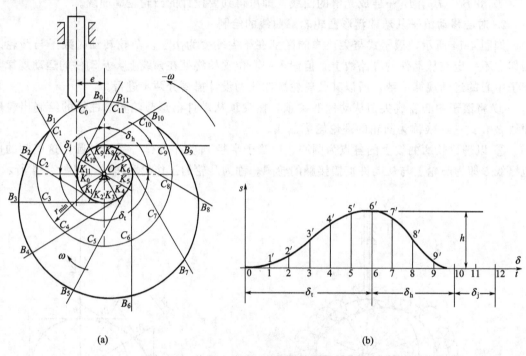

(a)　　　　　　　　　　　　　　(b)

图 4-16　偏置式移动从动件盘形凸轮轮廓设计

① 将位移曲线的推程运动角 δ_t 和回程运动角 δ_h 分段等分，并通过各等分点作垂线，与位移曲线相交，即得相应凸轮各转角时从动件的位移 $11'$，$22'$…如图 4-16(b) 所示。

② 以与位移线图相同的比例尺作偏距圆和基圆，基圆与从动件导路中心线的交点 B_0 即为从动件推程的起始位置。过 B_0 点作偏距圆的切线，该切线即为从动件导路线的起始位置。

③ 自 B_0 点开始，沿 ω_1 的相反方向将基圆分成与位移线图相同的等份，得 C_1、C_2、C_3…各点。过 C_1、C_2、C_3…作偏距圆的切线并延长，则这些切线即为从动件在反转过程中所依次占据的位置。

④ 在各切线上自 C_1、C_2、C_3…截取 $C_1B_1=11'$，$C_2B_2=22'$，$C_3B_3=33'$…得 B_1、B_2、B_3…各点。将 B_1、B_2、B_3…连成光滑的曲线，即是所要求的凸轮轮廓曲线。

第四节　凸轮机构设计中的几个问题

设计凸轮机构时，不仅要使从动件实现预期的运动规律，还要使机构具有良好的传力性能和紧凑的结构尺寸，而这些要求往往是相互矛盾的。因此，在确定凸轮基圆半径 r_0、滚子半径 r_T 等基本尺寸时，应考虑这些参数对凸轮机构性能的综合影响。

一、滚子半径 r_T 的选择

对于滚子从动件盘形凸轮机构，滚子尺寸的选择要满足强度要求和运动特性。设计时，为了提高强度和耐磨性，一般宜选用较大的滚子半径。但滚子半径的增大，将给凸轮实际轮廓曲线带来较大的影响，有时甚至使从动件不能完成预期的运动规律。

1. 凸轮理论轮廓的外凸部分

如图 4-17(a) 所示，实际轮廓线的曲率半径 ρ_{bmin} 等于理论轮廓线的最小曲率半径用 ρ_{min} 与滚子半径 r_T 之差。

① 当 $r_T < \rho_{min}$ 时，$\rho_{bmin} > 0$，实际轮廓线为一平滑曲线，如图 4-17(a) 所示。

② 当 $r_T = \rho_{min}$ 时，$\rho_{bmin} = 0$，凸轮的实际轮廓线上产生了尖点，如图 4-17(b) 所示。这种尖点极易磨损。因此，凸轮工作时从动件不能实现所需的运动规律，这种现象称为运动失真。

③ 当 $r_T > \rho_{min}$ 时，$\rho_{bmin} < 0$，实际轮廓曲线发生自交，如图 4-17(c) 所示。相交部分的轮廓曲线在实际加工时将被切掉，从而造成运动失真。

2. 凸轮理论轮廓的内凹部分

由如图 4-17(d) 可以看出，实际轮廓线的曲率半径 ρ_{bmin} 等于理论轮廓线的最小曲率半径用 ρ_{min} 与滚子半径 r_T 之和，因而，不论选择多大的滚子，实际廓线都不会变尖和交叉。

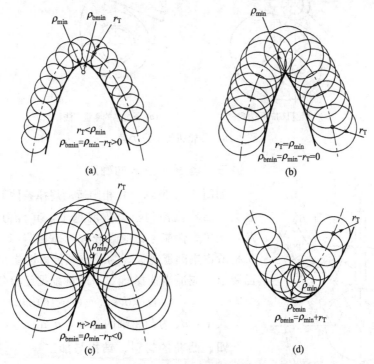

图 4-17　凸轮理论轮廓

因此，为了避免发生运动失真，滚子半径 r_T 必须小于理论廓线外凸部分的最小曲率半径 ρ_{min}。另外，滚子半径太小而不能保证强度和安装要求，因此，可以适当增加凸轮的基圆半径以增大理论轮廓线的最小曲率半径。

二、压力角

凸轮机构的压力角是指凸轮对从动件的法向力与从动件上该力作用点的线速度方向所夹锐角，常用 α 表示。凸轮机构的压力角是凸轮设计的重要参数。如图 4-18 所示，凸轮对从动件的法向力 F 可以分解为从动件运动方向的有用分力 F_1 和使从动件压紧导路的有害分力 F_2 两个分力，$F_1 = F\cos\alpha$，$F_2 = F\sin\alpha$。显然，随着压力角 α 的增大有用分力 F_1 将减小，有害分力 F_2 将增大。当压力角 α 大到一定程度时，由有害分力 F_2 所引起的摩擦力将超过有用分力 F_1，这时，无论凸轮给从动件的力 F 有多大，都不能使从动件运动，这种现象称为自锁。在设计凸轮机构时，自锁现象是绝对不允许出现的。为了保证良好的传力性能，必须限制最大压力角 α_{max}，即设计时使最大压力角不超过许用值 $[\alpha]$，即 $\alpha_{max} < [\alpha]$。一般情况，推程时：对于移动从动件，取 $[\alpha] = 30°$，对于摆动从动件，取 $[\alpha] = 45°$；回程时，从动件通常受弹簧力的作用，可取 $[\alpha] = 70° \sim 80°$，一般不必校验。

绘制好凸轮轮廓后，必须校核压力角。最大压力角 α_{max} 一般出现在从动件上升的起始位置、从动件具有最大速度 v_{max} 的位置或在凸轮轮廓线较陡之处。可用量角器测取压力角大小，如图 4-18(b) 所示。测量的压力角如果超过许用值，则加大基圆半径以减小压力角。

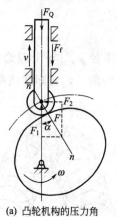

(a) 凸轮机构的压力角   (b) 压力角的测量方法

图 4-18   凸轮机构的压力角

三、基圆半径 r_b 的确定

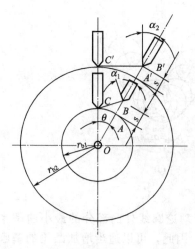

如图 4-19 所示，在相同运动规律条件下，基圆半径 r_b 越大，凸轮机构的压力角就越小，其传力性能越好。因此，从传力性能考虑应选较大的基圆半径。但是 r_b 越大，机构所占空间就越大。为了兼顾传力性能和结构紧凑两方面要求，应适当选择 r_b。一般可根据经验公式选择 r_b

$$r_b \geqslant 0.9 d_s + (7 \sim 10)\,\text{mm}$$

式中，d_s 为凸轮轴的直径，mm。

四、凸轮的材料、结构与加工

1. 凸轮的材料

凸轮机构工作时，往往承受冲击载荷，凸轮与从动件接触部分磨损较严重，因此，要求凸轮与滚子的工作表面应具有较高的硬度和耐磨性，而芯部具有较好的韧性。

图 4-19   基圆半径 r_b 的确定

一般凸轮的材料常采用 45 钢、40Cr 钢（经表面淬火，硬度 40～50HRC）；也可采用 20Cr、20CrMnTi（经表面渗碳淬火，表面硬度 56～62HRC）。

滚子材料可采用 20Cr（经渗碳淬火，表面硬度为 56～62HRC），也可用滚动轴承作为滚子。

2. 凸轮的结构

（1）凸轮轴　当凸轮轮廓尺寸接近于轴的直径时，凸轮与轴可制作成一体，称为凸轮轴，如图 4-20 所示。

（2）整体式凸轮　当凸轮尺寸较小又无特殊要求或不需经常装拆时，一般采用整体式凸轮，如图 4-21 所示，其轮毂直径 d_1 约为轴径的 1.5～1.7 倍，轮毂长度 l 约为轴径的 1.2～1.6 倍。

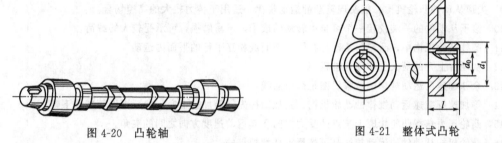

图 4-20　凸轮轴　　　　　　　　图 4-21　整体式凸轮

（3）组合式凸轮　对于大型低速凸轮机构的凸轮或经常调整轮廓形状的凸轮，常采用凸轮与轮毂分开的组合式结构，如图 4-22 所示。

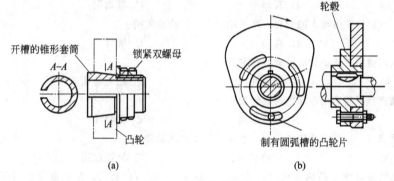

开槽的锥形套筒　　锁紧双螺母　　轮毂

A-A　　凸轮　　制有圆弧槽的凸轮片

(a)　　　　　　　　(b)

图 4-22　组合式凸轮

3. 凸轮轮廓的加工

（1）铣、锉削加工　对用于低速、轻载场合的凸轮，可以在未淬火的凸轮轮坯上通过图解法绘制出轮廓曲线，采用铣床或手工锉削方法加工而成。对于大批量生产的还可采用仿形加工。

（2）数控加工　采用数控线切割机床对淬火凸轮进行加工，此种加工方法是目前常用的一种加工凸轮方法。加工时应用解析法求出凸轮轮廓曲线的极坐标值（ρ，θ），再应用专用编程软件，采用数控线切割机床切割而成，此方法加工出的凸轮精度高，适用于高速、重载的场合。

同 步 练 习

一、填空题

4-1　凸轮机构主要是由 _____、_____ 和固定机架三个基本构件所组成。

4-2 从动杆与凸轮轮廓的接触形式有_____、_____和平底三种。

4-3 以凸轮的理论轮廓曲线的最小向径所做的圆称为凸轮的_____。

4-4 平底从动件凸轮机构的压力角等于_____。

4-5 平底从动杆_____用于具有内凹槽曲线的凸轮。

4-6 凸轮机构需采取一定的措施来保持从动件与凸轮的接触，这种保持接触方式称为封闭，常见的封闭方式有_____和_____两种。

4-7 凸轮以等角速度转动时，从动件在推程或回程的运动速度为常数的运动的规律称为_____规律。

二、判断题

4-8 凸轮机构是高副机构，因此，与连杆机构相比，更适用于重载场合。 （　　）

4-9 尖顶从动件凸轮机构，能实现复杂的运动规律，适用于传力较大的高速场合。 （　　）

4-10 滚子从动件的一端铰接一个可自由转动的滚子，不易磨损，可承受较大的载荷。 （　　）

4-11 圆柱凸轮机构中，凸轮与从动杆在同一平面或相互平行的平面内运动。 （　　）

4-12 从动件上升的最大位移称为推程。 （　　）

4-13 余弦加速度运动规律的位移线图是余弦曲线。 （　　）

4-14 等加速等减速运动规律的凸轮机构，其从动杆先做等加速上升，然后再做等减速下降。 （　　）

4-15 凸轮压力角指凸轮轮廓上某点的受力方向和其运动速度方向之间的夹角。 （　　）

4-16 凸轮机构从动件的运动规律是可按要求任意拟订的。 （　　）

三、选择题

4-17 凸轮与从动件接触处的运动副属于（　　）。

A. 高副　　　　　　　　B. 转动副　　　　　　　　C. 移动副

4-18 为了从动件获得较大的行程，常采用（　　）凸轮机构。

A. 盘形　　　　　　　　B. 移动　　　　　　　　C. 圆柱

4-19 凸轮机构中，从动件的运动规律取决于（　　）。

A. 凸轮转向　　　　　　B. 凸轮转速　　　　　　C. 凸轮轮廓曲线

4-20 等加速等减速运动规律的位移线图是（　　）。

A. 圆　　　　　　　　　B. 余弦曲线　　　　　　C. 抛物线

4-21 在要求（　　）的凸轮机构中，宜使用滚子式从动件。

A. 传力较大　　　　　　B. 传动准确、灵敏　　　C. 转速较高

4-22 图解法设计盘形凸轮轮廓时，从动件应按（　　）方向转动，来绘制其相对于凸轮转动时的位置。

A. 与凸轮转向相同　　　B. 与凸轮转向相反　　　C. 两者都可以

4-23 设计偏置直动从动件盘形凸轮轮廓时，其从动件在反转运动过程中其导路的轴线始终与（　　）相切。

A. 基圆　　　　　　　　B. 偏距圆　　　　　　　C. 基圆和偏距圆

4-24 为避免运动规律失真，滚子式从动杆的凸轮机构的滚子半径 r_T 与凸轮理论轮廓曲线外凸部分最小曲率半径 ρ_{min} 之间应满足（　　）。

A. $r_T > \rho_{min}$　　　　B. $r_T = \rho_{min}$　　　　C. $r_T < \rho_{min}$

4-25 当凸轮转角 δ 和从动杆行程 h 一定时，基圆半径 r_b 与压力角 α 的关系是（　　）。

A. r_b 愈小则 α 愈小　B. r_b 愈小则 α 愈大　C. r_b 变化而 α 不变

四、简答题

4-26 凸轮机构中，刚性冲击是指什么？试举例。

4-27 凸轮机构中，柔性冲击是指什么？试举例。

4-28 简述用"反转法"设计凸轮机构的基本原理。

4-29 什么是凸轮的理论轮廓与实际轮廓？

五、作图题

4-30 试用作图法设计一对心直动滚子从动件盘形凸轮。已知凸轮基圆半径 $r_b = 30$mm，推程 $h = 20$mm，滚子半径 $r_T = 15$mm，凸轮工作转向为逆时针方向，从动件运动规律如下。

凸轮转角 δ	0°～120°	120°～210°	210°～360°
从动件运动规律	等加速等减速上升 20mm	停止不动	等速下降 20mm

4-31 设计一对心移动滚子从动件盘形凸轮机构。已知凸轮以等角速度 ω 顺时针方向转动，凸轮基圆半径 $r_b = 40$mm，从动件升程 $h = 30$mm，滚子半径 $r_T = 10$mm，$\delta_t = 150°$，$\delta_s = 30°$，$\delta_h = 120°$，$\delta'_s = 60°$。从动件在推程做等速运动，在回程做等加速等减速运动。试用图解法绘出此盘形凸轮的轮廓曲线。

第五章　间歇运动机构

知识目标

1. 掌握棘轮机构、槽轮机构的组成、工作原理、运动特点及适用场合；
2. 了解不完全齿轮机构的组成、工作原理、运动特点、功能及适用场合。

能力目标

根据所学知识，能分析实际生产、生活中棘轮机构、槽轮机构和不完全齿轮机构的工作原理。

【观察与思考】

图 5-1 所示为电影放映机的卷片机构，为了适应人眼视觉暂留图形的需要，胶片每前进一帧，需进行短暂停顿，然后才走下一帧。请思考这种间歇运动机构是如何实现的？

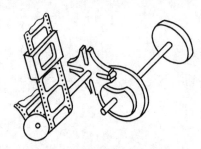

图 5-1　电影放映机的卷片机构

在许多机械中，有时需要将主动件的连续运动转换为从动件时停时动的周期性的间歇运动。例如包装机的送料机构、印刷机的进纸机构以及牛头刨床的进给机构等。这种当主动件做连续运动时，从动件跟随做周期性的时停时动运动的机构称为间歇运动机构。最常见的间歇运动机构有棘轮机构、槽轮机构、不完全齿轮机构和凸轮式间歇机构等，它们广泛应用于自动机床的进给机构、送料机构、刀架的转位机构等自动机械设备中。

第一节　棘　轮　机　构

一、棘轮机构的工作原理

棘轮机构主要由摇杆 1、棘爪 2、棘轮 3、制动爪 4、弹簧 6 和机架 5 等组成，如图 5-2(a)所示。当摇杆 1 逆时针方向转动时，摇杆上铰接的棘爪 2 插入棘轮 3 的齿槽中，推动棘轮同向转过一定角度，此时制动爪 4 则在棘轮的齿背上滑过。当摇杆 1 顺时针方向转动时，棘爪 2 在棘轮的齿背上滑过，此时制动爪 4 嵌入棘轮 3 的齿槽中，阻止棘轮顺时针向反转，棘轮静止不动。因此，当摇杆连续往复摆动时，棘轮却只做单向间歇转动。

二、棘轮机构的类型、特点及应用

1. 棘轮机构的类型及特点

棘轮机构按其工作原理可分为齿啮式和摩擦式两大类。

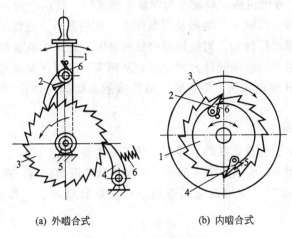

(a) 外啮合式   (b) 内啮合式

图 5-2   单动式棘轮机构

1—摇杆；2—棘爪；3—棘轮；4—制动爪；5—机架；6—弹簧

齿啮式棘轮机构结构简单、制造方便、运动可靠，但传递动力较小，工作时有冲击和噪声，而且棘轮转角只能以棘轮齿数为单位进行有级调节。齿啮式棘轮机构可分为单动式、双动式和双向式棘轮机构。图 5-2(a) 为单动外啮合齿式棘轮机构，棘爪 2 位于棘轮 3 的外面；图 5-2(b) 为单动内啮合齿式棘轮机构，棘爪 2 位于棘轮 3 的内部。图 5-3 所示为双动式棘轮机构，当摇杆往复摆动时，能使两个棘爪 3 交替

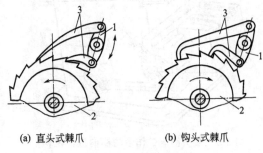

(a) 直头式棘爪   (b) 钩头式棘爪

图 5-3   双动式棘轮机构

1—摇杆；2—棘轮；3—棘爪

推动棘轮 2 沿同一方向转动。图 5-4 所示为双向式棘轮机构，可使棘轮做双向间歇运动，这种棘轮齿制成矩形齿。如图 5-4(a) 所示，当棘爪 3 位于实线位置时，棘轮 2 沿逆时针方向做间歇转动；当棘爪 2 翻转到虚线位置时，棘轮 2 沿顺时针方向做间歇运动。如图 5-4(b) 所示为另一种双向式棘轮机构，当棘爪 3 在图示位置时，棘轮 2 沿逆时针方向做间歇运动；若将棘爪 3 提起并绕本身轴线转动 180°后再插入棘轮齿槽中，则棘轮 2 沿顺时针方向做间歇转动。

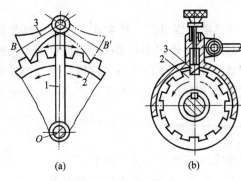

(a)   (b)

图 5-4   双向式棘轮机构

1—摇杆；2—棘轮；3—棘爪

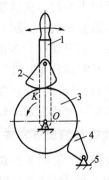

图 5-5   摩擦棘轮机构

1—摇杆；2—棘爪；3—棘轮；4—止退棘爪；5—机架

图 5-5 所示为摩擦棘轮机构，棘轮 3 为圆盘形摩擦轮，棘爪 2 为偏心楔块。当主动件摇杆 1 逆时针方向摆动时，因棘爪 2 的向径逐渐增大，致使棘爪 2 与棘轮 3 互相楔紧而产生摩擦力，从而使棘轮 3 逆时针转动；当摇杆顺时针转动时，棘爪 2 在棘轮表面滑过，此时止退棘爪 4 与棘轮楔紧，阻止棘轮顺时针方向逆转，从而实现了单向间歇运动。摩擦式棘轮机构传动平稳，可无级调节棘轮转角，但棘轮、棘爪接触表面间易产生相对滑动，因此运动不准确。

2. 棘轮机构的应用

棘轮机构广泛应用于送进、制动、超越、转位分度等工作场合。

（1）送进机构　图 5-6 所示为牛头刨床工作台的横向进给机构。曲柄摇杆机构带动棘爪推动棘轮做单向间歇运动，使与棘轮固连的丝杠间歇转动，从而带动工作台做横向间歇进给。

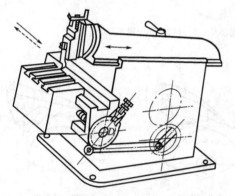

图 5-6　牛头刨床工作台的横向进给机构

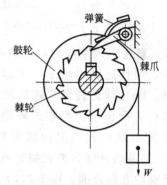

图 5-7　棘轮制动装置

（2）制动机构　图 5-7 所示为起重机、提升机或牵引设备中的棘轮制动装置。棘轮和鼓轮固定为一体，当外部动力驱动其逆时针向转动时，提升重物 W，此时棘爪在棘轮齿背上滑过；若意外停电或设备故障等造成动力源被切断时，棘爪则插入棘轮齿槽中，阻止棘轮顺时针转动，使重物不致坠落而酿成事故，利用棘轮机构还可使重物停留在任意高度位置。

（3）超越机构　图 5-8 所示的内啮合棘轮机构为自行车后轴上的"飞轮"机构。当主动件链轮 1 顺时针方向转动时，通过棘爪 2 带动后轴 3 一起做顺时针方向转动，自行车向前运动。当主动链轮停止转动时，自行车在惯性力的作用下继续向前转动，从动件超越主动件转动，此时，后轴上的棘爪从棘轮齿顶上滑过。

（4）转位或分度机构　图 5-9 所示为冲床工作台自动转位机构，转盘式工作台与棘轮固连，ABCD 为一四杆机构。当滑块（即冲头）上下运动时，通过连杆 BC 带动摇杆 AB 来回摆动。冲头上升时摇杆顺时针摆动，并通过棘爪带动棘轮和工作台送料到冲压位置。当冲头下降进行冲压时，摇杆逆时针摆动，则棘爪在棘轮齿顶上滑行，工作台不动。当冲头再上升及下降时，又重复上述工艺动作。

三、棘轮转角的调节方法

在实际使用中，有时需要调节棘轮的转角，常常采用下列方法进行调节。

（1）改变摇杆摆动以控制棘轮转角　如图 5-10 所示，使用调节螺钉改变图（a）中的曲柄长度和图（b）中活塞 1 的行程，均可改变摇杆摆角的大小，从而调节棘轮的转角。

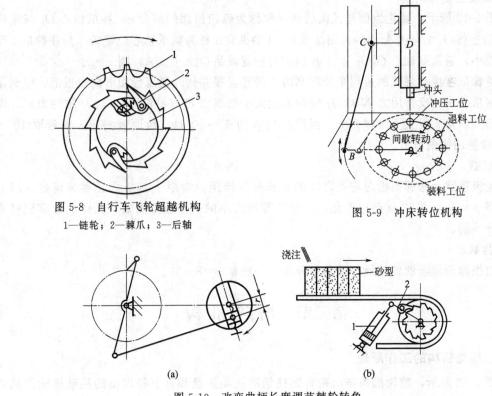

图 5-8　自行车飞轮超越机构

1—链轮；2—棘爪；3—后轴

图 5-9　冲床转位机构

图 5-10　改变曲柄长度调节棘轮转角

1—活塞；2—摇杆

（2）采用遮板调节棘轮转角　如图 5-11 所示，在棘轮的外面罩一遮板（遮板不随棘轮一起转动），棘爪随摇杆摆动时，棘爪行程的一部分在遮板上滑过，不与棘轮的齿接触，棘轮转角比棘爪转角小，通过变更遮板的位置即可改变棘轮转角的大小。

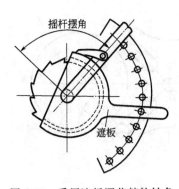

图 5-11　采用遮板调节棘轮转角

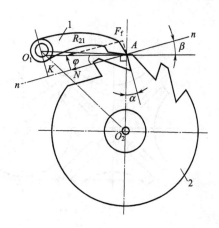

图 5-12　棘爪的受力分析

1—棘爪；2—棘轮

四、棘轮机构主要参数

1. 棘轮齿面倾斜角

如图 5-12 所示，棘轮齿面与径向线所夹角称为棘轮齿面倾斜角 α，棘爪轴心 O_1 与轮齿顶点 A 的连线 O_1A 与过 A 点的齿面法线 $n—n$ 的夹角 β 称为棘爪轴心位置角。为使棘爪 1 受力尽可能小，通常取轴心 O_1O_2 和 A 点的相对位置满足 $O_1A\perp O_2A$，则 $\alpha=\beta$。

为使棘爪在推动棘轮的过程中能顺利滑入棘轮齿根并始终紧压齿面滑向齿根部，应满足棘齿对棘爪的法向反作用力 N 对 O_1 轴的力矩大于摩擦力 F_f（沿齿面）对 O_1 轴的力矩，即棘轮齿面倾斜角 α 应大于摩擦角 φ。当摩擦角 φ 为 $6°\sim10°$ 时，齿面倾斜角 α 通常取 $10°\sim15°$，即常使用锐角齿形。

2. 模数

棘轮齿顶圆上相邻两齿对应点之间的弧长称为齿距；齿距 p 与 π 之比称为模数，用 m 表示，即 $p=\pi m$。模数 m 已标准化，是反映棘齿大小的一个重要参数，其值的标准值可查机械设计手册。

3. 齿数 z

齿数根据所要求的棘轮最小转角来确定，一般取 $z=8\sim30$。

第二节　槽　轮　机　构

一、槽轮机构的工作原理

如图 5-13 所示，槽轮机构是由装有圆柱销的主动拨盘和开有径向槽的从动槽轮及机架组成的高副机构。主动拨盘 1 以等角速度连续转动，当拨盘上的圆柱销 A 未进入槽轮 2 的径向槽时，槽轮上的内凹锁止弧 efg 被拨盘上的外凸锁止弧 abc 卡住，使槽轮静止不动；当拨盘上的圆柱销 A 开始进入槽轮 2 的径向槽时，如图 5-13(a) 所示，外凸锁止弧 abc 的端点正好通过中心线 O_1O_2，此时内凹锁止弧 efg 松开不起锁紧作用，圆柱销 A 驱动槽轮 2 转过一定角度；当拨盘上的圆柱销 A 开始退出槽轮 2 的径向槽时，如图 5-13(b) 所示，槽轮上的另一个内凹锁止弧又被拨盘上的外凸锁止弧锁住，使槽轮静止不动。依此，槽轮重复上述运动循环而做间歇运动。

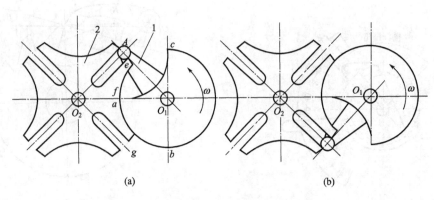

(a)　　　　　　　　　　　(b)

图 5-13　单圆柱外啮合槽轮机构

1—主动拨盘；2—槽轮

二、槽轮机构的类型及应用

1. 槽轮机构的类型

槽轮机构主要分为平面槽轮机构和空间槽轮机构两大类。

（1）平面槽轮机构　平面槽轮机构用于传递平行轴运动，可分为外啮合槽轮机构（图5-13）和内啮合槽轮机构（图5-14）。外槽轮机构的主、从动轮转向相反；内槽机构的主、从动轴转向相同。与外槽轮机构相比，内槽轮机构传动较平稳、停歇时间短、所占空间小。

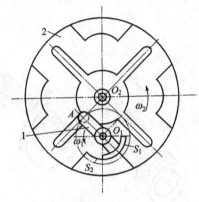

图 5-14　内啮合槽轮机构
1—拨盘；2—槽轮

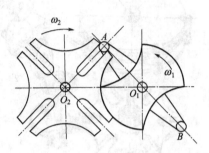

图 5-15　双圆销外啮合槽轮机构

对于外啮合槽轮机构，拨盘上的圆销可以是一个或多个。如图 5-13 所示的单圆销外啮合槽轮机构，拨盘转一周，槽轮间歇运动一次。如图 5-15 所示的双圆销外啮合槽轮机构，拨盘转一周，槽轮能做 2 次间歇运动。内啮合槽轮机构拨盘上的圆销只能是一个，否则成为连续转动机构。

（2）空间槽轮机构　如图 5-16 所示，球面槽轮机构是一种典型的空间槽轮机构。用于传递两垂直相交轴的间歇运动。其从动件槽轮是半球形，主动构件的轴线与销的轴线都通过球心。当主动构件连续转动时，槽轮得到间歇运动。空间槽轮机构结构比较复杂。

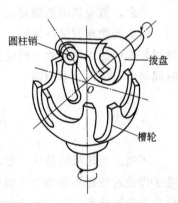

圆柱销　拨盘　槽轮

图 5-16　空间槽轮机构

2. 槽轮机构的特点

槽轮机构结构简单，工作可靠，能准确控制转角，机械效率高。但槽轮转角大小不能调节，且槽轮在启动和停止时加速度变化大、有冲击，随着转速的增加或槽轮槽数的减少而加剧，因而不适用于高速。

3. 应用

槽轮机构广泛应用于转速不太高的自动和半自动机械。如图 5-17 所示机构中，槽轮机构 3'-4 与椭圆齿轮机构 1-2、锥齿轮机构 2'-3、链轮机构 4'-5 串联，可使传送链条实现非匀速的间歇移动，从而满足自动线上的流水装配作业。若去掉链条，将链轮改为回转式平台，则又可作为多工位间歇转动工作台。图 5-18 所示为六角车床的刀架转位机构，装有六把刀具的刀架与相应具有六个径向槽的槽轮 2 固连在一起，当拨盘 1 转一周时，圆销进入槽轮一次，驱使槽轮和刀架都转过 60°，从而将下一工序的刀具转到工作位置。

三、槽轮机构的主要参数

槽轮机构的主要参数有槽轮槽数 z、拨盘圆销数 k。

1. 槽轮槽数 z

如图 5-13 所示，为使圆销在进入轮槽和退出轮槽时速度方向沿径向槽的方向，避免槽轮在开始转动和停止转动时发生冲击，并保证槽轮能做间歇运动，轮槽数 z 必须等于或大于 3。当 $z=3$ 时，槽轮转动的角速度变化太大，易引起机构的冲击和振动，故常取 $z=4\sim8$。

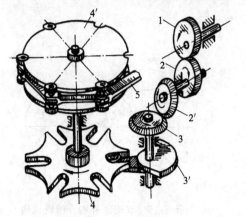

图 5-17　多工位转动工作台

1,2—齿轮；2′,3—锥齿轮；3′,4—槽轮；4′—链轮；5—链条

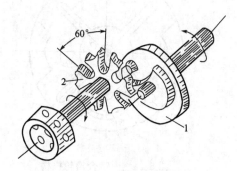

图 5-18　六角车床刀架转位机构

1—拨盘；2—槽轮

2. 拨盘圆销数 k

拨盘圆销数的多少直接影响槽轮的转动和停止时间。当 $z=3$ 时，$k=1\sim5$；当 $z=4$、5 时，$k=1\sim3$；$z\geqslant6$ 时，$k=1\sim2$。

总之，槽轮机构的槽轮槽数和拨盘圆销数越多，则槽轮的运动时间越长，停止时间越短。当主动拨盘回转一周时，从动槽轮的运动时间 t_m 与主动销轮的运动时间 T 之比，称为该槽轮机构的运动系数。槽轮运动时机器一般为非生产时间，所以运动系数越小，槽轮运动时间越少，生产效率越高。

第三节　不完全齿轮机构

不完全齿轮机构是从一般的渐开线齿轮机构演变而来，与一般齿轮机构相比，最大区别在于齿轮的轮齿不布满整个圆周。如图 5-19(a) 所示，主动轮 1 只有一个或几个齿，其余部分为外凸锁止弧，从动轮 2 有若干个与主动轮 1 相啮合的轮齿及内凹锁止弧。在不完全齿轮机构中，主动轮 1 连续转动，当轮齿进入啮合时，从动轮 2 开始转动；当主动轮 1 上的轮齿退出啮合后，由于两轮的凸、凹锁止弧的定位作用从动轮 2 可靠停歇，从而实现从动轮 2 的间歇转动。

如图 5-19 所示，不完全齿轮机构可分为外啮合、内啮合以及不完全齿轮齿条机构。不完全齿轮机构结构简单、制造方便，从动轮的运动时间和静止时间的比例不受机构结构的限制。但因为从动轮在转动开始及终止时速度有突变，冲击较大，一般仅用于低速、轻载场合，如计数机构及在自动机、半自动机中用于工作台间歇转动的转位机构等。

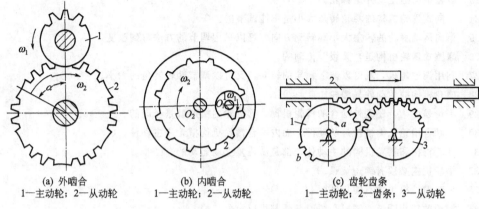

(a) 外啮合　　　　　　　　　(b) 内啮合　　　　　　　　(c) 齿轮齿条
1—主动轮；2—从动轮　　　1—主动轮；2—从动轮　　1—主动轮；2—齿条；3—从动轮

图 5-19　不完全齿轮机构

同 步 练 习

一、填空题

5-1　间歇运动机构就是在主动件做_____运动时，从动件能够产生周期性的_____、_____运动的机构。

5-2　棘轮机构的主动件是____，从动件是____，机架起固定和支撑作用。

5-3　为保证棘轮在工作中的____可靠和防止棘轮的_____，棘轮机构应当装有止回棘爪。

5-4　棘爪和棘轮开始接触的一瞬间，会发生____，所以棘轮机构传动的____性较差。

5-5　摩擦式棘轮机构，是一种无_____的棘轮，棘轮是通过与棘爪的摩擦块之间的_____而工作的。

5-6　双动式棘轮机构，它的主动件是_____棘爪，它们以先后次序推动棘轮转动，这种机构的间歇停留时间_____。

5-7　双向式对称棘爪棘轮机构，棘轮的齿形和棘爪，都是_____形式的，所以能方便地实现双向间歇运动。

5-8　改变棘轮机构摇杆摆角的大小，可以利用改变曲柄____的方法来实现。

5-9　在起重设备中，可以使用棘轮机构_____鼓轮反转。

5-10　槽轮机构主要由____、_____、_____和机架等构件组成。

5-11　槽轮机构的主动件是____，它以等速做____运动，具有____槽的槽轮是从动件，由它来完成间歇运动。

5-12　槽轮的静止可靠性和不能反转，是通过槽轮与拨盘的____实现的。

5-13　不论是外啮合还是内啮合的槽轮机构，_____总是从动件，_____总是主动件。

5-14　不完全齿轮机构是由____演变来的。

5-15　不完全齿轮机构从动件的静止可靠性，是通过____而实现的。

5-16　间歇齿轮机构在传动中，存在着严重的____，所以只能用在低速和轻载的场合。

二、判断题

5-17　能使从动件得到周期性的时停、时动的机构，都是间歇运动机构。（　　　）

5-18　间歇运动机构的主动件，在任何时候都不能变成从动件。（　　　）

5-19　单向间歇运动的棘轮机构，必须要有止回棘爪。（　　　）

5-20　凡是棘爪以往复摆动运动来推动棘轮做间歇运动的棘轮机构，都是单向间歇运动的。（　　　）

5-21　棘轮机构只能用在要求间歇运动的场合。（　　　）

5-22　止回棘爪也是机构中的主动件。（　　　）

5-23　棘轮机构的主动件是棘轮。（　　）

5-24　双向式棘轮机构的棘轮转角大小是不能调节的。（　　）

5-25　单向运动棘轮的转角大小和转动方向，可以采用调节的方法得到改变。（　　）

5-26　摩擦式棘轮机构是"无级"传动的。（　　）

5-27　利用调位遮板，既可以调节棘轮的转向，又可以调节棘轮转角的大小。（　　）

5-28　槽轮机构的主动件是槽轮。（　　）

5-29　不论是内啮合还是外啮合的槽轮机构，其槽轮的槽形都是径向的。（　　）

5-30　外啮合槽轮机构槽轮是从动件，而内啮合槽轮机构槽轮是主动件。（　　）

5-31　棘轮机构和槽轮机构的主动件，都是做往复摆动运动的。（　　）

5-32　槽轮机构必须有锁止圆弧。（　　）

5-33　只有槽轮机构才有锁止圆弧。（　　）

5-34　槽轮的锁止圆弧，制成凸弧或凹弧都可以。（　　）

5-35　外啮合槽轮机构的主动件必须使用锁止凸弧。（　　）

5-36　内啮合槽轮机构的主动件必须使用锁止凹弧。（　　）

5-37　止回棘爪和锁止圆弧的作用是相同的。（　　）

5-38　止回棘爪和锁止圆弧都是机构中的一个构件。（　　）

5-39　棘轮机构和间歇齿轮机构，在运行中都会出现严重的冲击现象。（　　）

5-40　槽轮的转角大小是可以调节的。（　　）

5-41　不完全齿轮机构，因为是齿轮传动，所以在工作中是不会出现冲击现象的。（　　）

5-42　槽轮的转向与主动件的转向相反。（　　）

5-43　利用曲柄摇杆机构带动的棘轮机构，棘轮的转向和曲柄的转向相同。（　　）

三、选择题

5-44　棘轮机构的主动件是_____。

A. 棘轮　　　　　　　　B. 棘爪　　　　　　　　C. 止回棘爪

5-45　当要求从动件的转角须经常改变时，下面的间歇运动机构中哪种合适？_____

A. 间歇齿轮机构　　　　B. 槽轮机构　　　　　　C. 棘轮机构

5-46　利用_____可以防止棘轮的反转。

A. 锁止圆弧　　　　　　B. 止回棘爪

5-47　利用_____可以防止间歇齿轮机构的从动件反转和不静止。

A. 锁止圆弧　　　　　　B. 止回棘爪

5-48　棘轮机构的主动件，是做_____的。

A. 往复摆动运动　　　　B. 直线往复运动　　　　C. 等速旋转运动

5-49　槽轮机构的主动件是_____。

A. 槽轮　　　　　　　　B. 拨盘　　　　　　　　C. 圆销

5-50　槽轮机构的主动件在工作中是做_____运动的。

A. 往复摆动　　　　　　B. 等速旋转

5-51　双向运动的棘轮机构_____止回棘爪。

A. 有　　　　　　　　　B. 没有

5-52　槽轮转角的大小是_____。

A. 能够调节的　　　　　B. 不能调节的

5-53　槽轮机构主动件的锁止圆弧是_____。

A. 凹形锁止弧　　　　　B. 凸形锁止弧

5-54　槽轮的槽形是_____。

A. 轴向槽　　　　　　　B. 径向槽　　　　　　　C. 弧形槽

5-55　外啮合槽轮机构从动件的转向与主动件的转向是_____。

A. 相同的　　　　　　　　B. 相反的

5-56　间歇运动机构_____把间歇运动转换成连续运动。

A. 能够　　　　　　　　B. 不能

5-57　在单向间歇运动机构中，棘轮机构常用于_____的场合。

A. 低速轻载　　　　　B. 高速轻载　　　　　C. 低速重载　　　　　D. 高速重载

四、计算题

5-58　一牛头刨床工作台横向进给机构，已知进给丝杠的导程为 5mm，与丝杠联动的棘轮齿数为 40，试求此牛头刨床工作台的最小横向进给量是多少？当要求其进给量为 0.5mm 时，棘轮每次转过的角度应为多少？

第六章 机械连接

知识目标

了解铆接、焊接、胶接的特点与应用，掌握键连接、销连接、螺纹连接及螺旋传动特点与应用，了解联轴器和离合器的结构、特点与应用。理解键连接、销连接、螺纹连接及联轴器的拆装，掌握平键连接的尺寸选择、强度计算，掌握螺纹连接的防松方法，掌握联轴器的选择。

能力目标

能分析机器中零件的各种连接结构。能拆装键连接、销连接、螺纹连接及联轴器，会选择键连接及联轴器。

【观察与思考】

• 通过拆卸图 6-1 所示为单级圆柱减速器，仔细观察其结构，试分析各零部件是如何连接的？出现多少种连接？轴转动时，如何带动其上的齿轮一起转动的？

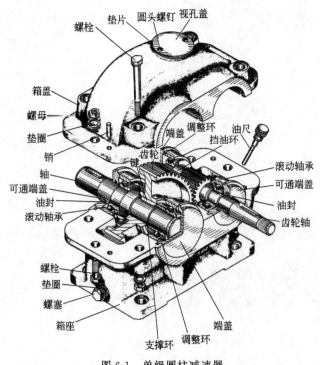

图 6-1 单级圆柱减速器

• 试分析图 0-2 所示的带式运输机，电动机与齿轮减速器如何连接的？

• 为什么旋转台虎钳手柄，其钳口会张开？

在机械中，为了便于制造、安装、运输、维修等，广泛使用了各种连接。连接是指将两个或两个以上的物体接合在一起的组合结构。

按被连接件之间是否产生相对运动，连接可分为两大类：一类是动连接，即运动副；另一类是机器在使用中，被连接零件间不允许产生相对运动的连接，称为静连接，简称连接。

按被连接件之间是否可拆，连接通常又分为可拆连接和不可拆连接。可拆连接是指不需毁坏连接中的任一零件就可拆开的连接，一般具有通用性强、可随时更换、维修方便、允许多次重复拆装等优点，常见的有键连接、销连接、螺纹连接和轴间连接等。不可拆连接是指至少必须毁坏连接中的某一部分才能拆开的连接，常见的有铆接、焊接、胶接等。

铆接是指将铆钉穿过被连接件的预制孔中经铆合而成一体，如图 6-2 所示。铆接工艺设备简单、抗振、耐冲击、连接牢固可靠，但结构笨重、被连接件强度削弱较大、连接噪声大，目前除桥梁和飞机制造业之外，已很少应用。

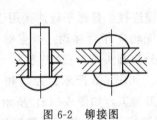

图 6-2　铆接图

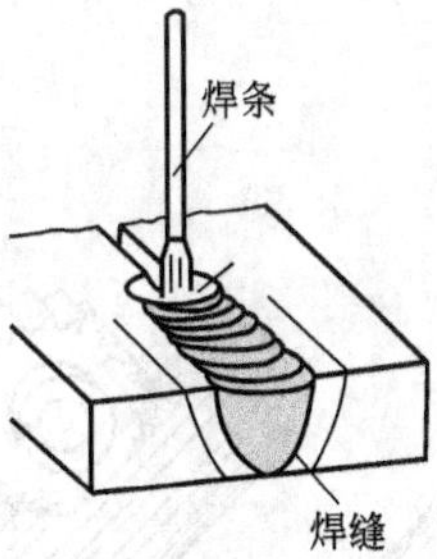

图 6-3　焊接

焊接是指用局部加热或加压的方法，使被连接件的材质达到原子间的结合而连成一体，如图 6-3 所示。焊接工艺简单、操作方便、连接灵活、强度高、重量轻、用材广泛、成本低、周期短以及易实现自动化，因此其应用广泛。

胶接是指利用胶黏剂在一定条件下把预制的元件连接在一起。胶接工艺简便，不需要复杂的工艺设备，胶接操作不必在高温高压下进行，因而胶接件不易产生变形，接头应力分布均匀。通常情况下，胶接接头具有良好的密封性、电绝缘性和耐蚀性。

本章主要介绍可拆连接。

第一节　键　连　接

如图 6-4 所示，键连接是由键、轴和轮毂的键槽组成，主要用来实现轴和轴上零件的周向固定并用来传递运动和转矩，有的还可以实现轴上零件的轴向固定或轴向移动。键连接是一种可拆连接，其结构简单，工作可靠，并已标准化。键的材料通常采用 45 钢，抗拉强度不低于 600MPa。

一、键连接的类型、特点及应用

按结构特点和工作原理，键连接可分为平键、半圆键、楔键、切向键与花键连接等类型。

1. 平键连接

平键连接的结构如图 6-5 所示，键的上表面与轮毂

图 6-4　键连接

键槽的底面之间有一定的间隙，其工作面为键的两侧面，依靠键与键槽侧面的挤压来传递运动和转矩。平键连接对中性好，结构简单，装拆容易，但不能承受轴向力。平键连接应用最广，适用于高速、高精度或承受变载、冲击的场合。按用途不同，平键可分为普通平键、导向平键和滑键等。

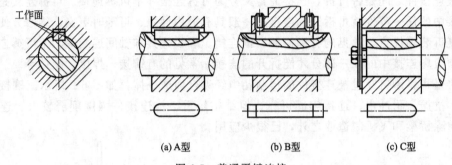

(a) A型　　　　　　(b) B型　　　　　　(c) C型

图 6-5　普通平键连接

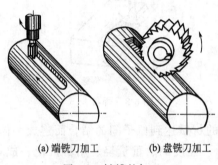

(a) 端铣刀加工　　(b) 盘铣刀加工

图 6-6　键槽的加工

(1) 普通平键连接　普通平键连接用于静连接，即轴和轮毂之间无轴向相对移动。根据键端部形状不同，普通平键分为圆头（A 型）、方头（B 型）和半圆头平键（C），如图 6-5 所示。A 型和 C 型键的轴上键槽用端铣刀加工，如图 6-6(a) 所示，键在槽中无窜动，A 型键应用最广泛，C 型键用于轴端，但轴槽引起的应力集中较大；B 型键的轴上键槽用盘铣刀加工，如图 6-6(b) 所示，键在槽中的轴向固定不好。

(2) 导向平键连接　导向平键连接属于动连接，导向平键需用螺钉固定在轴上（图 6-7），键的中部设有起键螺孔。导向平键与毂槽间为间隙配合，轮毂可沿键做轴向滑移，用于轴向移动量不大的场合，如变速箱中换挡齿轮与轴的连接。

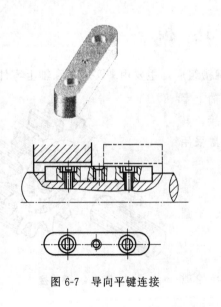

图 6-7　导向平键连接

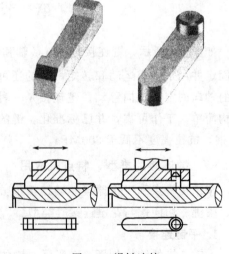

图 6-8　滑键连接

（3）滑键连接　当轴上零件轴向移动距离较大时，可用滑键连接（图6-8）。滑键固定在轮毂上，与轴槽间为间隙配合，键随轮毂一起沿轴槽滑动。

2. 半圆键连接

如图6-9所示，键的底部呈半圆形，在轴上铣出相应的键槽，轮毂槽开通。半圆键连接的工作面也是两侧面，靠键与键槽侧面的挤压来传递运动和转矩。半圆键和轴槽间为间隙配合，键能在轴槽内摆动，以适应毂槽底面的倾斜。半圆键连接的对中性好，装拆方便，但轴槽较深，对轴的强度削弱大。适于轻载，特别适合于锥形轴端连接。

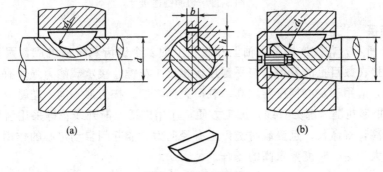

图6-9　半圆键连接

3. 楔键连接

如图6-10所示，楔键的上表面及毂槽底面均有1：100的斜度，装配时将楔键打入轴和轮毂的键槽内，其工作面为上、下面，主要靠键与轴及轮毂的槽底之间、轴与毂孔之间的摩擦力传递运动和转矩，也能传递单向轴向力，并起单向轴向固定作用，但拆卸不便，对中性不好，在冲击、振动或变载荷作用下易松脱。适用于对中性要求不高、载荷平稳的低速场合，如农用机械、建筑机械等。

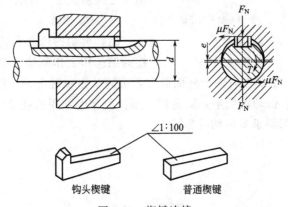

钩头楔键　　　　　普通楔键

图6-10　楔键连接

按楔键端部的形状不同可分为普通楔键和钩头楔键。钩头楔键装拆方便，装配时，应留有拆卸空间。由于钩头裸露在外随轴一起转动，易发生事故，应加防护罩。

4. 切向键连接

如图6-11所示，切向键是由两个普通楔键组成，两个相互平行的窄面是工作面，靠工作面的挤压和轴毂间的摩擦力来传递转矩。传递单向转矩时用一个切向键，传递双向转矩时，用两个切向键，且两个切向键之间夹角为120°～130°。由于切向键的键槽对轴的强度削弱较大，故只用于直径大于 100mm 的轴上。切向键能传递很大的转矩，主要用于对中性要求不高的重型机械中。

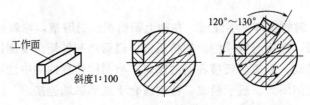

图 6-11　切向键连接

5. 花键连接

如图 6-12 所示，花键连接是由轴上和毂孔上的多个键齿和键槽组成，因而可以说花键连接是平键连接在数目上的发展。与平键连接相比，花键连接承载能力强，有良好的定心精度和导向性能，适用于定心精度要求高、载荷大的连接。按齿形不同，花键分为渐开线花键和矩形花键。矩形花键齿廓为直线，加工方便，应用广泛；渐开线花键采用齿侧定心，其齿根部厚，强度高，寿命长，且受载时键齿上有径向力，能起到自动定心的作用，适用于尺寸较大、载荷较大、定心精度要求高的场合。

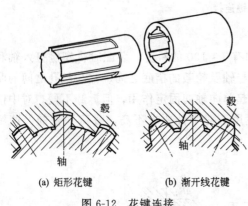

(a) 矩形花键　　(b) 渐开线花键

图 6-12　花键连接

二、平键连接的尺寸选择及强度校核

1. 尺寸选择

键已标准化，其尺寸按国家标准确定。键的宽度 b 和高度 h 根据轴的直径 d 查表 6-1 确定。键的长度 L 一般略短于轮毂的宽度，且应符合标准规定的长度系列。导向平键的长度按轮毂的长度及其滑动距离确定。轴和轮毂的键槽尺寸可由表 6-1 查取。

2. 强度校核

(1) 剪切的概念和剪切强度　根据平键连接的结构和工作原理可知，键的受力情况如图 6-13(b) 所示。作用于平键左右两个侧面的力，可简化为一对力 F，将使键的上下两部分沿截面 m—m 处发生相对错动的变形，即剪切变形。机械中常用的连接件，如铆钉、销钉、键和螺栓 (图 6-14) 等都是承受剪切的零件。

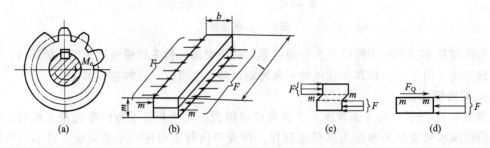

图 6-13　剪切

表 6-1　平键连接尺寸

平键和键槽的剖面尺寸(GB/T 1096—2003)　　　普通平键型式与尺寸(GB/T 1096—2003)

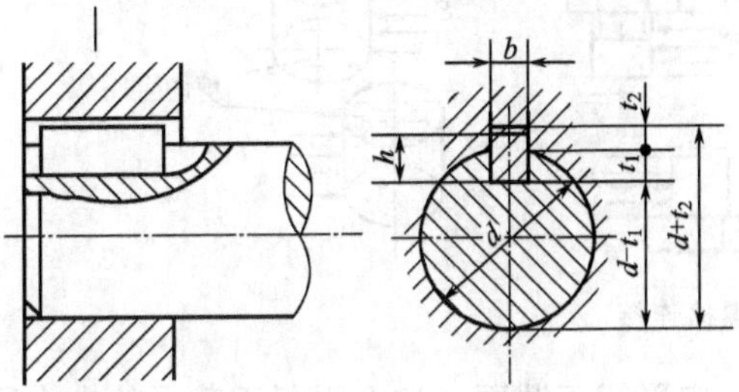

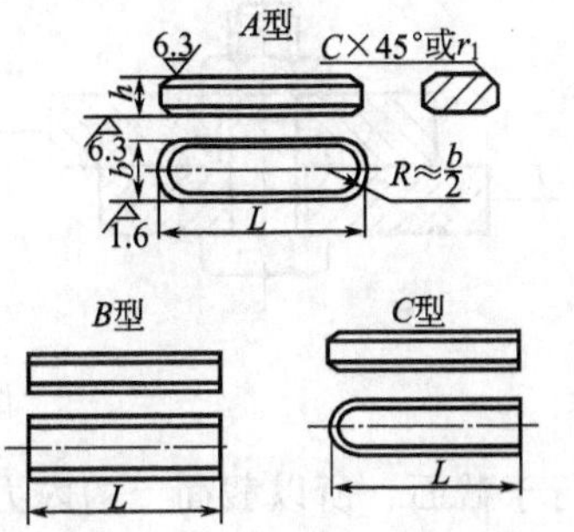

标记示例:普通 B 型平键 b＝16mm,h＝10mm,L＝100mm,标记为

键 B16×100　GB/T 1096(A 型可不标出"A")

轴 径	键		键 槽						深 度				半径 r	
			宽度 b											
			极限偏差											
			松连接		正常连接		紧密连接		轴 t₁		毂 t₂			
d	b×h	L	轴/H9	毂/D10	轴/N9	毂/Js9	轴和毂/P9		公称尺寸	极限偏差	公称尺寸	极限偏差	最小	最大
6~8	2×2	6~28	—	+0.060 +0.020	−0.001 −0.029	±0.0125	−0.006 −0.031		1.2		1		0.08	0.16
>8~10	3×3	6~36							1.8		1.4		0.08	0.16
>10~12	4×4	8~45	—	+0.078 +0.030	—	±0.015	−0.012 −0.042		2.5	—	1.8	—		
>12~17	5×5	10~56							3.0		2.3		0.16	0.25
>17~22	6×6	14~70							3.5		2.8		0.16	0.25
>22~30	8×7	18~90		+0.098 +0.040		±0.018	−0.015 −0.051		4.0		3.3		0.16	0.25
>30~38	10×8	22~110							5.0		3.3			
>38~44	12×8	28~140							5.0		3.3			
>44~50	14×9	36~160		+0.120 +0.050		±0.0215	−0.018 −0.061		5.5		3.8		0.25	0.40
>50~58	16×10	45~180							6.0		4.3			
>58~65	18×11	50~200							7.0		4.4			
>65~75	20×12	56~220							7.5		4.9			
>75~85	22×14	63~250		+0.149 +0.065		±0.026	−0.022 −0.074		9.0		5.4		0.40	0.60
>85~95	25×14	70~280							9.0		5.4			
>95~110	28×16	80~320							10.0		6.4			
L 系列	8　10　12　14　16　18　20　22　25　28　32　36　40　45　50　56　70　80　90　100　110　125 140　160　180　200　220　250　280　320　360　400　450　500													

注:1. 工作图中,轴槽深用 t_1 或 $(d−t_1)$ 标注,但 $(d−t_1)$ 的公差应取负号;轮毂槽深用 t_2 或 $(d＋t_2)$ 标注。
　　2. 松键连接用于导向平键,一般用于载荷不大的场合;紧密键连接用于载荷较大、有冲击和双向转矩的场合。

由此可见,剪切变形的特点是:作用于构件上的两个力,其大小相等、方向相反、作用线平行且相距很近,使构件在两力作用线间的各个截面发生相对错动。产生相对错动的截面称为剪切面。剪切面总是位于两个反向外力之间并且与外力作用线平行。

如图 6-13(d) 所示,假想沿截面 m—m 处将键截成两段,任选一段为研究对象。因为

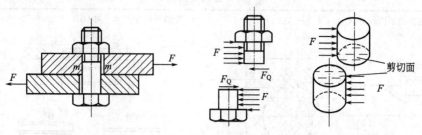

图 6-14　螺栓连接

外力 F 平行于截面，所以截面上的内力 F_Q 也一定平行于截面，这个平行于截面的内力称为剪力。由平衡条件得剪力的大小

$$F_Q = F$$

构件受剪切时，其剪切面上单位面积的剪力称为切应力，用 τ 表示。切应力在剪切面上的实际分布规律比较复杂，工程上通常采用"实用计算法"，即假定它在剪切面上是均匀分布的，其计算公式为

$$\tau = \frac{F_Q}{A} \tag{6-1}$$

式中　τ——切应力，MPa；

　　F_Q——剪切面上的剪力，N；

　　A——剪切面面积，mm^2。

为了保证构件工作时安全可靠，应使构件中最大切应力小于或等于材料的许用切应力 $[\tau]$，即

$$\tau = \frac{F_Q}{A} \leqslant [\tau] \tag{6-2}$$

式(6-2) 即为剪切的强度条件。材料的许用切应力值可从有关手册中查取。

（2）挤压及挤压强度　　螺栓、键、销钉、铆钉（图 6-15）等连接件，除了承受剪切外，在连接件和被连接件的接触面上还将相互压紧，这种接触面之间相互压紧的变形称为挤压。如图 6-13(b) 所示的键连接，轴键槽右侧与键下部右侧，轮毂键槽左侧与键上部左侧都产生挤压。

构件产生挤压变形时，其相互挤压的接触面称为挤压面，一般垂直于外力方向。作用于挤压面上的压力称为挤压力，用符号 F_p 表示。单位挤压面上的挤压力称为挤压应力，用符号 σ_p 表示。挤压应力的分布也比较复杂，在工程中，也近似认为挤压应力在挤压面上的分布是均匀的，则挤压应力可按下式计算

$$\sigma_p = \frac{F_p}{A_p} \tag{6-3}$$

式中，A_p 是挤压面面积。当接触面是平面时，接触面积就是挤压面面积；当挤压面为半圆柱侧面时，通常以接触柱面在直径平面上的投影面积 dt 作为挤压面积，如图 6-15(d) 所示。

为了保证构件局部不发生挤压塑性变形，必须使构件的工作挤压应力小于或等于材料的许用挤压应力，即挤压的强度条件为

$$\sigma_p = \frac{F_p}{A_p} \leqslant [\sigma_p] \tag{6-4}$$

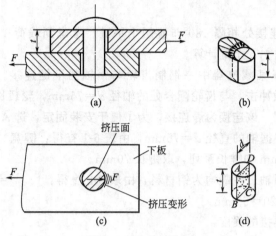

图 6-15 挤压面分析

式中 $[\sigma_p]$ 是材料的许用挤压应力，其数值可从有关手册中查取。

（3）强度校核 平键连接的受力情况如图 6-16 所示，工作时键产生剪切与挤压变形，其主要失效形式为工作表面被压溃，因此，常对普通平键连接挤压强度计算。其校核公式为

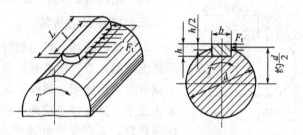

图 6-16 平键连接的受力分析

$$\sigma_p = \frac{2T/d}{hl/2} = \frac{4T}{hld} \leqslant [\sigma_p] \tag{6-5}$$

式中 T——连接所传递的转矩，N·mm；

　　　h——键高，mm；

　　　l——键的工作长度，mm，A 型键 $l = L - b$，B 型键 $l = L$，C 型键 $l = L - b/2$；

　　　d——轴的直径，mm；

　　$[\sigma_p]$——键连接的许用挤压应力，MPa，见表 6-2，计算时应取连接中较弱材料的许用值。

表 6-2 键连接的许用挤压应力和许用压力　　　　　　　MPa

连接方式	零件材料	载荷性质		
		静载荷	轻微冲击	冲击
静连接时许用挤压应力	钢	120～150	100～120	60～90
	铸铁	70～80	50～60	30～45

如果键的强度不能满足要求时，可采取下列措施。

① 适当增加键和轮毂的长度，但键长一般不得超过 $2.5d$，否则，挤压应力沿键长度方

向分布不均。

② 可在同一轴毂连接处相隔 180°布置两个平键。考虑到载荷在两键槽上分布不均匀，双键连接的强度只能按 1.5 个键计算。

【例 6-1】 试选择某减速器中一钢制齿轮与钢轴的平键连接。已知传递的转矩 $T=600\text{N·m}$，载荷有轻微冲击，与齿轮配合处的轴径 $d=75\text{mm}$，轮毂长度 $L_1=80\text{mm}$。

解：（1）选择键型　该连接为静连接，为了便于安装固定，选 A 型普通平键。

（2）确定尺寸　根据轴的直径 $d=75\text{mm}$，由表 6-1 查得：键宽×键高 $=b\times h=20\times12$。根据轮毂长度 $L_1=80\text{mm}$ 和键长系列，取键长 70mm。

（3）强度校核　因轴、轮毂均为钢材料，由表 6-2 查得：$[\sigma_\text{p}]=100\text{MPa}$。A 型键的工作长度 $l=L-b=70-20=50\text{mm}$。

按静连接校核键连接的强度

$$\sigma_\text{p}=\frac{2T}{kld}=\frac{4T}{hld}=\frac{4\times600\times1000}{12\times50\times75}=53.33\ (\text{MPa})=[\sigma_\text{p}]$$

强度足够。

该键的标记为：

键 20×70　GB/T 1096—2003

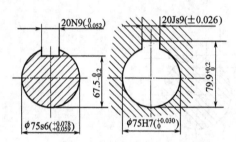

图 6-17　轴、毂公差标注

（4）绘键槽工作图，标注轴、毂公差（图6-17）

三、键连接的拆卸

如果键已损坏，可用油槽铲铲入键的一端，然后把键剔除；当键松动时，可用尖嘴钳拔出。滑键上设有专供拆卸用的螺纹孔，这时可用适当的螺钉旋入孔中，抵住槽底轴面，将键顶出。当键在槽中配合很紧，又需要完好地拆出时，可在键上钻孔、攻螺纹，然后用螺钉把它顶出。尽管键上开了螺纹孔，但对键的使用功能并无大的影响。拆卸楔键时，应使冲子从键较薄的一端向外将楔键冲出。如果楔键带有钩头，可用钩子拉出；如果没有钩头，可在键的端面开一螺纹孔，拧上螺钉后将其拉出。

四、键连接的装配

1. 松键连接的装配

松键连接是指普通平键、导向平键、滑键及半圆键，都是依靠键的侧面来传递运动和转矩的。装配后，对于普通平键、导向平键及半圆键，键与轮毂键槽底面间有间隙，键与轴槽底面接触；对于滑键，键与轮毂键槽底面接触，键的底面与轴槽底面间有间隙。装配时首先清理键和键槽的毛刺，以防影响配合的可靠性，对重要的键，应检查键侧直线度、键槽对轴线的对称度和平行度；然后用键头与键槽试配，对于普通平键、导向平键及半圆键应紧紧地嵌在轴槽中，对于滑键则应嵌在轮毂槽中；再锉配键长，在键长方向普通平键与轴槽留有约0.1mm 的间隙，但导向平键不应有间隙；最后在配合面加机油，用铜棒或手锤垫软垫将键压入轴槽，应使键与槽底贴平。

2. 紧键连接的装配

紧键连接包括楔键和切向键连接两种。配制楔键时，可采用涂色法来检查各面的接触情况，其工作面上的接触应在 70％以上，不接触部分不得集中于一段。楔键的外露尺寸（不包括钩头键的钩头）应为斜面长度的 10％～15％。切向键应在轴和轮毂组装后，通过实测键槽尺寸才能进行配制，其配制方法与楔键类似，只是切向键的工作面为侧面。配制后切向键露出轴处的部分应去掉，一般不得高出轴 3mm。

3. 花键连接的装配

对于批量生产的花键，修去飞边毛刺后即可装入。但在单件小批量生产或检修配件时，一般需修研才能装入。修研的一般要求为：工作面经研合后，同时接触的齿数不得少于2/3，在齿长与齿高方向上的接触率不得小于 50％，研合时应检查齿侧间隙，用 0.05mm 的塞尺不得插入齿全长。装配后，对于动花键连接，套件应在轴上能滑动自如，但不能过松，用手摇动不应感到有间隙。

第二节 销 连 接

一、销连接的类型和应用

销主要用来固定零件之间的相互位置（定位销），如图 6-18(a) 所示的圆锥销；也可用于轴和轮毂或其他零件的连接（连接销），并传递不大的转矩，如图 6-18(a) 所示的圆柱销；有时还可用作安全装置中的过载剪断零件（安全销），如图 6-18(b) 所示。定位销一般不承受载荷或只承受很小的载荷，其直径按结构确定，平面定位时其数目不得少于 2 个。连接销能承受较小的载荷，常用于轻载或非动力传输结构。安全销的直径应按销的抗剪强度计算，当过载 20％～30％时将被剪断。

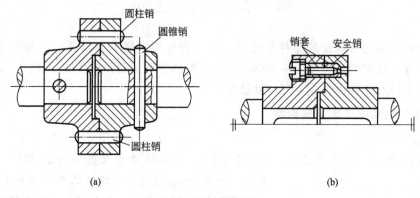

图 6-18 销连接

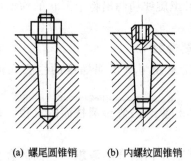

(a) 螺尾圆锥销   (b) 内螺纹圆锥销

图 6-19 端部带螺纹的圆锥销

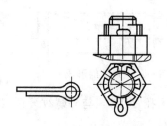

(a) 开口销   (b) 开口销应用实例

图 6-20 开口销及其应用

销是标准件（GB/T 117—2000～GB/T 120.2—2000），其材料一般采用 Q235、35、45 钢。按销形状可分为圆柱销、圆锥销和异形销三类，使用时可根据工作要求选用。圆柱销与销孔为过盈配合，经常拆装会降低其定位精度和可靠性。圆锥销和销孔均有 1∶50 的锥度，定位精度高，自锁性好，多用于经常拆装处。端部带螺纹的圆锥销（图 6-19）可用于盲孔或拆卸困难的场合。圆柱销和圆锥销的销孔均需配铰。异形销种类很多，常用如图 6-20（a）所示的开口销，它具有工作可靠、拆卸方便等特点。图 6-20（b）所示为开口销的应用实例，开口销穿过螺杆的小孔和槽形螺母的槽，防止螺母松脱。

二、销连接的拆装

拆卸销连接时，用木槌或冲子从小头打销钉，让其退出，冲子直径要比销钉直径要小些，击冲时要猛而有力。若遇销钉弯曲而打不出时，可用比销钉直径小的钻头钻掉销钉。若销钉端部产生毛边，要及时用锉刀将其修复。在拆去被定位的零件后，圆柱销常常留在主体上，如果没有必要，可不拆下；必须拆下时，可用尖嘴钳拔出。

装配圆柱销和圆锥销时，其销孔均需配铰。装配圆柱销时，其销孔应先涂上润滑油，然后用铜棒垫好把销钉打入孔中，或用 C 夹头把销子压入孔内，其两端伸出长度应大致相等，不可用力过大，以免将销钉头打坏、翻帽，要严格控制配合精度，一旦拆卸失去过盈，则必须更换。装配圆锥销时，必须注意控制孔径，一般以销钉能自由插入锥孔的长度是销钉长度的 80％为宜，打入后锥销小头稍露出被连接件的表面，以便于拆装。往盲孔中打入销钉时，销上必须钻一通气小孔或在侧面开一微小槽，以供放气用。开尾圆锥销打入孔中后，将小端开口扳开，防止振动时脱出。

第三节　螺　纹　连　接

螺纹连接是利用带螺纹的零件构成的一种可拆连接。螺纹连接具有结构简单、装拆方便、工作可靠、成本低、类型多样等特点，在机械制造和工程结构中应用甚广。绝大多数螺纹连接件已标准化，并由专业工厂成批量生产。

一、螺纹的形成及其主要参数

1. 螺纹的形成

如图 6-21 所示，将直角三角形绕到直径为 d_1 的圆柱体上（直角边 ab 与圆柱体底面的周边重合），则斜边 ac 在圆柱体表面上形成一条螺旋线。用不同形状的车刀（如矩形），使刀刃平面通过圆柱体的轴线，并沿螺旋线切制出特定形状的沟槽即形成螺纹。

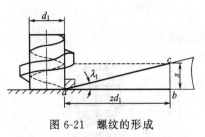

图 6-21　螺纹的形成

2. 螺纹的主要参数

现以圆柱普通螺纹为例说明螺纹的主要几何参数（图 6-22）。

（1）大径 $d(D)$　与外螺纹牙顶（或内螺纹牙底）相重合的假想圆柱面的直径，是螺纹的公称直径。

（2）内径 $d_1(D_1)$　是与外螺纹牙底（或内螺纹牙顶）相重合的假想圆柱面的直径。在强度计算中常作危险截面的计算直径。

（3）中径 $d_2(D_2)$　是指通过螺纹轴向剖面内牙厚与牙间宽相等处的圆柱面的直径，近似等于螺纹的平均直径，是确定螺纹几何参数关系和配合性质的直径。

（4）螺距 P　相邻两牙在中径线上对应两点间的轴向距离。

（5）导程 S　同一条螺旋线上的相邻两牙在中径线上对应两点间的轴向距离。设螺旋线数为 n，则 $S=nP$。

（6）螺纹升角 λ　在中径圆柱上螺旋线的切线与垂直于螺纹轴线的平面的夹角。其值为

$$\tan\lambda=\frac{S}{\pi d_2}=\frac{nP}{\pi d_2} \tag{6-6}$$

（7）牙型角 α　轴向截面内螺纹牙型相邻两侧边的夹角称为牙型角。

（8）牙型斜角 β　牙型侧边与螺纹轴线的垂线间的夹角称为牙型斜角 β。对称牙型 $\beta=\alpha/2$，锯齿形螺纹工作侧 $\beta=3°$。

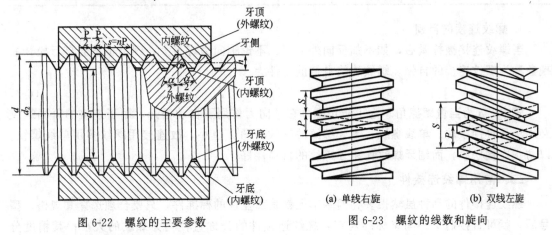

图 6-22　螺纹的主要参数　　　　　　　图 6-23　螺纹的线数和旋向

3. 螺纹的类型及应用

螺纹有外螺纹和内螺纹之分，共同组成螺旋副使用。起连接作用的螺纹称为连接螺纹。起传动作用的螺纹称为传动螺纹。根据螺纹的螺旋线绕行方向不同，螺纹可分为右旋螺纹和左旋螺纹，其判别方法是：从轴线的一端去观察轴线，螺旋线往右上升为右旋，反之为左旋，如图 6-23 所示。常用的为右旋螺纹，左旋螺纹只用于有特殊要求的场合。根据螺纹螺旋线的数目，还可将螺纹分为单线（单头）螺纹和多线螺纹，为了制造方便，螺纹的线数一般不超过 4（图 6-23）。单线螺纹主要用于连接，多线螺纹主要用于传动。根据螺纹轴向剖面形状即螺纹的牙型不同，可将螺纹分为三角形、矩形、梯形和锯齿形螺纹等。常用螺纹的特点及应用见表 6-3。

表 6-3　常用螺纹的特点及应用

螺纹类型	牙　形　图	特点和应用
普通螺纹	60°	牙型角 $\alpha=60°$，同一公称直径按其螺距 P 的大小分为粗牙和细牙。粗牙强度高，价廉，一般连接多用粗牙螺纹。细牙螺纹自锁性好，螺纹零件的强度削弱少，但易滑扣，多用于薄壁或细小零件以及受变载、冲击和振动的连接中，还可用于微调机构，如千分尺
圆柱管螺纹	55°	牙型角 $\alpha=55°$，牙顶有较大圆角，内外螺纹旋合后无径向间隙。该螺纹为英制细牙螺纹，公称直径近似为管子内径，紧密性好，用于压力在 1.5MPa 以下的管路连接

续表

螺纹类型	牙 形 图	特点和应用
矩形螺纹		牙型斜角为 0°，传动效率高，但精确制造困难，牙根强度差，磨损后无法补偿间隙，定心性能差，一般很少采用
梯形螺纹	30°	牙型角 $\alpha=30°$，牙根强度高，对中性好，不易松动，采用剖分螺母可以调整和消除间隙，传动效率较高，常用于传力螺旋和传导螺旋
锯齿螺纹	30° 3°	工作面的牙型斜角为 3°，非工作面的牙型斜角为 30°，外螺纹的牙根处有相当大的圆角，减小了应力集中，提高了动载强度，传动效率较梯形螺纹高，用于单向受力的传动螺旋机构

4. 螺纹连接的自锁

当螺纹连接被拧紧后，如不加反向外力矩，不论轴向力有多大，螺母也不会自行松开的现象称为螺纹连接的自锁。螺纹连接自锁的条件为

$$\lambda \leqslant \rho \tag{6-7}$$

式中，ρ 为当量摩擦角。为了防止螺母在轴向力作用下自动松开，用于连接的紧固螺纹必须满足自锁条件。单线螺纹、细牙螺纹的螺纹升角 λ 值小，故连接用螺纹多用单线螺纹，以防止连接松脱，而细牙螺纹比粗牙螺纹的自锁性好。

二、常用螺纹连接件

螺纹连接件的品种虽然很多，但基本上都是商业性的标准件，只要合理选择其规格、型号后，就可直接购买。国家标准规定，螺纹连接件的公称直径均为螺纹的大径；其精度分 A、B、C 三个等级，A 级精度最高，B 级精度次之，常用的标准螺纹连接件选用 C 级精度。螺纹连接件一般常用 Q215、Q235、10、35、45 等材料制造。螺母材料的强度和硬度一般比相配合螺栓材料稍低。螺纹连接件按力学性能等级分级，见表 6-4。

表 6-4   螺纹连接件的性能等级

螺栓性能等级	3.6	4.6	4.8	5.6	5.8	6.8	8.8	9.8	10.9	12.9
抗拉强度极限 σ_{bmin}/MPa	330	400	420	500	520	600	800	900	1040	1220
屈服点 σ_{smin}/MPa	190	240	340	300	420	480	640	720	940	1100
螺栓材料与热处理	低碳钢 Q215、10	低碳钢或中碳钢 Q235、15		低碳钢或中碳钢，Q235、25、35、45			中碳钢，淬火并回火，35、45		中碳钢，低、中碳合金钢，淬火并回火，40Cr、15MnVB	合金钢，淬火并回火，30CrMnSi、15MnVB
相配螺母性能等级	4(>M16) 5(M16)			5		6	8 (>M16)	9 (M16)	10	12(<M39)
抗拉强度极限 σ_{bmin}/MPa	510 (M16~M39)			520 (M3~M4)		600	800	900	1040	1150
螺母材料与热处理	易切削钢，Q215、10				低、中碳钢，15、Q235		中碳钢，低、中碳合金钢，淬火并回火			
							35		40Cr、15MnVB	30CrMnSi、15MnVB

注：1. 性能等级的标记由"."隔开的两部分数字组成。点前数字为 $\sigma_b/100$，点后数字为 $10\times(\sigma_s/\sigma_b)$，$\sigma_b$、$\sigma_s$ 分别为公称抗拉强度和公称屈服点。
2. 规定了性能等级的螺栓、螺母在图纸上只标注性能等级，不应标出材料牌号。

工程上常用螺纹连接件有如下几种。

1. 螺栓

螺栓由螺栓头和螺杆组成，螺栓的头部形状很多，最常用的是六角头和小六角头两种。螺栓还可分为普通螺栓和铰制孔螺栓两类，以分别用于普通螺栓连接和铰制孔螺栓连接，如图 6-24 所示。

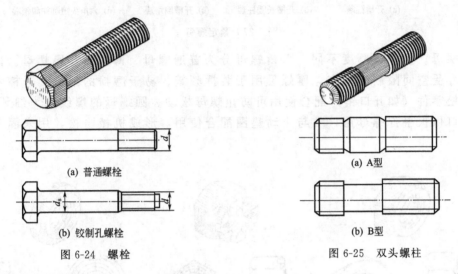

(a) 普通螺栓

(b) 铰制孔螺栓

图 6-24　螺栓

(a) A型

(b) B型

图 6-25　双头螺柱

2. 双头螺柱

双头螺柱的结构如图 6-25 所示，其两端均制有螺纹，有 A、B 两种结构，A 型有退刀槽，B 型无退刀槽。

3. 螺钉

螺钉的螺杆部分与螺栓相似，头部的形状较多，如图 6-26 所示，以适应不同情况的需要。

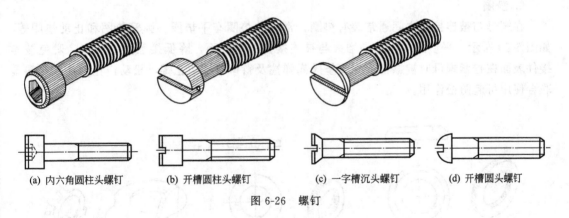

(a) 内六角圆柱头螺钉　　(b) 开槽圆柱头螺钉　　(c) 一字槽沉头螺钉　　(d) 开槽圆头螺钉

图 6-26　螺钉

4. 紧定螺钉

紧定螺钉末端形状较多，有锥端、倒角端和圆柱端，如图 6-27 所示。锥端适用于被紧定零件硬度较低、不经常拆装的场合；倒角端适用顶紧硬度较高、经常装拆的场合；圆柱端压入被紧定零件的凹坑中，不伤被顶表面，多用于需经常调节位置的场合。

5. 螺母

如图 6-28 所示，螺母形状有六角螺母、开槽六角螺母、圆螺母等，应用最普遍

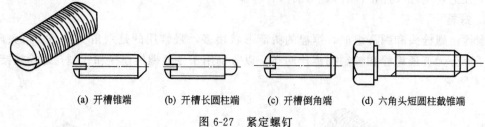

(a) 开槽锥端　　(b) 开槽长圆柱端　　(c) 开槽倒角端　　(d) 六角头短圆柱截锥端

图 6-27　紧定螺钉

为六角螺母。按螺母厚度不同，六角螺母分为普通螺母、薄螺母、厚螺母。薄螺母用于尺寸受空间限制的地方，厚螺母用于装拆频繁、易于磨损的地方。开槽六角螺母与防松零件（如开口销）配合使用可防止螺母松动。圆螺母的螺纹常为细牙螺纹，四个缺口供扳手拧螺母用，常与止动垫圈配合使用，形成机械防松，用来固定轴上零件。

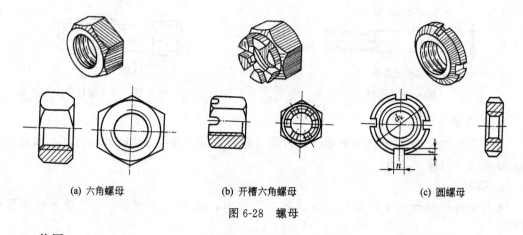

(a) 六角螺母　　　　　(b) 开槽六角螺母　　　　　(c) 圆螺母

图 6-28　螺母

6. 垫圈

在螺母与被连接件之间通常装有垫圈，常用的垫圈有平垫圈、弹簧垫圈和止动垫圈等，如图 6-29 所示。平垫圈的作用是增大与被连接件的接触面，降低接触面的压强，避免被连接件表面在拧紧螺母时被擦伤；弹簧垫圈靠弹性及斜口摩擦防止螺母松动；止动垫圈与螺母联合使用可起防松作用。

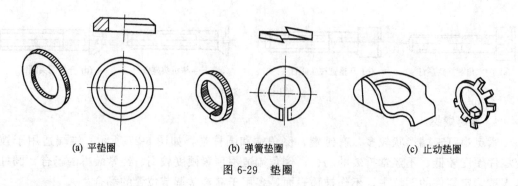

(a) 平垫圈　　　　　　(b) 弹簧垫圈　　　　　　(c) 止动垫圈

图 6-29　垫圈

三、螺纹连接的类型

螺纹连接应用广泛，在不同的场合，应使用不同的螺纹连接类型。常用的螺纹连接类型有螺栓连接、双头螺柱连接、螺钉连接和紧定螺钉连接等。

1. 螺栓连接

螺栓连接是将螺栓穿过被连接件的通孔,再拧紧螺母的连接,如图 6-30 所示。螺栓连接不需在被连接件上切制,使用时不受被连接件材料的限制,其结构简单、加工方便、成本低,一般用于被连接件不太厚、需经常装拆的场合。螺栓连接可分为普通螺栓连接和铰制孔螺栓连接两类。如图 6-30(a) 所示,普通螺栓连接的螺栓杆与被连接件孔壁之间有一定的间隙,杆与孔的加工精度低,应用广泛。使用时需拧紧螺母,无论连接传递是何种形式的载荷,都使连接螺栓产生拉伸变形,故又称为受拉螺栓连接;如图 6-30(b) 所示,铰制孔螺栓连接的栓杆直径与被连接件孔径相等并形成过渡配合,螺栓杆与孔需精加工(孔需铰制),成本较高,螺栓工作时承受剪切和挤压作用,又称受剪螺栓,一般用于承受横向载荷、要求定位精度高的场合。

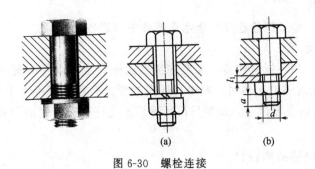

(a)　　　　　　(b)

图 6-30　螺栓连接

2. 双头螺柱连接

如图 6-31 所示,双头螺柱连接是将双头螺柱的一端旋紧在较厚被连接件的螺纹盲孔中,另一端穿过较薄被连接件无螺纹的通孔,再拧紧螺母。双头螺柱连接装拆方便,拆卸时,只需拧下螺母而不必从螺纹孔拧出螺柱。这种连接适用于被连接件之一较厚难以穿孔并经常装拆的场合。

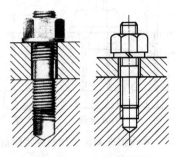

图 6-31　双头螺柱连接

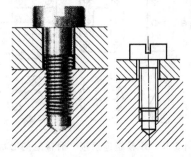

图 6-32　螺钉连接

3. 螺钉连接

如图 6-32 所示,螺钉连接是将螺钉穿过较薄被连接件的通孔,直接拧入较厚的被连接件螺纹孔中的一种连接,这种连接不用螺母,结构简单,经常拆卸时易损坏孔内螺纹,故多用于受力不大、被连接件之一较厚难以穿孔、不需经常装拆的场合。

4. 紧定螺钉连接

紧定螺钉连接是将紧定螺钉旋入被连接件之一的螺纹孔中,其末端顶住另一被连接件的表面或顶入相应的坑中，以固定两个零件的相对位置，并可传递不太大的力或转矩的一种连接，如图 6-33 所示。

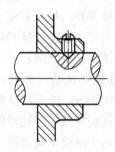
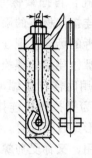
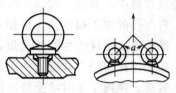

图 6-33　紧定螺钉连接　　　　图 6-34　地脚螺栓连接　　　　图 6-35　吊环螺钉连接

5. 地脚螺栓连接

如图 6-34 所示，地脚螺栓连接用于水泥基础中固定各种机架。

6. 吊环螺钉连接

如图 6-35 所示，吊环螺钉连接一般装在机器的外壳上，以便于安装、拆卸和运输时起吊。如果使用两个吊环螺钉工作时，两个吊环间的受力夹角 α 不得大于 90°。吊环螺钉应进行 200% 额定静载荷的强度试验，试验后吊环螺钉不允许有永久变形和裂纹，以保证起重和搬运时的安全。

四、螺纹组连接的结构设计

工程实际中，螺栓连接一般都是成组使用的，组成螺栓组连接。螺栓组连接的结构设计应综合考虑以下几个方面的问题。

① 连接接合面的几何形状尽量采用轴对称的简单几何形状，如图 6-36 所示，便于对称布置螺栓，使螺栓组的对称中心和连接接合面的形心重合，确保接合面受力比较均匀。

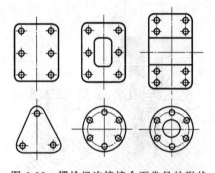
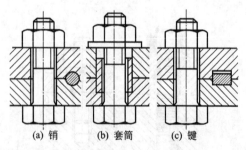

图 6-36　螺栓组连接接合面常见的形状　　　图 6-37　承受横向载荷的螺栓连接卸荷装置

② 螺栓组的布局应使各螺栓的受力合理。分布在同一圆周上的螺栓数目，应取 3、4、6、8、12 等易于分度的数目，以便于在圆周上钻孔和划线；对于受剪的铰制孔螺栓连接，在平行于工作载荷的方向上成排布置的螺栓不要超过 8 个，以免载荷分布不均，如果较大的横向载荷，可采用如图 6-37 所示的卸荷装置来承受横向载荷；当螺栓连接承受弯矩时，应使螺栓的位置尽量远离翻转轴线，以减小螺栓的受力，如图 6-38（b）布置较合理；当螺栓连接承受转矩时，螺栓应尽量远离螺栓组形心，如图 6-39 所示螺栓组，位于中心 O 点的螺栓没有充分发挥作用。

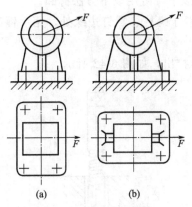

图 6-38　承受弯矩螺栓组布局

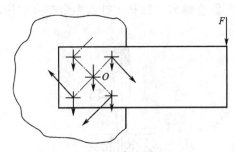

图 6-39　承受转矩螺栓组布局

③ 螺栓的排列应有合理的间距、边距，以便装拆有足够的扳手空间，如图 6-40 所示，扳手空间的尺寸可查阅有关机械设计手册。

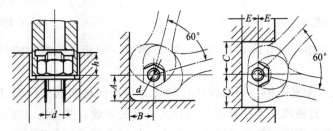

图 6-40　扳手空间尺寸

④ 避免螺栓受偏心载荷。在结构上尽量不用图 6-41(a) 所示钩头螺栓，不在斜支承面上布置螺栓。在工艺上应保证被连接件、螺栓头部的支承面平整，并与螺栓轴线相垂直，如图 6-41 所示。

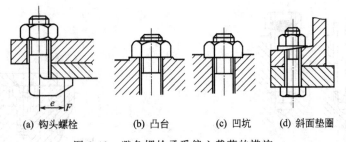

(a) 钩头螺栓　　　　(b) 凸台　　　　(c) 凹坑　　　　(d) 斜面垫圈

图 6-41　避免螺栓承受偏心载荷的措施

五、螺纹连接件的拆卸

螺纹连接的拆卸比较容易，如工具选用不当，拆卸方法不正确则可能造成损坏。例如，使用大于螺母宽度的扳手，使螺母棱角拧圆；使用螺丝刀（螺钉旋具）的厚度尺寸与螺钉顶部开槽不符，或用力不当，使开槽边缘削平损坏；使用过长的加力杆或未搞清螺纹旋向而拧反，致使螺栓折断或螺纹损坏等。因此，拆卸螺纹连接件一定要观察拆装螺纹连接件的扳手空间，选用合适的固定扳手或螺丝刀，尽量不用活扳手；不要盲目乱拧或用过长的加力杆；拆卸双头螺栓，要用专用扳手。

（1）断头螺钉的拆卸　如果螺钉断在机体表面及以下，可用以下方法拆卸。

① 沿旋松方向（一般为逆时针），将窄冲子倾斜置于螺柱、螺钉边缘处，用手锤敲击窄冲子，使其松动。

② 在螺钉上钻孔，打入多角淬火钢杆，再把螺栓拧出，如图 6-42 所示。

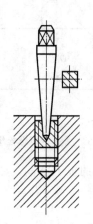 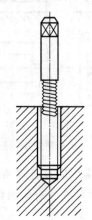

图 6-42　多角淬火钢杆拆卸　　　　　　图 6-43　攻反向螺纹拆卸

③ 在螺钉断头端中心钻孔，在孔内攻反旋向螺纹，用相应反旋向螺钉或丝锥拧出，如图 6-43 所示。

④ 在螺钉断头端钻直径相当于螺纹小径的孔，再用同规格的螺纹刀具攻螺纹；或钻相当于螺纹大径的孔，重新攻一个比原螺纹直径大一级的螺纹，并选配相应的螺钉。

如螺钉断头露在机件表面外的，可在断头上加焊一弯杆或螺母再拧出，如图 6-44 所示；或在凸出断头上用钢锯锯出一沟槽，然后用螺丝刀拧出；或在断头上加工出扁头、方头，然后用扳手拧出。

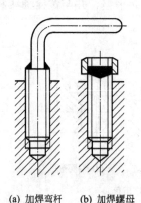 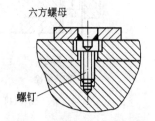

(a) 加焊弯杆　　(b) 加焊螺母　　　　　　　六方螺母

　　　　　　　　　　　　　　　　　　　　　　螺钉

图 6-44　露在机件表面外断头螺钉的拆卸　　图 6-45　打滑六角螺钉的拆卸

（2）打滑六角螺钉的拆卸　内六角螺钉用于固定连接的场合较多，当内六角磨圆后会产生打滑现象而不容易拆卸，这时可在螺钉头部焊一个孔径比螺钉头外径稍小的六方螺母，即可将螺钉拧出，如图 6-45 所示。

（3）锈死螺钉或螺母的拆卸　用手锤敲打螺栓、螺母四周，以振碎锈层，然后拧出；可先向拧紧方向稍拧动一些，再向反方向拧，如此反复，逐步拧出；在螺母、螺栓四周浇些煤油，或放上蘸有煤油的棉丝，浸透 20min 左右，利用煤油很强的渗透力，渗入锈层，使锈层变松，然后拧出；当上述三种方法都不奏效时，若零件许可，则快速加热螺母或螺栓四周，使零件或螺母膨胀，然后快速拧出。

（4）成组螺纹连接件的拆卸　成组螺纹连接的拆卸，除按照单个螺栓的方法拆卸外，还应注意以下事项。

① 按规定顺序，先四周后中间，或按对角线拆卸。首先将各螺栓先拧松1～2圈，然后逐一拆卸，以免力量集中到最后一个螺栓上，造成难以拆卸或零件变形和损坏。

② 先将处于难拆部位的螺栓卸下。

③ 将拆卸零件按顺序摆放在零件存放盘里，边拆卸边观察连接结构和螺纹防松的方法，并做好记录。

④ 悬臂部件的环形螺栓组拆卸时，应特别注意安全。除仔细检查是否垫稳、起重索是否捆牢外，拆卸时，应先从下面开始按对称位置拧松螺栓。最上部的1个或2个螺栓，应在最后分解吊离时取下，以免造成事故或损伤零件。

⑤ 对在外部不易观察到的螺栓，往往容易疏忽，应仔细检查。在整个螺栓组确实拆完后，方可用螺丝刀、撬棍等工具将连接件分离。否则，容易造成零件的损伤。

⑥ 拆卸管道法兰的连接螺栓时，应先分别拧松各螺母，用撬棍撬开两法兰面，确认管道内没有压力介质后才可卸下螺栓，以防介质喷出伤害操作者。

六、螺纹连接装配方法

1. 螺栓连接的预紧

大多数螺栓连接在装配时都需要拧紧螺母，使螺栓与被连接件间以及被连接件间产生足够的预紧力作用，增强连接的可靠性、紧密性和防松能力。需预紧的螺纹连接称为紧连接，少数螺纹连接不需预紧，称为松连接。

预紧力的大小要适中，预紧力过大可能会使螺栓拧断、螺纹牙被剪断而滑扣，被连接件有可能被压碎；预紧力过小，被连接件又可能出现滑移或分离。因此，控制预紧力大小很有必要。

通常螺栓连接的拧紧由操作者的手感、经验来控制，但不易控制，可能将小直径的螺栓拧断。重要的螺栓连接可通过测力矩扳手和定力矩扳手来控制拧紧力矩，如图6-46所示。另外，为防止螺栓的过载折断，对于重要的连接，不宜采用小于M12～M16的螺栓。

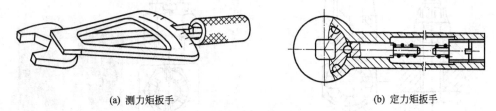

(a) 测力矩扳手　　　　　　　　　　　　　　(b) 定力矩扳手

图 6-46　力矩扳手

2. 螺纹连接的防松

连接用螺纹都能满足自锁条件，在静载荷和温度变化不大时，自锁可靠，连接不会自动松脱。但若有冲击、振动、变载或温度变化较大时，螺纹牙间和支承面间的摩擦阻力可能瞬时消失，经多次重复后，连接可能会松动，甚至脱落造成严重的事故。因此，机器中的螺纹连接在装配时应考虑防松措施。

螺纹连接防松的基本原理是防止螺旋副在工作时产生相对转动。按防松原理不同，螺纹防松方法可分为摩擦防松、机械防松和永久防松三种。

（1）摩擦防松　其原理是拧紧螺纹连接后，使内外螺纹间有不随外加载荷而变的压力，因而始终有一定的摩擦力来防止螺旋副的相对转动。

图 6-47 所示为对顶螺母防松装置，利用两螺母的对顶作用，使螺栓始终受到附加拉力和附加摩擦力作用，尽管外载荷为零，但附加摩擦力总是存在，故达到防松的目的。由于多了一个螺母，且工作并不十分可靠，故不适宜剧烈振动和高速场合。

图 6-48 所示为弹簧垫圈防松装置。弹簧垫圈的材料为 65Mn 钢，制成后经过淬火处理，并具有 65°～80° 的斜口。拧紧螺母后，弹簧垫圈被压平而产生弹力，从而使螺纹间始终保持压紧力和摩擦力，达到防松的目的。垫圈切口处的尖角刮着螺母和被连接件的支承面，也有防松作用。弹性垫圈结构简单、工作可靠、应用广泛。

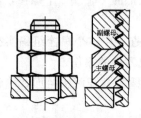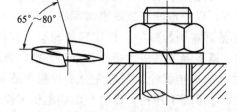

图 6-47　对顶螺母防松装置　　　　　　　图 6-48　弹簧垫圈防松装置

图 6-49 所示为弹性锁紧螺母装置。在螺母的上部做成有槽的弹性结构，装配前这一部分的内螺纹尺寸略小于螺栓的外螺纹。装配时利用弹性，使螺母稍有扩张，螺纹之间得到紧密的配合，保持表面摩擦力。可多次装拆而不降低防松性能。

（2）机械防松　其原理是利用止动零件直接防止内外螺纹间的相对转动，机械防松的可靠性高。

图 6-50 所示为开口销和槽形螺母防松装置。螺母开槽，螺栓尾部钻孔。螺母拧紧后，开口销通过开槽螺母的槽插入螺栓尾部的孔中后，将销的尾部分开，从而使螺母和螺栓间不能相对转动。这种防松装置安全可靠，常应用于有较大振动和冲击载荷的高速机械中。

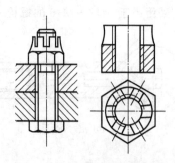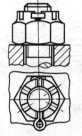

图 6-49　弹性锁紧螺母防松装置　　　　图 6-50　开口销和槽形螺母防松装置

图 6-51 所示为串联金属丝防松装置。螺钉拧紧后，用金属丝穿过各螺钉头部的孔，将各螺钉串联而互相制约来防止松动。穿绕的金属丝应让任一螺钉在松动时，使其余的螺钉产生拧紧的趋势。这种防松装置结构轻便，防松可靠，适用于螺钉组连接。

图 6-52 所示为单耳止动垫圈防松装置。拧紧螺母后，将垫圈的单耳弯折贴紧在被连接件的侧面，而垫圈的一边弯折贴紧在螺母侧边平面，从而把螺母锁紧在被连接件上。

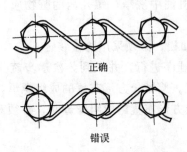

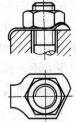

图 6-51 串联金属丝防松装置　　　　　　　图 6-52 单耳止动垫圈防松装置

图 6-53 所示为圆螺母用止动垫圈防松装置，止动垫圈有一个内翅和几个外翅。将垫圈的内翅嵌入螺栓（或轴）的槽内，拧紧螺母后将外翅之一折嵌于螺母的一个槽内，从而实现防松。

（3）永久防松　其原理是将螺旋副变为不可拆卸的连接，从而排除相对运动的可能。图 6-54 所示为焊接和冲点防松，螺母拧紧后，在螺栓末端与螺母的旋合缝处的 2～3 个位置进行焊接或冲点。图 6-55 所示为粘接防松，通常用厌氧性粘接剂涂于螺纹旋合表面，拧紧螺母后粘接剂将螺纹副粘接在一起。

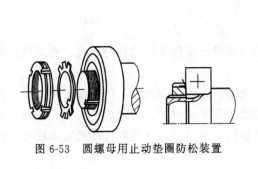
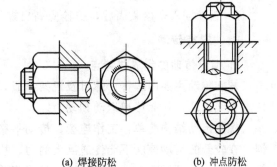

图 6-53 圆螺母用止动垫圈防松装置　　　　(a) 焊接防松　　(b) 冲点防松

　　　　　　　　　　　　　　　　　　　　　　图 6-54 焊接、冲点防松

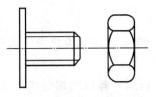
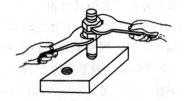

图 6-55 粘接防松　　　　　　　　　图 6-56 两螺母对顶拧双头螺柱

3. 双头螺柱旋入端的紧固

由于双头螺柱没有头部，不便将旋入端紧固，为此常用专用工具或采用两螺母对顶的方法来装配。图 6-56 所示为采用两螺母对顶装配示意图，先将两个螺母互相旋紧在双头螺柱上，然后用扳手转动上面一个螺母，因下面一个螺母的锁紧作用，迫使双头螺柱随扳手转动而拧入螺纹孔中紧固。松开时，用两把扳手分别夹住两螺母同时反向松动。

4. 螺纹连接的装配要求

① 螺母或螺钉与零件贴合的表面应光洁、平整，贴合处的表面应当经过加工，否则容易松动或使螺钉弯曲。

② 接触表面应当清洁，螺钉、螺母应当在机油中洗净，螺孔内的脏物应当用压缩空气吹净，在连接的螺纹部分应涂润滑油。

③ 在工作中有振动时，为防止螺钉和螺母回松，必须采用防松装置。

④ 成组的螺母在旋紧时，必须按照正确的顺序进行，并做到分次逐步旋紧，否则会使零件间压力不一致，而引起变形及个别螺纹过载。旋紧长方形布置的成组螺母，必须从中间开始，逐渐向两边对称扩展地进行；旋紧圆形或方形布置的成组螺母时，必须对称进行，如图 6-57 所示。

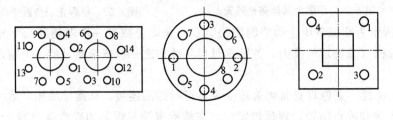

图 6-57　螺栓组连接的拧紧顺序

⑤ 拧紧力要适当。太大时，螺栓或螺钉易拉长，甚至断裂或使被连接件变形；太小时，不能保证工作的可靠性。

⑥ 螺母拧入螺栓紧固后，螺栓应高出螺母 1.5 个螺距。

七、螺旋传动

1. 螺旋传动的组成与特点

螺旋传动主要由螺杆、螺母及机架组成，通过螺杆与螺母之间的相对运动，将旋转运动变成直线运动，从而传递运动和动力。

螺旋传动结构简单，工作连续，传动平稳、无噪声，承载能力大，传动精度高，易于自锁，在较低的运动速度下能传递巨大的力，故广泛应用于机械中。但摩擦损失大，传动效率低，因而一般不用于大功率的传递。随着滚动螺旋传动的应用，使螺旋传动的效率和传动精度得到了很大的改善。

2. 螺旋传动的类型及应用

（1）按螺杆与螺母的相对运动关系分

① 螺母固定，螺杆旋转并轴向移动，如图 6-58(a) 所示，其结构简单，占据空间大，多用于螺旋起重器、螺旋压力机或千分尺等。

② 螺杆固定，螺母旋转并轴向移动，如图 6-58(b) 所示，螺杆两端结构比较简单，有的钻床工作台采用这种结构。

③ 螺母原位转动，螺杆做轴向移动，如图 6-58(c) 所示，该结构较复杂，占据空间大，应用较少。

④ 螺杆原位转动，螺母做轴向运动，如图 6-58(d) 所示，多用于机床进给机构。

螺杆或螺母的移动方向可用左、右手螺旋法则来判断：左旋螺杆用左手，右旋螺杆用右手，四指弯曲方向表示螺杆（螺母）回转方向，则拇指所指方向为螺杆（螺母）的移动方向，如图 6-59 所示。若螺杆原位转动而螺母轴向移动时，则螺母移动方向与拇指所指方向相反。

（2）按其用途分

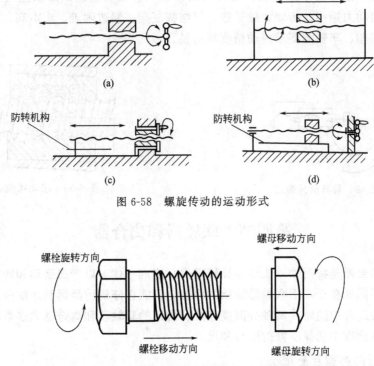

图 6-58 螺旋传动的运动形式

图 6-59 螺杆或螺母的移动方向的判定

① 传力螺旋。主要用于传递动力，要求以较小的转矩能产生较大的轴向力，广泛用于各种起重或加压装置中，如螺旋千斤顶或螺旋压力机（图 6-60）。

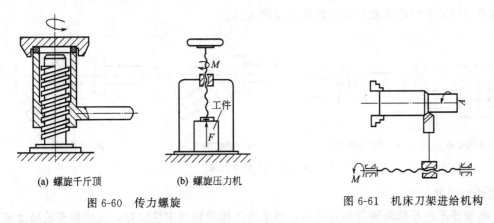

图 6-60 传力螺旋

图 6-61 机床刀架进给机构

② 传动螺旋。主要用于传递运动，要求具有较高的传动精度，如机床刀架进给机构（图 6-61）等。

③ 调整螺旋。主要用于调整并固定零件的相对位置，如机床、仪器及测量装置中的微调机构的螺旋（图 6-62）。

（3）按螺旋副间的摩擦状态分

① 滑动螺旋。上述各种螺旋都是滑动螺旋，螺杆与螺母之间为滑动摩擦。滑动螺旋结构简单、制造方便、易于自锁、应用广泛，但摩擦大、易磨损、效率低。

② 滚动螺旋。如图 6-63 所示，在螺杆与螺母之间的封闭螺纹滚道中有滚珠，当螺杆与

螺母相对转动时，滚珠沿滚道滚动，其间为滚动摩擦。滚动螺旋的摩擦阻力较小、不易磨损、效率高、启动力矩小、传动灵敏平稳，但结构复杂、制造困难、成本高，不能自锁。广泛用于机床、船舶、车辆等要求传动精度高的场合。

图 6-62　量具测量螺旋

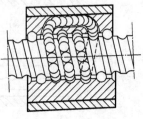

图 6-63　滚动螺旋

第四节　联轴器和离合器

联轴器和离合器是将两轴（或轴与旋转零件）连成一体，以传递运动和转矩的部件。联轴器和离合器不同处在于：用联轴器连接的两轴，只能在停机后经拆卸才能分离；而离合器则可在机器运转过程中随时使两轴分离或连接。常用的联轴器和离合器大多数已经标准化和系列化，一般从标准中选择所需的型号和尺寸。

一、联轴器的类型及应用

由于制造和安装误差、受载后的变形、温度变化和局部地基的下沉等因素，使连接的两轴产生一定的相对位移，如图 6-64 所示，因此要求联轴器能补偿这些位移，否则会在轴、联轴器和轴承中引起附加载荷，导致工作情况恶化。联轴器种类很多，按有无补偿两轴相对位移的能力，可分为刚性联轴器和挠性联轴器两大类。

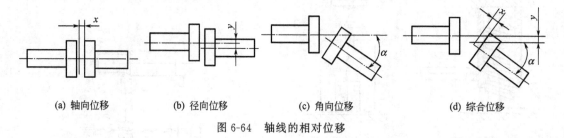

(a) 轴向位移　　　　(b) 径向位移　　　　(c) 角向位移　　　　(d) 综合位移

图 6-64　轴线的相对位移

1. 刚性联轴器

刚性联轴器不能补偿两轴的相对位移，要求所连接两轴对中性要好，对机器安装精度要求高。常用的刚性联轴器有套筒联轴器、夹壳式联轴器和凸缘联轴器。

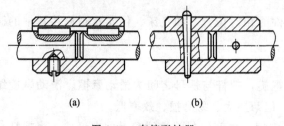

(a)　　　　　　(b)

图 6-65　套筒联轴器

（1）套筒联轴器　如图 6-65 所示，套筒联轴器是利用套筒、键或圆锥销将两轴端连接起来，其结构简单、容易制造、径向尺寸小，但装拆不便（需进行轴向位移），用于载荷不大、转速不高、工作平稳、两轴对中性好、要求联轴器径向尺寸小的场合。

（2）夹壳联轴器　夹壳联轴器由两个半圆筒形的夹壳及连接它们的螺栓所组成，在夹壳的两个凸缘之间留有间隙 c，如图 6-66 所示。当拧紧螺栓时，使两个夹壳紧压在轴上，靠接触面的摩擦力来传递转矩。为了可靠，在夹壳和轴间加一平键连接。由于这种联轴器是剖分的，装拆时轴不需要轴向移动，故装拆方便。它主要用于速度低、工作平稳以及轴的直径小于 200mm 的场合。

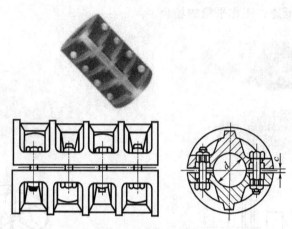

图 6-66　夹壳联轴器

（3）凸缘联轴器　如图 6-67 所示，凸缘联轴器由两个带凸缘的半联轴器通过键分别与两轴相连接，再用一组螺栓把两个半联轴器连接起来。凸缘联轴器有两种对中方式，如图 6-67 所示。GYD 型靠榫对中，采用普通螺栓连接，依靠两半联轴器接合面上的摩擦力传递转矩，因而，其对中性好，传递的转矩较小，但装拆时需移动轴；GY 型通过铰制孔螺栓对中，依靠螺栓杆产生剪切和挤压来传递转矩，故传递的转矩大，装拆时不需移动轴，但铰制孔加工较复杂，两轴对中性稍差。

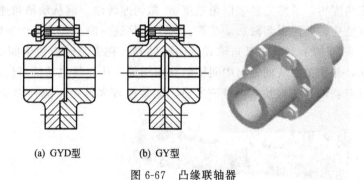

(a) GYD型　　　　(b) GY型

图 6-67　凸缘联轴器

凸缘联轴器结构简单、对中性好、传递转矩大、价格低廉，不能缓冲吸振，不能补偿两轴间的位移，制造、安装精度要求高，适用于连接低速、载荷平稳、刚性大的轴。

2. 挠性联轴器

挠性联轴器能补偿两轴的相对位移，按是否具有弹性元件可分为无弹性元件的挠性联轴器和有弹性元件的挠性联轴器两类。

（1）无弹性元件的挠性联轴器　这类联轴器利用内部工作元件间构成的动连接来实现位移补偿，但其结构中无弹性元件，不能缓和冲击与振动。常用的有十字滑块联轴器、十字轴式万向联轴器、齿式联轴器等。

① 十字滑块联轴器。如图 6-68 所示，十字滑块联轴器由两个端面开有径向凹槽的半联轴器和一个两面带有凸块的中间盘组成。中间盘两端面上互相垂直的凸块嵌入半联轴器的凹槽中并可相对滑动，以补偿两轴间的相对位移。为了减少滑动面间的摩擦、磨损，在凹槽与凸榫的工作面应注入润滑油。

十字滑块联轴器结构简单、径向尺寸小，制造方便，但工作时中间盘因偏心而产生较大的离心力，故适用于低速、工作平稳的场合。

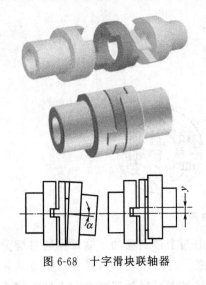

图 6-68　十字滑块联轴器

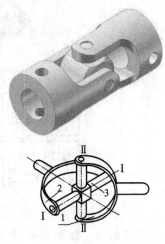

图 6-69　十字轴式万向联轴器
1,2—叉形接头；3—十字轴

② 十字轴式万向联轴器。如图 6-69 所示，十字轴 3 的四端分别与固定在轴上的两个叉形接头 1、2 用铰链相连。当主动轴转动时，通过十字轴驱使从动轴转动。轴运转时，即使偏移角 α 发生改变仍可正常转动。偏移角 α 一般不能超过 $35°\sim45°$，否则零件可能相碰撞。当两轴偏移一定角度后，虽然主动轴以角速度 ω_1 做匀速转动，但从动轴角速度 ω_2 将在一定范围内做周期性变化，因而引起附加动载荷。为了消除这一缺点，常将十字轴式万向联轴器成对使用，如图 6-70 所示，组成双向轴式万向联轴器。在安装时应使中间轴 3 的两叉形接头位于同一平面，并使主、从动轴与中间轴的夹角相等，从而使主动轴与从动轴同步转动。

十字轴式万向联轴器结构紧凑，维护方便，能传递较大转矩，能补偿较大的综合位移，

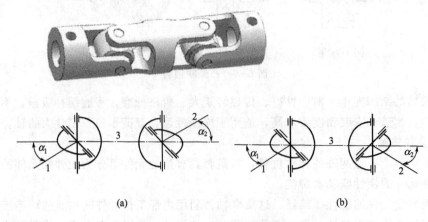

(a)　　　　　　　　　　　　　　(b)

图 6-70　双向轴式万向联轴器
1,2—叉形接头；3—中间轴

广泛应用于汽车、拖拉机和金属切削机床中。

③ 齿式联轴器。如图6-71所示，它由两个具有外齿的半联轴器1、2和两个具有内齿的外壳3、4组成。两个半联轴器用键分别与主动轴和从动轴连接，外壳3、4的内齿轮分别与半联轴器1、2的外齿轮相互啮合，两外壳用螺栓连接在一起。为了使其具有补偿轴间综合位移的能力，齿顶和齿侧均留有较大的间隙，并把外齿的齿顶制成球面。联轴器内注有润滑油，以减少齿间磨损。

齿式联轴器有较多的齿同时工作，能传递很大的转矩，能补偿较大的综合位移，结构紧凑，工作可靠，但结构复杂、比较笨重、制造成本较高，广泛应用于传递平稳载荷的重型机械。

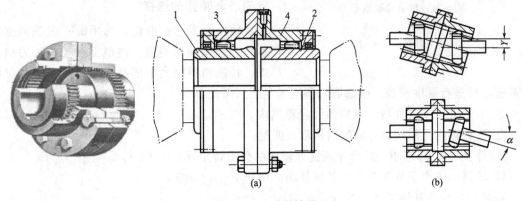

图 6-71 齿式联轴器

1,2—半联轴器；3,4—外壳

（2）有弹性元件的挠性联轴器 这类联轴器利用内部弹性元件的弹性变形来补偿轴间相对位移，能缓和冲击、吸收振动。

① 弹性套柱销联轴器。如图6-72所示，弹性套柱销联轴器的结构与凸缘联轴器相似，不同之处在于用装有弹性套圈的柱销代替了螺栓。安装时一般将装有弹性套的半联轴器作动力的输出端，并在两半联轴器间留有轴向间隙，使两轴可有少量的轴向位移。这种联轴器的结构简单、重量较轻、安装方便、成本较低，但弹性套易磨损、寿命较短，主要应用于冲击小、有正反转或启动频繁的中、小功率传动的场合。

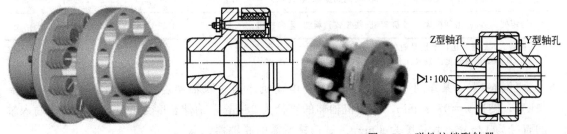

图 6-72 弹性套柱销联轴器　　　　图 6-73 弹性柱销联轴器

② 弹性柱销联轴器。如图6-73所示，弹性柱销联轴器与弹性套柱销联轴器相类似，不同的是用尼龙柱销代替弹性套柱销，柱销形状一段为柱形，另一段为腰鼓形，以增大补偿两轴间角位移的能力。为防止柱销脱落，两侧装有挡板。其结构简单，制造、安装、维护方便，传递转矩大、耐用性好，适用于轴向窜动较大、正反转及启动频繁、使用温度在−20～70℃的场合。

图 6-74　轮胎式联轴器

1—橡胶制品；2—压板；

3—半联轴器；4—螺钉

③ 轮胎式联轴器。如图 6-74 所示，轮胎式联轴器是用压板 2 和螺钉 4 将轮胎式橡胶制品 1 紧压在两半联轴器 3 上。工作时通过轮胎传递转矩。为便于安装，轮胎通常开有径向切口 5。其结构简单，具有较大的补偿位移的能力、良好的缓冲防振性能，但径向尺寸大。适用于潮湿、多尘、冲击大、正反转频繁、两轴间角位移较大的场合。

二、联轴器的选择

联轴器大多已标准化，选用时一般是根据工作条件选择联轴器类型，再根据轴径、轴的结构形式、转速和转矩大小选择型号即可。必要时可对易损零件进行强度校核。所选联轴器应满足下列条件。

① 轴的直径 d 应在所选联轴器孔径范围内，即 $d_{min} \leqslant d \leqslant d_{max}$。

② 联轴器内孔形式应与轴的结构形式匹配。

③ 计算转矩 T_c 应小于或等于所选联轴器的公称转矩 $[T]$，即 $T_c \leqslant [T]$。

④ 转速 n 应小于或等于所选联轴器的许用转速 $[n]$，即 $n \leqslant [n]$

联轴器的计算转矩可按下式计算：

$$T_c = K_A T \tag{6-8}$$

式中　T——联轴器传递的转矩，N·m；

K_A——工作情况系数，见表 6-5。

表 6-5　工作情况系数 K_A

工　作　机		原　动　机			
载荷类别	典型机械	电动机 汽轮机	多缸 内燃机	双缸 内燃机	单缸 内燃机
转矩变化小,冲击很小	发电机、木材加工机械、运输机	1.3~1.5	1.5~1.7	1.8~2.0	2.2~2.4
转矩变化中等,冲击载荷中等	搅拌机、起重机、卷扬机	1.7~1.9	1.9~2.1	2.2~2.4	2.6~2.8
转矩变化大,冲击载荷大	破碎机、往复式给料机、重型轧机	2.3~3.1	2.5~3.3	2.8~3.6	3.2~4.0

注：1. K_A 是考虑机器启动时的惯性力和过载等影响的修正值。

2. 具体设备的载荷类别及工作情况系数见 JB/ZQ 4383—86。

【例 6-2】　某车间起重机的减速器与电动机之间用联轴器连接。已知电动机功率 $P = 11kW$，转速 $n = 970r/min$，电动机轴伸的直径为 38mm，轴伸长度为 80mm；减速器输入轴的直径为 42mm，其长度为 80mm。试选择所需的联轴器。

解：(1) 类型选择　为了隔离振动与冲击，选用弹性套柱销联轴器。

(2) 载荷计算　传递转矩

$$T = 9550 \frac{P}{n} = 9550 \times \frac{11}{970} = 108.30 （N·m）$$

由表 6-5 查得工作情况系数 $K_A = 1.9$，故由式(6-8) 得计算转矩为

$$T_C = K_A T = 1.9 \times 108.30 = 205.77 （N·m）$$

（3）型号选择 从 GB 4323—2002 中查得 LT6 型弹性套柱销联轴器的公称转矩 $T_n=$ 250N·m，许用转速 $[n]=3800$r/min，轴孔直径在 32～42mm 之间，故适用。根据电动机和减速器轴伸尺寸，确定联轴器相关尺寸如下。

主动端（电动机端）：Y 型（长圆柱）轴孔，A 型平键，$d=38$mm，$L=82$mm；

从动端（减速器端）：J_1 型轴孔（短圆柱不带沉孔），A 型平键，$d=42$mm，$L=84$mm。标记为

$$\text{LT6 型联轴器}\quad \frac{Y38\times822}{J_142\times84}\quad \text{GB/T 4323—2002}$$

三、联轴器的装配

挠性联轴器允许两轴的旋转中心有一定程度的位移，联轴器的安装就容易得多。但刚性联轴器所连接的两根轴的旋转中心线应该严格地同轴，所以联轴器在安装时必须精确地找正对中，否则将会在轴和联轴器中引起很大的应力，并严重地影响轴、轴承和轴上其他零件的正常工作，甚至会引起整台机器和基础的振动或损坏事故，因此联轴器的找正是安装和修理过程中的一件很重要的工作。

联轴器找正的方法有多种，常用的方法如下。

1. 简单的测量方法

利用直尺和塞尺测量联轴器外圆各方位上的径向位移，用平面规及楔形间隙规测量联轴器角位移，如图 6-75 所示。通过分析和调整，达到两轴对中。这种方法操作简单，但精度不高，对中误差较大，只适用于机器转速较低、对中要求不高的联轴器的安装测量。

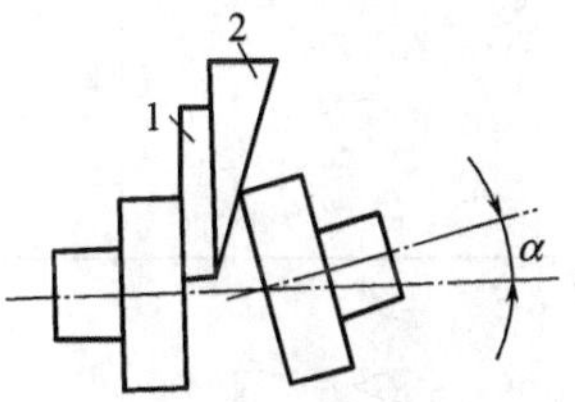

2. 双表测量法

双表测量法就是用两块百分表分别测量联轴器外圆和端面同一方位上的偏差值，又称一点测量法。

（1）测量位移 在基准轴的半联轴器上安装中心卡及百分表，使百分表的触头指向被调轴的半联轴器的外圆及端面，如图 6-76 所示。测量时，先测 0°方位的径向读数 a_1 及轴向读数 s_1，每转 90°读一次百分表的数值，并把读数值填到记录图中。圆外记录径向读数 a_1，a_2，a_3，a_4，圆内记录轴向读数 s_1，s_2，s_3，s_4

图 6-75 用平面规及楔形间隙规测量联轴器角位移

1—平面规；2—楔形间隙规

（2）数据校正 当百分表重新转回到零位时，必须与原零位读数一致，否则需找出原因并排除，常见的原因是轴窜动或地脚螺栓松动。测量的读数必须符合下列条件才属正确，即 $a_1+a_3=a_2+a_4$；$s_1+s_3=s_2+s_4$。

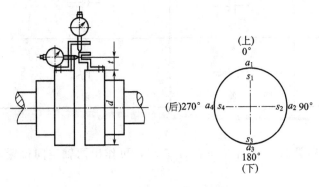

图 6-76 双表测量法测量装置

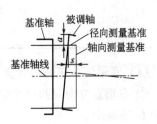

图 6-77 百分表读数示意

（3）百分表读数与两轴空间位置的关系　百分表的读数是相对于某一测量基准而言，为此，为便于图示百分表读数，取径向百分表读数为零且与基准轴线同轴线、触头所处的圆柱面作为径向测量基准，轴向百分表读数为零且与基准轴线垂直、触头所处的平面作为轴向测量基准，如图 6-77 所示。显然，径向百分表读数 a（代数值）越大，测量点到基准轴线的距离越大，表明被测半联轴器中心偏向径向百分表读数 a 大的一侧；轴径向百分表读数 s（代数值）越大，测量点到基准轴端面的距离越小，表明轴向百分表读数 s 大的方向为联轴器端面张口的窄边。两轴空间位置与百分表读数的关系见表 6-6、表 6-7。

表 6-6　两轴空间位置与百分表读数的关系（在垂直面内）

s	$a_1 < a_3$	$a_1 = a_3$	$a_1 > a_3$
$s_1 < s_3$（上张口）	上／下 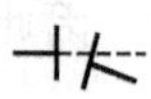	上／下 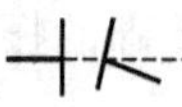	上／下 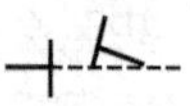
$s_1 = s_3$	上／下 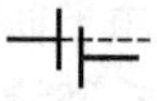	上／下 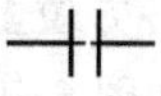	上／下 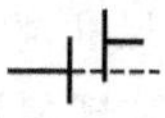
$s_1 > s_3$（下张口）	上／下 	上／下 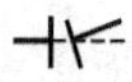	上／下 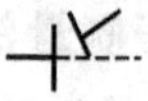

表 6-7　两轴空间位置与百分表读数的关系（在水平面内）

s	$a_2 < a_4$	$a_2 = a_4$	$a_2 > a_4$
$s_2 < s_4$（前张口）	后／前 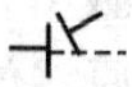	后／前 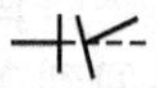	后／前 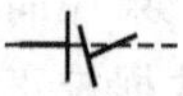
$s_2 = s_4$	后／前 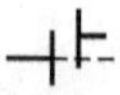	后／前 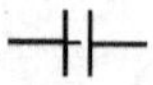	后／前 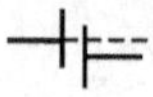
$s_2 > s_4$（后张口）	后／前 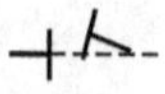	后／前 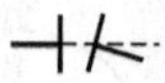	后／前 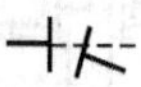

（4）联轴器找正时的计算和调整

① 在垂直方向对两个半联轴器进行调整　若 $s_1 < s_3$，$a_1 < a_3$，可作出两轴空间位置，如图 6-78 所示。

第一个步骤：先使两半联轴器平行。为了使两半联轴器平行，必须在支点 1 下增加厚度

为 y_1 的垫片，支点 2 下增加厚度为 y_2 的垫片。利用图中 $\triangle CEF$、$\triangle OAB$ 及 $\triangle OA'B'$ 的相似关系，可得出如下关系

$$\frac{y_1}{b}=\frac{L_1}{D}, \quad \frac{y_2}{b}=\frac{L_2}{D}$$

即 $y_1=\frac{L_1 b}{D}=\frac{L_1(s_3-s_1)}{D}$，$y_2=\frac{L_2 b}{D}=\frac{L_2(s_3-s_1)}{D}$

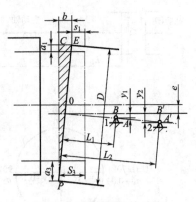

图 6-78　调整量计算简图

上张口时，$s_1 < s_3$，y_1、y_2 为正，增加垫片；下张口时 $s_1 > s_3$，y_1、y_2 为负，减少垫片。

第二个步骤：再调整两半联轴器至同轴。为了使两半联轴器至同轴，必须在支点 1 和 2 同时增加厚度为两轴中心线的径向位移量 $e=(a_3-a_1)/2$ 的垫片。

当 $a_1 < a_3$ 时，被测的半联轴器中心比基准半联轴器中心偏低，此时，$e=(a_3-a_1)/2$ 值为正，增加垫片；当 $a_1 > a_3$ 时，被测的半联轴器中心比基准半联轴器中心偏高，此时，$e=(a_3-a_1)/2$ 为负，减少垫片。

综合以上两步骤，总调整量为

支点 1 调整量　　$m_{V1}=\dfrac{L_1(s_3-s_1)}{D}+\dfrac{a_3-a_1}{2}$

支点 2 调整量　　$m_{V2}=\dfrac{L_2(s_3-s_1)}{D}+\dfrac{a_3-a_1}{2}$

$$\left.\right\}\qquad(6\text{-}9)$$

式中　s_1，s_3，a_1，a_3——0°和 180°方位测得轴向和径向百分表的读数（均为代数量，百分表读数为正就取正，百分表读数为负就取负），mm；

D——联轴器的计算直径（径向百分表触点到联轴器中心点的距离，即 $D=d+2t$），mm；

L_1——径向轴向百分表触头与支点 1 间的轴向距离，mm；

L_2——径向百分表触头与支点 2 间的轴向距离，mm；

m_{V1}，m_{V2}——支点 1 和支点 2 在垂直方向上的调整量（正值时为加垫，负值时减垫），mm。

② 在水平方向对两个半联轴器进行调整　以相同的几何原理和计算方法同样可计算出在水平方向上的调整量，即

支点 1 调整量　　　　$m_{H1}=\dfrac{L_1(s_4-s_2)}{D}+\dfrac{a_4-a_2}{2}$

支点 2 调整量　　　　$m_{H2}=\dfrac{L_2(s_4-s_2)}{D}+\dfrac{a_4-a_2}{2}$

$$\left.\right\}\qquad(6\text{-}10)$$

式中　s_2，s_4，a_2，a_4——90°和 270°方位测得轴向和径向百分表的读数（均为代数量，百分表读数为正就取正，百分表读数为负就取负），mm；

m_{H1}，m_{H2}——支点 1 和支点 2 在水平方向上的调整量（为正值时支点应向后移，为负值时支点应向前移），mm。

在水平方向上调整联轴器的偏差时，不需要加减垫片，通常也不计算，操作时利用顶丝和百分表，边测量边调整，达到要求的精度为止。但对一些大型、重要的机组在调整水平偏差时，可通过式(6-10) 计算各支点的移动量。

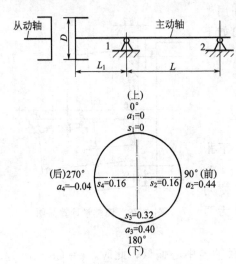

图 6-79　双表测量法测得数据

【例 6-3】　双表测量法测得被调轴的百分表读数数据如图 6-79 所示，计算直径 $D=400$mm，主动机纵向两支点之间的距离 $L=3000$mm，轴向百分表触头与支点 1 的轴向距离为 $L_1=300$mm，欲使两轴对中应如何调整？

解：在垂直方向调整量为

$$m_{V1} = \frac{L_1 s_3}{D} + \frac{a_3}{2} = \frac{300 \times 0.32}{400} + \frac{0.40}{2} = 0.44 \text{（mm）}$$

$$m_{V2} = \frac{L_2 s_3}{D} + \frac{a_3}{2} = \frac{3300 \times 0.32}{400} + \frac{0.40}{2} = 3.08 \text{（mm）}$$

表明在垂直方向上，支点 1 增加 0.44mm 的垫片，支点 2 增加 3.08mm 垫片。

在水平方向调整量为

$$m_{H1} = \frac{L_1 (s_4 - s_2)}{D} + \frac{a_4 - a_2}{2}$$

$$= \frac{300 \times (0.26 - 0.26)}{400} + \frac{-0.04 - 0.44}{2} = -0.24 \text{（mm）}$$

$$m_{H2} = \frac{3300(0.26 - 0.26)}{400} + \frac{-0.04 - 0.44}{2} = -0.24 \text{（mm）}$$

表明在水平方向上支点 1 和支点 2 同时向前移动 0.24mm。

四、离合器

用离合器连接的两轴，在机器运转过程中可以通过操纵系统随时进行结合或分离，以实现传动系统的间断运行、变速和换向等。离合器按控制方式可分为操纵离合器和自控离合器两大类。操纵离合器的接合或分离由外界操纵，而自控离合器在工作时能根据某些性能参数（如转速、转矩等）发生变化而自行接合或分离。按其工作原理可分为牙嵌式离合器和摩擦式离合器两大类。

1. 牙嵌式离合器

如图 6-80 所示，牙嵌式离合器由端面带牙的两个半离合器组成。一个半离合器用普通平键和紧定螺钉固定在主动轴上，另一个半离合器用导向键或花键装在从动轴上，并通过操纵机构带动滑环使其沿轴向移动，从而实现离合器的分离或接合。对中环固定在主动轴的半联轴器内，以使两轴能较好地对中，从动轴轴端可在对中环内自由转动。

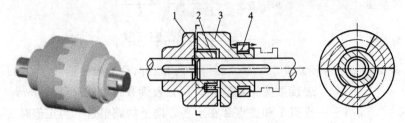

图 6-80　牙嵌式离合器
1,3—半离合器；2—对中环；4—滑环

牙嵌式离合器的结构简单，尺寸小，工作时被连接的两轴无相对滑动而同速旋转，并能传递较大的转矩，但是接合时有冲击和噪声，必须在两轴转速差很小或停车的情况下接合，否则可能将牙撞断。

2. 摩擦式离合器

摩擦式离合器利用主、从动半离合器摩擦片接触面间的摩擦力传递转矩，可在任何转速下实现两轴的离合，并具有操纵方便、接合平稳、分离迅速和过载保护等优点，但两轴不能精确同步运转，外廓尺寸较大，结构复杂，发热较高，磨损较大。

（1）单片式摩擦离合器　单片式摩擦离合器如图 6-81 所示，摩擦盘 2 紧固在主动轴 1 上，摩擦盘 3 用导向平键与从动轴 5 相连接并可沿轴向移动，工作时，通过操纵系统拨动滑环 4，使摩擦盘 3 左移，在轴向力作用下将其压紧在摩擦盘 2 上，从而在两摩擦盘的接触面间产生摩擦力，将转矩和运动传递给从动轴。反向操纵滑环 4，使摩擦盘 3 右移，两摩擦盘分离。这种摩擦离合器结构简单，散热性好，但径向尺寸较大、摩擦力受到限制，常用在轻型机械上。

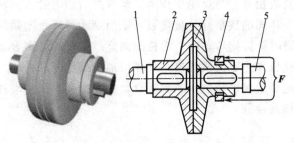

图 6-81　单片式摩擦离合器
1—主动轴；2,3—摩擦盘；4—滑环；5—从动轴

（2）多片式摩擦离合器　如图 6-82 所示，外套筒 2、内套筒 9 分别固定在主动轴 1 和从动轴 10 上，它有两组摩擦片，其中一组外摩擦片 4 的外齿插入外套筒 2 的纵向槽中（花键

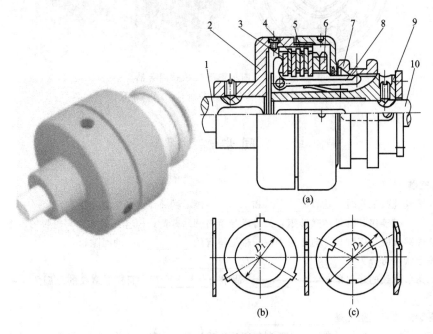

图 6-82　多片式摩擦离合器
1—主动轴；2—外套筒；3—压板；4,5—摩擦片；6—螺母；7—滑环；8—角形杠杆；9—内套筒；10—从动轴

连接）构成动连接。另一组内摩擦片 5 的内齿插入内套筒 9 的纵向槽中构成动连接，两组摩擦片交错排列。操纵滑环 7 向左移动时，角形杠杆 8 通过压板 3 将内、外摩擦片相互压紧在一起，随同主动轴和外套筒一起旋转的外摩擦片通过摩擦力将转矩和运动传递给内摩擦片，从而使内套筒和从动轴旋转。当操纵滑环 7 向右移动时，角形杠杆 8 在弹簧的作用下将摩擦片放松，则两轴分离。为使摩擦片易于松开、提高接合时的平稳性，常将内摩擦片制成碟形，如图 6-82(c) 所示，并使其具有一定弹性。螺母 6 可调节摩擦片之间的压力。多片式摩擦离合器由于增多了摩擦面，传递转矩的能力显著增大，结构紧凑，安装调节方便，应用广泛。

3. 超越离合器

图 6-83 所示为内星轮滚柱超越离合器。星轮 1 和外环 2 分别安装在主动件或从动件上，二者之间有楔形空腔，内有滚柱 3，弹簧推杆 4 以适当推力将每个滚柱置于半楔紧状态，稍加外力即可使滚柱楔紧或松开。当星轮 1 作为主动件并沿顺时针方向转动时，滚柱 3 受摩擦力作用而滚向星轮与外环间的狭窄部分被楔紧，从而带动外环 2 随星轮一起转动，离合器处于接合状态。当星轮逆时针方向转动时，滚柱滚向宽敞的一端，离合器处于分离状态。因为传动具有确定转向，故也称为定向联轴器。外环可通过其他驱动件使之与星轮同时做顺时针方向转动，若外环转速小于星轮转速，二者接合，反之分离。因从动件外环可以超越主动件星轮转动，故称为超越离合器。

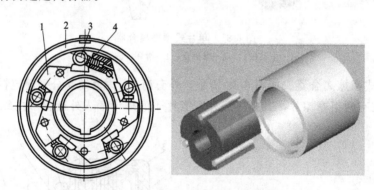

图 6-83　内星轮滚柱超越离合器
1—星轮；2—外环；3—滚柱；4—弹簧推杆

同 步 练 习

一、填空题

6-1　在平键连接工作时，是靠_____和_____侧面的挤压传递转矩的。

6-2　_____键连接，既可传递转矩，又可承受单向轴向载荷，但容易破坏轴与轮毂的对中性。

6-3　锉配键长时，在键长方向普通平键与轴槽留有约_____mm 的间隙。

6-4　按形状销可分为_____、_____及_____三类。

6-5　三角形螺纹的牙型角 $\alpha=$_____，适用于_____，而梯形螺纹的牙型角 $\alpha=$_____，适用于_____。

6-6　螺旋副的自锁条件是_____。

6-7　传动用螺纹（如梯形螺纹）的牙型斜角比连接用螺纹（如三角形螺纹）的牙型斜角小，这主要是为了_____。

6-8 螺纹连接防松的实质是＿＿＿＿＿＿＿＿＿。

6-9 工作时，普通螺栓连接的螺栓产生＿＿＿＿＿＿＿变形，铰制孔螺栓连接的栓杆承受＿＿＿作用。

6-10 采用凸台或沉头座孔作为螺栓头或螺母的支承面是为了＿＿＿＿。

6-11 在螺栓连接中，当螺栓轴线与被连接件支承面不垂直时，螺栓中将产生附加＿＿＿＿应力。

6-12 螺纹连接防松，按其防松原理可分为＿＿＿＿防松、＿＿＿＿防松和＿＿＿＿防松。

6-13 成组螺纹连接拆卸的规定顺序是先＿＿＿＿，或＿＿＿＿拆卸。

6-14 传递两相交轴间运动而又要求轴间夹角经常变化时，可以采用＿＿＿＿＿联轴器。

6-15 在确定联轴器类型的基础上，可根据＿＿＿＿、＿＿＿＿、＿＿＿＿、＿＿＿＿来确定联轴器的型号和结构。

6-16 按工作原理，操纵式离合器主要分为＿＿＿＿、＿＿＿＿两类。

6-17 用联轴器连接的两轴＿＿＿＿＿＿＿＿＿＿＿分开；而用离合器连接的两轴在机器工作时＿＿＿＿＿＿＿＿。

6-18 挠性联轴器按其组成中是否具有弹性元件，可分为＿＿＿＿＿＿＿＿＿＿＿联轴器和＿＿＿＿＿＿＿＿＿＿联轴器两大类。

6-19 两轴线易对中、无相对位移的轴宜选＿＿＿＿联轴器；两轴线不易对中、有相对位移的长轴宜选＿＿＿＿联轴器；启动频繁、正反转多变、使用寿命要求长的大功率重型机械宜选＿＿＿＿联轴器；启动频繁、经常正反转、受较大冲击载荷的高速轴宜选＿＿＿＿联轴器。

6-20 牙嵌离合器只能在＿＿＿＿或＿＿＿＿时进行接合。

6-21 摩擦离合器靠＿＿＿＿＿＿＿＿来传递转矩，两轴可在＿＿＿＿时实现接合或分离。

二、判断题

6-22 键连接只能实现轴和轴上零件的周向固定。（ ）

6-23 挤压面面积等于两物体间接触面积。（ ）

6-24 楔键连接的工作面为上、下面。（ ）

6-25 销只能用来固定零件之间的相互位置。（ ）

6-26 无论装配圆柱销还是圆锥销，其销孔均需配铰。（ ）

6-27 螺纹升角 λ 越小，其自锁性越好。（ ）

6-28 螺栓连接适用于被连接件之一较厚难以穿孔并经常装拆的场合。（ ）

6-29 联轴器和离合器是主要用来连接两轴。用联轴器连接的两轴需经拆卸才能分离，用离合器不需拆卸就能分离。（ ）

6-30 联轴器和连接的两轴直径必须相等，否则无法连接。（ ）

三、选择题

6-31 为了不过于严重削弱轴和轮毂的强度，两个切向键最好布置成＿＿＿＿。

A. 在轴的同一母线上　　　　　B. 180°　　　　C. 120°～130°　　　　D. 90°

6-32 "平键 B20×80 GB/T 1096—2003 中"，"20×80" 是表示＿＿＿＿。

A. 键宽×轴径　　　　　B. 键高×轴径　　　　C. 键宽×键长　　　　D. 键宽×键高

6-33 能构成紧连接的两种键是＿＿＿＿。

A. 楔键和半圆键　　　　B. 半圆键和切向键　　C. 楔键和切向键　　　　D. 平键和楔键

6-34 一般采用＿＿＿＿加工 B 型普通平键的键槽。

A. 指状铣刀　　　　　B. 盘形铣刀　　　　C. 插刀　　　　D. 车刀

6-35 设计键连接时，键的截面尺寸 "$b×h$" 通常根据＿＿＿＿由标准中选择。

A. 传递转矩的大小　　　B. 传递功率的大小　　C. 轴的直径　　　　D. 轴的长度

6-36 平键连接能传递的最大转矩 T，现要传递的转矩为 $1.5T$，则应＿＿＿＿。

A. 安装一对平键　　　　　　　　　　　B. 键宽 b 增大到 1.5 倍

C. 键长 L 增大到 1.5 倍　　　　　　　D. 键高 h 增大到 1.5 倍

6-37　花键连接的主要缺点是_____。

A. 应力集中　　　　　　　B. 成本高　　　　　　　C. 对中性与导向性差　　　　D. 对轴削弱

6-38　当螺纹公称直径、牙型角、螺纹线数相同时，细牙螺纹的自锁性能比粗牙螺纹的自锁性能____。

A. 好　　　　　　　　　　B. 差　　　　　　　　　C. 相同　　　　　　　　　　D. 不一定

6-39　用于连接的螺纹牙型为三角形，这是因为三角形螺纹_____。

A. 牙根强度高，自锁性能好　　B. 传动效率高　　　C. 防振性能好　　　　　　　D. 自锁性能差

6-40　对于连接用螺纹，主要要求连接可靠，自锁性能好，故常选用_____。

A. 升角小，单线三角形螺纹　　　　　　　　　　　B. 升角大，双线三角形螺纹

C. 升角小，单线梯形螺纹　　　　　　　　　　　　D. 升角大，双线矩形螺纹

6-41　用于薄壁零件连接的螺纹，应采用_____。

A. 三角形细牙螺纹　　　　　　　　　　　　　　　B. 梯形螺纹

C. 锯齿形螺纹　　　　　　　　　　　　　　　　　D. 多线的三角形粗牙螺纹

6-42　在螺栓连接中，有时在一个螺栓上采用双螺母，其目的是_____。

A. 提高强度　　　　　　　　　　　　　　　　　　B. 提高刚度

C. 防松　　　　　　　　　　　　　　　　　　　　D. 减小每圈螺纹牙上的受力

6-43　螺栓的材料性能等级标成"6.8级"，其数字"6.8"代表_____。

A. 对螺栓材料的强度要求　　　　　　　　　　　　B. 对螺栓的制造精度要求

C. 对螺栓材料的刚度要求　　　　　　　　　　　　D. 对螺栓材料的耐蚀性要求

6-44　螺栓强度等级为 6.8 级，则螺栓材料的最小屈服极限近似为_____。

A. 480MPa　　　　　　　B. 6MPa　　　　　　　C. 8MPa　　　　　　　D. 0.8MPa

6-45　在螺栓连接设计中，若被连接件为铸件，则有时在螺栓孔处制作沉头座孔或凸台，其目的是_____。

A. 避免螺栓受附加弯曲应力作用　　　　　　　　　B. 便于安装

C. 为安置防松装置　　　　　　　　　　　　　　　D. 为避免螺栓受拉力过大

6-46　_____离合器接合最不平稳。

A. 牙嵌式　　　　　　　B. 摩擦式　　　　　　　C. 安全　　　　　　　D. 离心

四、简答题

6-47　连接的主要类型有哪几种？

6-48　试述普通平键的类型、特点和应用。

6-49　平键连接有哪些失效形式？

6-50　试述平键连接和楔键连接的工作原理及特点。

6-51　试述键连接的拆装要领。

6-52　销的作用是什么？销的主要类型有哪些？

6-53　为什么螺纹连接采用三角形螺纹，而螺旋传动采用梯形或锯齿形螺纹？

6-54　螺纹连接有哪些基本类型？各有何特点？各适用于什么场合？

6-55　螺纹连接预紧的作用是什么？为什么对重要连接要控制预紧力？

6-56　为什么螺纹连接常需要防松？按防松原理，螺纹连接的防松方法可分为哪几类？试举例说明。

6-57　螺栓组连接的结构设计主要包括哪些内容？应注意什么问题？

6-58　试述断头螺钉的拆卸方法。

6-59　试述螺纹连接的装配要求。

6-60　联轴器和离合器的功用有何相同点和不同点？

6-61　常用的联轴器有哪些类型？各有何特点？

6-62　选用联轴器应考虑哪些因素？

五、计算题

6-63　一齿轮装在轴上，采用 A 型普通平键连接。齿轮、轴、键均用 45 钢，轴径 $d=80$mm，轮毂长

度 $L=150$mm，传递转矩 $T=2\ 000$ N·m，工作中有轻微冲击。试确定平键尺寸和标记，并验算连接的强度。

6-64　如图 6-84 所示，两块厚度为 10mm 的钢板，用两个直径为 17mm 的铆钉搭接在一起，钢板受拉力 $F=40$kN。设两个铆钉受力相同。已知：$[\tau]=80$MPa，$[\sigma_p]=280$MPa，试校核铆钉的强度。

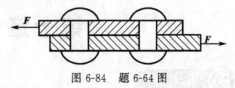

图 6-84　题 6-64 图

6-65　一电动机与减速器相连接，外载荷有中等冲击，已知电动机功率 $P=15$kW，转速 $n=1460$r/min，电动机轴径 $d=42$mm，$L=110$mm，减速器输入轴的直径 $d=45$mm，$L=80$mm。试选择此联轴器的类型和型号（借助相关机械设计手册完成）。

6-66　双表测量法测得被调轴的百分表读数数据如图 6-85 所示，计算直径 $D=500$mm，主动机纵向两支点之间的距离 $L=3000$mm，轴向百分表触头与支点 1 的轴向距离为 $L_1=500$mm，欲使两轴对中应如何调整？

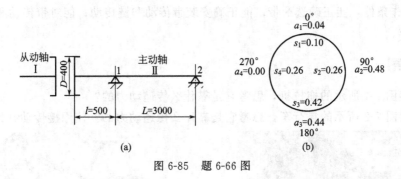

图 6-85　题 6-66 图

第七章 挠 性 传 动

知识目标

了解带传动的类型、特点和应用；掌握带传动的形式及传动比计算；了解 V 带的型号、选用及带轮的结构；掌握带传动的设计、张紧装置和安装维护；了解链传动与带传动的不同特点；了解滚子链及链轮的结构；掌握链传动的张紧、布置及润滑。

能力目标

根据工作条件，能正确选配带；能正确安装带传动和链传动；能对带传动和链传动进行正确维护。

【观察与思考】

- 观察图 7-1 所示的拖拉机，思考它是靠什么传递动力的？
- 观察图 7-2 所示的自行车，思考它是靠什么传递动力的？使用链传动有什么优势？

图 7-1 拖拉机

图 7-2 自行车

- 某企业一机器，由于多年未用带已丢失但带轮尚存在，请思考你如何正确选配带轮？相信通过本章学习你能够选择。

挠性传动是通过中间挠性件传递运动和动力的传动形式。根据挠性元件不同，挠性传动可分为带传动和链传动两类。当主动轴与从动轴相距较远时，常采用挠性传动。与齿轮传动相比较，它们具有结构简单、成本低廉、两轴距离大等优点，因此，挠性传动也是常用的传动形式。本章介绍挠性传动工作原理、类型、特点和应用；重点介绍 V 带传动的选型、设计、安装和维护等基本知识。

第一节 带传动的类型和工作情况分析

如图 7-3 所示，带传动是由主动带轮 1、从动带轮 2 和套在带轮上的挠性传动带 3 组成。按其工作原理不同可分为摩擦带传动和啮合带传动。

一、啮合带传动

啮合带传动是利用带内侧的齿或孔与带轮表面上的齿相互啮合来传递运动和动力的。有同步齿形带传动和齿孔带传动两种形式(图 7-4)。由于是啮合传动，带与带轮之间无相对滑动，因此能保证准确的传动比，能适应的速度、功率范围大，传动效率较高。常用于传动比要求较准确的中、小功率的传动，如电影放映机、打印机、录音机、磨床及医用机械中。

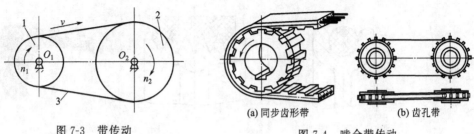

图 7-3　带传动
1—主动带轮；2—从动带轮；3—传动带

(a) 同步齿形带　　(b) 齿孔带

图 7-4　啮合带传动

二、摩擦带传动

摩擦带传动，简称带传动。如图 7-3 所示，带是紧套在主、从动带轮上的，使带与带轮的接触面间产生一定的正压力，当主动轮转动时，依靠带与带轮接触面上产生的摩擦力而驱动从动轮转动，从而将主动轴的运动和动力传递从动轴。

根据带的横截面形状不同，可分为平带传动、V 带传动、圆形带传动及多楔带传动等。

1. 平带传动

如图 7-5 所示，平带的横截面为扁平矩形，带的内表面为工作面。其结构简单、带轮制造容易，平带比较薄，挠曲性好，可形成开口传动和交叉传动。通常用于传递功率在 30kW 以下、带速不超过 30m/s、传动比 $i<5$ 的场合。传动效率通常为 0.92～0.98。

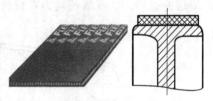

图 7-5　平带传动

2. V 带传动

如图 7-6 所示，V 带的横截面为梯形，是没有接头的环形带；带轮的轮缘具有与 V 带横截面相匹配的梯形槽。V 带紧套在带轮的梯形槽内，两侧面为工作面。在相同条件下，V 带传动的摩擦力比平带传动约大 3 倍，因而传递功率较大，应用广泛。通常用于传递功率在 40～75kW 以下、带速为 5～25m/s、传动比 $i<7～15$ 的场合。传动效率通常为 0.90～0.96。

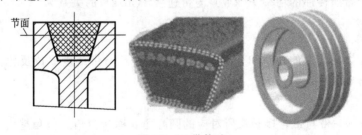

图 7-6　V 带传动

3. 圆带传动

如图 7-7 所示，圆带的截面为圆形，一般用皮革或棉绳制成，其结构简单，传递功率小，柔韧性好，常用于低速、轻载场合。

4. 多楔带传动

如图 7-8 所示，多楔带是以平带为基体并且内表面具有等距的纵向楔的传动带，楔侧面为工作面，兼有平带与 V 带的优点，其柔韧性好，工作接触面数多，传递功率大，效率高，带速范围为 20～40m/s，传动比大，主要用于要求结构紧凑、传动平稳、传递功率较大的场合。

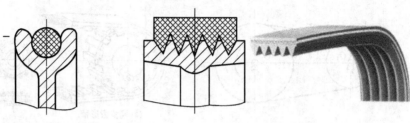

图 7-7　圆带传动　　　　　　　　　图 7-8　多楔带传动

三、摩擦带传动工作情况分析

1. 受力分析

如图 7-9（a）所示，安装带时，传动带必须张紧在带轮上。运转前，传动带两边均受到初拉力 F_0。如图 7-9（b）所示，带传动运转时，由于摩擦力的作用，进入主动轮一侧的带被拉紧，拉力由 F_0 增大到 F_1，F_1 称为紧边拉力；而另一侧的带被放松，拉力由 F_0 减小到 F_2，F_2 称为松边拉力。带紧边拉力与松边拉力的拉力差 $F = F_1 - F_2$ 称为有效拉力，也就是带传递的圆周力。有效圆周力在数值上应等于带与带轮间摩擦力的总和，即

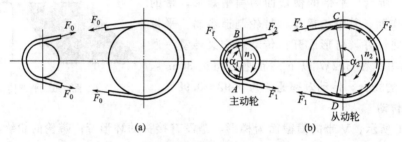

图 7-9　带的受力分析

$$F = F_1 - F_2 = F_f$$

而圆周力、带所传递的功率 P(kW) 与带速度 v(m/s) 的关系为

$$P = \frac{Fv}{1000} \tag{7-1}$$

从上式可知，当传递的功率 P 一定时，有效拉力 F 与带速度 v 成反比。所以通常将带传动置于机械传动的高速级。

2. 包角

如图 7-9 所示，带与带轮接触弧所对应的圆心角 α 称为包角。包角越大，接触的弧就越长，接触面间的极限摩擦力就越大，在相同条件下所能传递的功率也越大。一般要求小带轮的包角 $\alpha_1 \geqslant 120°$。

3. 打滑

当传递的圆周力超过带与带轮间的极限摩擦力时，带就会沿带轮表面上发生全面滑动，这种现象称为打滑。打滑时，传动带的速度下降，从动带轮的转速急剧下降，甚至停转，带传动失效，同时也加剧了带的磨损，因此，发生打滑后应尽快采取措施克服。

f、α 和 F_0 越大，带与带轮间的极限摩擦力越大，带所能传递的圆周力 F 也越大，带的承载能力越强。但 F_0 过大时，将使带的磨损加剧，过快松弛，缩短带的工作寿命，且轴和轴承受力增加，故初拉力 F_0 大小应适当。应该注意，将轮槽表面加工粗糙些以增大 f 值是不合理的，那样容易擦伤包布层，加剧带的磨损，缩短带的寿命。

4. 弹性滑动

带具有一定弹性，受拉后产生弹性变形，拉力大则伸长量也大。因带的弹性以及松、紧边的拉力差致使带与带轮间产生很小的相对滑动，这种现象称为带的弹性滑动。弹性滑动是不可避免的。弹性滑动使传动效率降低，磨损加剧，并导致从动轮的圆周速度小于主动轮的圆周速度，使传动比不准确。

5. 传动比

当机械传动传递转动时，主动件的转速 n_1（或角速度 ω_1）与从动件的转速 n_2（或角速度 ω_2）的比值称为传动比，用 i 表示，即

$$i=\frac{\omega_1}{\omega_2}=\frac{n_1}{n_2}$$

传动比反映了机械传动增速和减速的能力。当传动比 $i<1$ 时，$n_1<n_2$，为增速传动；当传动比 $i>1$ 时，$n_1>n_2$，为减速传动。

虽然弹性滑动将导致从动轮的圆周速度小于主动轮圆周速度，使传动比不准确。但弹性滑动很微小，可认为两带轮的圆周速度 v_1、v_2 近似相等，即

$$v_1\approx v_2$$

而
$$v_1=\frac{\pi d_{d1} n_1}{60\times1000}\qquad v_2=\frac{\pi d_{d2} n_2}{60\times1000}$$

故带传动的传动比为

$$i=\frac{n_1}{n_2}=\frac{d_{d2}}{d_{d1}} \tag{7-2}$$

式中　n_1，n_2——主动轮、从动轮的转速，r/min；

d_{d1}，d_{d2}——主动轮、从动轮的基准直径，mm。

当主动轮的基准直径 d_{d1} 小于从动轮的基准直径 d_{d2} 时，传动比 $i>1$，$n_1>n_2$，为减速传动。反之，$i<1$，$n_1<n_2$，为增速传动。

6. 应力分析

带传动工作时，带中的应力有以下三种。

（1）拉力应力　由带的拉力引起所产生的应力，作用于带的各截面。显然，紧边拉应力 s_2 大于松边拉应力 s_2。

（2）离心力拉应力 σ_c　带绕带轮上运转时，因带的质量而产生离心力，该力在带中引起的拉应力，作用于带的各截面。

（3）弯曲应力 σ_b　带绕过带轮时，因弯曲变形而产生的弯曲应力。带轮直径越小，则带的弯曲应力就越大。

如图 7-10 所示，带在工作过程中，带各截面上的应力均随其运行位置作周期

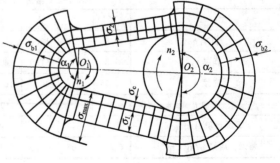

图 7-10　带传动应力分析

性变化，最大应力发生在紧边进入小带轮处。当应力循环次数达到一定值后，带将会产生疲劳破坏。因此，疲劳破坏也是带传动失效形式之一。

四、摩擦带传动的特点

① 由于传动带有良好的弹性，所以能缓和冲击、吸收振动，传动平稳无噪声。

② 由于传动带与带轮是通过摩擦力来传递运动和动力的，因此当传递的动力超过许用负荷时，传动带会在带轮上打滑，从而避免其他零件的损坏，起到过载保护的作用。

③ 带传动可以用在中心距较大的场合。

④ 带传动结构简单、制造容易、成本低廉、维护方便。

⑤ 带传动因存在弹性滑动，不能保证恒定的传动比，传动效率较低，寿命较短。

⑥ 带传动外廓尺寸较大，轴向压力较大。

⑦ 带传动不适宜用在高温、易燃和易爆的场合。

由此可知，摩擦带传动通常用于要求传动比不十分准确、结构不紧凑的中小功率传动。一般多用于原动机部分至执行部分的高速传动。

第二节　普通 V 带传动的设计

一、普通 V 带的结构和标准

普通 V 带是无接头的环形带，由伸张层、强力层、压缩层和包布层组成，如图 7-11 所示。强力层有帘布芯结构和线绳芯结构两种。帘布芯结构抗拉能力强，但在工作过程中经多次弯曲与伸直，容易使带发热或脱层损坏。线绳芯结构柔韧性较好，抗弯强度高，适用于转速较高、载荷不大及带轮直径较小的场合，但抗拉能力仅为帘布芯结构的 80% 左右。

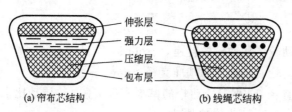

图 7-11　普通 V 带的结构

普通 V 带已标准化，根据横截面面积大小的不同，普通 V 带分为 Y、Z、A、B、C、D、E 七种型号（GB/T 11544—1997），其截面尺寸见表 7-1。

表 7-1　普通 V 带的截面尺寸　　　　　　　　　mm

型　号	Y	Z	A	B	C	D	E
顶宽 b	6.0	10.0	13.0	17.0	22.0	32.0	38.0
节宽 b_p	5.3	8.5	11.0	14.0	19.0	27.0	32.0
高度 h	4.0	6.0	8.0	10.5	13.5	19.0	25.0
楔角 θ	40°						
截面面积 A/mm^2	47	81	138	230	470	682	1170
每米长质量 $q/\text{kg·m}^{-1}$	0.02	0.06	0.10	0.17	0.30	0.62	0.90

V 带绕过带轮弯曲时，伸张层受拉伸变长变窄，压缩层受压缩变短变宽，但一定有一

个层面上的长度及宽度尺寸保持不变，这个层面为称带的节面。节面的宽度称为节宽 b_p（表 7-1）。V 带在规定的张紧力下，其节面处周线长度称为基准长度 L_d，各种型号带的基准长度系列见表 7-2（摘自 GB/T 1157—1997）。V 带标记内容和顺序为型号、基准长度和标准号。例如标记为"B2500　GB/T 11544—1997"表示 B 型 V 带，基准长度为 2500mm。V 带标记、制造年月和生产厂家通常压印在带的顶面。

表 7-2　普通 V 带的长度系列和长度修正系数　　　　　　　　mm

基准长度 L_d	K_L					基准长度 L_d	K_L				
	Y	Z	A	B	C		Y	Z	A	B	C
200	0.81					2000		1.00	0.03	0.98	
224	0.82					2240		1.10	1.06	1.00	
250	0.84					2500		1.30	1.09	1.03	
280	0.87					2800			1.11	1.05	0.88
315	0.89					3150			1.13	1.07	0.91
355	0.92					3550			1.17	1.09	0.93
400	0.96	0.79				4000			1.19	1.13	0.95
450	1.00	0.80				4500				1.15	0.97
500	1.02	0.81				5000				1.18	0.99
560		0.82				5600					1.02
630		0.84	0.81			6300					1.04
710		0.86	0.83			7100					1.07
800		0.90	0.85			8000					1.08
900		0.92	0.87	0.82		9000					1.12
1000		0.94	0.89	0.84		10000					1.15
1120		0.95	0.91 0.93	0.86		11200					1.18
1250		0.98	0.96	0.88		12500					1.21
1400		1.01	0.99	0.90		14000					1.23
1600		1.04	1.01	0.92	0.83	16000					
1800		1.06		0.95	0.86						

二、V 带轮的材料和结构

带轮材料常采用灰铸铁、钢、铝合金或工程塑料，其中灰铸铁应用最广。当 $v \leqslant 30\text{m/s}$ 时，用 HT150 或 HT200；当 $v \geqslant 25\sim45\text{m/s}$ 时，则宜采用铸钢或用板冲压焊接带轮；小功率传动可用铸铝或塑料，以减轻带轮重量。

带轮由轮缘、轮毂和轮辐三部分组成。轮缘是带轮外圈环形部分，在其表面制有与带的根数、型号相对应的轮槽，轮槽尺寸均已标准化，见表 7-3。V 带的楔角是 40°，而轮槽角有 32°、34°、36°和 38°等几种，这是因为带绕在带轮上弯曲时，伸张层受拉横向尺寸缩小，压缩层受压横向尺寸增加，使带的楔角略减小。为保证胶带和带轮工作面的良好接触，故带轮槽角小于 40°，带轮直径越小，弯曲越显著，带轮槽角也越小。由于轮槽尺寸与带的型号相对应，因此，可通过测量轮槽的尺寸来推测带的型号。

为了减少带的磨损，槽侧面的表面粗糙度值 Ra 不应大于 $3.2\sim1.6\mu\text{m}$。为使带轮自身惯性力尽可能平衡，高速带轮的轮缘内表面也应加工。

普通 V 带轮的结构如图 7-12 所示，V 带轮结构尺寸可查机械设计手册。

(a) 实心式
(直径较小)

(b) 腹板式
(中等直径)

(c) 孔板带轮
(中等直径)

(d) 轮辐式
(直径大于350mm)

图 7-12　普通 V 带轮的结构

表 7-3　普通 V 带轮轮槽尺寸　　　　　　　　　　　　　mm

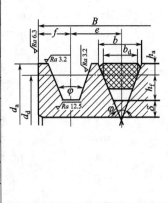

型　号	Y	Z	A	B	C	D	E
轮槽顶宽 b	6.3	10.1	13.2	17.2	23	32.7	38.7
基准线上槽深 h_{amin}	1.6	2.0	2.75	3.5	4.8	8.1	9.6
基准线下槽深 h_{fmin}	4.7	7.0	8.70	10.8	14.3	19.9	23.4
槽间距 e	8±0.3	12±0.3	15±0.3	19±0.4	25.5±0.5	37±0.6	44.5±0.7
槽中心至轮端面距离 f_{min}	6	7	9	11.5	16	23	28
槽底至轮缘厚度 d_{min}	5	5.5	6	7.5	10	12	15
轮缘宽度 B	$B=(Z-1)e+2f$　　　Z 为轮槽数						
$\varphi=32°$	$d_d \leqslant 60$	—	—	—	—	—	—
$\varphi=34°$	—	≤80	≤118	≤190	≤315	—	—
$\varphi=36°$	>60	—	—	—	—	≤475	≤600
$\varphi=38°$	—	>80	>118	>190	>315	>475	>600

注：$\varphi=32°$、$\varphi=34°$、$\varphi=36°$、$\varphi=38°$ 对应基准直径 d_d

三、单根 V 带的许用功率

1. 带传动的失效形式和设计准则

带传动的主要失效形式是打滑和疲劳破坏，故带传动的设计准则为：在保证带传动不发生打滑的前提下具有足够的疲劳强度和使用寿命。

2. 单根 V 带的许用功率

在工作平稳、包角 $\alpha=180°$、$i=1$ 及特定带长的条件下，单根普通 V 带所能传递的功率，称为基本额定功率 P_0，其值由试验测定，见表 7-4。考虑实际传动比不等于 1，大带轮处弯曲应力较小，所传递的功率将增大，功率增量 ΔP 见表 7-5。

在实际工作条件下，包角 α_1 和带长 L_d 通常与试验条件不相同，应加以修正。所以单根 V 带在实际工作条件下所能传递的许用功率 $[P]$ 为

$$[P]=(P_0+\Delta P)K_\alpha K_L \tag{7-3}$$

式中　K_α——包角系数，见表 7-6；

　　　K_L——长度系数，见表 7-2。

四、普通 V 带传动的设计计算

设计 V 带传动时，一般已知传动用途、载荷性质、传递的功率、带轮的转速（或传动比）、传动的位置要求及外廓尺寸要求及原动机的类型等工作情况。设计内容包括选择合理

的传动参数，确定 V 带的型号、长度、根数，确定带轮的材料、结构和尺寸等。

表 7-4　普通 V 带的基本额定功率 P_0　　　　kW

型号	小带轮基准直径 d_1/mm	小带轮转速 n_1/r·min^{-1}						
		400	730	800	980	1200	1460	2800
Z	50	0.06	0.09	0.10	0.12	0.14	0.16	0.26
	63	0.08	0.13	0.15	0.18	0.22	0.25	0.41
	71	0.09	0.17	0.20	0.23	0.27	0.31	0.50
	80	0.14	0.29	0.22	0.26	0.30	0.36	0.56
A	75	0.27	0.42	0.45	0.52	0.90	0.68	1.00
	90	0.39	0.63	0.68	0.79	0.93	1.07	1.64
	100	0.47	0.77	0.83	0.97	1.14	4.32	2.05
	112	0.56	0.93	1.00	1.18	1.39	1.68	2.51
	125	0.67	1.11	1.19	1.40	1.66	1.93	2.98
B	125	0.84	1.34	1.44	1.67	1.93	2.20	2.96
	140	1.05	1.69	1.82	2.13	2.47	2.83	3.85
	160	1.32	2.16	2.32	2.72	3.17	3.64	4.89
	180	1.59	2.61	2.81	3.30	3.85	4.41	5.76
	200	1.85	3.05	3.30	3.86	4.50	5.15	6.43
C	200	2.41	3.80	4.07	4.66	5.29	5.86	5.01
	224	2.99	4.78	5.12	5.89	6.71	7.74	6.08
	250	3.62	5.82	6.23	7.18	8.21	9.06	6.56
	280	4.32	6.99	7.52	8.65	9.81	10.74	6.13
	315	5.14	8.34	8.92	10.23	11.53	12.48	4.16
	400	7.06	11.52	12.10	13.67	15.04	15.51	—

表 7-5　普通 V 带的功率增量 ΔP　　　　kW

型　号	小带轮转速 n_1/r·min^{-1}	传动比 i									
		1.00~1.01	1.02~1.04	1.05~1.08	1.09~1.12	1.13~1.18	1.19~1.24	1.25~1.34	1.35~1.51	1.52~1.99	2
Z	400	0.00	0.00	0.00	0.00	0.00	0.00	0.00	0.00	0.01	0.01
	730	0.00	0.00	0.00	0.00	0.00	0.00	0.01	0.01	0.01	0.02
	800	0.00	0.00	0.00	0.00	0.01	0.01	0.01	0.01	0.02	0.02
	980	0.00	0.00	0.00	0.01	0.01	0.01	0.01	0.02	0.02	0.02
	1200	0.00	0.00	0.01	0.01	0.01	0.01	0.02	0.02	0.02	0.03
	1460	0.00	0.00	0.01	0.01	0.01	0.02	0.02	0.02	0.02	0.03
	2800	0.00	0.01	0.02	0.02	0.03	0.03	0.03	0.04	0.04	0.04
A	400	0.00	0.01	0.01	0.02	0.02	0.03	0.03	0.04	0.04	0.05
	730	0.00	0.01	0.02	0.03	0.04	0.05	0.06	0.07	0.08	0.09
	800	0.00	0.01	0.02	0.03	0.04	0.05	0.06	0.08	0.09	0.10
	980	0.00	0.01	0.03	0.04	0.05	0.06	0.07	0.08	0.10	0.11
	1200	0.00	0.02	0.03	0.05	0.07	0.08	0.10	0.11	0.13	0.15
	1460	0.00	0.02	0.04	0.06	0.08	0.09	0.11	0.13	0.15	0.17
	2800	0.00	0.04	0.080	0.11	0.15	0.10	0.23	0.26	0.30	0.34
B	400	0.00	0.01	0.03	0.04	0.06	0.07	0.08	0.10	0.11	0.13
	730	0.00	0.02	0.05	0.07	0.10	0.12	0.15	0.17	0.20	0.22
	800	0.00	0.03	0.06	0.08	0.11	0.14	0.17	0.20	0.23	0.25
	980	0.00	0.03	0.07	0.10	0.13	0.17	0.20	0.23	0.26	0.30
	1200	0.00	0.04	0.08	0.13	0.17	0.21	0.25	0.30	0.34	0.38
	1460	0.00	0.05	0.10	0.15	0.20	0.25	0.31	0.36	0.40	0.46
	2800	0.00	0.10	0.20	0.29	0.39	0.49	0.59	0.69	0.79	0.89
C	400	0.00	0.04	0.08	0.12	0.16	0.20	0.23	0.27	0.31	0.35
	730	0.00	0.07	0.14	0.21	0.27	0.34	0.41	0.48	0.55	0.62
	800	0.00	0.08	0.16	0.23	0.31	0.39	0.47	0.55	0.63	0.71
	980	0.00	0.09	0.19	0.27	0.37	0.47	0.56	0.65	0.74	0.83
	1200	0.00	0.12	0.24	0.35	0.47	0.59	0.70	0.82	0.94	1.06
	1460	0.00	0.14	0.28	0.42	0.58	0.71	0.85	0.99	1.14	1.27
	2800	0.00	0.27	0.55	0.82	1.10	1.37	1.64	1.92	2.19	2.47

表 7-6　包角系数 K_α

包角 α	180°	170°	160°	150°	140°	130°	120°	110°	100°	90°
K_α	1.00	0.98	0.95	0.92	0.89	0.86	0.82	0.78	0.74	0.69

1. 确定计算功率

计算功率 P_d 是根据传递功率 P、载荷性质、原动机种类及每天工作时间的长短等因素的影响而确定的，即

$$P_d = K_A P \tag{7-4}$$

式中　K_A——工作情况系数，见表 7-7。

表 7-7　工作情况系数 K_A

工　况		K_A					
		空、轻载启动			重载启动		
		天工作小时数/h					
		<10	10~16	>16	<10	10~16	>16
载荷变动微小	液体搅拌机、通风机和鼓风机(7.5kW)、离心式水泵和压缩机、轻负荷输送机	1.0	1.1	1.2	1.1	1.2	1.3
载荷变动小	带式运输机(不均匀负荷)、通风机(>7.5kW)、旋转式水泵和压缩机(非离心式)、发电机、金属切削机床、印刷机、旋转筛、锯木机和木工机械	1.1	1.2	1.3	1.2	1.3	1.4
载荷变动较大	制砖机、斗式提升机、往复式水泵和压缩机、起重机、磨粉机、冲剪机床、橡胶机械、振动筛、纺织机械、重载输送机	1.2	1.3	1.4	1.4	1.5	1.6
载荷变动很大	破碎机(旋转式、颚式等)、磨碎机(球磨、棒磨、管磨)	1.3	1.4	1.5	1.5	1.6	1.8

注：1. 空、轻载启动——电动机（交流启动、三角启动、直流并励），四缸以上的内燃机，装有离心式离合器、液力联轴器的动力机。

　　2. 重载启动——电动机（联机交流启动、直流复励或串励），四缸以下的内燃机

　　3. 反复启动，正反转频繁，工作条件恶劣等场合，K_A 应乘 1.2。

2. 选择V带型号

V带型号根据计算功率 P_d 和小带轮转速 n_1，按图 7-13 选定。

3. 确定带的基准直径

（1）确定小带轮的基准直径　小带轮的基准直径 $d_{d1} \geqslant d_{dmin}$，$d_{dmin}$ 为带轮的最小基准直径，见表 7-8。如 d_{d1} 过小，则带的弯曲应力将过大而导致带的寿命降低；反之，虽能延长带的寿命，但带传动的外廓尺寸将增大。

表 7-8　V带轮的最小直径及基准直径系列　　　　　　　　　　　　　mm

带　型	Y	Z	A	B	C	D	E
d_{dmin}	20	50	75	125	200	355	500
d_d 系列	20 22.4 25 28 31.5 35.5 40 45 50 56 63 71 75 80 85 90 95 100 106 112 118 125 132 140 150 160 170 180 200 212 224 236 250 265 280 300 315 335 355 375 400 425 450 475 500 530 560 600 630 670 710 750 800 900 1000 1060 1120 1250 1400 1500 1600 1800 1900 2000 2240 2500						

（2）验算带的速度 v

$$v = \frac{\pi d_1 n_1}{60 \times 1000} \tag{7-5}$$

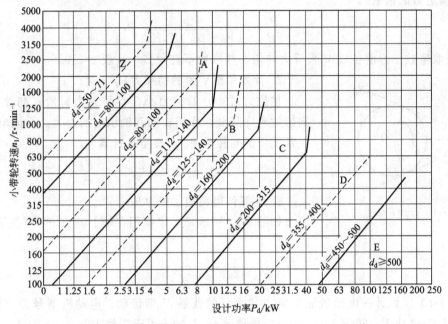

图 7-13　普通 V 带选型图

带速 v 过低，使有效拉力过大，所需带的根数 z 较多；带速过高，离心力过大，使带与带轮间摩擦力减小，易打滑，传动能力反而下降，且使应力循环次数增多，影响带的疲劳强度和寿命。带速 v 宜在 $5\sim25\mathrm{m/s}$ 范围内，可通过增减小带轮直径来调整带速大小。

（3）确定大带轮的基准直径 d_{d2}　大带轮的基准直径 $d_{d2}=id_{d1}$，并应按表 7-8 所列带轮基准直径系列进行圆整。

4. 确定中心距 a 和带的基准长度 L_d

中心距小，带的长度短，一定时间内带应力循环次数多，降低带的寿命，且包角小，带传动能力低；中心距大，结构不紧凑，高速时易引起带的抖动。如中心距未给定，可按下式初步选择 a_0

$$0.7(d_{d1}+d_{d2})<a_0<2(d_{d1}+d_{d2}) \tag{7-6}$$

根据初定的 a_0，按下式计算 L_{d0}

$$L_{d0}=2a_0+\frac{\pi}{2}(d_{d1}+d_{d2})+\frac{(d_{d2}-d_{d1})^2}{4a_0} \tag{7-7}$$

根据 L_{d0} 查表 7-2，选取与 L_{d0} 相近的基准长度 L_d，然后按下式确定实际中心距 a

$$a\approx a_0+\frac{L_d-L_{d0}}{2} \tag{7-8}$$

为便于安装和考虑调整、补偿张紧力，需留出一定的中心距调整余量，其变动范围为

$$\left.\begin{array}{l}a_{\min}=a-0.015L_d\\a_{\max}=a+0.03L_d\end{array}\right\} \tag{7-9}$$

5. 验算小带轮上的包角 α_1

$$\alpha_1\approx180°-\frac{d_{d2}-d_{d1}}{a}\times57.3°\geqslant120° \tag{7-10}$$

若 α_1 太小，可加大中心距或增设张紧轮。

6. 确定带的根数 z

$$z = \frac{P_d}{[P]} = \frac{P_d}{(P_0 + \Delta P)K_\alpha K_L} \qquad (7\text{-}11)$$

z 应取整数。为使各根 V 带受力均匀，其根数不宜太多，一般 $z < 10$。

7. 计算单根 V 带的初拉力 F_0

初拉力过小，摩擦力小，容易发生打滑；初拉力过大，则带的寿命降低，作用在轴和轴承上的力大。保证单根 V 带正常工作的初拉力 F_0 可按下式计算

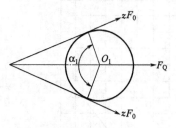

图 7-14　作用在轴上的力

$$F_0 = 500 \times \left(\frac{2.5}{K_\alpha} - 1\right)\frac{P_d}{zv} + qv^2 \qquad (7\text{-}12)$$

8. 计算作用在轴上的力 F_Q

如图 7-14 所示，V 带作用在轴上的力 F_Q 可按下式近似计算

$$F_Q \approx 2zF_0\sin\frac{\alpha_1}{2} \qquad (7\text{-}13)$$

【例 7-1】　设计一电动机驱动离心式水泵的普通 V 带传动。电动机型号为 Y160M-4，额定功率 $P = 11\text{kW}$，转速 1460r/min，传动比 $i = 3.20$，每天工作 12h。

解：　计算过程及结果按照设计说明书的一般格式书写，如表 7-9 所示。

表 7-9　计算过程及结果

序　号	计　算　项　目	计　算　结　果	计　算　依　据
1	确定计算功率 P_d 工作情况系数 $K_A = 1.1$ $P_d = PK_A = 11 \times 1.1 = 12.1$（kW）	$P_d = 12.1\text{kW}$	表 7-7
2	选定带型 根据 $P_d = 12.1\text{kW}$ 和 $n_1 = 1460\text{r/min}$ 选 B 型普通 V 带	B 型普通 V 带	图 7-13
3	确定带轮基准直径 d_{d1}、d_{d2} $d_{d1} = 140\text{mm}$ $d_{d2} = id_{d1} = 3.2 \times 140 = 448$（mm）	$d_{d1} = 140\text{mm}$ $d_{d2} = 448\text{mm}$	表 7-8
4	带速 v $v = \dfrac{\pi d_{d1} n_1}{60 \times 1000} = \dfrac{\pi \times 140 \times 1460}{60 \times 1000} = 10.7$（m/s）	$v = 10.7\text{m/s}$	式(7-5)
5	初定中心距 a_0 $0.7(d_{d1} + d_{d2}) < a_0 < 2(d_{d1} + d_{d2})$ $0.7(140 + 450) < a_0 < 2(140 + 450)$ $413 < a_0 < 1180$	$a_0 = 800\text{mm}$	式(7-6)
6	带的基准长度 L_d $L_{d0} = 2a_0 + \dfrac{\pi}{2}(d_1 + d_2) + \dfrac{(d_{d2} - d_{d1})^2}{4a_0} = 2556.3$（mm） 取标准值 $L_d = 2500\text{mm}$	$L_d = 2500\text{mm}$	表 7-2
7	实际中心距 a $a \approx a_0 + \dfrac{L_d - L_{d0}}{2} = 800 + \dfrac{2500 - 2556.3}{2} = 771.85$（mm）	$a = 772\text{mm}$	式(7-8)
8	小带轮包角 α_1 $\alpha_1 = 180° - \dfrac{d_{d2} - d_{d1}}{a} \times 57.3° = 156.99°$	$\alpha_1 = 156.99°$	式(7-10)

续表

序 号	计 算 项 目	计算结果	计算依据
9 (1)	V带的根数 z 单根 V 带基本额定功率 P_0 据 $d_{d1}=140$ 和 $n_1=1460 \text{r/min}$,由表 7-4 查得 B 型带 $P_0=2.83\text{kW}$		表 7-4
(2)	额定功率增量 ΔP_1 由表 7-5 查得 $\Delta P_1=0.13\text{kW}$		表 7-5
(3)	根数 $K_\alpha=0.941$;$K_L=1.03$ $z=\dfrac{P_d}{(P_0+\Delta P_0)K_\alpha K_L}=\dfrac{12.1}{(2.83+0.13)\times0.941\times1.03}=4.218$	$z=5$ 根	表 7-6;表 7-2 式(7-11)
10	单根 V 带的初拉力 F_0 $F_0=500\times\left(\dfrac{2.5}{K_\alpha}-1\right)\dfrac{P_d}{zv}+qv^2$ $=500\times\left(\dfrac{2.5}{0.941}-1\right)\dfrac{12.1}{5\times10.7}+0.17\times10.7^2$ $=186.814\ (\text{N})$	$F_0=254.85\text{N}$	式(7-12)
11	轴压力 F_Q $F_Q=2zF_0\sin\dfrac{\alpha_1}{2}=1829.658\ (\text{N})$	$F_Q=1829.7\text{N}$	式(7-13)
12	带轮结构设计 （略）		

第三节　普通 V 带传动的安装与维护

一、带传动的张紧

带传动工作一段时间后,会因为塑性变形和磨损而松弛,使张紧力减小,传动能力下降。为保证带传动正常工作,必须及时张紧。常用的张紧方法及其特点如表 7-10 所示。

表 7-10　带传动的张紧方法

张紧方法	定 期 张 紧		自 动 张 紧
调节中心距	通过调节螺钉来调整电动机位置,以实现张紧。用于水平或接近水平的传动	通过调节螺杆来调整摆动架位置,以实现张紧。用于垂直或接近垂直的传动	靠电动机与摆动架的自重实现张紧。多用于小功率传动
采用张紧轮	将张紧轮安装在带的松边内侧靠近大带轮处。常用于中心距不可调的场合		用悬重使张紧轮自动压在带松边外侧靠近小轮处。用于传动比大而中心距小的场合

二、V 带传动的安装

为保证传动的正常运行，延长带的使用寿命，应正确安装带传动。

① 选用 V 带时要注意型号应和带轮轮槽尺寸相符合。

② 为了使每根带受力均匀，同组带的型号、基准长度、公差等级及生产厂家应相同。

③ 带轮对带轮轴的径向圆跳动量应为（$0.0025 \sim 0.0005$）d_d，端面圆跳动量应为（$0.0005 \sim 0.001$）d_d（d_d 为带轮直径）；两带轮轴线应平行；为避免带侧面磨损加剧，相对应轮槽的中心线应重合，其误差不得超过 $20'$，如图 7-15 所示。

④ 安装时，应先缩小中心距，套上带后再增大中心距，将带张紧到合适的程度。对于中等中心距的带传动，常凭经验判断带的张紧程度，即以大拇指按下 15mm 为宜，如图 7-16 所示。

⑤ 在水平或接近水平的同向传动中，一般应保证带的松边在上，紧边在下，以增大小轮包角。

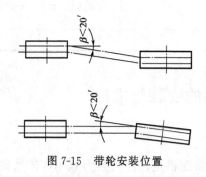
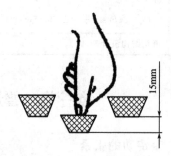

图 7-15　带轮安装位置　　　　　　　图 7-16　张紧程度判断

三、带传动的维护

带传动在使用过程中，需要进行正常的维护和保养，以保证其传动能力，延长使用寿命。

① 为保证安全，带传动装置外面应加装防护罩。

② 防止带与酸、碱、油接触而腐蚀传动带，也不宜暴晒，其工作温度不应超过 60℃。

③ 带传动不需润滑，禁止向传动带或轮槽内加注润滑油或润滑脂。

④ 应定期检查传动带，如有一根松弛或损坏则应全部更换新带。

⑤ 安装或拆卸传动带时，应使用调整中心距的方法将传动带套入或取出，严禁用撬棍等工具将带强行撬入或撬出带轮。

⑥ 严禁在有易燃、易爆气体的环境中使用带传动，以免发生危险。

⑦ 如果带传动装置需要闲置一段时间后再用，应将传动带放松。存放传动带时，应将其悬挂或平放于货架上，以免受压变形。

第四节　链　传　动

一、链传动的特点和应用

链传动是由分别装在两平行轴上的主动链轮、从动链轮和绕在链轮上的链条所组成，如图 7-17 所示。工作时，主动链轮转动，依靠链条的链节与链轮齿的啮合把运动和动力传递给从动链轮。

1. 链传动的传动比及运动不均匀性

由于链条是由刚性链节通过销轴铰接而成的，当链条绕在两链轮上时，链条以链节形成折线，因此，链传动的运动情况与绕在正多边形轮子的带相似，如图 7-18 所示。该正多边形的边长等于链条的节距 p，边数等于链轮齿数 z。链轮每转一圈，链条转过的长度为 pz，若主动链轮、从动链轮的齿数分别为 z_1、z_2，转速分别为 n_1、n_2，则链条的平均速度 v 为

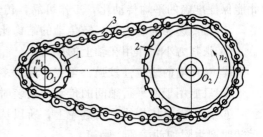

图 7-17 链转动
1—主动链轮；2—链条；3—从动链轮

$$v = \frac{pz_1n_1}{60 \times 1000} = \frac{pz_2n_2}{60 \times 1000} \tag{7-14}$$

由上式得链传动的平均传动比为

$$i = \frac{n_1}{n_2} = \frac{z_2}{z_1} \tag{7-15}$$

由此可知，当主动链轮齿数 z_1 小于从动链轮的齿数 z_2 时，$i > 1$，为减速传动；反之，为增速传动。

虽然链传动的平均速度和传动比不变，但其瞬时值是变化的。为了便于分析，假设链条紧边在传动时总是处于水平位置。如图 7-18(a) 中链节已进入主动轮，链条销轴 A 的线速度等于链轮节圆的圆周速度，即 $v_A = r_1\omega_1$，将 v_A 分解为水平分速度 v（链速）和垂直方向的分速度 v'，则

$$v = v_A\cos\beta_1 \qquad v' = v_A\sin\beta_1$$

式中 β_1——主动链上销轴 A 的圆周速度方向与链条前进方向的夹角。

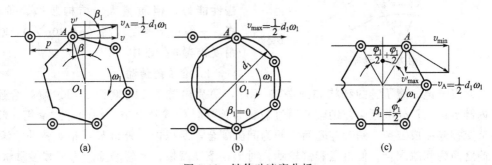

图 7-18 链传动速度分析

链节对应的中心角为 $\varphi_1 = \dfrac{360°}{z_1}$，每个链节从进入啮合到退出啮合，$\beta_1$ 在 $-\dfrac{\varphi_1}{2} \sim +\dfrac{\varphi_1}{2}$ 内变化，使得 v 和 v' 周期性变化，引起链条时快时慢、忽上忽下，使链传动产生周期性振动和附加动载荷。这种运动不均匀性称为"多边形效应"。主动链轮齿数越少，转速越高，链条节距越大，多边形效应越明显。为减小链传动运动不均匀性对传动性能的影响，通常应选择多齿数、小节距，并将链传动安排在低速级。

2. 链传动的特点

① 由于链传动是具有中间挠性件的啮合传动，链条与链轮之间没有相对滑动现象，因

此能保证准确的平均传动比，工作可靠，传动效率较高，一般可达 95%～97%。

② 在传递相同动力时，链传动的结构比带传动紧凑，过载能力强。

③ 张紧力小，作用在轴上的压力小。

④ 对环境的适应性较强，可在高温、多尘、潮湿、有污染等恶劣环境安全可靠地工作。

⑤ 只能用于两平行轴间的传动，安装时对两链轮轴线的平行度要求较高。

⑥ 由于链是按折线绕在链轮上，所以从动链轮的瞬时转速不均匀，传动的平稳性较差，运转时产生附加动载荷、噪声。

⑦ 工作时，链条与链轮之间磨损较快，使得链条的节距增大造成跳齿、脱链现象。

⑧ 不能用于急速反向的传动中。

3. 链传动的应用

链传动主要用于要求平均传动比准确、两轴线平行且相距较远、传动功率较大、环境恶劣的场合，广泛用于矿山机械、农业机械、化工机械、起重机械及摩托车中。通常，链传动的传动比 $i=8$；传递功率 $P=100$kW，传动效率约为 $0.92～0.98$；中心距 $a=6$m；圆周速度 $v<15$m/s。

二、链传动的类型

按照用途不同分为传动链、起重链和输送链三种。传动链用于一般机械中传递运动和动力；起重链用于起重机械中提升重物；输送链用于输送机械中输送物料。机械中传递动力的传动链主要有齿形链和滚子链两种。其中滚子链传动应用最广泛，一般所说的链传动是指滚子链传动。

1. 齿形链传动

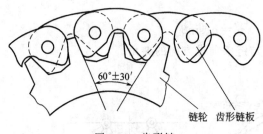

如图 7-19 所示，齿形链由许多齿形链板通过铰链连接而成，链板两侧为直边，夹角为 60°。齿形链传动平稳、噪声小，承受冲击性能好，但质量大、结构复杂、价格较高。一般用于速度较高（$v=30$m/s）或运动精度较高的传动中。

图 7-19　齿形链

链轮　齿形链板

2. 滚子链传动

（1）滚子链　滚子链的结构如图 7-20 所示，两片内链板 1 与套筒 2 用过盈配合连接，构成内链节；两片外链板 4 与销轴 5 用过盈配合连接，构成外链节；销轴穿过套筒，将内、外链节交替连接成链条。销轴与套筒之间为间隙配合，所以内、外链节可相对转动。滚子 3 与套筒之间为间隙配合，使链条和链轮啮合时形成滚动摩擦，减轻磨损。为了减轻重量、使链板各截面强度接近相等，链板制成"8"字形。

当传递的功率较大时，可采用双排链（图 7-21）和多排链，排距用 p_t 表示。使用时一般不超过 4 排，常用的是双排链或三排链。

将链连成封闭环形时，滚子链的接头如图 7-22 所示。当链节数为偶数时，恰好链条一端是外链板，另一端是内链板，在接头处，用开口销 [图 7-22(a)] 或弹簧夹 [图 7-22(b)] 锁紧。若链节数为奇数，则需采用过渡链节 [图 7-22(c)] 连接。过渡链节的弯链板在链条受拉时会产生附加弯曲应力，故链节数应尽量取偶数。

链条相邻两销轴中心之间的距离称为节距，是链传动的主要参数。节距越大，链条的各零件尺寸越大，承载能力越大。滚子链已标准化，其国家标准为 GB/T 1234—1997，分为

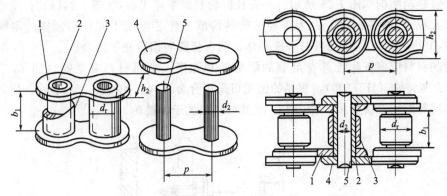

图 7-20 滚子链的结构

1—内链板；2—套筒；3—滚子；4—外链板；5—销轴

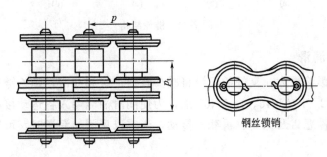

图 7-21 双排链

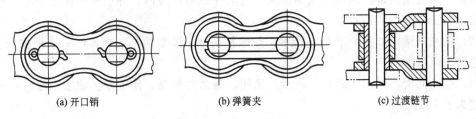

(a) 开口销　　(b) 弹簧夹　　(c) 过渡链节

图 7-22 滚子链的接头

A、B 两种系列，我国主要采用 A 系列。

滚子链的标记方法为："链号-排数-整链链节数 标准号"。例如，16 号、单排、80 节的 A 系列滚子链，其标记为：16A-1-80 GB/T 1243—1997。

(2) 滚子链链轮 链轮的齿形已标准化。国家标准 GB/T 1243—1997 规定了滚子链链轮端面齿廓形状如图 7-23 所示。用标准刀具加工链轮时，工作图上只要给出链轮的节距 p、齿数 z 和链轮的分度圆直径 d，而不必画出端面齿形，只需标明"齿形按 GB/T 1243—1997 规定加工"即可。

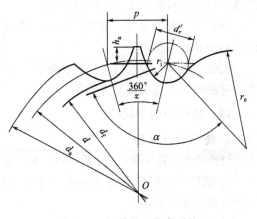

图 7-23 链轮端面齿廓形状

滚子链链轮结构如图 7-24 所示。小直径链轮制成整体实心式[图 7-24(a)]；中等直径链轮可制成孔板式[图 7-24(b)]；大直径链轮的齿圈与轮芯可用不同材料制成，用螺栓连接[图 7-24(c)] 或焊接 [图 7-24(d)] 成一体，前者齿圈磨损后便于更换。

链轮的材料应保证轮齿具有足够的耐磨性和强度，常用材料有碳钢（如 45、50、ZG 310-570）、灰铸铁（HT 200），重要的链轮可采用合金钢（如 40Cr、35SiMn），齿面要经热处理。小链轮的啮合次数多、冲击大，故其材料应优于大链轮。

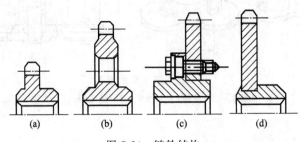

(a)　　　　(b)　　　　(c)　　　　(d)

图 7-24　链轮结构

三、链传动的润滑

润滑对链传动影响很大，良好的润滑将减少磨损，缓和冲击，延长链条的使用寿命。润滑油可选用 L-AN32、L-AN46、L-AN68 油，为使润滑油能渗入各运动接触面，润滑油应加在松边。对工作条件恶劣及低速、重载链传动，当难以采用油润滑时，可采用脂润滑，但应经常清洗并加脂。

链传动常见的润滑方式如下。

（1）人工定期润滑　用刷子或油壶人工定期在链条松边内、外链板间隙中注油，每班注油一次，如图 7-25(a) 所示。

（2）滴油润滑　如图 7-25(b) 所示，用油杯滴油，装置简单，单排链每分钟供油 5~20 滴，速度高时取大值。

（3）油浴润滑　如图 7-25(c) 所示，采用不漏油的外壳，使链条从油槽中通过，一般浸油深度为 6~12mm 。

（4）飞溅润滑　如图 7-25(d) 所示，采用不漏油的外壳，在链轮侧边安装甩油盘，飞溅润滑，甩油盘圆周速度 v 应大于 3m/s。当链条宽度大于 125mm 时，链轮两侧各装一个甩油盘，甩油盘浸油深度为 12~35mm。

（5）压力喷油润滑　如图 7-25(e) 所示，采用泵强制供油，喷油管口设在链条啮入处，循环油可起冷却作用。

当链节损坏，应及时更换已损坏链节，如果更换次数太多，应更换整根链条，以免新旧链节并用时加速链条跳动并损坏。

四、链传动的安装

1. 链传动的布置

链传动的布置对传动的使用寿命和工作状况有很大影响，合理的布置应考虑以下几方面。

① 两链轮的回转平面应在同一铅垂平面内，即两链轮的轴线应在同一平面。否则将引起脱链或不正常磨损。

② 两链轮中心连线最好成水平，需要时也可布置成两链轮中心连线与水平面成 45°以下

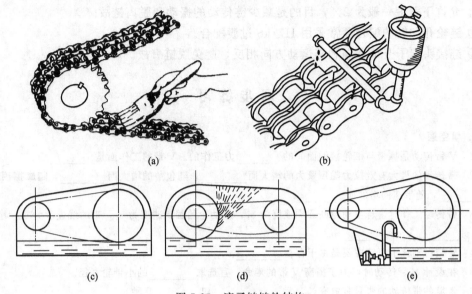

(a)   (b)

(c)   (d)   (e)

图 7-25 滚子链链轮结构

的倾角。

③ 链条应使紧边在上，松边在下。

2. 链传动的张紧

链传动需适当张紧，以防止松边垂度过大而引起啮合不良、松边颤动和跳齿等现象。一般将其中心距设计成可调形式，通过调整中心距来张紧链轮。也可采用张紧轮来张紧（图 7-26），张紧轮一般设在松边。

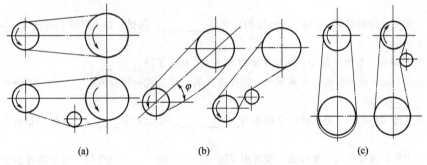

(a)   (b)   (c)

图 7-26 链传动的张紧

3. 链传动装配的技术要求

为保证链传动工作平稳、减少磨损、防止脱链和减小噪声，装配时必须按照以下要求进行。

① 链轮两轴线必须平行，否则将加剧磨损、降低传动平稳性并增大噪声。

② 两链轮的偏移量小于规定值。中心距小于 500mm 时，允许偏移量为 1mm；中心距大于 500mm 时，允许偏移量为 2mm 。

③ 链轮径向、端面圆跳动量小于规定值。链轮直径小于 100mm 时，允许跳动量为 0.3mm；链轮直径为 100～200mm 时，允许跳动量为 0.5mm；链轮直径为 200～300mm 时，允许跳动量为 0.8mm。

④ 链的下垂度适当。下垂度为 f/a，f 为下垂量（单位为 mm），a 为中心距（单位为

mm）。允许下垂度一般为 2‰，目的是减少链传动的振动和脱离链故障。

　⑤ 链轮孔和轴的配合通常采用 H7/k6 过渡配合。

　⑥ 链接头卡子开口方向和链运动方向相反，避免脱链事故。

同 步 练 习

一、填空题

7-1　V 带传动是靠带与带轮接触面间的＿＿＿＿力工作的。V 带的工作面是＿＿＿＿面。

7-2　带传动的最大有效拉力随预紧力的增大而＿＿＿＿，随包角的增大而＿＿＿＿，随摩擦因数的增大而＿＿＿＿，随带速的增加而＿＿＿＿。

7-3　带传动工作时，若主动轮的圆周速度为 v_1，从动轮的圆周速度为 v_2，带的线速度为 v，则它们的关系为 v_1＿＿＿＿v，v_2＿＿＿＿v。

7-4　V 带传动比不恒定主要是由于存在＿＿＿＿。

7-5　在设计 V 带传动时，为了提高 V 带的寿命，宜选取＿＿＿＿的小带轮直径。

7-6　常见的带传动的张紧装置有＿＿＿＿、＿＿＿＿和＿＿＿＿几种。

7-7　在带传动中，弹性滑动是＿＿＿＿避免的，打滑是＿＿＿＿避免的。

7-8　为了使 V 带与带轮轮槽更好地接触，轮槽楔角应＿＿＿＿于带截面的楔角，随着带轮直径减小，角度的差值越＿＿＿＿。

7-9　带传动的主要失效形式为＿＿＿＿和＿＿＿＿。

7-10　在设计 V 带传动时，V 带的型号是根据＿＿＿＿和＿＿＿＿选取的。

7-11　带传动限制小带轮直径不能太小，是为了＿＿＿＿。若小带轮直径太大，则＿＿＿＿。

7-12　在传动比不变的条件下，V 带传动的中心距增大，则小轮的包角＿＿＿＿，因而承载能力＿＿＿＿。

7-13　V 带传动限制带速 $v<25\sim30$m/s 的目的是＿＿＿＿；限制带在小带轮上的包角 $\alpha_1>120°$ 的目的是＿＿＿＿。

7-14　在 V 带传动设计计算中，限制带的根数 $z=10$ 是为了使＿＿＿＿。

7-15　当中心距不能调节时，可采用张紧轮将带张紧，张紧轮一般应放在＿＿＿＿的内侧，这样可以使带只受＿＿＿＿弯曲。

7-16　与带传动相比较，链传动的承载能力＿＿＿＿，传动效率＿＿＿＿，作用在轴上的径向压力＿＿＿＿。

7-17　对于高速重载的滚子链传动，应选用节距＿＿＿＿的＿＿＿＿排链；对于低速重载的滚子链传动，应选用节距＿＿＿＿的链传动。

7-18　在滚子链的结构中，内链板与套筒之间、外链板与销轴之间采用＿＿＿＿配合，滚子与套筒之间、套筒与销轴之间采用＿＿＿＿配合。

7-19　链轮的转速＿＿＿＿，节距＿＿＿＿，齿数＿＿＿＿，则链传动的动载荷就越大。

7-20　链传动一般应布置在＿＿＿＿平面内，尽可能避免布置在＿＿＿＿平面或＿＿＿＿平面内。

7-21　在链传动中，当两链轮的轴线在同一平面时，应将＿＿＿＿边布置在上面，＿＿＿＿边布置在下。

二、选择题

7-22　带传动是依靠＿＿＿＿来传递运动和功率的。

A. 带与带轮接触面之间的正压力　　　　　B. 带与带轮接触面之间的摩擦力

C. 带的紧边拉力　　　　　　　　　　　　D. 带的松边拉力

7-23　带张紧的目的是＿＿＿＿。

A. 减轻带的弹性滑动　　　　　　　　　　B. 提高带的寿命

C. 改变带的运动方向　　　　　　　　　　D. 使带具有一定的初拉力

7-24　与链传动相比较，带传动的优点是_____。

A. 工作平稳，基本无噪声　　B. 承载能力大　　　C. 传动效率高　　　D. 使用寿命长

7-25　与平带传动相比较，V 带传动的优点是_____。

A. 传动效率高　　　　　B. 带的寿命长　　　C. 带的价格便宜　　D. 承载能力大

7-26　选取 V 带型号，主要取决于_____。

A. 带传递的功率和小带轮转速　B. 带的线速度　　　C. 带的紧边拉力　　D. 带的松边拉力

7-27　V 带传动中，小带轮直径的选取取决于_____。

A. 传动比　　　　　　　B. 带的线速度　　　C. 带的型号　　　　D. 带传递的功率

7-28　中心距一定的带传动，小带轮上包角的大小主要由_____决定。

A. 小带轮直径　　　　　B. 大带轮直径　　　C. 两带轮直径之和　D. 两带轮直径之差

7-29　两带轮直径一定时，减小中心距将引起_____。

A. 带的弹性滑动加剧　　　　　　　　　　B. 带传动效率降低

C. 带工作噪声增大　　　　　　　　　　　D. 小带轮上的包角减小

7-30　带传动的中心距过大时，会导致_____。

A. 带的寿命缩短　　　　　　　　　　　　B. 带的弹性滑动加剧

C. 带的工作噪声增大　　　　　　　　　　D. 带在工作时出现颤动

7-31　设计 V 带传动时，为防止_____，应限制小带轮的最小直径。

A. 带内的弯曲应力过大　　　　　　　　　B. 小带轮上的包角过小

C. 带的离心力过大　　　　　　　　　　　D. 带的长度过长

7-32　一定型号 V 带内弯曲应力的大小，与_____成反比关系。

A. 带的线速度　　　　　B. 带轮的直径　　　C. 带轮上的包角　　D. 传动比

7-33　带传动在工作中产生弹性滑动的原因是_____。

A. 带与带轮之间的摩擦因数较小　　　　　B. 带绕过带轮产生了离心力

C. 带的弹性与紧边和松边存在拉力差　　　D. 带传递的中心距大

7-34　带传动不能保证准确的传动比，其原因是_____。

A. 带容易变形和磨损　　　　　　　　　　B. 带在带轮上出现打滑

C. 带传动工作时发生弹性滑动　　　　　　D. 带的弹性变形不符合虎克定律

7-35　一定型号的 V 带传动，当小带轮转速一定时，其所能传递的功率增量取决于_____。

A. 小带轮上的包角　　　B. 带的线速度　　　C. 传动比　　　　　D. 大带轮上的包角

7-36　与 V 带传动相比较，同步带传动的突出优点是_____。

A. 传递功率大　　　　　B. 传动比准确　　　C. 传动效率高　　　D. 带的制造成本低

7-37　带轮是采用轮辐式、腹板式或实心式，主要取决于_____。

A. 带的横截面尺寸　　　B. 传递的功率　　　C. 带轮的线速度　　D. 带轮的直径

7-38　当摩擦因数与初拉力一定时，则带传动在打滑前所能传递的最大有效拉力随_____的增大而增大。

A. 带轮的宽度　　　　　B. 小带轮上的包角　C. 大带轮上的包角　D. 带的线速度

7-39　与带传动相比较，链传动的优点是_____。

A. 工作平稳，无噪声　　　　　　　　　　B. 寿命长

C. 制造费用低　　　　　　　　　　　　　D. 能保持准确的瞬时传动比．

7-40　链传动作用在轴和轴承上的载荷比带传动要小，这主要是因为_____。

A. 链传动只用来传递较小功率　　　　　　B. 链速较高，在传递相同功率时，圆周力小

C. 链传动是啮合传动，不需大的张紧力　　D. 链的质量大，离心力大

7-41 与齿轮传动相比较，链传动的优点是_____。

A. 传动效率高   B. 工作平稳，无噪声

C. 承载能力大   D. 能传递的中心距大

7-42 在一定转速下，要减轻链传动的运动不均匀性和动载荷，应_____。

A. 增大链节距和链轮齿数   B. 减小链节距和链轮齿数

C. 增大链节距，减小链轮齿数   D. 减小链条节距，增大链轮齿数

7-43 链条的节数宜采用_____。

A. 奇数   B. 偶数   C. 5 的倍数   D. 10 的倍数

7-44 链传动张紧的目的是_____。

A. 使链条产生初拉力，以使链传动能传递运动和功率

B. 使链条与轮齿之间产生摩擦力，以使链传动能传递运动和功率

C. 避免链条垂度过大时产生啮合不良

D. 避免打滑

三、问答题

7-45 带传动的工作原理是什么？它有哪些优缺点？

7-46 当与其他传动一起使用时，带传动一般应放在高速级还是低速级？为什么？

7-47 与平带传动相比，V 带传动有何优缺点？

7-48 普通 V 带有哪几种型号？

7-49 普通 V 带截面角为 40°，为什么将其带轮的槽形角制成 34°、36°和 38°三种类型？在什么情况下用较小的槽形角？

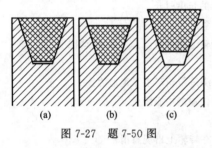

图 7-27 题 7-50 图

7-50 图 7-27 中所示的 V 带在轮槽中的 3 种位置，试指出哪一种位置正确？

7-51 什么是带的弹性滑动和打滑？引起带弹性滑动和打滑的原因是什么？带的弹性滑动和打滑对带传动性能有什么影响？

7-52 在设计带传动时，为什么要限制带的速度 v_{min} 和 v_{max} 以及带轮的最小基准直径 d_{1min}？

7-53 在设计带传动时，为什么要限制小带轮上的包角 α_1？

7-54 水平或接近水平布置的开口带传动，为什么应将其紧边设计在下边？

7-55 链传动为什么要张紧？常用张紧方法有哪些？

7-56 水平或接近水平布置的链传动，为什么其紧边应设计在上边？

7-57 为什么自行车通常采用链传动而不采用其他形式的传动？

四、计算题

7-58 有两个旧带轮，经测得其尺寸如图 7-28 所示，试判别这两条带轮是否同一型号？是什么型号？

7-59 设计一减速器用普通 V 带传动。动力机为 Y 系列三相异步电动机，功率 $P = 7kW$，转速 $n_1 = 1420r/min$，减速器工作平稳，转速 $n_2 = 700r/min$，每天工作 8h，希望中心距大约为 600mm。

7-60 由双速电动机与 V 带传动组成传动装置。靠改变电动机转速输出轴可以得到两种转速 300r/min 和 600r/min。若输出轴功率不变，带传动应按哪种转速设计？为什么？

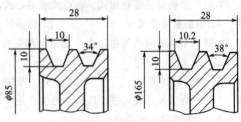

图 7-28 题 7-58 图

第八章　齿轮传动

了解齿轮传动的类型、特点及应用；理解渐开线的形成及特性；掌握渐开线齿轮的基本参数及几何尺寸的计算；理解渐开线齿廓的啮合特性、正确啮合条件及重合度的意义；了解齿轮加工的原理、根切原因、变位的目的及齿轮的精度；掌握齿轮传动的失效形式；了解常用齿轮材料及热处理方法；掌握直齿圆柱齿轮的强度计算方法及主要参数的选择方法；了解斜齿圆柱齿轮受力分析和强度计算方法；了解圆锥齿轮的特点、基本参数和几何尺寸；掌握齿轮传动的润滑、修复方法和装配。

会选择齿轮的类型；能根据齿轮的参数计算其几何尺寸和设计直齿圆柱齿轮；能对失效齿轮进行修复；能正确装配齿轮传动。

【观察与思考】

• 日常生活中常见的机械表构造如图 8-1 所示，请思考机械表是如何传递运动的？为保证任何时刻走时的准确性，对齿轮轮廓曲线有无特殊要求？齿轮制造精度与表的走时准确性是否有关？

• 齿轮泵是液压系统中常见的装置，用于输送液体或使之增压。图 8-2 所示为齿轮泵工作原理图，请思考哪个部分是工作的核心？是怎样实现液体输送液体或增压的？

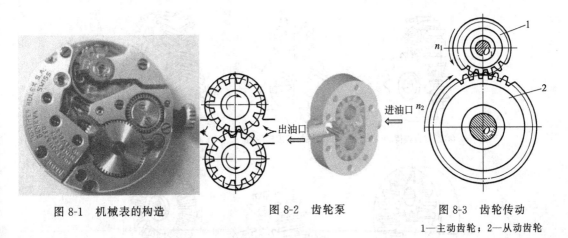

图 8-1　机械表的构造　　　　图 8-2　齿轮泵　　　　图 8-3　齿轮传动
1—主动齿轮；2—从动齿轮

齿轮传动是机械传动中应用最广泛的一种传动，是由主动齿轮 1、从动齿轮 2 及机架组成，如图 8-3 所示。当主动齿轮转动时，通过主、从动齿轮的轮齿直接接触（啮合）产生法向反力来推动从动轮转动，从而传递运动和动力。齿轮传动机是现代机械中应用最广泛的传动机构之一。

第一节　齿轮传动的特点和类型

一、齿轮传动的特点

齿轮传动之所以能得到广泛应用，是因为与其他传动相比具有如下的特点。

① 适用的圆周速度和功率范围大，其圆周速度可达 300m/s，传递功率可达 10^5 kW，齿轮直径可从 1mm 到 150m 以上。

② 能保证恒定的瞬时传动比，传递运动准确可靠。

③ 具有中心距可分性，即由于制造、安装或轴承磨损等原因，造成中心距有偏差，但渐开线齿轮传动的传动比仍然保持不变的特性，这一特性对渐开线齿轮的制造和安装十分有利。

④ 结构紧凑，体积小，使用寿命长，能实现两轴平行、相交、交叉的各种运动。

⑤ 传动效率较高，一般为 0.92～0.98，最高可达 0.99。

⑥ 制造、安装精度要求高，成本高，对冲击和振动比较敏感，没有过载保护作用，不适合两轴距离较远的传动。

二、齿轮传动的类型

齿轮传动的类型很多，分类方法也很多。通常齿轮的形状和工作条件进行分类。

1. 根据齿轮形状分类

根据齿轮形状分类，可分为圆柱齿轮传动、圆锥齿轮传动。

（1）圆柱齿轮传动　当用于两平行轴间的传动时，可采用图 8-4(a)～(d) 所示的齿轮传动，如果要求传动平稳、承载能力较大时，则采用图 8-4(b) 所示的圆柱斜齿轮传动和图 8-4(c) 所示的人字齿轮传动，如果要求结构紧凑时，则采用图 8-4(d) 所示的内啮合传动；当需要将回转运动变为直线运动（或反之）时，可采用图 8-4(e) 所示的齿轮齿条传动。

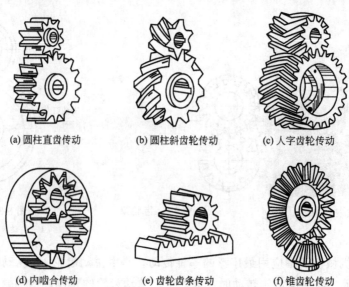

(a) 圆柱直齿传动　　　(b) 圆柱斜齿轮传动　　　(c) 人字齿轮传动

(d) 内啮合传动　　　(e) 齿轮齿条传动　　　(f) 锥齿轮传动

图 8-4　齿轮传动的类型

（2）圆锥齿轮传动 如图 8-4（f）所示，常用于两轴相交的传动。

2. 根据齿轮传动的工作条件分类

（1）开式齿轮传动 是指齿轮暴露在箱体之外的齿轮传动，工作时易落入灰尘杂质，不能保证良好的润滑，轮齿容易磨损。多用于低速或不太重要的场合。

（2）闭式齿轮传动 是指齿轮安装在封闭的箱体内的齿轮传动，润滑和维护条件良好，安装精确。重要的齿轮传动都采用闭式齿轮传动。

3. 按齿面硬度不同可分类

（1）软齿面齿轮 硬度为 350HB。

（2）硬齿面齿轮 硬度大于 350HB。

三、齿轮传动的基本要求

齿轮传动要适应机械装置和机器的要求，就必须满足以下要求

① 要求传动要平稳，始终保持瞬时传动比恒定。

② 要求轮齿具有一定的承载能力。

第二节　渐开线直齿圆柱齿轮

齿轮传动是否能保证瞬时传动比恒定，与轮齿轮廓形状有关。可以论证，齿轮轮廓曲线采用渐开线、摆线和圆弧时，能使瞬时传动比恒定。最常用的轮廓曲线为渐开线，既可以保证瞬时传动比恒定、传动平稳，也便于加工和安装。

一、渐开线的形成及其性质

如图 8-5 所示，一条直线 $n—n$ 沿一个半径为 r_b 的圆周做纯滚动，该直线上任一点 K 的轨迹 AK 称为该圆的渐开线。这个圆称为基圆，该直线称为渐开线的发生线。渐开线上任一点 K 的向径与起始点 A 的向径间的夹角 $\angle AOK$ 称为渐开线的展角 θ_K。

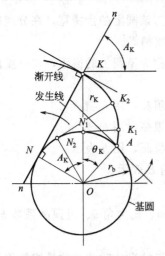

图 8-5　渐开线的形成

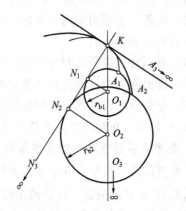

图 8-6　渐开线的形状与基圆半径的关系

根据渐开线的形成，可知渐开线具有以下性质。

① 发生线在基圆上滚过的长度 $\overline{NK}$ 等于基圆上被滚过的弧长 $\overset{\frown}{NA}$，即 $\overline{NK} = \overset{\frown}{NA}$。

② 由于发生线沿基圆做纯滚动时，N 点是 K 点的速度瞬心，K 点的瞬时速度方向与

NK 垂直，所以发生线 NK 就是渐开线在 K 点的法线，并始终与基圆相切于 N 点。

③ 渐开线上各点的曲率半径不等，离基圆越近，曲率半径越小。

④ 渐开线的形状取决于基圆的大小，如图 8-6 所示，基圆越大，渐开线越平直，当基圆半径无穷大时，渐开线为直线。

⑤ 基圆内无渐开线。

二、直齿圆柱齿轮各部分名称及其基本参数

直齿圆柱齿轮是指齿向与轴线平行的一种圆柱齿轮。渐开线直齿圆柱齿轮的齿廓曲线由齿顶圆弧、渐开线、过渡曲线和齿根圆弧四部分组成。其齿形是由两条对称的渐开线作齿廓而组成。

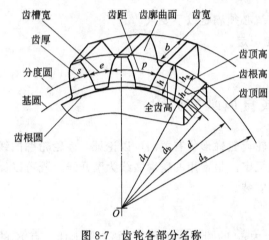

图 8-7　齿轮各部分名称

1. 直齿圆柱齿轮各部分名称

渐开线直齿圆柱齿轮各部分名称如图 8-7 所示。

(1) 齿顶圆　齿顶所在的圆称为齿顶圆，其直径用 d_a 表示。

(2) 齿根圆　齿根所在的圆称为齿根圆，其直径用 d_f 表示。

(3) 分度圆　分度圆是渐开线上压力角为 20°处的圆，是齿轮加工和计算几何尺寸的基准，位于齿顶圆与齿根圆之间，其直径用 d 表示。

(4) 齿厚　轮齿两侧齿廓间在某圆周上的弧长称为该圆上的齿厚，在分度圆上的齿厚用 s 表示。

(5) 齿槽宽　相邻两齿廓之间在某圆周上的弧长称为该圆上的齿槽宽，在分度圆上的齿槽宽用 e 表示。对于标准齿轮，分度圆上的齿厚与齿槽宽相等。

(6) 齿距　相邻两齿同侧齿廓间在某圆周上的弧长称为该圆上的齿距，在分度圆上的齿距用 p 表示，$p = s + e$。

(7) 齿顶高　齿顶圆到分度圆间的径向距离称为齿顶高，用 h_a 表示。

(8) 齿根高　齿根圆到分度圆间的径向距离称为齿根高，用 h_f 表示。

(9) 全齿高　齿顶圆到齿根圆间的径向距离称为全齿高，用 h 表示。

(10) 齿宽　在轴线方向上轮齿的宽度称为齿宽，用 B 表示。

2. 标准直齿圆柱齿轮的基本参数

标准直齿圆柱齿轮有五个基本参数：齿数 z、模数 m、压力角 α、齿顶高系数 h_a^* 和径向间隙系数 c^*，它们决定了齿轮的几何尺寸。

(1) 齿数　齿轮圆周上的轮齿的总数，用 z 表示。齿轮设计时，齿数是按使用要求和强度计算确定。

(2) 模数　齿轮的分度圆直径 d 与齿数 z、齿距 p 之间的关系为

$$\pi d = zp \qquad 或 \quad d = \frac{p}{\pi} z$$

由于 p 为无理数，为了便于计算、制造和检验，以人为规定 $\dfrac{p}{\pi}$ 为标准值，称为模数，用 m 表示，单位为 mm。故有

$$d = mz$$

$$p = \pi m$$

由此可知，模数的大小反映了齿距的大小，模数越大，轮齿的各部分尺寸越大，因而承受载荷也越大。表 8-1 为国标 GB 1357—1987 规定的标准模数系列。

表 8-1　标准模数系列 mm

第一系列	1	1.25	1.5	2	2.5	3	4	5	6	8	10	12	16	20	25	32	40	50
第二系列	1.75	2.25	2.75	(3.25)	3.5	(3.75)	4.5	5.5	(6.5)	7	9	(11)	14	18	22	28	(30)	36	45

注：1. 优先采用第一系列，括号内的模数尽可能不用。
　　2. 对斜齿轮，该表所示为法面模数。

（3）压力角　渐开线齿轮啮合时，啮合点的速度方向与啮合点的受力方向之间所夹的锐角，称为渐开线在该点的压力角。渐开线上各点压力角不相等，越靠近基圆压力角越小，基圆上的压力角为零。通常所说的压力角是指分度圆上的压力角，用 α 表示，国标规定 $\alpha = 20°$。

（4）齿顶高系数和径向间隙系数　为了使齿形匀称，规定齿的高度与模数成正比，即齿顶高为

$$h_a = h_a^* m \tag{8-1}$$

一对齿轮啮合时，一个齿轮的齿顶圆到另一个齿轮的齿根圆间的径向间隙，称为顶隙，用 c 表示

$$c = c^* m \tag{8-2}$$

因此，齿根高　　　　　　　　　$h_f = h_a + c = (h_a^* + c^*)m \tag{8-3}$

式中　h_a^*——齿顶高系数，对于正常齿 $h_a^* = 1$，短齿 $h_a^* = 0.8$；

　　　c^*——径向间隙系数，对于正常齿 $c^* = 0.25$，短齿 $c^* = 0.3$。

将模数 m、分度圆上的压力角 α、齿顶高系数 h_a^* 和径向间隙系数 c^* 均为标准值，且 $s = e$ 的齿轮称为标准齿轮。

三、标准直齿圆柱齿轮的主要几何尺寸

渐开线标准直齿圆柱齿轮外齿轮的主要几何尺寸的计算公式如表 8-2 所示。

表 8-2　渐开线标准直齿圆柱齿轮主要几何尺寸的计算公式

名　称	符　号	计　算　公　式
齿顶高	h_a	$h_a = h_a^* m$
齿根高	h_f	$h_f = (h_a^* + c^*)m$
全齿高	h	$h = h_f + h_a = (2h_a^* + c^*)m$
顶隙	c	$c = c^* m$
齿距	p	$p = \pi m$
齿厚	s	$s = p/2 = \pi m/2$
齿槽宽	e	$e = p/2 = \pi m/2$
分度圆直径	d	$d = mz$
基圆直径	d_b	$d_b = d\cos\alpha$
齿顶圆直径	d_a	$d_a = d \pm 2h_a = m(z \pm 2h_a^*)$
齿根圆直径	d_f	$d_f = d \pm 2h_f = m(z \pm 2h_a^* \pm 2c^*)$
标准中心距	a	$a = r_1' \pm r_2' = r_1 \pm r_2 = \dfrac{1}{2}(d_2 \pm d_1) = \dfrac{1}{2}m(z_2 \pm z_1)$

注：式中上边算符适用于外齿轮、外啮合，下边算符适用于内齿轮、内啮合。

【例 8-1】 已知一个外啮合的标准直齿圆柱齿轮，模数 $m=3\text{mm}$，齿数 $z=100$，齿顶高系数 $h_a^*=1$，顶隙系数 $c^*=0.25$，分度圆上压力角 $\alpha=20°$，试计算该齿轮的 d、d_a、d_f、d_b、p、s 和 e。

解：
$$d=mz=3\times100=300 \text{（mm）}$$
$$h_a=h_a^*m=1\times3=3\text{(mm)}$$
$$h_f=(h_a^*+c^*)m=(1+0.25)\times3=3.75\text{(mm)}$$
$$d_a=d+2h_a=300+2\times3=306\text{(mm)}$$
$$d_f=d-2h_f=300-2\times3.75=292.5\text{(mm)}$$
$$d_b=d\cos\alpha=300\times\cos20°=285.317\text{(mm)}$$
$$p=\pi m=3.14\times3=9.42\text{(mm)}$$
$$s=e=\frac{p}{2}=\frac{9.42}{2}=4.71\text{(mm)}$$

四、渐开线标准直齿圆柱齿轮的测量尺寸

齿轮加工时，常用测量分度圆弦齿厚和公法线长度的方法检查被加工齿轮是否符合设计图纸规定的尺寸精度。

1. 分度圆弦齿厚

如图 8-8 所示，齿轮分度圆上的齿厚是弧，不便测量；而弦长 AB 容易测量，该弦长称为分度圆弦齿厚，用 $\bar{s}$ 表示。在加工和测量时，常以齿顶为基准，齿顶至弦 AB 的径向高度 $\bar{h}$，称为分度圆弦齿高。标准齿轮的 $\bar{s}$ 和 $\bar{h}$ 的计算公式为

$$\bar{s}=mz\sin\frac{90°}{z} \tag{8-4}$$

$$\bar{h}=m\left[h_a^*+\frac{z}{2}\left(1-\cos\frac{90°}{z}\right)\right] \tag{8-5}$$

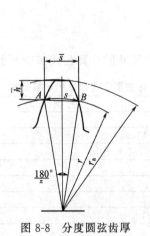

图 8-8 分度圆弦齿厚

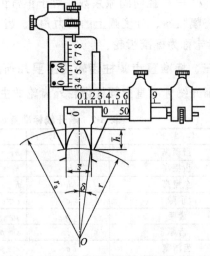

图 8-9 分度圆弦齿厚的测量

图 8-9 为分度圆弦齿厚的测量示意图，首先调整竖直游标尺的读数至分度圆弦齿厚，水平游标尺的读数则为分度圆弦齿厚的测量值。

2. 公法线长度

如图 8-10 所示，使用千分尺（或精密游标卡尺）的两个卡脚跨过齿轮 k 个齿，与齿廓

相切于 A、B 两点，两切点间的距离 AB（或 AC）称为公法线长度，用 W_K 表示，单位 mm。

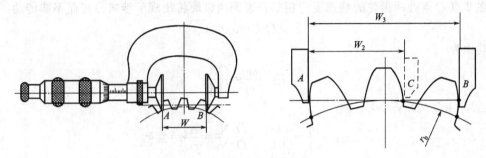

图 8-10 公法线长度测量

当 $\alpha=20°$ 时，标准直齿圆柱齿轮的公法线长度的计算公式为

$$W_K=m[2.9521(k-0.5)+0.014z] \qquad (8-6)$$

式中，k 为测量时的跨齿数，可由下式计算

$$k=\frac{z}{9}+0.5$$

计算所得的跨齿数必须四舍五入圆整。W、k 值也可以从机械设计手册中直接查得。

【例 8-2】 某标准直齿圆柱齿轮模数 $m=8$mm，$\alpha=20°$，齿数 $z=50$。试求该齿轮的分度圆弦齿厚和公法线长度。

解：（1）分度圆弦齿厚和弦齿高

$$\bar{s}=mz\sin\frac{90°}{z}=8\times50\times\sin\frac{90°}{50}=12.564\ (\text{mm})$$

$$\bar{h}=m[h_a^*+\frac{z}{2}(1-\cos\frac{90°}{z})]=8[1+\frac{50}{2}(1-\cos\frac{90°}{50})=8.099\ (\text{mm})$$

（2）公法线长度

$$k=\frac{z}{9}+0.5=\frac{50}{9}+0.5=6.05 \qquad 取\ k=6$$

$$W_6=m[2.9521(k-0.5)+0.014z]=8[2.9521(6-0.5)+0.014\times50]=135.492\ (\text{mm})$$

第三节　渐开线标准直齿圆柱齿轮的啮合传动

一、渐开线齿廓的啮合特性

1. 四线合一

如图 8-11 所示，渐开线齿廓 E_1 和 E_2 在 K 点接触，过 K 点作齿廓的公法线 $n—n$。根据渐开线的性质可知，$n—n$ 同时与两齿轮基圆相切，为两轮基圆的内公切线。当齿轮安装后，两基圆为固定圆，所以两基圆的内公切线 N_1N_2 为固定直线，即两齿廓的公法线 $n—n$ 亦为固定直线。由于两齿廓的公法线 $n—n$ 始终过啮合点 K，故两齿廓的公法线 $n—n$ 就是啮合点 K 的运动轨迹，即啮合线。不计摩擦，压力沿公法线 $n—n$，因此两齿廓的公法线 $n—n$ 亦是压力线。

2. 传动比恒定

如图 8-11 所示，过接触点 K 作齿廓的公法线 $n—n$ 与连心线 O_1O_2 交点 C，称为节点。

一对渐开线齿廓不论在哪点啮合，其节点 C 在连心线上的位置均不变化。以轮心 O_1、O_2 为圆心，以 O_1C、O_2C 为半径的圆称为节圆，其半径称为节圆半径 r_1'、r_2'。

在节点 C 点处两齿轮的线速度应相等，否则两齿廓将出现干涉或分离而不能传动，即

$$\omega_1 O_1 C = \omega_2 O_2 C$$

则传动比为

$$i_{12} = \frac{\omega_1}{\omega_2} = \frac{O_2 C}{O_1 C}$$

由于 $\triangle N_1 O_1 C \backsim \triangle N_2 O_2 C$，故

$$i_{12} = \frac{\omega_1}{\omega_2} = \frac{O_2 C}{O_1 C_1} = \frac{O_2 N_2}{O_1 N_1} = \frac{r_{b2}}{r_{b1}} = 常数 \tag{8-7}$$

3. 中心距可分性

由式(8-7) 可见，两渐开线齿轮的传动比与两齿轮的基圆半径成反比。渐开线齿轮加工制成后，它们的基圆半径已经确定，即使在装配和工作中，由于装配误差、轴系磨损等原因造成两齿轮中心距稍有变化，也不会改变其瞬时传动比，这种性质称为渐开线齿轮的中心距可分性。

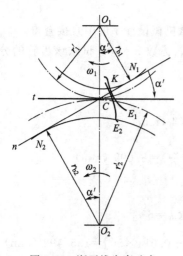

图 8-11　渐开线齿廓啮合

4. 啮合角为定值

如图 8-11 所示，过节点 C 作两节圆的公切线 $t—t$ 与啮合线 $N_1 N_2$ 间的夹角 α' 称为齿轮传动的啮合角。显然齿轮传动时啮合角为定值，表明两齿廓间法向作用力方向不变，因此对齿轮传动平稳性很有利。

二、正确啮合条件

如图 8-12 所示，一对能够相互啮合的渐开线齿轮。K 点为前一对齿的脱离啮合点，K' 为后一对的开始啮合点，前、后轮齿啮合点之间的距离 KK' 称为齿轮的法向齿距。显然，要保证两齿轮正确啮合，两轮的法向齿距必须相等，即 $K_1 K_1' = K_2 K_2' = KK'$。根据渐开线的性质可知，$KK'$ 分别等于两轮的基圆齿距 p_{b1} 和 p_{b2}，即 $KK' = p_{b1} = p_{b2}$。

因基圆上有　$z p_b = \pi d_b$

故有

$$p_b = \frac{\pi d_b}{z} = \frac{\pi d \cos\alpha}{z} = \pi m \cos\alpha$$

从而可得

$$p m_1 \cos\alpha_1 = p m_2 \cos\alpha_2$$

由于渐开线齿轮的模数 m 与压力角 α 都已标准化，所以两齿轮正确啮合条件为：两齿轮的模数、压力角必须分别相等，即

$$\left.\begin{array}{l} m_1 = m_2 = m \\ \alpha_1 = \alpha_2 = \alpha \end{array}\right\} \tag{8-8}$$

这样，其传动比计算简化为

$$i_{12} = \frac{\omega_1}{\omega_2} = \frac{d_2'}{d_1'} = \frac{d_{b2}}{d_{b1}} = \frac{d_2}{d_1} = \frac{z_2}{z_1} \tag{8-9}$$

式(8-9)表明，齿轮传动的传动比与齿数成反比。当主动齿轮齿数 z_1 小于从动齿轮的

齿数 z_2 时，$i>1$，为减速传动；反之，为增速传动。

三、中心距与啮合角

为避免冲击、振动、噪声，保证传动精度，理论上齿轮传动应为无侧隙啮合。如图 8-13 所示，齿轮啮合时相当于一对节圆做纯滚动，标准齿轮无侧隙啮合传动时，侧隙 $\Delta=e_1'-s_2'=0$，即 $e_1'=s_2'$。由于标准齿轮分度圆上有 $e_1=s_2$，所以要实现标准齿轮无侧隙传动，齿轮安装时应使两轮节圆与分度圆重合，这种安装称为标准安装，其中心距 a 称为标准中心距。显然这时的啮合角 α' 等于分度圆压力角 α。标准中心距为

$$a=r_1'\pm r_2'=r_1\pm r_2=\frac{1}{2}m(z_2\pm z_1) \tag{8-10}$$

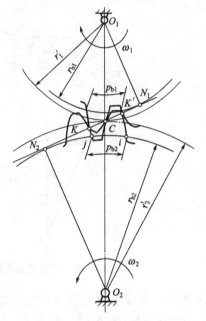

图 8-12　齿轮传动正确啮合条件

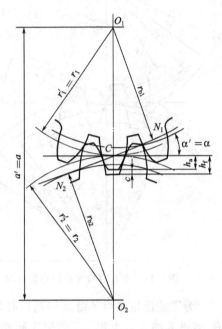

图 8-13　标准安装的外啮合齿轮传动

如图 8-14 所示，当安装中心距 a' 不等于标准中心距 a 时，称为非标准安装。此时，节圆半径发生变化，啮合线位置也发生变化，由于分度圆半径是不变的，使分度圆与节圆分离，啮合角不再等于分度圆上的压力角。因

$$r_1'=\frac{r_{b1}}{\cos\alpha'}=\frac{r_1\cos\alpha}{\cos\alpha'}$$

$$r_2'=\frac{r_{b2}}{\cos\alpha'}=\frac{r_2\cos\alpha}{\cos\alpha'}$$

所以实际安装中心距 a' 为

$$a'=r_1'\pm r_2'=(r_1\pm r_2)\frac{\cos\alpha}{\cos\alpha'}=a\frac{\cos\alpha}{\cos\alpha'} \tag{8-11}$$

当实际安装中心距 a' 大于标准中心距 a 时，则啮合角 α' 大于分度圆上的压力角 α。

四、连续传动条件

齿轮传动是靠两轮的轮齿依次啮合而实现的。如图 8-15 所示，两齿廓进入啮合时，主动轮的齿根与从动轮的齿顶相接触，其啮合点是从动轮的齿顶圆与啮合线 N_1N_2 的交点 B_2。

两轮继续转动时，啮合点的位置沿啮合线 N_1N_2 向下移动，轮 2 齿廓上的接触点由齿顶向齿根滑移，主动轮齿廓上的接触点由齿根向齿顶滑移，这一对轮齿脱离啮合点是主动轮的齿顶与从动轮的齿根相接触的位置，即主动轮的齿顶圆与啮合线的交点 B_1。B_2B_1 称为实际啮合线段。当两齿轮的顶圆变大时，点 B_2、B_1 分别向 N_1、N_2 趋近。因此啮合线 N_1N_2 称为理论啮合线段。

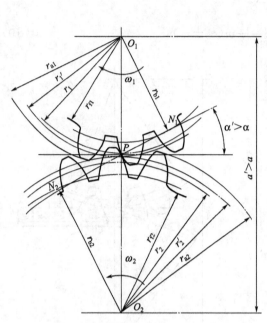

图 8-14　中心距增大后的齿轮传动

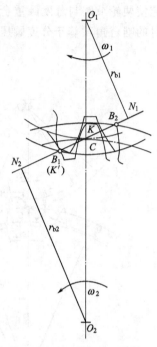

图 8-15　连续传动条件

为了使齿轮连续平稳地传动，必须在前一对轮齿还未脱开啮合时，后一对轮齿应该在 B_2 点进入啮合。为此，必须使实际啮合线段长 B_2B_1 大于法向齿距 KK'，即 B_2B_1 应大于基圆齿距 p_b。因此，齿轮连续传动条件为

$$\varepsilon = \frac{B_2B_1}{p_b} \geqslant 1 \qquad\qquad (8-12)$$

e 称为重合度，e 大表明齿轮同时参与啮合的轮齿对数多，每对轮齿的负荷小，负荷变动量也小，齿轮传动平稳，因此，e 是衡量齿轮传动质量的指标之一。

【例 8-3】　某车间技术革新需要一对标准直齿圆柱齿轮机构，其中心距为 144mm，传动比为 2。在备件库中有下列规格的 4 个齿轮：

序　号	1	2	3	4
齿数	24	47	48	48
齿高/mm	9	9	11.25	9
齿顶圆直径/mm	104	196	250	200

试分析这 4 个齿轮中有没有符合要求的一对齿轮？

解：由题意分析可知，满足传动比为 2 的情况有：

Ⅰ组——1 号齿轮与 3 号齿轮配对；

Ⅱ组——1号齿轮与4号齿轮配对。

由 $h=h_a+h_f=(2h_a^*+c^*)m$ 得

$$m_1=\frac{h_1}{2h_a^*+c^*}=\frac{9}{2\times1+0.25}=4\ (\text{mm})$$

$$m_3=\frac{h_3}{2h_a^*+c^*}=\frac{11.25}{2\times1+0.25}=5\ (\text{mm})$$

$$m_4=\frac{h_4}{2h_a^*+c^*}=\frac{9}{2\times1+0.25}=4\ (\text{mm})$$

由于 $m_1=m_4=4\text{mm}$，$\alpha_1=\alpha_4=20°$，因此，1号齿轮与4号齿轮能配对。1号齿轮与3号齿轮不能配对。

同时 $a_{14}=\dfrac{m}{2}(z_1+z_4)=\dfrac{4}{2}\times(24+48)=144\ (\text{mm})$

显然，1号齿轮与4号齿轮配对后也能满足中心距 $a=144\text{mm}$ 的要求。

第四节　渐开线齿轮的加工原理、变位齿轮与精度简介

一、渐开线轮齿的加工原理

齿轮制造的方法很多，如铸造、冲压、挤压及切削等，其中最常用的是切削加工法。齿轮切削加工法按其原理可分为仿形法和展成法两类。

1. 仿形法

仿形法是在普通铣床上用轴向剖面与被切制齿轮齿廓形状相同的成形铣刀切制齿轮的方法，如图8-16所示。在加工过程中，刀具绕自身轴线旋转，做切削运动，轮坯沿被加工齿轮轴线做直线运动，完成纵向进给运动。每切削完一个齿槽，轮坯退回原位并转位一个齿的角度 $360°/z$，再切削第二个齿槽，重复这样的过程，最终完成整个齿轮的加工。

由于要求刀具的切削刃与被切制齿轮齿廓形状

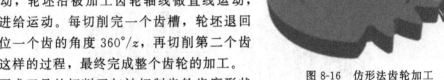

图 8-16　仿形法齿轮加工

相同，故铣刀的切削刃形状应完全按照被加工齿轮的五个基本参数来确定。这样使得一把刀具只能加工参数完全相同的一种齿轮。这显然在实际中是不可行的。为了减少铣刀的数量，实际生产中，一般每把铣刀加工某一齿数范围的齿轮（表8-3）。因此，仿形法加工的齿廓形状通常是近似的。仿形法加工齿轮的特点是：不需要专用机床，但精度低，效率低，仅适用于单件生产和精度要求不高的场合。

表 8-3　圆盘铣刀加工齿数的范围

刀　号	1	2	3	4	5	6	7	8
齿数范围	12~13	14~16	17~20	21~25	26~34	35~54	55~134	135 以上

2. 展成法

展成法是利用一对齿轮无侧隙啮合传动时，其齿廓互为包络线的原理来加工齿轮的。加工时，将其中一个齿轮（或齿条）的渐开线齿廓做成具有切削能力的刀刃，刀刃在轮坯上切

削出能与其相互啮合的渐开线齿廓。展成法加工齿轮，只要刀具与被加工齿轮的模数和压力角相同，不管被加工齿轮的齿数是多少，都可以用一把刀具来加工，这给生产带来了很大方便。展成法加工常用的刀具有齿轮插刀、齿条插刀和齿轮滚刀，各种刀具的齿顶高均比正常齿轮的齿顶高高出 c^*m，以保证被加工齿轮的齿根高度，从而保证标准顶隙。

（1）齿轮插刀　如图 8-17 所示为齿轮插刀加工外齿轮的情形，刀具形状和齿轮相似，并且具有切削加工的刀刃。加工时，机床的传动系统严格地保证插齿刀与轮坯之间的展成运动。齿轮插刀除沿轮坯轴线做往复的切削运动外，还有向中心靠近的横向进给运动。

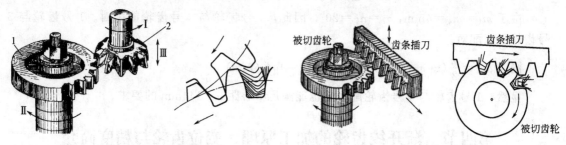

图 8-17　齿轮插刀加工齿轮
1—齿轮；2—齿轮插刀

图 8-18　齿条插刀加工齿轮

（2）齿条插刀　用齿条插刀加工齿轮与齿轮插刀不同之处在于刀具与轮坯之间的展成运动是用齿条与齿轮啮合时的相对运动关系来实现的，如图 8-18 所示。

（3）滚齿　图 8-19 所示为齿轮滚刀在滚齿机上加工齿轮的情形。滚刀外形类似开出若干槽的螺旋，其轴向剖面的齿形与齿条插刀相同。用齿轮滚刀加工齿轮时，被切齿轮和齿轮滚刀分别绕本身轴线转动，其运动关系类似齿轮与齿条的啮合，同时齿轮滚刀又沿着被切齿轮的轴线移动，以完成切齿轮工作。

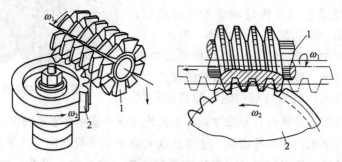

图 8-19　齿轮滚刀加工齿轮
1—齿轮铣刀；2—齿轮

齿轮插刀与齿条插刀加工齿轮均属间断切削，生产率较低；而齿轮滚刀加工属于连续切削，生产率较高，适于大批量生产。

二、根切现象及最少齿数

如图 8-20 所示，用展成法加工齿轮时，刀具的顶部切入了轮齿的根部，将齿根的渐开线齿廓切去一部分的现象，称为根切现象。根切严重的轮齿抗弯能力被削弱，实际重合度减小而影响齿轮传动的平稳性，因此，应力求避免根切。

如图 8-21 所示，齿条插刀加工标准外齿轮时，刀具的中线必须与齿轮的分度圆相切。

要使被加工齿轮不产生根切，刀具的齿顶线与啮合线的交点不能超过极限啮合点 N。加工标准直齿圆柱齿轮时，不产生根切的最少齿数为 $z_{min}=17$。

图 8-20 齿轮的根切现象

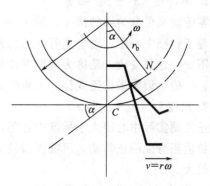

图 8-21 不产生根切的条件

三、变位齿轮简介

标准齿轮存在下列缺点：齿数受根切的限制，齿数不能太少，难以获得很紧凑的齿轮结构；不适用于中心距有变化的场合；一对标准齿轮传动，小齿轮齿根厚度小而啮合次数多，齿面最大滑动率高而磨损快，故比大齿轮的强度低而容易过早失效，不利于实现等寿命传动。为改善齿轮传动的性能，通常采用齿轮变位的方法。

如图 8-22 所示，齿条刀具上与刀具顶线平行且齿厚等于齿槽宽的直线，称为刀具中线，与刀具中线平行的其余直线上齿厚不等于齿槽宽，但齿距和压力角仍与刀具中线相同。

如图 8-22(a) 所示，加工齿轮时，若刀具的中线与轮坯分度圆相切，刀具中线齿厚等于齿槽宽，轮坯分度圆上的齿厚等于齿槽宽，切出的齿轮为标准齿轮。

若刀具与轮坯的相对运动关系不变，但刀具相对于轮坯中心离开或靠近一段距离 xm，则轮坯分度圆与刀具中线不再相切，而是与刀具中线以上或以下的另一直线相切，这根直线称为加工节线。由于加工节线上齿距和压力角分别为刀具中线的齿距和压力角，所以被切削出来的齿轮的模数、压力角也分别与标准齿轮的模数、压力角相等。但加工节线上的齿厚不等于齿槽宽，被切削出来的齿轮在分

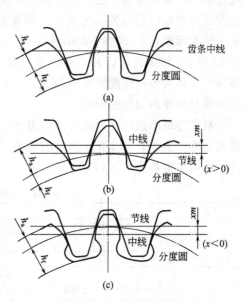

图 8-22 变位齿轮的加工

度圆上的齿厚也不等于齿槽宽。这种刀具中线不与轮坯分度圆相切加工出来的齿轮称为变位齿轮。刀具中线相对于被加工齿轮分度圆所移动的距离，称为变位量，以 xm 表示，m 为模数，x 为变位系数。刀具远离轮坯中心的变位系数为正，$x>0$，即正变位齿轮，如图 8-22(b) 所示；刀具趋近轮坯中心的变位系数为负，$x<0$，即负变位齿轮，如图 8-22(c) 所示；显然 $x=0$ 的齿轮为标准齿轮。

如图 8-22 所示，正变位齿轮齿根部分的齿厚增大，提高了齿轮的抗弯强度，但齿顶变

薄；负变位齿轮的特点则与之相反。

根据变位系数之和的取值不同，变位齿轮传动可分为三种基本类型。

1. 零传动 （$x_1 + x_2 = 0$）

零传动又可分为两种情况：若 $x_1 = x_2 = 0$，即为标准传动；若 $x_1 = -x_2 \neq 0$，则实际中心距等于标准中心距，啮合角等于压力角。但两个齿轮的齿顶高、齿根高都发生了变化，全齿高不变，这种变位传动称为高度变位齿轮传动。为了防止小齿轮产生根切和增大小齿轮的齿厚，一般小齿轮采用正变位，大齿轮采用负变位。

2. 正传动 （$x_1 + x_2 > 0$）

正传动实际中心距大于标准中心距，啮合角大于压力角，故又称为正角度变位传动。变位系数适当分配的正传动，可提高齿轮的强度和使用寿命，但互换性差，齿顶变尖，重合度下降较大。

3. 负传动 （$x_1 + x_2 < 0$）

负传动实际中心距小于标准中心距，啮合角小于压力角，故又称为负角度变位传动。这种传动对齿根强度有削弱作用，一般只在需要调整中心距 （$a' < a$） 时才使用。

四、齿轮的精度

1. 精度等级

由于刀具和机床本身的误差，以及轮坯和刀具在机床上的安装误差等原因，齿轮在加工过程中不可避免地会产生一定的误差，这些误差会影响齿轮传动传递运动的准确性、平稳性以及载荷分布的均匀性，为此，应根据齿轮的实际情况，对齿轮的加工精度提出适当的要求。国家标准 GB 10095—2001 和 GB 11365—1989 规定渐开线圆柱齿轮和锥齿轮的精度分为 13 级，0 级最高，12 级最低，常用的为 6～9 级。规定了 22 个公差检测项目，并将各公差项目按其对传动性能的影响分为 Ⅰ、Ⅱ、Ⅲ 三组公差，分别控制对传递运动准确性、平稳性和载荷分布均匀性的影响。

精度等级的选择应考虑传动的用途、使用条件、传动功率、圆周速度以及其他技术要求而定。可由表 8-4 选出第 Ⅱ 公差组精度等级，第 Ⅰ、Ⅲ 组公差可与第 Ⅱ 组公差精度等级相同，也可根据需要上下相差 1 级。

表 8-4　常用的齿轮精度和使用范围

分类项目		齿轮的精度等级			
		6 级(高精度)	7 级(较高精度)	8 级(中等精度)	9 级(低精度)
圆周速度 /m·s⁻¹	直齿	≤15	≤10	≤6	≤2
	斜齿	≤30	≤20	≤12	≤4
加工方法		在精密机床上用展成法加工，然后精磨或精制	在精密机床上用展成法加工，对未经热处理的齿轮建议用精密加工刀具加工，对淬火齿轮必须进行磨齿或研齿等	用展成法或仿形法加工，不需磨齿，必要时剃齿或研磨	用切削、冲压和模锻等方法加工，不需要精加工
应用范围		用于高速下平稳回转，并要求有高的效率和低噪声的齿轮(Ⅰ组精度可以降低一级)；分度机构可以用齿轮(Ⅱ组精度可以降低一级)；特别重要的飞机齿轮	用于高速、载荷小或反转的齿轮(Ⅰ组精度可以降低一级)；机床进给齿轮，需要运动有配合的齿轮(Ⅱ组精度可以降低一级)；中速减速齿轮。飞机齿轮。人字齿的中速齿轮	对精度没有特别要求的一般机械用齿轮。机床齿轮(分度圆机构除外)；特别不重要的飞机、汽车、拖拉机齿轮；起重机、农业机械、普通减速器用齿轮	对精度要求不高、并在低速下工作的齿轮

2. 齿轮副的侧隙

为避免相啮合齿轮由于制造、安装误差、受力变形和热膨胀而相互卡住，同时也为了储存润滑油，齿轮副应留有一定的侧隙。影响侧隙大小的因素有齿厚偏差和中心距偏差。国家标准规定了 14 种齿厚极限偏差，偏差代号分别为 C、D、E、F、G、H、J、K、L、M、N、P、R、S。每种代号所代表的齿厚极限偏差值是以齿距偏差 $\pm f_{pt}$ 的倍数来表示的，具体偏差值可查阅机械设计手册。齿厚公差带用两个偏差代号的字母来表示，前一个字母表示上偏差，后一个字母表示下偏差。也可以用齿厚极限偏差 E_s 换算成公法线平均长度极限偏差 E_{wm}。

3. 齿轮精度的标注

在齿轮工作图中，应标注齿轮的精度等级和齿厚（或公法线平均长度）极限偏差的代号。

示例：

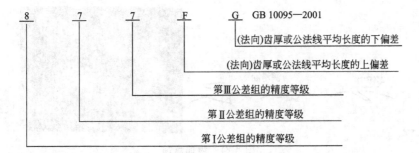

如果三个精度等级相同时，则可简化标注，如 "8　FG　GB 10095—2001"。

第五节　齿轮传动的失效形式

齿轮传动的失效主要发生在轮齿部分。常见的轮齿失效形式有轮齿折断、齿面点蚀、齿面磨损、齿面胶合和齿面塑性变形等。

1. 轮齿折断

如图 8-23（a）所示，轮齿承载时，相当于一悬臂梁承载，齿根部分弯曲应力最大。因此，轮齿折断一般发生在齿根部分。

齿轮轮齿折断有两种：一种是在短时过载或强烈冲击下发生的突然折断，称为过载折断；另一种是由于受循环变化法弯曲应力的反复作用和应力集中引起的疲劳折断。

直齿轮轮齿的折断一般是全齿折断［图 8-23（b）］；斜齿轮和人字齿齿轮由于接触线倾斜，一般是局部齿折断［图 8-23（c）］。

防止轮齿折断的方法有：采用正变位齿轮或适当增大压力角，以增大齿根厚度，降低齿根危险截面上的弯曲应力；对齿根表面进行辗压或喷丸处理，以提高齿根的强度；加大齿根圆角半径并改善齿面的粗糙度，以降低齿根的应力集中；在使用中避免意外的严重过载或冲击等。

2. 齿面点蚀

齿轮传动时，两齿面在理论上是线接触，但实际上是很小的面接触，表层产生很大的局部应力，称为接触应力。在传动过程中，齿面的接触应力按脉动循环变化。当接触应力重复

(a) 轮齿受力　　　　(b) 全齿折断　　　　(c) 局部齿折断

图 8-23　轮齿折断

次数超过一定限度后，齿面上将产生不规则细线状的疲劳裂纹，随着应力循环次数的增加，封闭裂纹内的润滑油在压力的作用下，产生楔挤作用而使裂纹不断扩大，造成齿面表层小片金属剥落形成麻点，这种现象称为疲劳点蚀（图 8-24）。疲劳点蚀一般首先出现在齿根表面靠近节线处。疲劳点蚀使齿面有效承载面积减少，破坏了渐开线齿廓曲面，引起冲击和噪声，导致传动不平稳。

图 8-24　齿面点蚀

齿面耐点蚀能力与齿面硬度有关，齿面硬度越高，耐点蚀能力越强。齿面疲劳点蚀是闭式软齿面齿轮传动中失效的主要形式。

3. 齿面胶合

在高速重载的传动中，由于啮合区的压力很大，润滑油膜因温度升高容易破裂，造成两金属表面直接接触，产生瞬时高温，使齿面接触区熔化并黏结在一起。当齿面相对滑动时，将较软的金属表面沿滑动方向撕下一部分，形成沟纹，这种现象称为胶合，如图 8-25 所示。

图 8-25　齿面胶合

采用黏度较大或有添加剂的抗胶合润滑油；加强散热措施；提高齿面硬度和改善粗糙度；尽可能采用不同成分的材料制造配对的齿轮等，都有助于防止齿面的胶合。

4. 齿面磨损

相互啮合的轮廓表面间存在相对滑动，在载荷作用下会引起齿面的磨损。尤其在开式传动中，由于灰尘、铁屑等杂质落入齿面间成为磨料而加速齿面磨损。如图 8-26 所示，当齿面严重磨损后，渐开线齿廓被破坏，侧隙加大，齿厚减薄，使齿轮不能正常工作。因此，磨损是开式传动的主要失效形式。

图 8-26　齿面磨损

当一对新齿轮投入使用时，加轻载跑合运转 3～4h，会发生跑合磨损，这对传动是有利的，消除了加工痕迹，降低了表面粗糙度值，使啮合情况大大改善。但跑合结束后应更换润滑油，以免发生磨粒磨损。

采用闭式传动，保持良好的润滑条件和维护，提高齿面的硬度和改善粗糙度，都可以减轻齿面的磨损。

5. 塑性变形

在重载的条件下，较软齿面上表层金属可能沿滑动方向滑移，产生局部金属流动现象，使齿面产生塑性变形，导致主动轮 1 的齿面节线附近形成凹沟，从动轮 2 的齿面节线附近产生凸起的棱脊，轮齿失去正确的形状而失效，如图 8-27 所示。

图 8-27　塑性变形
1—主动轮；2—从动轮

提高齿面的硬度、选用屈服极限较高的材料、增大润滑油黏度等方法都有利于防止轮齿塑性变形。

第六节　齿轮的材料及设计准则

一、齿轮常用材料及热处理方法

由失效形式分析可知，对齿轮材料的基本要求为：齿面应具有较高硬度，以抵抗齿面磨损、疲劳点蚀、胶合以及抗塑性变形等；齿心应具有足够的强度和冲击韧性，以抵抗齿根的折断和冲击载荷；应具有良好的加工工艺性能和热处理性能，以便于加工、提高其综合力学性能。考虑到小齿轮齿根厚度较薄、应力循环次数多及磨损大等，通常选择材料时，小齿轮优于大齿轮，当齿面硬度为 350HBS 时，应使小齿轮的齿面硬度比大齿轮的齿面硬度高出 30～50HBS。

齿轮常用材料是锻钢，其次是铸钢和铸铁，有时也采用一些非金属材料制造齿轮。锻钢强度高、韧性好、利于加工和热处理等，大多数齿轮都采用锻钢制造。软齿面齿轮材料常用中碳钢（45、50）和中碳合金钢（40Cr、42SiMn），其齿坯经调质或正火处理后再切齿。软齿面齿轮适用于强度、精度要求不高的场合，其加工工艺简单，生产便利，成本较低。硬齿面齿轮材料常用中碳钢和中碳合金钢，齿轮切齿制造后进行表面淬火处理；或采用低碳钢和低碳合金钢（20Cr、20CrMnTi），进行渗碳淬火处理，热处理后需磨齿。不便磨齿时可采用热处理变形较小的表面渗氮齿轮。硬齿面齿轮适用于结构尺寸要求紧凑、强度和精度要求高的场合，生产成本较高。表 8-5 列出了常用的齿轮材料、热处理方法及其应用范围。

表 8-5　常用的齿轮材料、热处理方法及其应用范围

材　料	牌　号	热　处　理	硬　度	应用范围
优质 碳素钢	45	正　火 调　质 表面淬火	169～217HBS 217～220HBS 48～55HRC	低速轻载 低速中载 高速中载或低速重载,冲击很小
	50	正　火	180～220HBS	低速轻载
合金钢	20Cr	渗碳淬火	56～62HRC	高速中载,承受冲击
	40Cr	调　质 表面淬火	240～260HBS 48～55HRC	中速中载 高速中载,无剧烈冲击
	42SiMn	调　质 表面淬火	217～269HBS 45～55HRC	高速中载,无剧烈冲击
	20CrMnTi	渗碳淬火	56～62HRC	高速中载,承受冲击
铸钢	ZG310-570	正　火 表面淬火	160～210HBS 40～50HRC	中速中载,大直径
	ZG340-640	正　火 调　质	170～230HBS 240～270HBS	
球墨铸铁	QT500-5 QT600-2	正　火	147～241HBS 220～280HBS	低、中速轻载,有小的冲击
灰铸铁	HT200 HT300	人工时效 （低温退火）	170～230HBS 187～235HBS	低速轻载,有小的冲击

二、设计准则

对闭式软齿面齿轮传动，其设计准则是先按齿面接触疲劳强度进行设计，然后再校核轮齿根部的弯曲疲劳强度；对闭式硬齿面齿轮传动，其设计准则是先按弯曲疲劳强度进行设计，然后再校核齿面的接触疲劳强度；开式齿轮传动，其设计准则通常是只按轮齿弯曲疲劳强度的设计公式计算模数，然后据实际情况把求得的模数加大 10%～20%，以考虑磨损量，不必校核齿面接触疲劳强度。

第七节　标准直齿圆柱齿轮传动的设计

一、轮齿受力分析和计算载荷

进行轮齿受力分析是计算齿轮强度计算的前提，也是计算轴和轴承的基础。

图 8-28 所示为一对标准直齿轮圆柱齿轮传动，其齿廓在节点接触，忽略齿面间的摩擦力，从动齿轮给主动齿轮的法向力 F_{n1} 沿着啮合线 N_1N_2。将 F_{n1} 分解为互相垂直的两个分力：圆周力 F_{t1} 和径向力 F_{r1}，其大小为

$$F_{t1} = \frac{2T_1}{d_1} \tag{8-13}$$

$$F_r = F_t \tan\alpha \tag{8-14}$$

$$F_n = \frac{F_t}{\cos\alpha} = \frac{2T_1}{d_1\cos\alpha} \tag{8-15}$$

式中　d_1——小齿轮的分度圆直径，mm；

　　　α——分度圆的压力角；

　　　T_1——小齿轮的理论转矩，N·mm。

通常已知小齿轮传递的功率 P_1（kW）及其转速 n_1（r/min），所以小齿轮上的理论转矩为：

$$T_1 = 9.55 \times 10^6 \times \frac{P_1}{n_1} \tag{8-16}$$

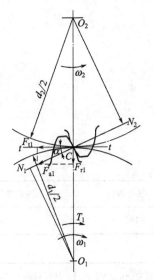

图 8-28　轮齿受力分析

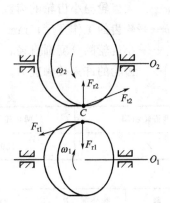

图 8-29　齿的受力方向

齿的受力方向如图 8-29 所示。作用在主动轮上的圆周力 F_{t1} 的方向与其啮合点线速度方向相反，而从动轮上的圆周力 F_{t2} 与其啮合点的线速度方向相同；径向力 F_{r1} 与 F_{r2} 的方向分别指向各自的轮心。由于两齿轮上所受的法向力 F_{n1} 和 F_{n2} 是作用力和反作用力的关系，所以它们必须大小相等，方向相反，分别作用在各自的工作齿面上，即

$$F_{n1} = -F_{n2} \qquad F_{t1} = -F_{t2} \qquad F_{r1} = -F_{r2} \tag{8-17}$$

上述受力分析是在载荷沿齿宽均匀分布的理想条件下进行的，法向力 F_n 称为名义载荷。但实际工作时，由于原动机和工作机的性能，齿轮的加工误差，轮齿、轴和轴承受载后的变形，以及传动中工作载荷的变化等都会使齿轮上所受的实际载荷大于名义载荷 F_n。因此，计算齿轮强度时，通常以计算载荷 KF_n 代替名义载荷 F_n，K 为载荷系数，可由表 8-6 选取。

表 8-6　载荷系数 K

原 动 机	工作机械的载荷特性		
	均　匀	中等冲击	剧烈冲击
电 动 机	1～1.2	1.2～1.6	1.6～1.8
多缸内燃机	1.2～1.6	1.6～1.8	1.9～2.1
单缸内燃机	1.6～1.8	1.8～2.0	2.2～2.4

二、齿面接触疲劳强度计算

齿面点蚀主要与齿面的接触应力大小有关。为了避免齿面发生疲劳点蚀，应使齿面接触处所产生的最大接触应力小于齿轮的许用接触应力。根据弹性力学中的赫兹公式，一对渐开线标准直齿圆柱齿轮传动的齿面接触疲劳强度校核公式为

$$\sigma_H = 3.53 Z_E \sqrt{\frac{KT_1}{bd_1^2} \times \frac{u \pm 1}{u}} \leqslant [\sigma_H] \tag{8-18}$$

式中　$\pm$——"＋"用于外啮合，"－"用于内啮合；

Z_E——材料的弹性系数，见表 8-7；

σ_H——齿面最大接触应力，MPa；

K——载荷系数，见表 8-6；

T_1——小齿轮上的理论转矩，N·mm；

u——大齿轮与小齿轮的齿数比；

b——轮齿的工作宽度，mm；

d_1——小齿轮的分度圆直径，mm；

$[\sigma_H]$——齿轮的许用接触应力，MPa，见表 8-8。

表 8-7　材料的弹性系数 Z_E

两齿轮材料	两齿轮均为钢	钢与铸铁	两齿轮均为铸铁
Z_E	189.8	165.4	144

表 8-8　许用应力值

材　　料	热处理方法	齿面硬度	许用接触应力[σ_H]/MPa	许用弯曲应力[σ_F]/MPa
普通碳钢	正火	150～210HBS	240＋0.8HBS	130＋0.15HBS
碳素钢	调质、正火	170～270HBS	380＋0.7HBS	140＋0.2HBS
合金钢	调质	200～350HBS	380＋HBS	155＋0.3HBS
铸钢		150～200HBS	180＋0.8HBS	100＋0.15HBS
碳素铸钢	调质、正火	170～230HBS	310＋0.7HBS	120＋0.2HBS
合金铸钢	调质	200～350HBS	340＋HBS	125＋0.25HBS
碳素钢、合金钢	表面淬火	45～58HRC	500＋11HRC	160＋2.5HRC
合金钢	渗碳淬火	54～64HRC	23HRC	5.8HRC
灰铸铁		150～250HBS	120＋HBS	30＋0.1HRC
球墨铸铁		200～300HBS	170＋1.4HBS	130＋0.2HBS

为了便于设计，引入齿宽系数 $\Psi_d = \dfrac{b}{d_1}$，代入式(8-18) 得到计算小齿轮分度圆直径的设计公式

$$d_1 \geqslant \sqrt[3]{\left(\frac{3.53Z_E}{[\sigma_H]}\right)^2 \frac{KT_1}{\Psi_d} \times \frac{u \pm 1}{u}} \tag{8-19}$$

由式(8-19) 可见，当一对齿轮的材料、齿宽系数、齿数比一定时，由齿面接触强度所决定的承载能力仅与齿轮的直径或中心距有关，即与 m、z 的乘积有关，而与 m 的单项值无关。

一对啮合齿轮的齿面接触应力 σ_{H1} 与 σ_{H2} 大小相同，但两齿轮的材料不一样，则二者的许用接触应力 $[\sigma_{H1}]$ 与 $[\sigma_{H2}]$ 一般不相等，因此，利用式(8-19) 计算小齿轮分度圆直径时，应代入较小的 $[\sigma_H]$ 值。

三、齿根弯曲疲劳强度计算

轮齿折断与齿根的弯曲应力有关。为了防止轮齿折断，应限制轮齿根部的弯曲应力。如图 8-30 所示，为简化计算并考虑安全性，假定载荷作用于齿顶，且全部载荷由一对轮齿承受，此时齿根部分产生的弯曲应力最大。经推导可得轮齿齿根弯曲疲劳强度的校核公式为

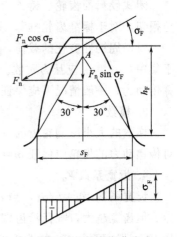

$$\sigma_F = \frac{2KT_1}{bm^2 z_1} Y_F Y_S \leqslant [\sigma_F] \tag{8-20}$$

式中 σ_F——齿根最大弯曲应力，MPa；

m——模数，mm；

z_1——小齿轮齿数；

Y_F——齿形系数，对标准齿轮，取决于齿数，见表 8-9；

图 8-30 轮齿弯曲疲劳强度计算

Y_S——应力修正系数，见表 8-9；

$[\sigma_F]$——轮齿的许用弯曲应力，MPa，见表 8-8。

K、T_1、b 符号意义同前。

引入齿宽系数 $\Psi_d = \dfrac{b}{d_1}$，则得轮齿的弯曲疲劳强度设计公式为

$$m \geqslant \sqrt[3]{\frac{2KT_1}{\Psi_d z_1^2} \times \frac{Y_F Y_S}{[\sigma_F]}} \tag{8-21}$$

表 8-9 正常齿标准外齿轮的齿形系数 Y_F 与应力修正系数 Y_S

z	12	14	16	17	18	19	20	22	25	28	30	35	40	45	50	60	80	100	$\geqslant 200$
Y_F	3.47	3.22	3.03	2.97	2.91	2.85	2.81	2.75	2.65	2.58	2.54	2.47	2.41	2.37	2.35	2.30	2.25	2.18	2.14
Y_S	1.44	1.47	1.51	1.53	1.54	1.55	1.56	1.58	1.59	1.61	1.63	1.65	1.67	1.69	1.71	1.73	1.77	1.80	1.88

由于通常两个相啮合齿轮的齿数是不相同的，故齿形系数 Y_F 和应力修正系数 Y_S 都不相等，而且齿轮的许用应力 $[\sigma_F]$ 也不一定相等，因此必须分别校核两齿轮的齿根弯曲强度。在设计计算时，应将两齿轮的 $\dfrac{Y_F Y_S}{[\sigma_F]}$ 值进行比较，取其中较大者代入式(8-21) 中计算，

计算所得模数应圆整成标准值。

四、齿轮主要参数选择

1. 传动比 i

对减速传动，$i=u$，单级直齿圆柱齿轮传动比 $i \leqslant 8$，以免使齿轮传动的外廓尺寸太大，推荐值为 $i=3 \sim 5$；$i>8 \sim 40$ 时，采用二级齿轮传动；$i>40$ 时，采用三级或三级以上传动。

2. 齿数

闭式软齿面齿轮传动的主要失效形式是齿面疲劳点蚀，一般先按齿面的接触疲劳强度计算出齿轮的分度圆直径，然后再确定齿数和模数。在分度圆直径不变时，齿数愈多，模数就愈小，重合度愈大、传动愈平稳，且可以减少切齿的加工量，节约工时。因此，对闭式软齿面齿轮传动，推荐 $z_1=24 \sim 40$。

闭式硬齿面齿轮、铸铁齿轮及开式传动，容易断齿，因此应增大模数，减少齿数，为避免根切，对于标准齿轮推荐 $z_1=17 \sim 20$。

对于周期性变化的载荷，为避免最大载荷总是作用在某一对或某几对轮齿上而使磨损过于集中，z_1、z_2 应互为质数。这样实际传动比可能与要求的传动比有差异，因此通常要验算传动比，一般情况下应保证传动比误差在 $\pm 5\%$ 以内。

3. 模数 m

模数的大小影响轮齿的弯曲强度。设计时应在保证弯曲强度的条件下取较小的模数。但对传递动力的齿轮应保证 $m=1.5\text{mm}$。

4. 齿宽系数 Ψ_d

齿宽系数 $\Psi_\mathrm{d}=b/d_1$，当 d_1 一定时，增大齿宽系数必然加大齿宽，可提高轮齿的承载能力。但齿宽越大，载荷沿齿宽的分布越不均匀，造成偏载反而降低传动能力，因此应合理选择 Ψ_d。齿宽系数 Ψ_d 的选择可参见表 8-10。

表 8-10　齿宽系数 Ψ_d

齿轮相对于轴承的位置	齿面硬度	
	软齿面(350HBS)	硬齿面(350HBS)
对称布置	0.8～1.4	0.4～0.9
不对称布置	0.6～1.2	0.3～0.6
悬臂布置	0.3～0.4	0.2～0.25

在一般精度的圆柱齿轮减速器中，为补偿加工和装配的误差，一般小齿轮略宽于大齿轮，通常取 $b_1=b_2+(5 \sim 10)\text{mm}$。所以齿宽系数 Ψ_d 实际上为 b_2/d_1。

五、圆柱齿轮的结构设计

齿轮的结构一般由轮缘（轮齿）、轮辐和轮毂三部分组成。结构设计的方法主要是按经验公式或经验数据来确定齿轮的各部分形状和尺寸。齿轮结构形式有齿轮轴式、实心式、腹板式、轮辐式等。

1. 齿轮轴

对于小直径的钢齿轮，若齿根圆直径与轴相差不大，致使在键槽处的尺寸 $y<2.5m$（m 为模数）时，则可将齿轮和轴制成一体，称为齿轮轴，如图 8-31 所示。齿轮轴的刚度较好，但齿轮失效时使轴同时报废而造成浪费。对直径较大（$d_\mathrm{a}>2d_3$）的齿轮，为了便于制造和装配，应将齿轮和轴分开制造。

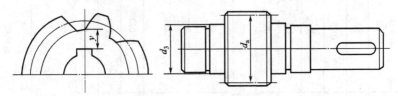

图 8-31 小齿轮及齿轮轴

2. 实心式齿轮

当齿顶圆直径 $d_a \leqslant 200$mm 的钢齿轮，可采用锻造毛坯的实心式结构，如图 8-32 所示。

3. 腹板式齿轮

当齿轮的齿顶圆直径 $d_a = 200 \sim 500$mm 时，为减轻质量和节省材料，常采用腹板式结构，如图 8-33 所示。腹板上常开 4～6 个孔，以减轻重量和加工方便。

4. 轮辐式齿轮

为了节省材料和减轻重量，顶圆直径 $d_a > 500$mm 的齿轮可采用轮辐式结构，如图 8-34 所示。因受锻压设备的限制，齿轮直径过大的毛坯制造困难，因而大尺寸齿轮一般改为铸铁或铸钢齿轮，轮辐的截面一般为十字型。

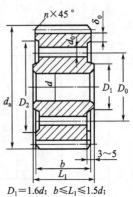

$D_1 = 1.6d$；$b \leqslant L_1 \leqslant 1.5d$；
$\delta_0 = 2.5m_n \geqslant 8$mm；
$D_2 = d_a - 2(h + \delta_0)$；
$D_0 = 0.5(D_2 + D_1)$

图 8-32 实心式齿轮

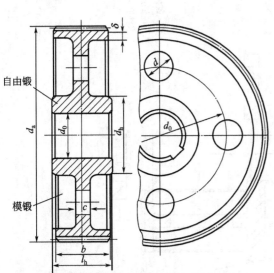

$d_h = 1.6d_a$；$l_h = (1.2 \sim 1.5)d_a$，并使 $l_h \geqslant b$；
模锻 $c = 0.2b$，自由锻 $c = 0.3b$；
$\delta = (2.5 \sim 4)m_n$，但不小于 8mm；
d_0 和 d 按结构取定，当 d 较小时可不开孔

图 8-33 腹板式圆柱齿轮

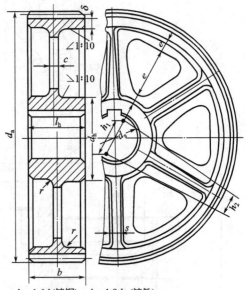

$d_h = 1.6d_s$(铸钢)，$d_h = 1.8d_s$ (铸铁)；
$l_h = (1.2 \sim 1.5)d_s$，并使 $l_h \geqslant b$；
$c = 0.2b$，但不小于 10mm；
$\delta = (2.5 \sim 4)m_n$，但不小于 8mm；
$h_1 = 0.8d_s$，$h_2 = 0.8h_1$；
$s = 0.75h_1$，但不小于 10mm $e = 0.8\delta$

图 8-34 轮辐式圆柱齿轮

齿数	z	170
模数	m	2
压力角	α	20°
齿顶高系数	h_a^*	1
径向间隙系数	c^*	0.25
变位系数	x	0
全齿高	h	4.5
精度等级		8
相啮合齿轮图号	略	
齿圈径向跳动公差	F_r	0.071
公法线长度变动公差	F_w	0.050
周节极限偏差	f_{pt}	±0.022
基节极限偏差	f_{pb}	0.020
跨齿数	k	19
标题栏		

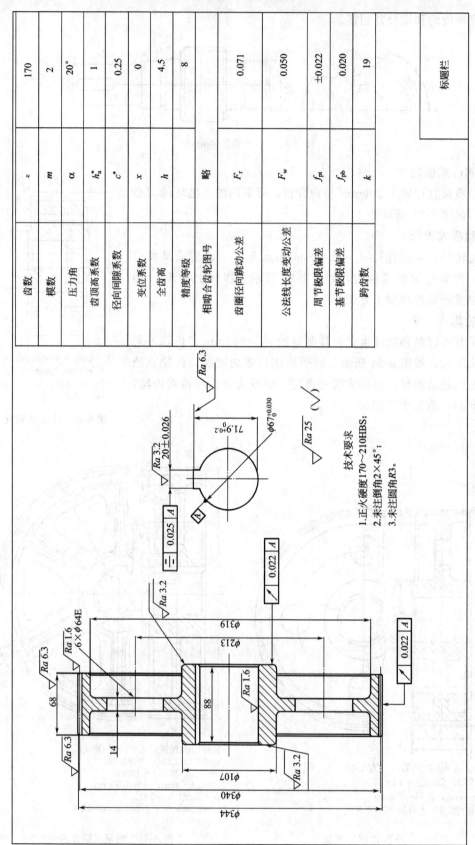

技术要求
1.正火硬度170~210HBS；
2.未注倒角2×45°；
3.未注圆角R3。

图8-36 大齿轮零件图

【例 8-4】 设计某工厂螺旋输送机的一级圆柱齿轮减速器中的齿轮，如图 8-35 所示。设计初始数据为：异步电动机的额定功率 $P=5.5\text{kW}$，转速 $n_1=1440\text{r/min}$，主轴转速 $n_4=90\text{r/min}$。连续单向运转，载荷变动小，三班工作制，带传动中心距 $a<500\text{mm}$，使用年限 8 年。（$i_带=3.2$，$i_齿=5$，$\eta_V=0.95$，$\eta_G=0.99$）。

解： 由于该减速器是用于螺旋输送机的，所以对其外廓尺寸没有特殊限制，故可选用供应充足、价格低廉、工艺简单的钢制软齿面齿轮。对于闭式软齿面齿轮传动，其主要失效形式是齿面疲劳点蚀，其设计准则是先按齿面接触疲劳强度进行设计，然后再校核齿根弯曲疲劳强度是否足够。

设计计算步骤及结果见表 8-11。

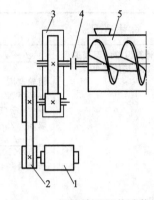

图 8-35 螺旋输送机传动装置
1—电动机；2—带传动；3—减速器；
4—联轴器；5—送料筒

表 8-11 设计计算步骤及结果

设 计 项 目	计 算 内 容 及 说 明	主 要 结 果
1. 选择材料和确定许用应力		
小齿轮材料	45 钢，调质，硬度为 $\text{HB}_1=210\sim270\text{HBS}$，计算中用 215HBS_1。	
大齿轮材料	45 钢，正火，硬度为 $\text{HB}_2=169\sim217\text{HBS}$，计算中用 185HBS_2。	
	（表 8-5）	
小齿轮许用接触应力	$[\sigma_{H1}]=380+0.7\text{HB}_1=380+0.7\times215=530$（MPa）	
	（表 8-8）	
大齿轮许用接触应力	$[\sigma_{H2}]=380+0.7\text{HB}_2=380+0.7\times185=510$（MPa）	
	$[\sigma_{F1}]=140+0.2\text{HB}_1=140+0.2\times215=183$（MPa）	
小齿轮许用弯曲应力	（表 8-8）	
大齿轮许用弯曲应力	$[\sigma_{F2}]=140+0.2\text{HB}_2=140+0.2\times185=177$（MPa）	
2. 按接触疲劳强度计算齿轮的主要尺寸		
(1)计算小齿轮所需传递的转矩 T_1（式 8-16）	$T_1=9.55\times10^6\dfrac{P_1}{n_1}$	
(2)选定载荷系数 K		
(3)计算齿数比 u	$=9.55\times10^6\times\dfrac{5.5\times0.95\times0.99}{1440/3.2}=1.09\times10^5$（N·mm）	$T_1=1.09\times10^5$
(4)选择齿宽系数 Ψ_d		N.mm
(5)材料系数 z_E	原动机为电动机，载荷变动小，查表 8-6，取 $K=1.4$	
(6)按式(8-19)计算小齿轮的分度圆直径 d_1	$u=\dfrac{z_2}{z_1}=i=5$（减速传动，$u=i$）	$K=1.4$
	据齿轮为软齿面和齿轮在两轴承间为对称布置，由表 8-10，取 $\Psi_d=1$	$u=5$
(7)确定齿轮齿数和模数	$z_E=189.8\sqrt{\text{MPa}}$ （表 8-7）	$\Psi_d=1$
	$d_1\geqslant\sqrt[3]{\left(\dfrac{3.52z_E}{[\sigma]_H}\right)^2\times\dfrac{KT_1}{\Psi_d}\times\dfrac{u+1}{u}}$	
	$=\sqrt[3]{\left(\dfrac{3.52\times189.8}{510}\right)^2\times\dfrac{1.4\times1.09\times10^5}{1}\times\dfrac{5+1}{5}}=68$（mm）	
(8)计算齿轮的主要尺寸	闭式软齿面齿轮传动推荐齿数 $z_1=24\sim40$，取 $z_1=34$，$z_2=uz_1=5\times34=170$	
	故 $m=\dfrac{d_1}{z_1}=\dfrac{68}{34}=2$（mm）	
	按标准模数系列（表 8-1）取 $m=2$（mm）	$z_1=34$
	齿轮分度圆	$z_1=170$
	$d_1=mz_1=2\times34=68$（mm）　$d_2=mz_2=2\times170=340$（mm）	
	齿轮传动的中心距	

设 计 项 目	计算内容及说明	主 要 结 果
(9)计算齿轮的圆周速度 v 并选择齿轮精度	$a=\dfrac{d_1+d_2}{2}=\dfrac{68+340}{2}=204$ （mm） 齿轮宽度 $b=b_2=\Psi_{\mathrm{d}}\cdot d_1=1\times68=68$ （mm） $b_1=b_2+(5\sim10)=68+(5\sim10)=73\sim78$ （mm） 取 $b_1=75$mm $\nu=\dfrac{\pi d_1 n_1}{60\times1000}=\dfrac{3.14\times68\times450}{60\times1000}=1.6$ （m/s） 按表表 8-4 选取齿轮精度等级为 8 级精度	$m=2$mm $a=204$mm
3. 校核齿根的弯曲疲劳强度 (1)选 Y_F、Y_S，并比较两齿轮的 $\dfrac{Y_F Y_S}{[\sigma_F]}$ 的大小	查表 8-9， $z_1=34$，$Y_{F1}=2.48$，$Y_{S1}=1.64$ $z_2=170$，$Y_{F2}=2.15$，$Y_{S2}=1.86$ $\dfrac{Y_{F1}Y_{S1}}{[\sigma_{F1}]}=\dfrac{2.48\times1.64}{183}=0.022$　$\dfrac{Y_{F2}Y_{S2}}{[\sigma_{F2}]}=\dfrac{2.15\times1.86}{177}=0.0225$ $\dfrac{Y_{F1}Y_{S1}}{[\sigma_{F1}]}<\dfrac{Y_{F2}Y_{S2}}{[\sigma_{F2}]}$	$b_2=68$mm $b_1=75$mm $\nu=1.6$m/s 精度选用 8 级
(2)计算大齿轮齿根的弯曲应力	$\sigma_{F2}=\dfrac{2KT_1}{bm^2 z_1}Y_{F2}Y_{S2}$ $=\dfrac{2\times1.4\times1.09\times10^5}{68\times2^2\times34}\times2.15\times1.86=131.97$ （MPa）$<[\sigma]_{F2}$　齿轮的弯 曲疲劳强度足够	大小齿轮弯曲疲劳强度足够
4. 计算齿轮的主要几何尺寸	分度圆直径 $d_1=mz_1=2\times34=68$ （mm） $d_2=mz_2=2\times170=340$ （mm） 齿顶圆直径 $d_{a1}=d_1+2h_a^* m=68+2\times1\times2=72$ （mm） $d_{a2}=d_2+2h_a^* m=340+2\times1\times2=344$ （mm） 齿根圆直径 $d_{f1}=d_1-2(h_a^*+c^*)m$ $=68-2\times(1+0.25)\times2=63$ （mm） $d_{f2}=d_2-2(h_a^*+c^*)m$ $=340-2\times(1+0.25)\times2=335$ （mm）	$d_1=68$mm $d_2=340$mm $d_{a1}=72$mm $d_{a2}=344$mm $d_{f1}=63$mm $d_{f2}=335$mm
5. 齿轮的设计和工作图	小齿轮结构设计：齿轮轴（略） 大齿轮结构设计：腹板式齿轮（锻造）如图 8-36 所示	

第八节　斜齿圆柱齿轮传动

斜齿圆柱齿轮传动是指用两个齿向与轴线有倾斜角度的斜齿轮完成平行轴传动的一种齿轮传动，如图 8-37 所示。

直齿圆柱齿轮的齿向与轴线平行，啮合时沿齿宽方向的瞬时接触线均平行于齿轮轴线，如图 8-38(a) 所示，轮齿是沿整个齿宽同时进入啮合、同时脱离啮合的，载荷在轮齿进入和脱离啮合的瞬间变化较大，因此轮齿上的力是突然加上、突然卸掉，从而在高速传动中引起冲击、振动和噪声，传动不够平稳。

斜齿圆柱齿轮的齿向与轴线有一定的倾斜角度，啮合时齿面接触线与齿轮直母线相倾斜，如图 8-38（b）所示，其长度由零逐渐增大，到某一位置后达到最大，又逐渐缩短到零，此时退出啮合。因此斜齿圆柱齿轮传动具有传动平稳、噪声小、承载能力大等优点，故适用于高速重载场合。但由于斜齿轮的轮齿倾斜，工作时会产生轴向力，需使用能承受轴向力的轴承。

图 8-37 斜齿圆柱齿轮传动

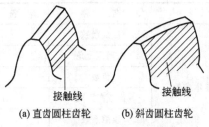

(a) 直齿圆柱齿轮　(b) 斜齿圆柱齿轮

图 8-38 齿轮的齿面接触线变化对比

一、斜齿圆柱齿轮的主参数和几何尺寸

如图 8-39 所示为斜齿轮沿分度圆柱面的展开图，展开后斜齿轮的螺旋线变成斜直线，可见，斜齿轮的齿形有端面和法面之分，垂直于齿轮轴线的平面为端面，端面上的几何参数均带下标"t"；垂直于齿廓螺旋面的平面为法面，法面上的几何参数均带下标"n"。由于加工斜齿轮时，铣刀是沿螺旋齿槽的方向进刀的，因此通常规定法面参数为标准值，并按直齿轮取值。

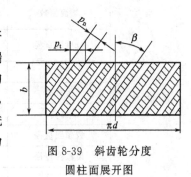

图 8-39 斜齿轮分度
圆柱面展开图

1. 螺旋角β

如图 8-39 所示，将斜齿轮沿分度圆柱面展开后成直线的螺旋线与轴线之间的夹角 β，称为斜齿轮在分度圆柱上的螺旋角，简称螺旋角。β 越大，重合度越大，传动越平稳，但引起的轴向力也越大，通常取 $\beta=8°\sim20°$。

斜齿圆柱齿轮的螺旋线方向有左旋和右旋之分，如图 8-40 所示。其判别方法是：从轴的一端去观察轴线，齿轮轮齿螺旋线往右上升为右旋齿轮，反之为左旋齿轮。

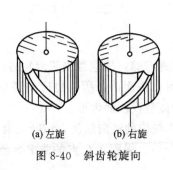

(a) 左旋　　(b) 右旋

图 8-40 斜齿轮旋向

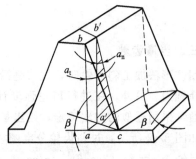

图 8-41 斜齿轮压力角

2. 模数和压力角

由图 8-39 和图 8-41 不难分析得出斜齿轮法面参数与端面参数之间的关系为

$$\left.\begin{array}{l} p_n = p_t \cos\beta \\ m_n = m_t \cos\beta \\ \tan\alpha_n = \tan\alpha_t \cos\beta \end{array}\right\} \tag{8-22}$$

3. 几何尺寸计算

由于斜齿轮端面与直齿轮相当，故可将直齿轮的几何尺寸计算方式应用于斜齿轮的端面。渐开线标准斜齿圆柱齿轮的几何尺寸计算见表 8-12。

表 8-12 标准斜齿圆柱齿轮几何尺寸计算公式

	名　　称	符　号	计　算　公　式
基本参数	法面模数	m_n	按强度决定，按表 8-1 选取标准值
	法面压力角	α_n	选标准值 $\alpha_n = 20°$
	齿数	z	$z_1 \geqslant z_{min}$，$z_2 = iz_1$
	齿顶高系数	h_{an}^*	选标准值 $h_{an}^* = 1$
	顶隙系数	c^*	取标准值 $c_n^* = 0.25$，
	分度圆柱螺旋角	β	一般取 $\beta = 8° \sim 20°$
几何尺寸	端面模数	m_t	$m_t = \dfrac{m_n}{\cos\beta}$
	分度圆直径	d	$d = m_t z = \dfrac{m_n z}{\cos\beta}$
	齿顶高	h_a	$h_a = h_{an}^* m_n$
	齿根高	h_f	$h_f = (h_{an}^* + c_n^*) m_n$
	齿高	h	$h = h_a + h_f = (2h_{an}^* + c_n^*) m_n$
	齿顶圆直径	d_a	$d_a = d + 2h_a = d + 2m_n$
	齿根圆直径	d_f	$d_f = d - 2h_f = d - 2.5m_n$
	标准中心距	a	$a = \dfrac{d_1 + d_2}{2} = \dfrac{m_n(z_1 + z_2)}{2\cos\beta}$

二、斜齿圆柱齿轮传动的正确啮合条件

一对外啮合斜齿圆柱齿轮传动的正确啮合条件为：两齿轮的法面模数和法面压力角必须相等，螺旋角还必须大小相等、旋向相同（内啮合）或相反（外啮合），即

$$\begin{array}{l} \alpha_{n1} = \alpha_{n2} = \alpha_n \\ m_{n1} = m_{n2} = m_n \\ \beta_1 = \pm\beta_2 \end{array} \tag{8-23}$$

三、当量齿数

用仿形法加工斜齿轮时，铣刀是沿螺旋齿槽的方向进刀的，故应当按照齿轮的法面齿形来选择铣刀。另外，在进行齿轮强度计算时，应力作用在法面内，所以也应知道法面的齿形。通常采用近似的方法确定，用当量齿轮的齿形去近似替代法面齿形。

如图 8-42 所示，过斜齿轮分度圆柱面上任一点 C 作轮齿的法向断面，该断面为一椭圆。其长半轴为 $a = d/(2\cos\beta) = r/\cos\beta$，短半轴为 $b = d/2 = r$。椭圆在 C 点的曲率半径为

$$\rho = \frac{a^2}{b} = \frac{d}{2\cos^2\beta}$$

以 ρ 为分度圆半径，以法面模数 m_n 为模数，$\alpha_n = 20°$，作一直齿圆柱齿轮，它与斜齿轮

法面齿形非常接近，这个假想的直齿圆柱齿轮称为斜齿圆柱齿轮的当量齿轮，其齿数 z_v 称为当量齿数。

$$z_v = \frac{2\rho}{m_n} = \frac{d}{m_n \cos^2\beta} = \frac{m_n z}{m_n \cos^3\beta} = \frac{z}{\cos^3\beta} \quad (8\text{-}24)$$

式中，z 为斜齿轮的实际齿数。

因斜齿圆柱齿轮的当量齿轮为一直齿圆柱齿轮，其不发生根切的最少齿数为 $z_{v\min} = 17$，则正常齿标准斜齿轮不发生根切的最少齿数为

$$z_{\min} = z_{v\min} \cos^3\beta \quad (8\text{-}25)$$

由此可知，标准斜齿轮不发生根切的最少齿数小于17，其结构比直齿轮更紧凑。

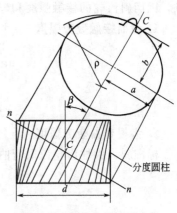

图 8-42　斜齿轮的当量齿轮

四、斜齿圆柱齿轮传动的受力分析

如图 8-43 所示，忽略摩擦力，作用在轮齿上法向力 F_n（垂直于齿廓）可分解为互相垂直的三个分力：圆周力 F_t、径向力 F_r 和轴向力 F_a，其大小为

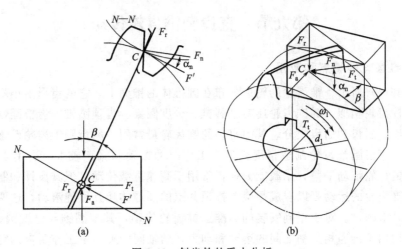

图 8-43　斜齿轮的受力分析

$$\left.\begin{aligned}
F_t &= \frac{2T_1}{d_1} \\
F_r &= \frac{F_t \tan\alpha_n}{\cos\beta} \\
F_a &= F_t \tan\beta
\end{aligned}\right\} \quad (8\text{-}26)$$

圆周力和径向力方向的判定方法与直齿圆柱齿轮相同；主动轮上的轴向力方向可根据左、右手定则判定，即左旋用左手，右旋用右手，握住齿轮轴线，四指顺着齿轮的转向弯曲，拇指的指向即为轴向力的方向，如图 8-44 所示。从动轮上的轴向力与主动轮方向相反。

五、斜齿圆柱齿轮传动的强度计算

斜齿圆柱齿轮传动的强度计算方法与直齿圆柱齿轮相似。由于斜齿轮齿面接触线是倾斜的及重合度较大等特

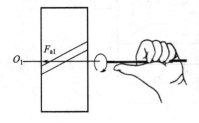

图 8-44　轴向力方向判定

点，因而斜齿轮的接触强度和弯曲强度都比直齿轮高。

1. 齿面接触疲劳强度

$$\sigma_H = 3.17 Z_E \sqrt{\frac{KT_1}{bd_1^2} \times \frac{u \pm 1}{u}} \leqslant [\sigma_H] \tag{8-27}$$

$$d_1 \leqslant \sqrt[3]{\left(\frac{3.17 Z_E}{[\sigma_H]}\right)^2 \times \frac{KT_1}{\Psi_d} \times \frac{u \pm 1}{u}} \tag{8-28}$$

2. 齿根弯曲疲劳强度

标准斜齿圆柱齿轮齿根弯曲疲劳强度的校核公式和设计公式为

$$\sigma_F = \frac{1.6 KT_1 \cos\beta}{bm_n^2 z_1} Y_F Y_S \leqslant [\sigma_F] \tag{8-29}$$

$$m_n \geqslant \sqrt[3]{\frac{1.6 KT_1 \cos^2\beta}{\Psi_d z_1^2} \times \frac{Y_F Y_S}{[\sigma_F]}} \tag{8-30}$$

斜齿轮传动的设计方法和参数选择原则与直齿轮传动基本上相同。值得注意的是：齿形系数 Y_F、应力修正系数 Y_S 应按斜齿轮的当量齿数 z_v 由表 8-9 选取。

第九节　直齿圆锥齿轮传动

一、圆锥齿轮的特点和应用

如图 8-45（a）所示，锥齿轮的轮齿分布在圆锥体的锥面上，它的齿形由小端到大端逐渐增大。与圆柱齿轮相似，圆锥齿轮还有基圆锥、分度圆锥、齿顶圆锥、齿根圆锥。圆锥齿轮的轮齿有直齿、斜齿和曲齿之分，其中直齿圆锥齿轮最常用，斜齿圆锥齿轮已逐渐被曲齿圆锥齿轮代替。直齿圆锥齿轮制造精度较低，工作时的振动和噪声较大，适用于低速轻载传动；曲齿圆锥齿轮传动平稳，承载能力强，常用于高速重载传动，但其设计和制造较复杂。

一对圆锥齿轮的运动可以看成是两个锥顶共点的圆锥体相互做纯滚动，这两个锥顶共点的圆锥体就是节圆锥。对于正确安装的标准圆锥齿轮传动，其节圆锥与分度圆锥应该重合。圆锥齿轮传动用于传递相交轴之间的运动和动力，两轴间的夹角由工作要求确定，在生产中广泛应用的是轴间角为 90°。

图 8-45（b）所示为一对正确安装的标准直齿圆锥齿轮，其分度圆锥与节圆锥重合，两齿轮的分度圆锥角分别为 δ_1 和 δ_2，大端分度圆半径分别为 r_1、r_2，齿数分别为 z_1、z_2。当轴间角 $\sum = \delta_1 + \delta_2 = 90°$ 时，其传动比为

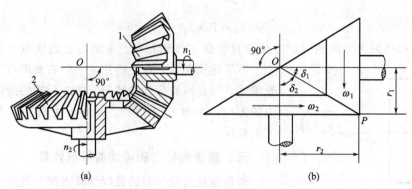

图 8-45　直齿圆锥齿轮传动

$$i_{12} = \frac{\omega_1}{\omega_2} = \frac{r_2}{r_1} = \frac{z_2}{z_1} = \frac{OP\sin\delta_2}{OP\sin\delta_1} = \frac{\sin\delta_2}{\sin\delta_1} = \tan\delta_2 = \cot\delta_1 \qquad (8\text{-}31)$$

二、直齿圆锥齿轮的基本参数和几何尺寸

由于大端尺寸最大，其计算和测量的相对误差较小，便于估计机构的外廓尺寸，因此，圆锥齿轮的基本参数一般以大端参数为标准值。其标准模数系列见表 8-13，$\alpha = 20°$、$h_a^* = 1$、$c^* = 0.2$。

表 8-13　圆锥齿轮模数（摘自 GB 12368—1990）

0.1	0.12	0.15	0.2	0.25	0.3	0.35	0.4	0.5	0.6	0.7
0.8	0.9	1	1.125	1.25	1.375	1.5	1.75	2	2.25	2.5
2.75	3	3.25	3.5	3.75	4	4.5	5	5.5	6	6.5
7	8	9	10	11	12	14	16	18	20	22
25	28	30	32	36	40	45	50			

标准直齿圆锥齿轮各部分名称及几何尺寸计算公式见图 8-46、表 8-14。

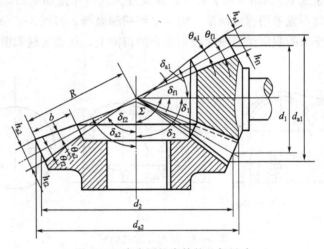

图 8-46　直齿圆锥齿轮的几何尺寸

表 8-14　标准直齿圆锥齿轮传动的几何尺寸计算公式（$\Sigma = 90°$）

序　号	名　称	符　号	计 算 公 式
1	分度圆锥角	δ	$\delta_1 = \operatorname{arccot}\dfrac{z_2}{z_1}$，$\delta_2 = 90° - \delta_1$
2	分度圆直径	d	$d_1 = mz_1$，$d_2 = mz_2$
3	齿顶高	h_a	$h_{a1} = h_{a2} = h_a^* m$
4	齿根高	h_f	$h_{f1} = h_{f2} = (h_a^* + c^*)m$
5	齿顶圆直径	d_a	$d_{a1} = d_1 + 2h_a\cos\delta_1$，$d_{a2} = d_2 + 2h_a\cos\delta_2$
6	齿根圆直径	d_f	$d_{f1} = d_1 - 2h_f\cos\delta_1$，$h_{f2} = d_2 - 2h_f\cos\delta_2$
7	锥距	R	$R = \dfrac{1}{2}\sqrt{d_1^2 + d_2^2}$
8	齿宽	b	$b = \varPsi_R R = (0.25 \sim 0.3)R$
9	齿顶角	θ_a	不等顶隙收缩齿：$\theta_{a1} = \theta_{a2} = \arctan\dfrac{h_a}{R}$， 等顶隙收缩齿：$\theta_{a1} = \theta_{f2}$，$\theta_{a2} = \theta_{f1}$
10	齿根角	θ_f	$\theta_{f1} = \theta_{f2} = \arctan\dfrac{h_f}{R}$

第十节　齿轮传动的维护和修复

一、齿轮传动的润滑

齿轮传动的润滑目的是减少摩擦、减轻磨损，延缓齿轮传动的寿命，保证齿轮传动的工作能力。

闭式齿轮传动的润滑方式有浸油润滑和喷油润滑两种，一般可根据齿轮的圆周速度进行选择。

当齿轮的圆周速度 $v \leqslant 12 \mathrm{m/s}$ 时，通常采用浸油润滑方式，如图 8-47（a）所示。高速级大齿轮 1～2 个轮齿浸入油中，低速级可浸深一些，但浸油过深会增大运动阻力并使油温升高。注意浸油齿轮的齿顶距离油箱底面应不少于 30～50mm，以免搅起油泥，且储油太少不利于散热。在多级齿轮传动中，对于未浸入油池内的齿轮，可采用带油轮将油带到未浸入油池内的齿轮齿面上，如图 8-47（b）所示。浸油齿轮可将油甩到齿轮箱壁上，有利于冷却。

当齿轮的圆周速度 $v > 12 \mathrm{m/s}$ 时，由于圆周速度大，齿轮搅油剧烈，且黏附在齿廓面上的油易被甩掉，因此不宜采用浸油润滑，而应采用喷油润滑，如图 8-47（c）所示。喷油润滑是用泵将具有一定压力的润滑油经喷嘴喷到啮合的齿面上，从而实现润滑。

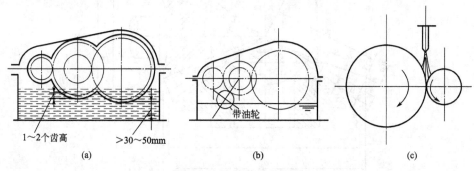

图 8-47　齿轮传动的润滑

开式齿轮传动由于其传动速度较低，通常采用人工定期加油润滑方式。

选择润滑油时，通常先根据齿轮的工作条件以及圆周速度查出润滑油的运动黏度值，再根据选定的黏度确定润滑油的牌号。具体选择方法可查阅机械设计手册。

二、齿轮传动的维护

使用齿轮传动时，在启动、加载、换挡及制动的过程中应力求平稳，避免产生冲击载荷；以防止引起断齿等故障；要遵守工作规程，不允许过载使用；注意空载换挡，以免断齿。

经常检查润滑系统的状况，如润滑油量、供油状况、润滑油质量等，按照使用规则定期更换或补充规定牌号的润滑油。润滑工作要求定点、定质、定量、定期、定人。例如对浸油齿轮润滑应定期检查油面高度，油面过低则润滑不良，油面过高会增加搅油功率的损失。对于压力喷油润滑系统还需检查油压状况，油压过低会造成供油不足，油压过高则可能是因为油路不畅通所致，需及时调整油压。

注意监视齿轮传动的工作状况，如有无不正常的的声音或箱体过热现象。润滑不良和装配不合要求是齿轮失效的重要原因。声响监测和定期检查是发现齿轮损伤的主要方法。

三、齿轮的修复

在生产中，常见齿轮损伤主要有过量磨损、点蚀、撕痕和断齿。应根据情况不同，予以修理或更换。对失效的齿轮进行修复，在机械设备维修中甚为多见。下面介绍几种常用的修复方法。

1. 调整换位法

对于结构对称的齿轮，当单面磨损后可直接翻转180°，利用齿轮未磨损或磨损较轻的部位继续工作而不影响其结构。这种方法称为调整换位法。

如图8-48所示，对于结构不对称的齿轮，可将影响安装的不对称部分去掉，并在另一端用焊、铆或其他方法添加相应结构后，再翻转180°安装使用；也可在另一端加调整垫片，把齿轮调整到正确位置，而不需添加结构。

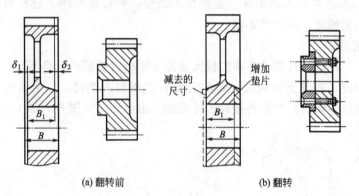

(a) 翻转前   (b) 翻转

图 8-48   调整换位法

2. 堆焊修复法

当齿轮的轮齿崩坏，齿端、齿面磨损超限，或存在严重表层剥落时，可以使用堆焊法进行修复，即在已损坏轮齿表面用堆焊的方法熔敷一层特殊的合金层，并进行加工处理恢复其使用性能的修复方法。齿轮堆焊的一般工艺为：焊前退火、焊前清洗、施焊、焊缝检查、焊后机械加工与热处理、精加工、最终检查及修整。

（1）堆焊   当齿轮个别齿发生断齿、崩牙等严重损坏时，可以用电弧堆焊法进行局部堆焊。为防止齿轮过热、避免热影响，可把齿轮浸入水中，只将被焊齿露于水面，邻近的齿用石棉布遮盖，如图8-49所示。

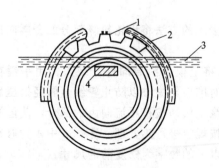

图 8-49   齿轮的局部堆焊

1—堆焊齿；2—石棉布；3—水槽；4—托架

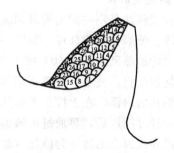

图 8-50   多层堆焊

1～27—焊接层次

　　当齿轮少数齿面磨损严重时，可采用齿面多层堆焊，如图 8-50 所示。施焊时，从齿根逐步焊到齿顶，每层重叠量为 2/5 ～1/2，焊一层经稍冷后再焊下一层。如果有几个齿面需堆焊，应间隔进行。

　　（2）焊后热处理　将齿轮重新加热到 600～650℃，保温 1h，冷却至 400℃时，在空气中冷却到室温，以消除残余应力，从而减少裂纹等工艺缺陷的产生，提高轮齿的强度。

　　（3）轮齿加工　对于堆焊后的齿轮，要经过加工处理后才能使用。最常用的方法有磨合法和切削加工方法。

　　① 磨合法。按应有的齿形进行堆焊，随时用齿形样板检验堆焊层厚度，基本上不堆焊出（或留很少）加工余量，然后用通过手工修锉打磨，除去大的凸出点，最后在运转中依靠磨合磨出光洁表面。这种方法工艺简单、维修成本低，但对配对齿轮磨损较大，适用于转速很低的开式齿轮的修复。

　　② 切削加工法。在堆焊时留有一定的加工余量，然后在机床上进行切削加工。此方法能获得较高的齿轮精度，生产效率高。

3. 栽齿修复法

　　对于低速、平稳载荷且要求不高的较大齿轮，单个齿折断后可将断齿根部锉平，根据齿根高度及齿宽情况，在其上面栽上一排与齿轮材质相似的螺钉，包括钻孔、攻螺纹、拧螺钉，并以堆焊连接各螺钉，然后再按齿形样板加工出齿形，如图 8-51 所示。

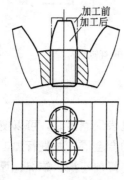

图 8-51　栽齿修复法

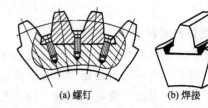

(a) 螺钉　　　　　(b) 焊接

图 8-52　镶齿修复法

4. 镶齿修复法

　　在机床切去损坏的齿，并在齿根部分加工出燕尾槽，然后将预制好的新齿（材料与齿轮相同）装入燕尾槽，并用螺钉或焊接固定，如图 8-52 所示。

5. 塑性变形法

　　塑性变形法是用一定的模具和装置并以挤压或滚压的方法将齿轮轮缘部分的金属向齿的方向挤压，使磨损的齿加厚，如图 8-53 所示。

　　将齿轮加热到 800～900℃放入下模 3 中，然后将上模 2 沿导向杆 5 装入，用手锤在上模四周均匀敲打，使上下模具互相靠紧。将销子 1 对准齿轮中心以防止轮缘金属经挤压后进入齿轮轴孔的内部。在上模 2 上施加压力，齿轮轮缘金属即被挤压流向齿的部分，使齿厚增大。齿轮经过模压后，再通过机械加工铣齿，最后按规定进行热处理。图 8-53 中 4 为修复的齿轮，尺寸线以上的数字为修复后的尺寸，尺寸线以下的数字为修复前的尺寸。

　　塑性变形法只适用于修复模数较小的齿轮。由于受模具尺寸的限制，齿轮的直径也不宜过大。需修复的齿轮不应有损伤、缺口、剥蚀、裂纹以及用此法修复不了的其他缺陷；材料

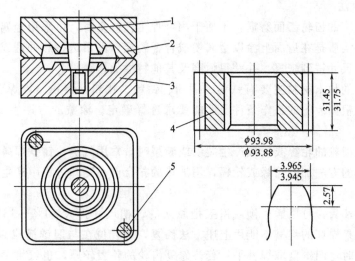

图 8-53 塑性变形法
1—销子；2—上模；3—下模；4—修复的齿轮；5—导向杆

要有足够的塑性，并能成形；结构要有一定的金属储备量，使磨损区的轮齿得到扩大，且磨损量应在齿轮和结构的允许范围内。

6. 变位切削法

齿轮磨损后可利用变位切削，将大齿轮的磨损部分切去，另外配换一个新的小齿轮与大齿轮相配，齿轮传动即可恢复。大齿轮经过负变位切削后，它的齿根强度虽有所降低，但仍比小齿轮高，只要验算出轮齿的弯曲强度在允许的范围内便可使用。

若两齿轮的中心距不能改变时，与经过负变位切削后的大齿轮相啮合的新小齿轮必须采用正变位切削。它们的变位系数大小相等，符号相反，形成高度变位，使中心距与变位前的中心距相等。

如果两传动轴的位置可调整，新的小齿轮不用变位，仍采用原来的标准齿轮。若小齿轮装在电动机轴上，可移动电动机来调整中心距。

采用变位切削法修复齿轮，必须进行有关方面的验算，包括如下几点。

① 根据大齿轮的磨损程度，确定切削位置，即大齿轮切削最小的径向深度。

② 当大齿轮齿数小于 40 时，需验算是否会有根切现象；若大于 40，一般不会发生根切，可不验算。

③ 当小齿轮齿数小于 25 时，需验算齿顶是否变尖；若大于 25，一般很少会使齿顶变尖，不需验算。

④ 必须验算轮齿齿形有无干涉现象。

⑤ 对闭式传动的大齿轮经负变位切削后，应验算轮齿表面的接触疲劳强度，开式传动可不验算。

⑥ 当大齿轮的齿数小于 40 时，需验算弯曲强度；大于或等于 40 时，因强度减小不多，可不验算。

变位切削法适用于大传动比、大模数的齿轮传动因齿面磨损而失效，成对更换不合算的情况，采取对大齿轮进行负变位修复而使齿轮得到保留，只需配换一个新的正变位小齿轮，即可使传动得到恢复。它可减少材料消耗，缩短修复时间。

7. 金属涂敷法

对于模数较小的齿轮齿面磨损，不便于用堆焊工艺修复时，可采用金属涂敷法。

这种方法的实质是在齿面上涂以金属粉或合金粉层，然后进行热处理或者机械加工，从而使零件的原有尺寸得到恢复，并获得耐磨及其他特性的覆盖层。

涂敷时所用的粉末材料主要有铁粉、铜粉、钴粉、钼粉、镍粉、堆焊合金粉、镍-硼合金粉等，修复时根据齿轮的工作条件及性能要求选择确定。涂敷的方法主要有喷涂、压制、沉积和复合等。

此外，铸铁齿轮的轮缘或轮辐产生裂纹或断裂时，常用气焊、铸铁焊条或焊粉将裂纹处焊好，用补夹板的方法加强轮缘或轮辐，用加热的扣合件在冷却过程中产生冷缩将损坏的轮缘或轮辐锁紧。

齿轮键槽损坏后，可用插、刨或钳工把原来的键槽尺寸扩大 $10\% \sim 15\%$，同时配制相应尺寸修复。如果损坏的键槽不能用上述方法修复，可转位在与旧键槽成 $90°$ 的表面上重新开一个键槽，同时将旧键槽堆焊补平；若待修复齿轮的轮毂较厚，也可将轮毂孔以齿顶圆定心进行镗大，然后在镗好的孔中镶套，再切制标准键槽；但镗孔后轮毂壁厚小于 $5mm$ 的齿轮不宜用此法修复。

齿轮孔径磨损后，可用镶套、镀铬、镀镍、电刷镀、堆焊等工艺方法修复。

第十一节　齿轮传动的装配

齿轮传动装配的基本要求是：将齿轮正确地装配和固定在轴上，精确两啮合齿轮的相对位置，使齿轮副之间具有一定的啮合间隙，保证齿的工作表面能良好地接触。装配正确的齿轮传动在运转时，应该是速度均匀，没有振动和噪声。

一、圆柱齿轮传动的装配

1. 把齿轮装在轴上

装配前应对齿轮、轴进行精度检查，符合技术要求才能装配。齿轮与轴的配合面在压入前应涂润滑油，配合面为锥形面时，应用涂色法检查接触状况，对接触不良的应进行刮削，使之达到要求。将齿轮装配在轴上时，应使齿轮的中心线与轴同轴线，齿轮的端面与轴的轴线垂直。但装配后常出现偏心、歪斜和端面未靠贴轴肩等的安装误差，如图 8-54 所示。这些安装误差可以通过测量齿轮齿圈的径向跳动和端面跳动来检查，其测量方法如图 8-55 所示。齿轮正确装配到轴上后，就可以装配轴承。

2. 把已装好齿轮和轴承的轴装入箱体

首先装入转速最低的轴，然后依次装入转速较高的轴。为了保证装配质量，在装配过程中必须对两啮合齿轮的中心距、轴线的平行度、啮合间隙和啮合接触面等进行严格的检查。

（1）两啮合齿轮的中心距检查　在齿轮轴未装入箱体以前，可以用检验心轴和内径千分尺或游标卡尺来测量两轴承座孔的中心距，如图 8-56 所示。

（2）轴线平行度的检查　平行度的检查方法如图 8-57 所示。检查前，先将齿轮轴或心轴放在箱体的轴承孔内，然后用内径千分尺来测量水平方向上轴线的平行度（即两根轴线在 $1m$ 长度上的中心距的差值），再用水平仪来测量铅垂方向上轴线的平行度（即两根轴线水平度的差值）。

（3）啮合侧隙的检查　装配圆柱齿轮时，齿轮副的啮合侧隙是由各种有关零件的加工误差决定的，一般装配无法调整。侧隙大小的检查方法有下列三种。

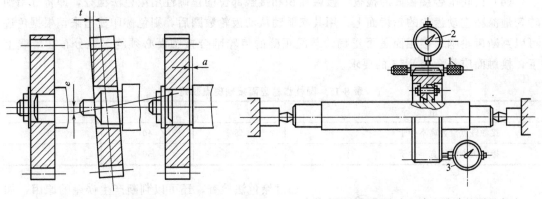

图 8-54　齿轮安装误差　　　　　图 8-55　齿轮齿圈的径向跳动和端面跳动的测量方法

1—量块；2,3—千分尺

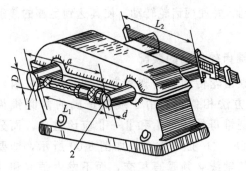

图 8-56　中心距测量

1,2—检验心轴

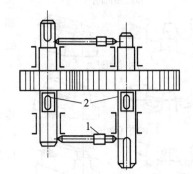

图 8-57　平行度的检查

1—内径千分尺；2—水平仪

① 塞尺法。用塞尺可以直接测量出齿轮的齿轮的啮合侧隙。

② 压铅法。压铅法是测量侧隙和顶隙最常见的方法，其测量方法如图 8-58 所示。测量时，先将铅丝放置在齿面上，铅丝的直径不宜超过最小侧隙的 4 倍。转动齿轮挤压铅丝，测量铅丝最厚部分的厚度，即为顶隙 c；相邻两较薄处的厚度和，即为侧隙 $j_n = j'_n + j''_n$。对于大型齿轮必须放置两条以上的铅丝，才能正确地测量出间隙。此时不仅可以根据它检查间隙，而且还能检查出齿轮轴线的平行度。

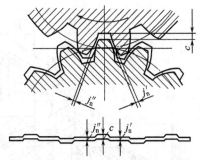

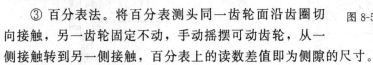

图 8-58　用压铅法测量侧隙和顶隙

③ 百分表法。将百分表测头同一齿轮面沿齿圈切向接触，另一齿轮固定不动，手动摇摆可动齿轮，从一侧接触转到另一侧接触，百分表上的读数差值即为侧隙的尺寸。

如果被测齿轮为斜齿轮或人字齿轮，法面侧隙 j_n 按下式计算

$$j_n = j_k \cos\beta \cos\alpha_n \qquad (8\text{-}32)$$

式中　j_k——端面侧隙，mm；

　　　β——螺旋角；

α_n——法面压力角。

（4）齿轮啮合接触面的检查　接触面积和接触部位的正确性用涂色法检查，即将红铅油均匀地涂在主动齿轮的轮齿面上，用其来驱动从动齿轮数圈后，则色迹印显出来，根据色迹可以判断齿轮啮合接触面是否正确。装配正确的齿轮啮合接触面必须均匀地分布在节线上下，接触面应符合表 8-15 的要求。

表 8-15　圆柱齿轮齿面接触斑点规范　　　　　　　　　　　　　%

精度等级	7	8	9
接触斑点沿齿高不少于	45	40	30
接触斑点沿齿宽不少于	60	50	40

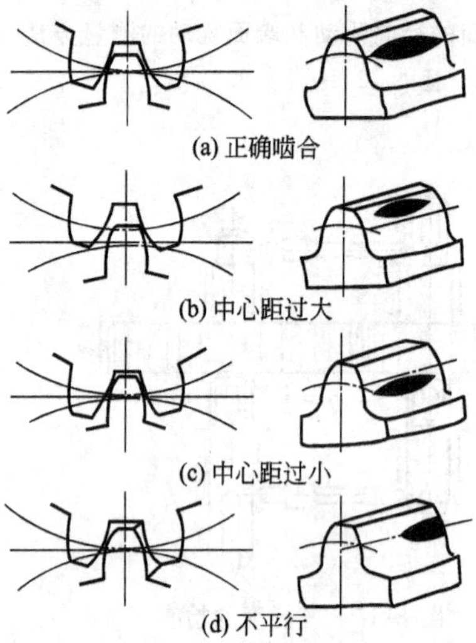

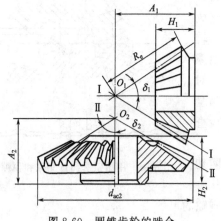

(a) 正确啮合

(b) 中心距过大

(c) 中心距过小

(d) 不平行

图 8-59　圆柱齿轮副轮齿表面
啮合接触斑点位置分布

通过涂色法检查，还可以判断产生误差的原因，如图 8-59 所示。为了纠正不正确的啮合接触，可采用改变齿轮中心线的位置、研刮轴瓦或加工齿形等方法来修正。当齿轮啮合位置正确，而接触面积太小时，可在齿面上加研磨剂，并使两齿轮转动，使其达到足够的接触面积。

二、圆锥齿轮传动的装配

装配圆锥齿轮传动的步骤和方法同装配圆柱齿轮传动步骤和方法相似，但由于装配正确的两圆锥齿轮，其分度圆锥母线 I—I 和 II—II 应该重合，而分度圆锥顶点 O_1、O_2 必须重合，如图 8-60 所示，即要求两圆锥齿轮轴线必须垂直相交，而不发生歪斜和偏移，以保证齿轮工作表面正确啮合。因此，装配时必须检查轴承座孔轴线的交角、轴间距（偏移量）、啮合间隙和接触斑点。

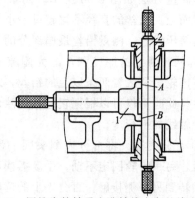

图 8-60　圆锥齿轮的啮合

图 8-61　圆锥齿轮轴承座孔轴线交角的检查方法
1—检验叉子；2—检验心轴

1. 轴线交角的检查

圆锥齿轮轴承座孔轴线交角的检查方法如图 8-61 所示。检查时，如果交角正确，即轴线没有歪斜，则检验心轴上的检验叉子 1 和检验心轴 2 之间的接触点 A 和 B 处无间隙，或间隙在允许范围内，此间隙可用塞尺测量，然后换算成分度圆母线长度上的偏差，其值不得超过极限值。

2. 轴承座孔轴线的轴间距的检查

如图 8-62 所示，检查时，如果轴线相交，则两根检验心轴的槽口平面之间应无间隙；如果不相交，则可用塞尺测量槽口平面之间的间隙 Δf_a，此间隙即为轴线的轴间距偏差，其值不应超过允许值。

3. 啮合间隙的检查

圆锥齿轮的啮合间隙可用塞尺、千分表和压铅法进行检查。顶隙 $c = 0.2m$，m 为大端模数，圆锥齿轮副的最小法向侧隙 $j_{n\min}$ 应在允许范围内。

当圆锥齿轮在其轴线上有轴向移动时，则节圆锥顶点 O_1 和 O_2 不能重合，因此侧隙可能增大或减小，这时可以用调整垫片来进行轴向调整，如图 8-63 所示。

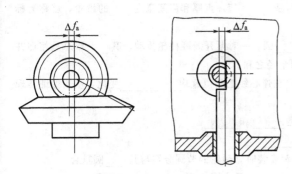

图 8-62 圆锥齿轮轴间距偏差检查方法

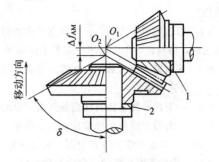

图 8-63 圆锥齿轮啮合间隙的调整方法
1,2—调整垫片

4. 啮合接触面积的检查

圆锥齿轮接触斑点的检查方法与圆柱齿轮相同。圆锥齿轮啮合接触斑点的大小和位置如图 8-64 所示。圆锥齿轮啮合正确时，在无负荷的情况下斑点靠近轮齿的小端是恰当的，因为在齿轮承受载荷时，小端可能变形，因而使轮齿可能在全长接触，若两齿轮中心线交角大于原设计角，则啮合接触斑点偏向小端；若两齿轮中心线交角小于原设计角，则啮合接触斑点偏向大端；若中心线偏移或锥顶不重合，则啮合接触斑点偏向齿顶。这些因素都会造成圆锥齿轮不能正确啮合。

圆锥齿轮正确啮合时，接触斑点的大小应符合表 8-16 中所列的数值。

圆锥齿轮装配时所产生的各种偏差都会使齿轮啮合不正确。为了校正这些偏差，一般可以设法移动轴向位置、轴向移动齿轮或由钳工修正来实现。

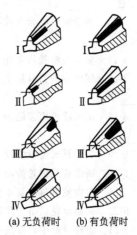

(a) 无负荷时　(b) 有负荷时

图 8-64 圆锥齿轮各种齿轮表面的啮合接触斑点位置分布

Ⅰ—正确啮合；Ⅱ—中心线交角过大；
Ⅲ—中心线交角过小；Ⅳ—中心线偏移或锥顶不重合

表 8-16　圆锥齿轮齿面接触斑点规范　　　　　　　　　　%

精度等级	7	8	9
接触斑点沿齿高不少于	$55\sim75$	$40\sim70$	$40\sim70$
接触斑点沿齿宽不少于	$50\sim70$	$35\sim65$	$35\sim65$

同 步 练 习

一、填空题

8-1　渐开线的几何形状与_____的大小有关，它的直径越大，渐开线越_____。

8-2　渐开线齿轮的齿形是由两条_____的渐开线作齿廓而组成。

8-3　渐开线直齿圆柱齿轮的基本参数有五个，即 _____、_____、_____、齿顶高系数和径向间隙系数。

8-4　对正常齿制的标准直齿圆柱齿轮，有：$\alpha=$_____，$c^*=$_____，因此，只要给出齿轮的_____和_____，即可计算出齿轮的几何尺寸。

8-5　如果分度圆上的压力角等于____，模数取的是_____值，齿厚和齿间宽度____的齿轮，就称为标准齿轮。

8-6　以齿轮中心为圆心，过节点所作的圆称为____圆。一对渐开线圆柱轮传动，其____圆总是相切并做纯滚动，而两轮的中心距不一定等于两轮的____圆半径之和。

8-7　一对渐开线齿廓不论在哪点啮合，其节点 C 在连心线上的位置均_____变化，从而保证实现_____角速比传动。

8-8　一对渐开线直齿圆柱齿轮正确啮合的条件是_____和_____。

8-9　一对渐开线齿轮连续传动的条件是_____。

8-10　一对渐开线标准直齿圆柱齿轮按标准中心距安装时，两轮的节圆分别与其____圆重合。

8-11　齿轮若发生根切，将会导致齿根_____，重合度_____，故应避免。

8-12　重合度的大小表明同时参与啮合的_____的对数的多少，重合度越大，传动越_____，承载能力越_____。

8-13　按齿轮的啮合方式不同，圆柱齿轮可以分为_____齿轮传动、_____齿轮传动和_____传动。

8-14　变位齿轮是指在加工齿坯时，因改变_____对齿坯的相对位置而切制成的。

8-15　用同一把刀具加工 m、z、α 均相同的标准齿轮和变位齿轮，它们的分度圆、基圆和齿距均_____。

8-16　闭式软齿面齿轮传动的主要失效形式是_____；闭式硬齿面齿轮传动的主要失效形式是_____。

8-17　一般开式齿轮传动中的主要失效形式是_____。

8-18　高速重载齿轮传动，当润滑不良时最可能出现的失效形式是_____。

8-19　对齿轮材料的基本要求是：齿面_____，齿心_____，以抵抗各种齿面失效和齿根折断。

8-20　钢制齿轮，由于渗碳淬火后热处理变形大，一般需经过_____加工，否则不能保证齿轮精度。

8-21　齿轮设计中，在选择齿轮的齿数 z 时，对闭式软齿面齿轮传动，一般 z_1 选得_____些；对开式齿轮传动，一般 z_1 选得_____些。

8-22　在齿轮传动中，主动轮所受的圆周力 F_{t1} 与其回转方向_____，而从动轮所受的圆周力 F_{t2} 与其回转方向_____。

8-23　设计闭式硬齿面齿轮传动时，当直径 d_1 一定时，应取____的齿数 z_1，使____增大，以提高轮齿的弯曲强度。

8-24　在齿轮传动时，大、小齿轮所受的接触应力是_____的，而弯曲应力是_____的。

8-25　当其他条件不变，作用于齿轮上的载荷增加 1 倍时，其弯曲应力增加_____倍；接触应力增加_____倍。

8-26　圆柱齿轮设计时，选择 Ψ_d 的原则是：两齿轮均为硬齿面时，_____值取偏_____值；精度高时，Ψ_d 取偏_____值；对称布置与悬臂布置时，取偏_____值。

8-27　一对外啮合斜齿圆柱齿轮的正确啮合条件是：①_____；②_____；③_____。

8-28　当齿轮的圆周速度 $v \leqslant 12 m/s$ 时，通常采用_____润滑；圆周速度 $v > 12 m/s$ 时，应采用_____润滑。

二、判断题

8-29　有一对传动齿轮，已知主动轮的转速 $n_1 = 960 r/min$，齿数 $z_1 = 20$，从动齿轮的齿数 $z_2 = 50$，这对齿轮的传动比 $i_{12} = 2.5$，那么从动轮的转速应当为 $n_2 = 2400 r/min$。（　　）

8-30　渐开线上任意一点的法线不可能都与基圆相切。（　　）

8-31　内齿轮的齿顶圆在分度圆以外，齿根圆在分度圆以内。（　　）

8-32　斜齿轮传动的平稳性和同时参加啮合的齿数，都比直齿轮高，所以斜齿轮多用于高速传动。（　　）

8-33　齿轮加工中是否产生根切现象，主要取决于齿轮齿数。（　　）

8-34　为了便于装配，通常取小齿轮的宽度比大齿轮的宽度宽 5～10mm。（　　）

8-35　由制造、安装误差导致中心距改变时，渐开线齿轮不能保证瞬时传动比不变。（　　）

8-36　节圆是一对齿轮相啮合时才存在的量。（　　）

三、选择题

8-37　渐开线上任意一点法线必_____基圆。

A. 交于　　　　　　　　B. 垂直于　　　　　　　　C. 切于

8-38　渐开线上各点的曲率半径_____。

A. 不相等　　　　　　　B. 相等

8-39　渐开线齿廓的形状与分度圆上压力角大小_____。

A. 没关系　　　　　　　B. 有关系

8-40　对于齿数相同的齿轮，模数_____，齿轮的几何尺寸及齿形都越大，齿轮的承载能力也越大。

A. 越大　　　　　　　　B. 越小

8-41　标准压力角和标准模数均在_____上。

A. 分度圆　　　　　　　B. 基圆　　　　　　　　　C. 齿根圆

8-42　斜齿轮端面齿廓的几何尺寸比法面的_____。

A. 大　　　　　　　　　B. 小

8-43　斜齿轮有端面模数和法面模数，规定以_____为标准值。

A. 法面模数　　　　　　B. 端面模数

8-44　斜齿轮的压力角有法面压力角和端面压力角两种，规定以_____为标准值。

A. 法面压力角　　　　　B. 端面压力角

8-45　一对标准渐开线齿轮啮合传动，若两轮中心距稍有变化，则_____。

A. 两轮的角速度将变大一些　　　　　　　　B. 两轮的角速度将变小一些

C. 两轮的角速度将不变

8-46　对于正常齿制的标准直齿圆柱齿轮而言，避免根切的最小齿数为_____。

A. 16　　　　　　　　　B. 17　　　　　　　　　　C. 18

8-47　为保证齿轮传动准确平稳，应_____。

A. 保证平均传动比恒定不变

B. 合理选择齿廓形状，保证瞬时传动比恒定不变

8-48　一对渐开线齿轮啮合时，啮合点始终沿着_____移动。

A. 分度圆　　　　　　　　B. 节圆　　　　　　　　C. 基圆公切线

8-49　_____是利用具有与被加工齿廓的齿槽形状完全相同的刀具直接在齿坯上切出齿形的。

A. 仿形法　　　　　　　　B. 展成法

8-50　利用展成法进行加工，若刀具的模数和压力角与被加工齿轮相同，当被加工齿轮齿数变化时，_____。

A. 应更换刀具　　　　　　B. 不用更换刀具

8-51　渐开线标准齿轮是指 m、α、η_a^*、c^* 均为标准值，且分度圆齿厚_____齿槽宽的齿轮。

A. 小于　　　　　　　　B. 大于　　　　　　　　C. 等于　　　　　　　　D. 小于且等于

8-52　渐开线直齿锥齿轮的当量齿数 z_v _____其实际齿数 z。

A. 小于　　　　　　　　B. 等于　　　　　　　　C. 大于

8-53　高速重载齿轮传动，当润滑不良时，最可能出现的失效形式是_____。

A. 齿面胶合　　　B. 齿面疲劳点蚀　　　C. 齿面磨损　　　D. 轮齿疲劳折断

8-54　齿面硬度为 56～62HRC 的合金钢齿轮的加工工艺过程为_____。

A. 齿坯加工→淬火→磨齿→滚齿　　　　　　B. 齿坯加工→淬火→滚齿→磨齿

C. 齿坯加工→滚齿→渗碳淬火→磨齿　　　　D. 齿坯加工→滚齿→磨齿→淬火

8-55　一减速齿轮传动，小齿轮 1 选用 45 钢调质；大齿轮选用 45 钢正火，它们的齿面接触应力_____。

A. $\sigma_{H1} > \sigma_{H2}$　　　B. $\sigma_{H1} < \sigma_{H2}$　　　C. $\sigma_{H1} = \sigma_{H2}$　　　D. $\sigma_{H1} \leqslant \sigma_{H2}$

8-56　一对标准渐开线圆柱齿轮要正确啮合，它们的_____必须相等。

A. 直径 d　　　B. 模数 m　　　C. 齿宽 b　　　D. 齿数 z

8-57　设计闭式软齿面直齿轮传动时，选择齿数 z_1，的原则是_____。

A. z_1 越多越好　　　　　　　　　　B. z_1 越少越好

C. $z_1 \geqslant 17$，不产生根切即可

D. 在保证轮齿有足够的抗弯疲劳强度的前提下，齿数选多些有利

8-58　在设计闭式硬齿面齿轮传动中，直径一定时应取较少的齿数，使模数增大以_____。

A. 提高齿面接触强度　　　　　　　　B. 提高轮齿的抗弯曲疲劳强度

C. 减少加工切削量，提高生产率　　　D. 提高抗塑性变形能力

8-59　在直齿圆柱齿轮设计中，若中心距保持不变，而增大模数时，则可以_____。

A. 提高齿面的接触强度　　　　　　　B. 提高轮齿的弯曲强度

C. 弯曲与接触强度均可提高　　　　　D. 弯曲与接触强度均不变

8-60　为了提高齿轮传动的接触强度，可采取_____的方法。

A. 采用闭式传动　　　B. 增大传动中心距　　　C. 减少齿数　　　D. 增大模数

8-61　圆柱齿轮传动中，当齿轮的直径一定时，减小齿轮的模数、增加齿轮的齿数，则可以_____。

A. 提高齿轮的弯曲强度　　　　　　　B. 提高齿面的接触强度

C. 改善齿轮传动的平稳性　　　　　　D. 减少齿轮的塑性变形

8-62　一对圆柱齿轮，通常把小齿轮的齿宽做得比大齿轮宽一些，其主要原因是_____。

A. 使传动平稳　　　　　　　　　　　B. 提高传动效率

C. 提高齿面接触强度　　　　　　　　D. 便于安装，保证接触线长度

8-63　设计一传递动力的闭式软齿面钢制齿轮，精度为 7 级。在中心距 a 和传动比 i 不变的条件下，提高齿面接触强度的最有效的方法是_____。

A. 增大模数（相应地减少齿数）　　　B. 提高主、从动轮的齿面硬度

C. 提高加工精度　　　　　　　　　　D. 增大齿根圆角半径

8-64　下列_____的措施，可以降低齿轮传动的齿面载荷系数 K。

A. 降低齿面粗糙度　　　　　　　　　B. 提高轴系刚度

C. 增加齿轮宽度　　　　　　　　　　D. 增大端面重合度

8-65　斜齿圆柱齿轮的齿数 z 与模数 m_n 不变，若增大螺旋角 β，则分度圆直径 d_1 _____。

A. 增大　　　　　　B. 减小　　　　　　C. 不变　　　　　D. 不一定增大或减小

8-66　对于齿面硬度小于等于 350 HBS 的齿轮传动，当大、小齿轮均采用 45 钢，一般采取的热处理方式为 _____。

A. 小齿轮淬火，大齿轮调质　　　　　B. 小齿轮淬火，大齿轮正火

C. 小齿轮调质，大齿轮正火　　　　　D. 小齿轮正火，大齿轮调质

8-67　一对圆柱齿轮传动中，当齿面产生疲劳点蚀时，通常发生在 _____。

A. 靠近齿顶处　　　　　　　　　　　B. 靠近齿根处

C. 靠近节线的齿顶部分　　　　　　　D. 靠近节线的齿根部分

8-68　两个齿轮的材料的热处理方式、齿宽、齿数均相同，但模数不同，$m_1 = 2\text{mm}$，$m_2 = 4\text{mm}$，它们的弯曲承载能力为 _____。

A. 相同　　　　　　　　　　　　　　B. m_2 的齿轮比 m_1 的齿轮大

C. 与模数无关　　　　　　　　　　　D. m_1 的齿轮比 m_2 的齿轮大

四、简答题

8-69　齿轮模数的物理意义是什么？单位是什么？

8-70　节圆与分度圆、啮合角与压力角有何区别？

8-71　现有一个不知参数的正常齿标准直齿圆柱齿轮，如何确定其参数？

8-72　重合度的物理意义是什么？为什么要求齿轮传动的重合度不小于 1？

8-73　根切现象产生的原因是什么？如何避免根切？

8-74　什么是变位齿轮？它的加工原理是怎样的？

8-75　为什么在齿轮材料选择时，通常小齿轮的材料比大齿轮的好一些？

8-76　为什么一对啮合齿轮齿轮宽度不同？哪个齿轮宽度大一些？

8-77　一对啮合齿轮传动，两齿轮的 σ_H、σ_F、$[\sigma_H]$、$[\sigma_F]$ 是否相同？为什么？

8-78　一对啮合齿轮在直径和其他条件一定的情况下，减小齿数和增大模数能否降低 σ_H、σ_F？为什么？

8-79　斜齿圆柱齿轮转动方向及螺旋线方向如图 8-65 所示，试分别画出轮 1 主动和轮 2 主动时轴向力 F_{a1} 和 F_{a2} 的方向。

8-80　齿轮轮齿磨损后可用哪些方法修复？轮齿折断后如何修复？

8-81　圆柱齿轮在轴上装配时常见的有哪几种不正确的情况发生？如何检查？

8-82　圆柱齿轮副的中心距和轴线的平行度如何检查测量和调整？

8-83　圆柱齿轮副的啮合间隙和啮合的接触斑点如何测量和调整？

8-84　圆锥齿轮副的轴线交角、啮合间隙和啮合的接触斑点如何测量和调整？

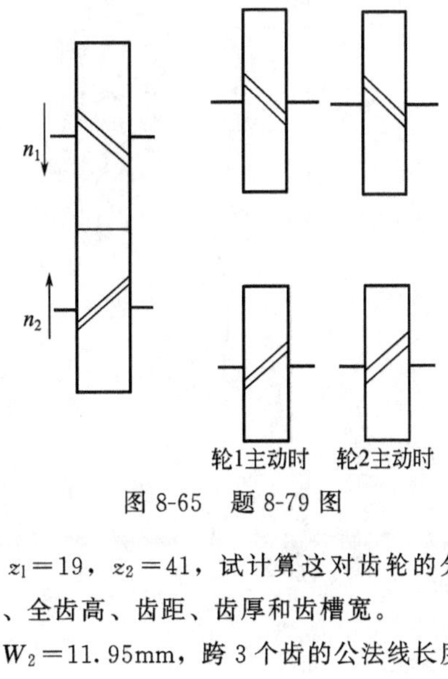

图 8-65　题 8-79 图

五、计算题

8-85　已知一对外啮合正常齿制标准直齿圆柱齿轮 $m = 3\text{mm}$，$z_1 = 19$，$z_2 = 41$，试计算这对齿轮的分度圆直径、齿顶圆直径、齿根圆直径、基圆直径、齿顶高、齿根高、全齿高、齿距、齿厚和齿槽宽。

8-86　已知一标准直齿圆柱齿轮，测得跨 2 个齿的公法线长度 $W_2 = 11.95\text{mm}$，跨 3 个齿的公法线长度 $W_3 = 16.020\text{mm}$，求该齿轮的模数。

8-87　设计某专用机床主轴箱中的一对直齿圆柱齿轮传动。已知传递的功率 $P=6kW$，小齿轮转速 $n_1=1250r/min$，大齿轮转速 $n_2=450r/min$，齿轮为非对称布置，双向转动，载荷有中等冲击，电动机驱动，预期使用寿命15年，单班制工作。

8-88　已知一对斜齿圆柱齿轮传动，$z_1=25$，$z_2=100$，$m_n=4mm$，$\alpha_n=20°$，$\beta=15°$，试计算这对斜齿轮的主要几何尺寸。

8-89　已知一对斜齿圆柱齿轮传动 $m_n=2mm$，$z_1=23$，$z_2=92$，$\alpha_n=20°$，$\beta=12°$，试计算其中心距应为多少？如果除 β 角外各参数均不变，现需将中心距圆整为以0或5结尾的整数，则应如何改变 β 角的大小？

8-90　设计一单级斜齿圆柱齿轮传动。已知小齿轮传递的功率为7.5kW，转速 $n_1=1460r/min$，传动比 $i=3$，小齿轮材料为40MnB调质，大齿轮材料为45钢调质，载荷平稳，单向运转，电动机驱动，使用寿命为8年，单班制工作。

8-91　已知一对标准直齿圆锥齿轮传动，齿数 $z_1=22$，$z_2=66$，大端模数 $m=5mm$，分度圆压力角 $\alpha=20°$，轴交角 $\Sigma=90°$。试求两个圆锥齿轮的分度圆直径、齿顶圆直径、齿根圆直径、分度圆锥角、齿顶圆锥角、齿根圆锥角及锥距。

第九章 蜗杆传动

了解蜗杆传动的组成、类型、特点和应用场合。掌握蜗杆传动的基本参数、正确啮合条件和基本几何尺寸计算;明确蜗杆传动的失效形式和设计准则。掌握蜗杆传动的受力分析、强度计算及热平衡计算。

能计算蜗杆传动的几何尺寸,能进行蜗杆传动的设计计算,能正确装配蜗杆传动。

【观察与思考】

如图 9-1 所示为一蜗杆减速器。通过拆卸蜗杆减速器,仔细观察其结构。

- 这个系统中哪个部分是工作核心?
- 蜗杆传动是怎样达到减速目的?
- 观察蜗杆与螺杆、蜗轮与斜齿轮的异同。
- 如何安装才能达到减速器的工作要求?

如图 9-2 所示,蜗杆传动由蜗杆、蜗轮和机架组成。蜗杆形如螺杆,有左旋和右旋、单头和多头之分;蜗轮形如斜齿轮,但沿齿宽方向其齿呈凹弧形。一般以蜗杆为主动件,用以传递空间两交错轴之间的回转运动和动力,通常两轴交错角为 90°。蜗杆传动广泛应用在机床、汽车、仪器、起重运输机械、冶金机械以及其他机械制造部门中,最大传动功率可达200kW,通常用于传动功率在 50kW 以下的场合。

图 9-1 蜗杆减速器

图 9-2 蜗杆传动

第一节 蜗杆传动的特点和类型

一、蜗杆传动的特点

(1) 传动比大,结构紧凑 一般在动力传动中,传动比为 8~80;在分度机构中,传动比可达 1000。

（2）传动平稳、噪声小　由于蜗杆上的齿是连续不断的螺旋齿，工作时蜗轮轮齿和蜗杆是逐渐进入啮合并逐渐退出啮合的，同时啮合的齿数较多，所以传动平稳、噪声小。

（3）可制成具有自锁性的蜗杆　当蜗杆的螺旋线升角小于啮合面的当量摩擦角时，蜗杆传动具有自锁性，即蜗杆只能带动蜗轮转动，而蜗轮不能带动蜗杆转动。

（4）传动效率低　蜗轮和蜗杆在啮合处有较大的相对滑动，摩擦损耗大，传动效率低，一般为 0.7～0.8，具有自锁性的蜗杆传动，传动效率低于 0.5。

（5）制造成本高　为减轻齿面的磨损及提高齿面抗胶合能力，蜗轮一般需用贵重的减摩材料（如青铜）制造，钢制蜗杆多淬硬后进行磨削，因此制造成本高。

二、蜗杆传动的类型

按蜗杆的外形不同，蜗杆传动可分为圆柱面蜗杆传动、环面蜗杆传动和锥面蜗杆传动，如图 9-3 所示。根据蜗杆齿面形状不同，圆柱蜗杆又可分为阿基米德蜗杆、渐开线蜗杆和法向直齿蜗杆等。其中阿基米德蜗杆应用最广，可在车床上用成形车刀加工。如图 9-4 所示，其加工方法与加工普通梯形螺纹相同，加工时刀具的切削刃的顶面通过蜗杆的轴线。阿基米德蜗杆端面齿廓是阿基米德螺旋线，轴向齿廓是直线。

(a)圆柱面蜗杆传动　　(b)环面蜗杆传动　　(c)锥面蜗杆传动

图 9-3　蜗杆传动的类型

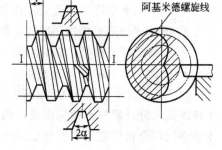

图 9-4　阿基米德蜗杆

第二节　蜗杆传动的主要参数及几何尺寸计算

图 9-5 所示为阿基米德蜗杆传动，通过蜗杆轴线并垂直于蜗轮轴线的平面称为中间平面。在中间平面内，蜗杆的齿廓为直线，与齿条相同。与之啮合的蜗轮在中间平面内的齿廓

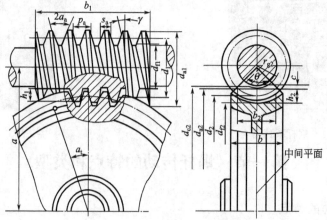

图 9-5　蜗杆传动主要参数和几何尺寸

为渐开线。所以在中间平面内蜗杆与蜗轮的啮合相当于渐开线齿条与斜齿轮的啮合。因此，设计蜗杆传动时，其参数和尺寸均在中间平面内确定。

一、蜗杆传动的主要参数及其选择

1. 蜗杆传动的标准参数

国家标准（GB 10085—1988）规定，蜗杆传动在中间平面上的参数为标准参数，即蜗杆的轴向模数 m_{a1} 和轴向压力角 α_{a1}、蜗轮的端面模数 m_{t2} 和端面压力角 α_{t2} 及齿形齿顶高系数 h_a^* 和顶隙系数 c^* 为标准值。标准齿形齿顶高系数 $h_a^*=1$，顶隙系数 $c^*=0.2$。模数 m 的标准值见表 9-1；标准压力角 $\alpha=20°$。

表 9-1 蜗杆基本参数（$\Sigma=90°$摘自 GB/T 10085—1988）

模数 m/mm	分度圆直径 d_1/mm	螺杆头数 z_1	直径系数 q	$m^2 d_1$/mm³	模数 m/mm	分度圆直径 d_1/mm	螺杆头数 z_1	直径系数 q	$m^2 d_1$/mm³
1	18[①]	1	18	18		(63)	1,2,4	7.875	4032
1.25	20	1	16	31.25	8	80	1,2,4,6	10	5120
	22.4[①]	1	17.93	35		(100)	1,2,4	12.5	6400
1.6	20	1,2,4	12.5	1.2		140[①]	1	17.5	8960
	28[①]	1	17.5	71.68		(71)	1,2,4	7.1	7100
	(18)	1,2,4	9	72	10	90	1,2,4,6	9	9000
2	22.4	1,2,4,6	11.2	89.6		(112)	1,2,4	11.2	11200
	(28)	1,2,4	14	112		160	1	16	16000
	35.5[①]	1	17.75	142		(90)	1,2,4	7.2	14062.5
	(22.4)	1,2,4	8.96	140	12.5	112	1,2,4	8.96	17500
2.5	28	1,2,4,6	11.2	175		(140)	1,2,4	11.2	21875
	(35.5)	1,2,4	14.2	221.875		200	1	16	31250
	45[①]	1	18	281.25		(112)	1,2,4	7	28672
	(28)	1,2,4	8.889	277.83	16	140	1,2,4	8.75	35840
3.15	35.5	1,2,4,6	11.27	352.25		(180)	1,2,4	11.25	46080
	(45)	1,2,4	14.286	446.51		250	1	15.625	64000
	56[①]	1	17.778	555.66		(140)	1,2,4	7	56000
	(31.5)	1,2,4	7.875	504	20	160	1,2,4	8	64000
4	40	1,2,4,6	10	640		(224)	1,2,4	11.2	89600
	(50)	1,2,4	12.5	800		315	1	15.75	126000
	71[①]	1	17.75	1136		(180)	1,2,4	7.2	112500
	(40)	1,2,4	8	1000	25	200	1,2,4	8	125000
5	50	1,2,4,6	10	1250		(280)	1,2,4	11.2	175000
	(63)	1,2,4	12.6	1575		400	1	16	250000
	90[①]	1	18	2250					
	(50)	1,2,4	7.936	1984.5					
6.3	63	1,2,4,6	10	2500.47					
	(80)	1,2,4	12.698	3175.2					
	112[①]	1	17.778	4445.28					

① 导程角 γ 小于 $3°30'$ 的圆柱蜗杆。

注：括号内的数字尽量不采用；

2. 传动比、蜗杆头数 z_1 和蜗轮齿数 z_2

设蜗杆头数（螺旋线的数目）为 z_1，蜗轮齿数为 z_2，当蜗杆每转动一圈时，蜗轮将转过 z_1 个齿。因此，蜗杆传动的传动比为

$$i = \frac{z_2}{z_1} \tag{9-1}$$

由上式可知，单头蜗杆传动的传动比大，效率较低，发热量大，易自锁，但蜗杆头数过多，导程角大，制造困难。通常蜗杆头数取 1、2、4、6，可据传动比 i 参照表 9-2 选取。

表 9-2　蜗杆头数 z_1、蜗轮齿数 z_2 推荐值

传动比 $i = z_2/z_1$	5~8	7~16	15~32	30~83
蜗杆头数 z_1	6	4	2	1
蜗轮齿数 z_2	30~48	28~64	30~64	30~83

蜗轮齿数 $z_2 = iz_1$，一般取 $z_2 = 28 \sim 80$。若 $z_2 < 28$，容易产生根切，并使传动的平稳性降低；若 z_2 过大，蜗轮直径增大，与之相啮合蜗杆的长度增加，刚度减小，从而影响啮合的精度。

3. 蜗杆直径系数 q 和蜗杆导程角

用滚刀加工蜗轮时，滚刀直径和齿形参数必须与相啮合的蜗杆相同，因此，加工同一模数的蜗轮就要求配备很多相应直径的滚刀。为了限制滚刀的数量，便于刀具标准化，国家标准规定蜗杆的分度圆直径 d_1 为标准值，且与模数相匹配。令 d_1 与 m 的比值为 q，即 $q = d_1/m$，q 称为蜗杆的直径系数，并已标准化。m、d_1 和 q 值见表 9-1。

若蜗杆分度圆柱上的导程角为 λ，由图 9-6 可得

$$\tan\lambda = \frac{z_1 p_{a1}}{\pi d_1} = \frac{z_1 m}{d_1} = \frac{z_1}{q} \tag{9-2}$$

值得注意的是蜗杆传动的传动比不等于蜗轮与蜗杆的分度圆直径之比。

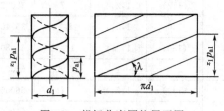

图 9-6　蜗杆分度圆柱展开图

由式 (9-2) 可知，导程角 λ 取决于 z_1 和 q 值，当 q 一定时，蜗杆头数增大，则导程角增大，传动效率高；当 z_1 一定时，q 增大则导程角减小，传动效率下降，但蜗杆直径增大，刚度提高。当传递动力时，要求效率高，常取 $\gamma = 15° \sim 30°$，此时应采用多头蜗杆。当要求蜗杆传动具有自锁性时，通常采用 $\gamma \leqslant 3°30'$ 的单头蜗杆。

二、蜗杆传动的正确啮合条件

如图 9-5 所示，在中间平面内蜗杆与蜗轮的齿距相等，即阿基米德蜗杆传动的正确啮合条件如下。

① 在中间平面内蜗杆的轴向模数 m_{a1} 与蜗轮端面模数 m_{t2} 相等；

② 蜗杆的轴向压力角 α_{a1} 与蜗轮端面压力角 α_{t2} 相等；

③ 两轴线交错角为 90° 时，蜗杆分度圆上的导程角 λ 等于蜗轮分度圆上的螺旋角 β，且两者的旋向相同。

三、蜗杆传动的几何尺寸

阿基米德蜗杆传动的几何尺寸计算公式如表 9-3 所示。

表 9-3 阿基米德蜗杆传动的几何尺寸计算

名　称	计算公式	
	蜗杆	蜗轮
齿顶高	$h_{a1}=m$	$h_{a2}=m$
齿根高	$h_{f1}=1.2m$	$h_{f2}=1.2m$
分度圆直径	$d_1=mq$	$d_2=mz_2$
齿顶圆直径	$d_{a1}=m(q+2)$	$d_{a2}=m(z_2+2)$
齿根圆直径	$d_{f1}=m(q-2.4)$	$h_{f2}=m(z_2-2.4)$
顶隙	$c=0.2m$	
蜗杆轴向齿距 蜗轮端面齿距	$p_{a1}=p_{t2}=\pi m$	
蜗杆分度圆柱的导程角	$\gamma=\arctan\dfrac{z_1}{q}$	
蜗轮分度圆柱螺旋角		$\beta=\gamma$
中心距	$a=\dfrac{m}{2}(q+z_2)$	
蜗杆螺纹部分长度	$z_1=1、2,b_1\geqslant(11+0.06z_2)m;z_1=4,b_1\geqslant(12.5+0.09z_2)m$	
蜗轮咽喉母圆半径		$r_{g2}=a-\dfrac{1}{2}d_{a2}$
蜗轮最大外圆直径		$z_1=1,d_{e2}\leqslant d_{a2}+2m$ $z_1=2,d_{e2}\leqslant d_{a2}+1.5m$ $z_1=4,d_{e2}\leqslant d_{a2}+m$
蜗轮轮缘宽度		$z_1=1、2,b_2\leqslant0.75d_{a1}$ $z_1=4,b_2\leqslant0.67d_{a1}$
蜗轮轮齿包角		$\theta=2\arcsin\dfrac{b_2}{d_1}$ 一般动力传动 $\theta=70°\sim90°$ 高速动力传动 $\theta=90°\sim130°$ 分度传动 $\theta=45°\sim60°$

第三节　蜗杆传动精度、失效形式和设计准则

一、蜗杆传动精度

国家标准 GB 10089—88 对圆柱蜗杆传动规定了 12 个精度等级，1 级精度最高，等级依次降低，12 级精度最低，6～9 级精度应用最多。6～9 级精度的应用范围、加工方法及允许的相对滑动速度见表 9-4，供选用时参考。

表 9-4　蜗杆传动的精度等级及应用

精度等级	滑动速度 $v_s/m\cdot s^{-1}$	加工方法		应　用
		蜗杆	蜗轮	
6	>10	淬火,磨光 和抛光	滚切后用蜗杆形剃齿刀精加工,加载跑合	速度较高的精密传动,中等精密机床分度机构,发动机调速器的传动

续表

精度等级	滑动速度 $v_s/\text{m}\cdot\text{s}^{-1}$	加工方法		应　用
		蜗杆	蜗轮	
7	≤10	淬火,磨光和抛光	滚切后用蜗杆形剃齿刀精加工或加载跑合	速度较高的中等功率传动,中等精度的工业运输机的传动
8	≤5	调质,精车	滚切后建议加载跑合	速度较低或短时间工作的动力传动及不太重要的传动
9	≤2	调质,精车	滚切后建议加载跑合	不重要的低速传动或手动

二、失效形式

1. 齿面间相对滑动速度 v_s

蜗杆与蜗轮在节点 C 处啮合时,蜗杆上 C 点的圆周速度 v_1 与蜗轮上 C 点的圆周速度 v_2 方向垂直,使齿面间有较大的相对滑动,滑动速度 v_s 沿蜗杆齿面螺旋线的切线方向,如图 9-7 所示。滑动速度 v_s 的大小为

$$v_s = \frac{v_1}{\cos\gamma} = \frac{\pi d_1 n_1}{60\times 1000\cos\gamma}\ (\text{m/s}) \tag{9-3}$$

式中　d_1——蜗杆分度圆直径,mm;

　　　n_1——蜗杆转速,r/min。

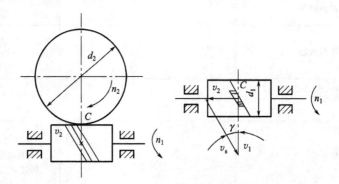

图 9-7　相对滑动速度

由于齿面间相对滑动较大,齿面容易发热和磨损,使润滑油温度升高而变稀,润滑条件变差,传动效率降低。

2. 轮齿的失效形式

在蜗杆传动中,由于材料及结构的原因,蜗杆轮齿的强度高于蜗轮轮齿的强度,故失效常常发生在蜗轮的轮齿上。由于蜗杆、蜗轮齿面间相对滑动速度较大,发热量大、效率低,故闭式蜗杆传动的主要失效形式为胶合,其次是磨损和点蚀,开式蜗杆传动的主要失效形式是齿面磨损和轮齿折断。

三、蜗杆传动的设计准则

对于闭式蜗杆传动,通常按齿面接触疲劳强度设计,按齿根弯曲疲劳强度校核并进行热平衡验算;如果载荷平稳、无冲击,可以只按齿面接触疲劳强度来设计,不必校核齿根弯曲疲劳强度。对于开式传动,通常只按齿根弯曲疲劳强度设计。对于跨度大、刚性差的蜗杆轴,还需进行蜗杆轴的刚度校核。

第四节 蜗杆与蜗轮的材料及结构

一、蜗杆与蜗轮的常用材料

由蜗杆传动的失效形式可知,蜗杆、蜗轮的材料不仅要求具有足够的强度,更重要的是应有良好的减摩性、耐磨性和抗胶合能力。为此常采用青铜蜗轮齿圈与淬硬磨削的钢制蜗杆相配。

蜗杆一般用碳钢或合金钢制造,要求表面粗糙度值小并具有较高的硬度。蜗杆常用材料如表 9-5 所示。

表 9-5　蜗杆常用材料及应用

材料牌号	热处理	硬　度	表面粗糙度 Ra	应　用
45 钢,42SiMn,37SiMn2MoV,40Cr,38SiMnMo,42CrMo,40CrNi	表面淬火	45～55HRC	1.6～0.8	中速、中载、一般传动
15CrMn,20CrMn,20Cr,20CrNi,20CrMnTi	渗碳淬火	58～63HRC	1.6～0.8	高速、重载、重要传动
45 钢	调质	<270HBS	6.3	低速、轻、中载,不重要传动

蜗轮常用材料为铸锡青铜、铝青铜、灰铸铁等。蜗轮常用材料如表 9-6 所示。

表 9-6　蜗轮常用材料

材　料	牌　号	适用的滑动速度 $v_s/\mathrm{m \cdot s^{-1}}$	特　性	应　用
锡青铜	ZCuSn10P1	≤25	耐磨性、跑合性、抗胶合能力、切削性能均较好,但强度低,成本高	连续工作的高速、重载的重要传动
	ZCuSn5Pb5Zn5	≤12		速度较高的轻、中、重载传动
铝青铜	ZCuAl10Fe3	≤10	耐冲击,强度较高,切削性能好,抗胶合能力较差,价格较低	速度较低的重载传动
	ZCuAl10Fe3Mn2	≤10		速度较低,载荷稳定的轻、中载传动
黄铜	ZCuZn38Mn2Pb2	≤10		
灰铸铁	HT150 HT200 HT250	≤2	铸造性能、切削性能好、价格低,耐点蚀和抗胶合能力强,抗弯强度低,冲击韧度差	低速,不重要的开式传动;蜗轮尺寸较大的传动;手动传动

二、蜗杆与蜗轮结构

1. 蜗杆的结构

由于蜗杆的直径较小,通常和轴做成一个整体,如图 9-8 所示。螺旋部分常用车削加工,也可用铣削加工。车削加工时需有退刀槽,因此刚性较差。

2. 蜗轮的结构

直径小于 100mm 的青铜蜗轮或任意直径的铸铁蜗轮可制成整体式,如图 9-9(a)所示。直

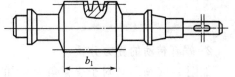

图 9-8　蜗杆轴

径较大的蜗轮，为了节约贵重金属，常采用组合式结构，其组合形式有以下三种。

（1）齿圈压配式　如图 9-9（b）所示，它是将齿圈紧套在轮芯上，两者采用 H7/r6 的过盈配合。为增加连接的可靠性，通常在接缝处加装 4～6 个直径为（1.2～1.5）m 的紧定螺钉（m 为蜗轮模数）。为了便于钻孔，应将螺孔中心线向材料较硬的一边偏移 2～3mm。这种结构用于尺寸不太大而且工作温度变化较小的场合。

（2）螺栓连接式　如图 9-9（c）所示，齿圈与轮芯用普通螺栓或铰制孔螺栓连接，装拆方便，常用于尺寸较大或磨损后需更换蜗轮齿圈的场合。

（3）镶铸式蜗轮　如图 9-9（d）所示，将青铜轮缘铸在铸铁轮芯上，轮芯上制出榫槽，以防轴向滑动。仅用于成批生产的蜗轮。

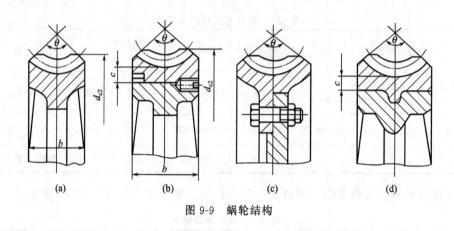

图 9-9　蜗轮结构

第五节　蜗杆传动的强度计算

一、蜗杆传动的受力分析

1. 蜗轮旋转方向的判定

蜗杆与蜗轮的转向关系可用"左、右"手定则判定，即当蜗杆为右旋时使用右手；左旋时用左手。如图 9-10 所示，半握拳，四指弯曲方向与蜗杆的转向一致，则大拇指指向的反方向就是蜗轮在啮合点的圆周速度的方向。

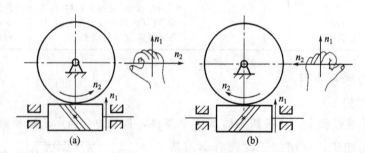

图 9-10　蜗轮的转向判定

2. 蜗杆传动的受力分析

如图 9-11 所示，对于交错角为 90° 的蜗杆传动，其受力分析与斜齿圆柱齿轮相似，轮齿之间的法向作用力 F_n 可分解为 3 个相互垂直的分力：圆周力 F_t、径向力 F_r 和轴向力 F_a。

分析可得

$$F_{t1} = \frac{2T_1}{d_1} = -F_{a2} \tag{9-4}$$

$$F_{t2} = \frac{2T_2}{d_2} = -F_{a1} \tag{9-5}$$

$$F_{r2} = F_{t2} \tan\alpha = -F_{r1} \tag{9-6}$$

式中　T_1，T_2——作用在蜗杆和蜗轮上的转矩，N·mm，$T_2 = T_1 i\eta$，η 为蜗杆传动的
　　　　　　效率；

　　　d_1，d_2——蜗杆和蜗轮的分度圆直径，mm；

　　　　α——中间平面上分度圆的压力角，$\alpha = 20°$。

　　当蜗杆为主动件时，蜗杆圆周力 F_{t1} 的方向与蜗杆齿在啮合点的圆周速度方向相反；蜗轮圆周力 F_{t2} 的方向与蜗轮齿在啮合点的圆周速度方向相同。径向力 F_r 的方向由啮合点分别指向各自的轮芯。蜗杆轴向力 F_{a1} 的方向取决于螺旋线的旋向和蜗杆的转向，用"左（或右）手定则"来判断（见斜齿圆柱齿轮传动的受力分析），而作用于从动蜗轮上轴向力 F_{a2} 与蜗杆圆周力方向相反。

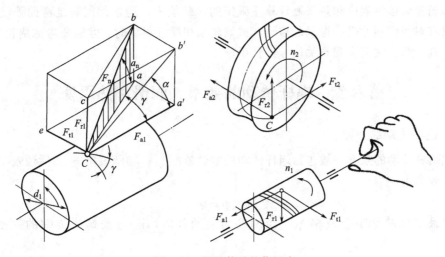

图 9-11　蜗杆传动的作用力

二、蜗轮齿面接触疲劳强度计算

钢制蜗杆对青铜或铸铁蜗轮的齿面接触疲劳强度的校核公式为

$$\sigma_H = 500\sqrt{\frac{KT_2}{d_1 d_2^2}} = 500\sqrt{\frac{KT_2}{m^2 d_1 z_2^2}} \leqslant [\sigma_H] \tag{9-7}$$

上式经整理得蜗轮齿面接触疲劳强度的设计公式为

$$m^2 d_1 \geqslant \left(\frac{500}{z_2 [\sigma_H]}\right)^2 KT_2 \tag{9-8}$$

式中　K——载荷系数，用来考虑载荷集中和动载荷的影响，可取 $K = 1 \sim 1.4$，当载荷平
　　　　　稳，$v_s \leqslant 3\text{m/s}$，7 级以上精度时取小值，否则取大值；

　　　T_2——蜗轮转矩，N·mm；

　　　$[\sigma_H]$——蜗轮材料的许用接触应力，MPa，其值见表 9-7 和表 9-8。

表 9-7　铸锡青铜蜗轮的许用接触应力 $[\sigma_H]$　　　　　　　MPa

蜗轮材料	铸造方法	适用的滑动速度 $v_s/m \cdot s^{-1}$	蜗杆齿面硬度	
			≤350HBS	>45HRC
ZCuSn10P1	砂　型	≤12	180	200
	金属型	≤25	200	220
ZCuSn5Pb5Zn5	砂　型	≤10	110	125
	金属型	≤12	135	150

表 9-8　铸铝铁青铜及铸铁蜗轮的许用接触应力 $[\sigma_H]$　　　　　　　MPa

蜗轮材料	铸造方法	滑动速度　　$v_s/m \cdot s^{-1}$						
		0.5	1	2	3	4	6	8
ZCuAl10Fe3	淬火钢	250	230	210	180	160	120	90
HT150 HT200	渗碳钢	130	115	90	—	—	—	—
HT150	调质钢	110	90	70	—	—	—	—

注：蜗杆未经淬火时，需将表中 $[\sigma_H]$ 值降低 20%。

由蜗轮轮齿接触强度和热平衡计算所限定的承载能力，通常都能满足弯曲强度的要求，因此，只有对受强烈冲击、振动的传动，或蜗轮采用脆性材料时，才需要考虑蜗轮轮齿的弯曲强度，其计算公式可参阅有关机械设计手册。

第六节　蜗杆传动的效率、润滑和热平衡

一、蜗杆传动的效率

闭式蜗杆传动的效率一般包括蜗杆传动的啮合效率 η_1、轴承效率 η_2 和搅油效率 η_3 三部分，其总效率为

$$\eta = \eta_1 \eta_2 \eta_3 \tag{9-9}$$

其中最主要的是啮合效率 η_1，当蜗杆为主动件时，η_1 可按螺旋传动的效率公式计算，即

$$\eta_1 = \frac{\tan\lambda}{\tan(\lambda + \rho_v)} \tag{9-10}$$

式中　λ——蜗杆的导程角；

ρ_v——当量摩擦角。

由式（9-10）可知，蜗杆的传动效率与导程角 λ 有关，当 λ 在一定范围内，传动效率随 λ 的增大而增大。多头蜗杆的 λ 角较大，故一般多采用多头蜗杆。但如果 λ 角过大，蜗杆的加工较困难，且当 $\lambda > 27°$ 时，效率增加较慢，因此一般取 $\lambda \leqslant 27°$。

初步计算时，蜗杆传动的效率可近似取下列数值：闭式传动，当 $z_1 = 1$ 时，$\eta = 0.7 \sim 0.75$；当 $z_1 = 2$ 时，$\eta = 0.75 \sim 0.82$；当 $z_1 = 4$ 时，$\eta = 0.82 \sim 0.92$。开式传动，当 $z_1 = 1$、2 时，$\eta = 0.60 \sim 0.70$。

二、蜗杆传动的润滑

为了提高蜗杆传动的效率，降低齿面工作温度，避免胶合和减少磨损，对蜗杆传动进行润滑显得十分重要。通常采用黏度较大的润滑油，以防止金属直接接触，有利于形成动压油

膜，从而减小磨损、缓和冲击，使传动平稳，提高传动效率和蜗杆传动的寿命。

　　润滑油黏度和给油方法，一般根据蜗轮蜗杆的相对滑动速度及载荷类型来选择。对闭式蜗杆传动，可参考表 9-9 来选取。对闭式蜗杆传动采用油池润滑时，在搅油损失不致过大的情况下，应使油池保持适当的油量，以利蜗杆传动的散热。一般情况下，上置式蜗杆传动的浸油深度约为蜗轮外径的 1/3，下置式蜗杆传动的浸油深度为蜗杆的一个齿高。

表 9-9　蜗杆传动的润滑油黏度及给油方法

滑动速度 v_s/m・s^{-1}	<1	<2.5	<5	>5~10	>10~15	>15~25	>25
工作条件	重载	重载	中载	—	—	—	—
黏度 $v_{(40℃)}$/mm^2・s^{-1}	900	500	350	220	150	100	80
给油方法	油池润滑			油池润滑或喷油润滑	压力喷油润滑及其压力/MPa		
					0.07	0.2	0.3

三、蜗杆传动热平衡计算

　　由于蜗杆传动的效率低，因而发热量大，如果不及时散热，将使润滑油温度升高，黏度降低，油膜破坏而引起润滑失效，加剧齿面磨损，甚至引起齿面胶合。因此，对闭式蜗杆传动应进行热平衡计算。

　　在闭式传动中，热量由箱体表面散发出来，当单位时间内产生的热量与散发的热量达到平衡时，就使箱体内的油温稳定在一定值，即润滑油的工作温度

$$t_1 = \frac{1000(1-\eta)P_1}{K_s A} + t_0 \leqslant 70 \sim 90℃ \tag{9-11}$$

式中　η——蜗杆传动传动效率；

　　　P_1——蜗杆传动的输入功率，kW；

　　　K_s——散热系数，W/（m^2・℃），一般取 $K_s=10\sim17$，周围通风良好时，取偏大值；

　　　A——箱体的散热面积，m^2，指内壁被油浸溅，而外表面与空气接触的面积，对凸缘和散热片的面积近似按 50% 计算；

　　　t_0——环境温度，一般取 20℃。

如果润滑油的工作温度超过允许的范围，可采取下列方法提高散热能力。

　　① 在箱体外表面设置散热片以增加散热面积 A；

　　② 在蜗杆轴上安装风扇以提高表面散热系数，如图 9-12(a) 所示；

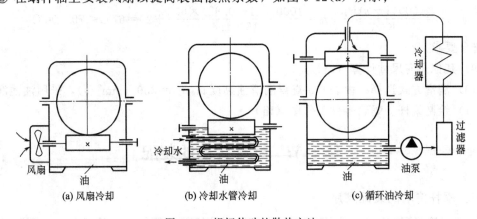

(a) 风扇冷却　　　　　　(b) 冷却水管冷却　　　　　　(c) 循环油冷却

图 9-12　蜗杆传动的散热方法

③ 在箱体油池内装蛇形冷却水管，如图 9-12(b) 所示；

④ 采用循环油冷却，如图 9-12(c) 所示。

【例 9-1】 试设计一由电动机驱动的闭式蜗杆传动。蜗杆输入功率为 $P_1 = 5.5 \text{kW}$，转速为 $n_1 = 1450 \text{r/min}$，传动比 $i = 24$，载荷平稳，单向回转，预期使用寿命为 17000h，估计散热面积为 $A = 1.4 \text{m}^2$。

解：（1）选择材料，确定其许用应力　因传递的功率不大、转速较高，蜗杆用 45 钢，表面淬火，硬度 45～55HRC；蜗轮用抗胶合能力好的锡青铜 ZCuSn10P1，砂型铸造。由表 9-7 查得，$[\sigma_H] = 200 \text{MPa}$。

（2）选择蜗杆头数及确定蜗轮齿数　由表 9-2，按传动比 $i = 24$，取 $z_1 = 2$，$z_2 = 24 \times 2 = 48$。

（3）确定作用在蜗轮上的转矩　初取 $\eta = 0.82$，则

$$T_2 = T_1 i \eta = 9.55 \times 10^6 \frac{P_1}{n_1} \eta i = 9.55 \times 10^6 \times \frac{5.5}{1450} \times 0.82 \times 24 = 7.1 \times 10^5 \text{（N·mm）}$$

（4）按齿面接触疲劳强度计算　取载荷系数 $K = 1.2$，由式(9-8) 得

$$m^2 d_1 \geqslant \left(\frac{500}{z_2 [\sigma_H]} \right)^2 K T_2 = \left(\frac{500}{48 \times 200} \right)^2 \times 1.2 \times 7.1 \times 10^5 = 2311 \text{（mm}^3\text{）}$$

查表 9-1，选取 $m^2 d_1 = 2500.47 \text{mm}^3$，$m = 6.3 \text{mm}$，$d_1 = 63 \text{mm}$，$q = 10$。

（5）计算蜗杆导程角 λ

$$\lambda = \arctan \frac{z_1 m}{d_1} = \arctan \frac{2 \times 6.3}{63} = 11.32°$$

（6）计算相对滑动速度 v_s、选择精度等级　由式(9-3) 得

$$v_s = \frac{v_1}{\cos\gamma} = \frac{\pi d_1 n_1}{60 \times 1000 \cos\gamma} = \frac{3.14 \times 63 \times 1450}{60 \times 1000 \times \cos 11.32°} = 4.88 \text{（m/s）}$$

按表 9-4，选用 8 级精度。

（7）计算主要几何尺寸　分度圆直径　　$d_1 = 63 \text{mm}$

$$d_2 = m z_2 = 6.3 \times 48 = 302.4 \text{（mm）}$$

中心距　　$a = \frac{m}{2} (q + z_2) = \frac{6.3}{2} \times (10 + 48) = 182.7 \text{（mm）}$

其余各部分尺寸计算略。

（8）热平衡计算　取室温 $t_0 = 20℃$，散热系数 $K_s = 15 \text{W/(m}^2 \cdot ℃)$ 由式(9-11) 得油温为

$$t_1 = \frac{1000(1-\eta)P_1}{K_s A} + t_0 = \frac{1000 \times (1-0.82) \times 5.5}{15 \times 1.4} + 20 = 67℃ < 70～90℃$$

符合要求。

（9）其他几何尺寸计算（略）

（10）润滑方式选择　由表 9-9 查得润滑油黏度 $v_{(40℃)} = 350 \text{（mm}^2\text{/s）}$，采用油池润滑。

（11）绘制蜗杆、蜗轮零件工作图（略）

第七节　蜗杆传动的装配

一、蜗杆传动的装配顺序

① 将蜗轮装配在轴上，装配与检查方法与圆柱齿轮装配相同，其径向及端面跳动的允

许值也与圆柱齿轮的要求相同。

　　② 把蜗轮组件装入箱体。

　　③ 装入蜗杆，蜗杆轴线位置由箱体安装孔保证，蜗轮的轴向位置可通过改变垫圈厚度调整。

二、蜗杆传动装配的技术要求

　　① 蜗杆轴心线与蜗轮轴心线必须相互垂直，且蜗杆轴心线应在蜗轮轮齿的对称平面（中间平面）内。

　　② 蜗轮与蜗杆之间的中心距要正确，以保证有适当的啮合侧隙和正确的接触斑点。

　　③ 蜗杆传动机构工作时应转动灵活。蜗轮在任意位置时旋转蜗杆手感应相同，无卡滞现象。

三、蜗杆传动装配后的检查与调整

　　蜗杆蜗轮装配时可能产生的偏差有：两轴线的交角偏差（$\Sigma \neq 90°$）、中心距偏差（$L \neq a$）和蜗轮中间平面与蜗杆轴线的偏移（$\Delta f_x \neq 0$），如图 9-13 所示。

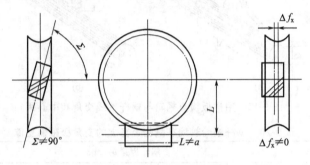

图 9-13　蜗杆传动的主要偏差

　　为了保证蜗杆传动的正确啮合，在装配时，必须严格检查蜗轮与蜗杆的轴线的交角和中心距、蜗轮中间平面与蜗杆轴线的偏移量以及啮合间隙与啮合接触斑点。

1. 蜗轮与蜗杆轴线交角和中心距的检查

　　轴线交角的检查方法如图 9-14 所示。检查时，先在蜗杆与蜗轮轴的位置上各装上检验心轴 1 和 2，再将摇杆 3 的一端套在心轴 2 上，而另一端固定一个千分表 4，然后摆动摇杆使千分表 4 与心轴上的 m 和 n 点相接触。如果两轴线互相垂直，则千分表在 m 和 n 点读数

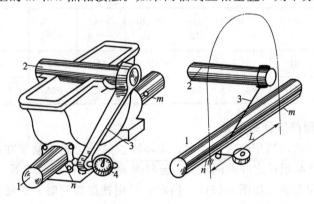

图 9-14　用千分表检查蜗轮与蜗杆轴线交角

1,2—检验心轴；3—摇杆；4—千分表

应该相同。当 m 和 n 点间的距离为 L（mm），而千分表在两点的读数差值为 Δf_Σ（mm）时，则在 1m 长度上交角的偏差值（垂直度）为

$$\delta_{f_\Sigma} = 1000\frac{\Delta f_\Sigma}{L}(\text{mm/m})$$

蜗杆蜗轮轴线在蜗轮齿宽上的交角极限偏差见表 9-10。

另一种检查方法如图 9-15（a）所示。检查时，先装上检验芯轴 1 和 2 以及具有测点 m 和 n 的样板 3，然后用塞尺测量两测点与芯轴 1 之间的间隙值，这样就可以检查出交角偏差。同时用塞尺测出 K 值，则两轴之间的中心距 $a = h + K + \dfrac{D}{2}$。中心距还可以用图 9-15（b）的内径千分尺来测量，此时中心距 $a = H + \dfrac{D+d}{2}$。蜗杆蜗轮中心局极限偏差见表 9-11。

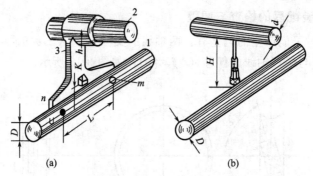

图 9-15　用样板检查蜗轮与蜗杆轴线交角和中心距

表 9-10　蜗杆蜗轮轴线在蜗轮齿宽上的交角极限偏差值　　μm

精度等级	蜗轮齿宽 b_2/mm						
	≤30	>30~50	>50~80	>80~120	>120~180	>180~250	>250
7	12	14	16	19	22	25	28
8	17	19	22	24	28	32	36
9	24	28	32	36	42	48	53

表 9-11　蜗杆蜗轮中心距极限偏差　　μm

精度等级	中　心　距　a/mm									
	≤30	>30~50	>50~80	>80~120	>120~180	>180~250	>250~315	>315~400	>400~500	>500~630
7、8	26	31	37	44	50	58	65	70	78	87
9	42	50	60	70	80	92	105	116	125	140

2. 蜗轮中间平面偏移量的检查

如图 9-16（a）所示，当用样板检查时，应将样板的一边轮流紧靠在蜗轮两侧的端面上，然后用塞尺测量样板与蜗杆之间的间隙 Δ，若两侧所测得的间隙值相等，则说明蜗轮中间平面没有偏移，即装配正确。如图 9-16（b）所示，当用挂线检查时，先将钢丝线挂在蜗杆上，然后用塞尺或其他测量工具测量钢丝线与蜗轮两侧端面之间的间隙 Δ。蜗轮中间平面之间的极限偏差见表 9-12。

表 9-12　蜗轮中间平面之间的极限偏差　　　　　μm

精度等级	中 心 距 a/mm									
	≤30	>30 ~50	>50 ~80	>80 ~120	>120 ~180	>180 ~250	>250 ~315	>315 ~400	>400 ~500	>500 ~630
7、8	21	25	30	36	40	47	52	56	63	70
9	34	40	48	56	64	74	85	92	100	112

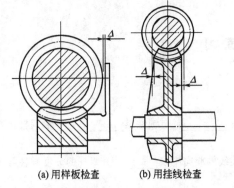

(a) 用样板检查　　　(b) 用挂线检查

图 9-16　蜗轮中间平面与蜗杆轴线之间的偏移量检查

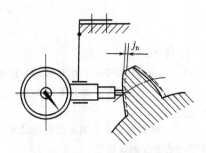

图 9-17　用千分表直接测量蜗轮的侧隙

3. 啮合侧隙的检查

图 9-17 所示为用千分表直接测量蜗轮侧隙的方法。测量时，千分表的量头直接接触在蜗轮轮齿表面，并与齿面相垂直，然后使蜗杆固定不动，微微地左右转动蜗轮，便可以从千分表上直接读出蜗轮与蜗杆齿面之间的啮合侧隙。

4. 啮合接触面积的检查

检查时，先在蜗杆的工作面上涂上薄薄的一层颜色，然后使之与蜗轮啮合，并慢慢地正反转动蜗杆数次，这时，在蜗轮的齿面上就有斑点，如图 9-18 所示。根据接触斑点的分布位置和面积大小，就可以判断啮合的质量。接触斑点大小应符合表 9-13 中所列的数值。

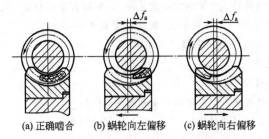

(a) 正确啮合　　　(b) 蜗轮向左偏移　　　(c) 蜗轮向右偏移

图 9-18　蜗轮齿面啮合接触斑点位置分布图

表 9-13　蜗轮齿面接触斑点规范　　　　　%

精度等级	7	8	9
接触斑点沿齿高不少于	60	55	45
接触斑点沿齿长不少于	65	50	30

5. 转动灵活性检查

蜗杆传动装配完毕后，需检查其转动的灵活度，是蜗轮处于任何位置时，旋转蜗杆所需的力矩大致相同。

为保证蜗杆传动齿面接触良好，装配后应进行跑合。跑合时采用低速运转（通常 $n_1 = 50 \sim 100 \text{r/min}$），逐步加载至额定载荷后跑合 $1 \sim 5\text{h}$。如果发现有青铜粘在蜗杆齿面上，应立即停车，用细砂纸打去后再继续跑合。跑合完毕后应清洗全部零件，更换润滑油。

蜗杆蜗轮装配时所产生的各种偏差不符合规范都会使啮合不正确。为了校正这些偏差，可通过调整轴承盖与轴承座之间的垫片厚度或改变蜗轮与轴承之间的套筒的长度来移动中间平面的位置，该表啮合接触位置，或由钳工刮削蜗轮的轴瓦来校正轴线的交角和中心距的误差。

同 步 练 习

一、填空题

9-1　在蜗杆传动中，产生自锁的条件是_____。

9-2　在蜗杆传动中，蜗杆头数越少，则传动效率越_____，自锁性越_____，一般蜗杆头数常取 $z_1 =$ _____。

9-3　在蜗杆传动中，蜗轮螺旋线的方向与蜗杆螺旋线的旋向应该_____，蜗杆的分度圆柱导程角应等于蜗轮的分度圆螺旋角。

9-4　蜗杆传动中，蜗杆所受的圆周力 F_{t1} 的方向总是与其旋转方向_____，而径向力 F_{r1} 的方向总是_____。

9-5　阿基米德圆柱蜗杆传动的中间平面是指_____的平面。

9-6　阿基米德蜗杆和蜗轮在中间平面相当于_____与_____相啮合，因此蜗杆的_____模数应与蜗轮的_____模数相等。

9-7　蜗杆的标准模数是_____模数，其分度圆直径 $d_1 =$ _____；蜗轮的标准模数是_____模数，其分度圆直径 $d_2 =$ _____。

9-8　在标准蜗杆传动中，当蜗杆为主动时，若蜗杆头数 z_1 和模数 m 一定，而增大直径系数 q，则蜗杆刚度_____；若增大导程角 γ，则传动效率_____。

9-9　为了提高蜗杆传动的效率，应选用_____头蜗杆；为了满足自锁要求，应选 $z_1 =$ _____。

9-10　有一普通圆柱蜗杆传动，已知蜗杆头数 $z_1 = 2$，蜗杆直径系数 $q = 8$，蜗轮齿数 $z_2 = 37$，模数 $m = 8\text{mm}$，则蜗杆分度圆直径 $d_1 =$ _____mm；蜗轮分度圆直径 $d_2 =$ _____mm；传动中心距 a _____mm；传动比 $i =$ _____；蜗轮分度圆上螺旋角 $\beta_2 =$ _____。

9-11　蜗轮轮齿的失效形式有_____、_____、_____、_____。但因蜗杆传动在齿面间有较大的_____，所以更容易产生_____和_____失效。

9-12　蜗杆传动的滑动速度越大，所选润滑油的黏度值应越_____。

9-13　蜗杆传动发热计算的目的是防止_____，以防止齿面_____失效。发热计算的出发点是_____等于_____。

9-14　蜗杆传动中，一般情况下_____的材料强度较弱，所以主要进行_____轮齿的强度计算。

9-15　装配蜗杆传动时，蜗杆轴心线与蜗轮轴心线必须_____，且蜗杆轴心线应在蜗轮轮齿的_____内。

二、选择题

9-16　与齿轮传动相比较，_____不能作为蜗杆传动的优点。

A. 传动平稳，噪声小　　　B. 传动效率高　　　C. 可产生自锁　　　D. 传动比大

9-17　阿基米德圆柱蜗杆与蜗轮传动的_____模数，应符合标准值。

A. 法面　　　　　　　　　B. 端面　　　　　　　C. 中间平面

9-18　蜗杆直径系数 $q =$ _____。

A. d_1/m 　　　　　　　　B. d_1m 　　　　　　　　C. a/d_1 　　　　　　　　D. a/m

9-19　在蜗杆传动中，当其他条件相同时，增加蜗杆头数 z_1，则传动效率_____。

A. 提高 　　　　　　　　B. 降低 　　　　　　　　C. 不变 　　　　　　　　D. 提高，也可能降低

9-20　在蜗杆传动中，当其他条件相同时，减少蜗杆头数 z_1，则_____。

A. 有利于蜗杆加工 　　　　　　　　　　　　　B. 有利于提高蜗杆刚度

C. 有利于实现自锁 　　　　　　　　　　　　　D. 有利于提高传动效率

9-21　起吊重物用的手动蜗杆传动，宜采用_____的蜗杆。

A. 单头、小导程角 　　　　　　　　　　　　　B. 单头、大导程角

C. 多头、小导程角 　　　　　　　　　　　　　D. 多头、大导程角

9-22　蜗杆直径 d_1 的标准化，是为了_____。

A. 有利于测量 　　　　　　　　　　　　　　　B. 有利于蜗杆加工

C. 有利于实现自锁 　　　　　　　　　　　　　D. 有利于蜗轮滚刀的标准化

9-23　提高蜗杆传动效率的最有效的方法是_____。

A. 增大模数 m 　　　　　　　　　　　　　　B. 增加蜗杆头数 z_1

C. 增大直径系数 q 　　　　　　　　　　　　D. 减小直径系数 q

9-24　闭式蜗杆传动的主要失效形式是_____。

A. 蜗杆断裂 　　　　　　B. 蜗轮轮齿折断 　　　　　　C. 磨粒磨损 　　　　　　D. 胶合、疲劳点蚀

9-25　用_____计算蜗杆传动比是错误的。

A. $i=\omega_1/\omega_2$ 　　　　　　B. $i=z_2/z_1$ 　　　　　　C. $i=n_1/n_2$ 　　　　　　D. $i=d_1/d_2$

9-26　蜗杆传动中较为理想的材料组合是_____。

A. 钢和铸铁 　　　　　　B. 钢和青铜 　　　　　　C. 铜和铝合金 　　　　　　D. 钢和钢

三、问答题

9-27　蜗杆传动有哪些特点？圆柱蜗杆传动有哪些类型？

9-28　蜗杆传动的传动比如何计算？能否用分度圆直径之比表示传动比？为什么？

9-29　如何恰当地选择蜗杆传动的传动比 i_{12}、蜗杆头数 z_1 和蜗轮齿数 z_2，并简述其理由。

9-30　为什么将蜗杆分度圆直径规定为标准值？

9-31　什么是蜗杆传动的中间平面？中间平面上的参数在蜗杆传动中有何意义？

9-32　蜗杆传动的正确啮合条件是什么？自锁条件是什么？

9-33　蜗杆传动的相对滑动对传动有何影响？蜗杆传动的失效形式与齿轮传动相比有何异同？

9-34　常用的蜗杆、蜗轮的材料组合有哪些？如何选择其材料？

9-35　为什么要进行蜗杆传动的热平衡计算？若热平衡计算不合要求该怎么办？

9-36　试述蜗杆传动装配的技术要求。

9-37　简述装配后的检查与调整。

四、计算题

9-38　如图 9-19 所示的手动绞车采用蜗杆传动，已知 $m=9.3\text{mm}$，$d_1=63\text{mm}$，$z_1=1$，$z_2=46$，卷筒直径 $D=200\text{mm}$，试问：

(1) 欲使重物 Q 上升 1m，手柄应转多少转？并在图上标出重物上升时手柄的转向。

(2) 若当量摩擦因数 $f_v=0.18$，该机构是否自锁？

(3) 计算蜗杆和蜗轮的几何尺寸。

9-39　如图 9-20 所示蜗杆传动中，试分析蜗杆、蜗轮的转动方向；标注节点处作用于蜗杆和蜗轮上的各分力方向；如图(a)所示，若已知蜗杆转矩 $T_1=25\text{N·m}$，$m=5\text{mm}$，$d_1=63\text{mm}$，$\alpha=20°$，$z_1=2$，$z_2=44$，传动效率 $\eta=0.82$，试求节点处各分力大小。

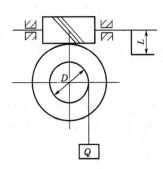

图 9-19　题 9-38 图

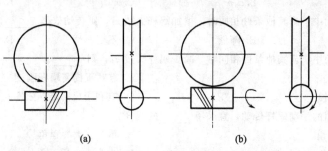

(a)　　　　　　　　　　　(b)

图 9-20　题 9-39 图

9-40　设计运输机的闭式蜗杆传动。已知蜗杆轴的输入功率 $P_1 = 4\text{kW}$，蜗杆转速 $n_1 = 1450\text{r/min}$，蜗杆传动的传动比 $i = 22$，传动较平稳，单向连续运转，每天工作 8h，要求工作寿命为 5 年（每年按 300 天工作日计），估计散热面积为 $A = 1.3\text{m}^2$。

第十章 齿 轮 系

知识目标

了解轮系的分类及应用，掌握定轴轮系和行星轮系的传动比计算方法及转向判断，了解混合轮系的传动比计算。了解特殊行星齿轮传动的类型和特点。

能力目标

能对轮系各轮转速转向进行计算和判断。

【观察与思考】

(1) 设计如图 10-1 所示的一大传动比的齿轮传动，请思考：

- 该齿轮传动的传动比由什么决定？两齿轮齿数相差如何？
- 从结构和使用寿命方面分析这对齿轮传动存在什么问题？
- 有无其他办法来获得同样大小的传动比来避免上述问题？

图 10-1 大传动比齿轮传动

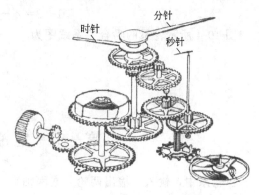
图 10-2 机械钟表的传动机构

(2) 如图 10-2 所示为一钟表的传动机构。通过仔细观察，请思考：

- 时针、分针和秒针的运动是怎样获得的？
- 时针、分针和秒针之间转速关系如何？是怎样保证这种转速关系的？

在机械和仪表中，仅用一对齿轮传动往往不能满足实际工作要求，例如要得到较大的传动比、变速、变向及回转运动的合成或分解等。因此，通常用一系列齿轮组合在一起来进行传动。这种由一系列齿轮（含蜗杆、蜗轮）组成的传动系统称为齿轮系，简称轮系。

各齿轮轴线互相平行的轮系称为平面轮系（图 10-3），否则称为空间轮系（图 10-6）。根据轮系运转时各齿轮的几何轴线位置相对于机架是否固定，又可将轮系分为定轴轮系、行星轮系和混合轮系。

(1) 定轴轮系 轮系运转时，各齿轮的几何轴线位置保持固定的轮系，称为定轴轮系，如图 10-3 所示。

（2）行星轮系　轮系运转时，至少有一个齿轮的几何轴线绕另一齿轮的几何轴线回转的轮系，称为行星轮系。如图 10-4 所示，齿轮 1、3 和构件 H 均绕固定的、互相重合的几何轴线 O_1、O_2 及 O_H 转动。齿轮 2 空套在构件 H 上，并与齿轮 1、3 相啮合，使得齿轮 2 一方面绕自身轴线 O_2 转动（自转），又随构件 H 绕几何轴线 O_H 转动（公转），齿轮 2 称为行星轮。支持行星轮的构件 H 称为行星架或系杆。与行星轮 2 相啮合的定轴齿轮 1、3 称为太阳轮或中心轮。由此可知，行星轮系由行星轮、行星架、太阳轮和机架所组成。

（3）混合齿轮系　既包含定轴齿轮系，又包含行星齿轮系的齿轮系称为混合齿轮系。

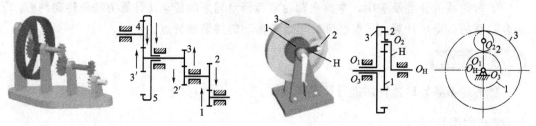

图 10-3　定轴轮系
1,2,2′,3,3′,4,5—齿轮

图 10-4　行星轮系
1～3—齿轮

啮合关系线图对分析轮系很有帮助。在啮合关系线图中，通常用"—"表示两齿轮相啮合，用"…"将行星轮与行星架 H 相连，"＝"表示两零件是同一构件，一起转动。

例如：图 10-3 所示轮系的啮合关系线图为

$$1—2=2′—3=3′—4—5$$

图 10-4 所示轮系的啮合关系线图为

$$1—2—3$$
$$\vdots$$
$$H$$

第一节　定轴轮系的传动比

在轮系中，输入、输出两轮（或两轴）的角速度（或转速）之比，称为轮系的传动比，用 i_{1N} 表示，下标"1"、"N"分别为输入、输出两轮的代号。计算轮系的传动比，不仅要确定其大小，还要确定两轮（轴）的相对转向。

一、传动比大小的计算

如图 10-3 所示的平面定轴轮系。设轮 1 为输入齿轮，轮 5 为输出齿轮。各轮的齿数分别为 z_1、z_2、$z_{2'}\cdots z_5$，各轮的转速分别为 n_1、n_2、$n_{2'}\cdots n_5$。显见 $n_2=n_{2'}$，$n_3=n_{3'}$。各对齿轮的传动比分别为

$$i_{12}=\frac{n_1}{n_2}=\frac{z_2}{z_1}, \qquad i_{2'3}=\frac{n_{2'}}{n_3}=\frac{z_3}{z_{2'}}$$

$$i_{3'4}=\frac{n_{3'}}{n_4}=\frac{z_4}{z_{3'}}, \qquad i_{45}=\frac{n_4}{n_5}=\frac{z_5}{z_4}$$

则

$$i_{12}i_{2'3}i_{3'4}i_{45}=\frac{n_1 n_{2'} n_{3'} n_4}{n_2 n_3 n_4 n_5}=\frac{n_1}{n_5}=\frac{z_2 z_3 z_4 z_5}{z_1 z_{2'} z_{3'} z_4}$$

即

$$i_{15}=\frac{n_1}{n_5}=i_{12}i_{2'3}i_{3'4}i_{45}=\frac{z_2 z_3 z_4 z_5}{z_1 z_{2'} z_{3'} z_4}$$

上式表明，轮系的传动比等于组成该轮系的各对啮合齿轮传动比的连乘积，其值等于各对啮合齿轮中从动轮齿数的连乘积与主动轮齿数的连乘积之比。

不难分析出定轴轮系总传动比的计算式为

$$i=\frac{n_1}{n_N}=\frac{\text{从 }1\sim N\text{ 各从动轮齿数的连乘积}}{\text{从 }1\sim N\text{ 各主动轮齿数的连乘积}} \tag{10-1}$$

二、输出轮转向的确定

1. 箭头法（适合各种定轴轮系）

在轮系运动简图中，用箭头来标明齿轮可见侧的圆周速度方向的方法称为箭头法（图10-3）。一对外啮合圆柱齿轮传动，两轮转向相反，箭头反向；一对内啮合圆柱齿轮传动，两轮转向相同，箭头同向；一对圆锥齿轮传动，箭头相背或相向；蜗杆传动则用"左、右"手定则来判定蜗杆与蜗轮相对转向关系。

2. 公式法（只适合平面定轴轮系）

对于平面定轴轮系，各轮的转向不相同则相反，其转向关系可用传动比的正负号表示。当二者转向相同时用正号，相反时用负号。由于每对外啮合齿轮传动齿轮转向相反，若轮系中有 m 对外啮合齿轮传动，则主动轮至从动轮的转向改变 m 次，因此，传动比的正负号可用 $(-1)^m$ 来判定。将 $(-1)^m$ 放在式(10-1)从、主动轮齿数连积之比的前面，则有

$$i=\frac{n_1}{n_N}=(-1)^m\frac{\text{从 }1\sim N\text{ 各从动轮齿数的连乘积}}{\text{从 }1\sim N\text{ 各主动轮齿数的连乘积}} \tag{10-2}$$

显然，m 为偶数，传动比 i_{1N} 为正，则输入轮与输齿轮的转向相同；m 为奇数，传动比 i_{1N} 为负，则输入轮与输出轮的转向相反。

图 10-3 所示的定轴轮系中，齿轮 4 同时与齿轮 $3'$ 和齿轮 5 啮合，其齿数在传动比计算式中被约去，不影响传动比的大小，但起到改变转向的作用，这种齿轮称为惰轮、介轮、中间轮或过桥轮。

【例 10-1】 如图 10-5 所示为一汽车变速箱，主动轴Ⅰ的转速 $n_I=1000\text{r/min}$，当两半离合器 x、y 接合时，Ⅰ轴直接驱动从动轴Ⅲ，此时为高速前进；两半离合器脱开，滑移齿轮 4 与齿轮 3 啮合时为中速前进；滑移齿轮 6 与齿轮 5 啮合时为低速前进；滑移齿轮 6 与齿轮 8 啮合时为倒车。已知各轮齿数为 $z_1=19$，$z_2=38$，$z_3=31$，$z_4=26$，$z_5=21$，$z_6=36$，$z_7=14$，$z_8=12$。试求从动轴Ⅲ 的四种转速。

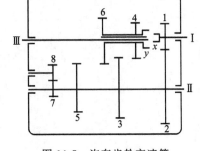

图 10-5 汽车齿轮变速箱

1~3,5,7,8—齿轮；

4,6—滑移齿轮

解：该轮系为一平面定轴轮系。

(1) 高速前进时，$n_Ⅲ=n_Ⅱ=1000\text{r/min}$

(2) 中速前进时，其啮合关系线图为

$$Ⅰ=z_1\text{—}z_2=z_3\text{—}z_4=Ⅲ$$

故 $n_Ⅲ=n_4$，$n_I=n_1$

$$i_{14}=\frac{n_1}{n_4}=(-1)^2\frac{z_2 z_4}{z_1 z_3}=\frac{38\times26}{19\times31}=\frac{52}{31}$$

$$n_{\text{III}} = n_4 = \frac{n_1}{i_{14}} = \frac{1000 \times 31}{52} = 596 \ (\text{r/min})$$

（3）低速前进时，其啮合关系线图为 $\text{I} = z_1 - z_2 = z_5 - z_6 = \text{III}$

故

$$n_{\text{III}} = n_6$$

$$i_{16} = \frac{n_1}{n_6} = (-1)^2 \frac{z_2 z_6}{z_1 z_5} = \frac{38 \times 36}{19 \times 21} = \frac{24}{7}$$

$$n_{\text{III}} = n_6 = \frac{n_1}{i_{16}} = \frac{1000 \times 7}{24} = 292 \ (\text{r/min})$$

（4）倒车时，其啮合关系线图为 $\text{I} = z_1 - z_2 = z_7 - z_8 - z_6 = \text{III}$

故

$$n_{\text{III}} = n_6$$

$$i_{16} = \frac{n_1}{n_6} = (-1)^3 \frac{z_2 z_8 z_6}{z_1 z_7 z_8} = \frac{38 \times 12 \times 36}{19 \times 14 \times 12} = -\frac{36}{7}$$

$$n_{\text{III}} = n_6 = \frac{n_1}{i_{16}} = -\frac{1000 \times 7}{36} = -194 \ (\text{r/min})$$

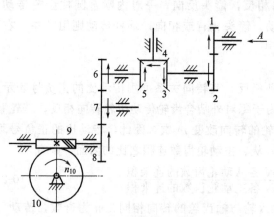

图 10-6 空间定轴轮系

1~8—齿轮；9—蜗杆；10—蜗轮

【例 10-2】 图 10-6 所示的空间定轴轮系中，已知各轮的齿数为 $z_1 = 15$，$z_2 = 25$，$z_3 = 14$，$z_4 = 20$，$z_5 = 14$，$z_6 = 20$，$z_7 = 30$，$z_8 = 40$，$z_9 = 2$（右旋），$z_{10} = 60$。试求：（1）传动比 i_{17} 和 $i_{1\,10}$；（2）若 $n_1 = 200 \text{r/min}$，从 A 向看去，齿轮 1 顺时针转动，求 n_7 和 n_{10}。

解：该轮系啮合关系线图为

$$z_1 - z_2 = z_3 - z_4 - z_5 = z_6 - z_7 - z_8 = z_9 - z_{10}$$

（1）求传动比 i_{17} 和 $i_{1\,10}$

$$i_{17} = \frac{n_1}{n_7} = \frac{z_2 z_4 z_5 z_7}{z_1 z_3 z_4 z_6} = \frac{25 \times 20 \times 14 \times 30}{15 \times 14 \times 20 \times 20} = 2.5$$

$$i_{1\,10} = \frac{n_1}{n_{10}} = \frac{z_2 z_4 z_5 z_7 z_8 z_{10}}{z_1 z_3 z_4 z_6 z_7 z_9} = \frac{25 \times 20 \times 14 \times 30 \times 40 \times 60}{15 \times 14 \times 20 \times 20 \times 30 \times 2} = 100$$

（2）求 n_7 和 n_{10} 因

$$i_{17} = \frac{n_1}{n_7} = 2.5$$

故

$$n_7 = \frac{n_1}{i_{17}} = \frac{200}{2.5} = 80 \ (\text{r/min})$$

因

$$i_{110} = \frac{n_1}{n_{10}} = 100$$

故

$$n_{10} = \frac{n_1}{i_{110}} = \frac{200}{100} = 2 \ (\text{r/min})$$

用画箭头的方法表示各轮的转向如图 10-6 所示。

第二节 行星轮系传动比的计算

一、行星轮系的转化轮系

行星轮系与定轴轮系的根本区别在于行星轮系中具有周动的行星架，从而使得行星轮既有自转又有公转。因此，行星轮系中各构件间的传动比不能直接引用定轴轮系传动比的公式来计算，需设法将行星轮的轴线固定下来。

图 10-7(a) 所示的行星轮系，各轮及行星架的转速分别为 n_1、n_2、n_3、n_H。假想给整个行星轮系加上与行星架的转速大小相等、方向相反的公共转速（$-n_H$），根据相对运动原理，显然各构件的相对运动关系并不改变，但此时行星架相对静止不动，齿轮 1～3 都成为绕定轴转动的齿轮，因此获得了一个假想的定轴轮系，如图 10-7(b) 所示。这个假想的定轴轮系称为原行星轮系的转化轮系。为区分起见，将转化轮系中的转速右上角加上 H 表示。各构件在转化轮系中的转速如表 10-1 所示。

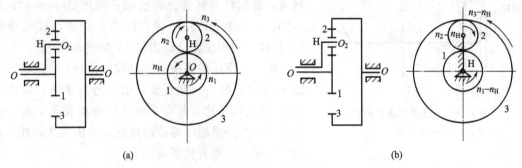

图 10-7　行星轮系及其转化轮系

表 10-1　行星轮系转化前后各构件的转速

构　件	行星轮系中的转速	转化轮系中的转速（相对于行星架 H 的转速）
太阳轮 1	n_1	$n_1^H = n_1 - n_H$
行星轮 2	n_1	$n_2^H = n_2 - n_H$
太阳轮 3	n_3	$n_3^H = n_3 - n_H$
行星架 H	n_H	$n_H^H = n_H - n_H = 0$

二、行星轮系传动比的计算

由于转化轮系是"定轴轮系"，则可运用定轴轮系传动比的计算式(10-1) 来求转化轮系的传动比。对于图 10-7(b) 所示转化轮系为平面定轴轮系，其转化轮系的传动比为

$$i_{13}^H = \frac{n_1^H}{n_3^H} = \frac{n_1 - n_H}{n_3 - n_H} = (-1)\frac{z_2 z_3}{z_1 z_2} = -\frac{z_3}{z_1}$$

式中，i_{13}^H 表示转化机构的传动比，即齿轮 1 与齿轮 3 相对于行星架 H 的传动比。"－"号表示齿轮 1 与齿轮 3 在转化机构中的转向相反。

将上式推广到一般情况，可得行星轮系转化机构的计算式

$$i_{AK}^H = \frac{n_A^H}{n_K^H} = \frac{n_A - n_H}{n_K - n_H} = (-1)^m \frac{\text{从} A \sim K \text{各从动轮齿数的连乘积}}{\text{从} A \sim K \text{各主动轮齿数的连乘积}} \tag{10-3}$$

式中，指数 m 为转化轮系中齿轮 A 与齿轮 K 之间外啮合齿轮的对数。

在使用上式时应特别注意以下几点。

① 齿轮 A、K 和行星架 H 三个构件的轴线应互相平行，否则不能用该式。

② 齿轮 A、K 可以是太阳轮，也可是行星轮。

③ 将 n_A、n_K、n_H 的值代入上式计算时，必须带正负号。假设某一转向为正号，则与

其同向的取正号，反向的取负号，待求构件的转向由几栓结果的正负号来确定。

④ $i_{AK}^H \neq i_{AK}$，i_{AK}^H是行星轮系转化机构的传动比，即齿轮 A、K 相对于行星架 H 的传动比，而 i_{AK} 是行星齿轮系中 A、K 两齿轮的传动比，需借助 i_{AK}^H 来建立转速 n_A 与 n_K 的关系才能计算出 i_{AK}。

⑤ 式(10-3)也适合空间行星轮系，但：齿轮 A、K 和行星架 H 的轴线必须互相平行；其转化机构的传动比 i_{AK}^H 的正、负号只能用画箭头的方法来决定。

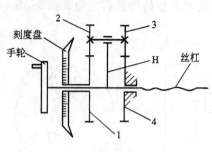

图 10-8 花键磨床读数机构
1～4—齿轮

【例 10-3】 图 10-8 所示某花键磨床的读数机构为一行星轮系，通过刻度盘转过的格数来记录手轮的转速，即丝杠的转速。若已知各轮齿数 $z_1 = 60$，$z_2 = 20$，$z_3 = 20$ 及 $z_4 = 59$，齿轮 4 固定，试求手轮（即丝杠）与刻度盘（即齿轮 1）的传动比 i_{H1}。

解： 图示轮系中，因双联齿轮 2-3 的几何轴线随 H 杆（丝杠）一起转动，故为行星轮系，双联齿轮 2＝3 为行星轮，与行星轮 2 啮合的齿轮 1 为活动太阳轮，与行星轮 3 啮合的齿轮 4 为固定太阳轮，H 为行星架。其啮合关系线图为

$$1\!-\!2\!=\!3\!-\!4$$
$$\vdots$$
$$H$$

由式(10-3) 得

$$i_{14}^H = \frac{n_1 - n_H}{n_4 - n_H} = (-1)^2 \frac{z_2 z_4}{z_1 z_3}$$

将 $n_4 = 0$ 代入上式得

$$\frac{n_1}{n_H} = 1 - \frac{z_2 z_4}{z_1 z_3} = 1 - \frac{20 \times 59}{60 \times 20} = \frac{1}{60}$$

所以

$$i_{H1} = \frac{n_H}{n_1} = 60$$

若改变上述行星轮系中各齿轮的齿数，使 $z_1 = 100$，$z_2 = 101$，$z_3 = 100$，$z_4 = 99$，则求得传动比 $i_{H1} = 10000$，即手轮转 10000 转，刻度盘才转 1 转，且两构件转向相同。由此可见，行星齿轮系用少数几个齿轮就能获得很大的传动比。

【例 10-4】 图 10-9 所示为由锥齿轮组成的差动行星轮系。已知 $z_1 = 60$，$z_2 = 40$，$z_{2'} = z_3 = 20$，若 n_1 和 n_3 均为 120r/min，但转向相反（如图中实线箭头所示）试求 n_H。

解： 图示轮系中，双联锥齿轮 2＝2′ 的几何轴线随 H 杆一起转动，故双联锥齿轮 2＝2′ 为行星轮，与行星轮 2 啮合的太阳轮是齿轮 1，与行星轮 2′ 相啮合的太阳轮是齿轮 3，H 为行星架。其啮合关系线图为

$$z_1\!-\!z_2\!=\!z_{2'}\!-\!z_3$$
$$\vdots$$
$$H$$

由于齿轮 1、齿轮 3 和行星架 H 的轴线互相平行，

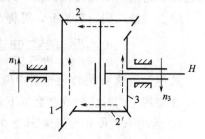

图 10-9 空间行星轮系
1,2，2′,3—齿轮

故其转化机构的传动比可用式(10-3)来计算。用画箭头的方法画出转化机构中各轮的转向如图中虚线箭头所示,显然,转化机构中齿轮1与齿轮3的转向相同,其转化机构的传动比取正,即有

$$i_{13}^{H} = \frac{n_1 - n_H}{n_3 - n_H} = (+)\frac{z_2 z_3}{z_1 z_{2'}}$$

如设 n_1 为正值,则 n_3 为负值,代入上式得

$$\frac{120 - n_H}{-120 - n_H} = (+)\frac{40 \times 20}{60 \times 20}$$

解得 $n_H = 600\text{r/min}$。

n_H 为正,表示与 n_1 转向相同。

特别要指出的是:因为行星齿轮 2-2' 的轴线与行星架 H 的轴线不平行,所以不能利用式(10-3)来计算行星齿轮 2-2' 的转速。

第三节　混 合 轮 系

由于混合轮系是由两种运动性质不同的齿轮系组成,因此计算其传动比时,必须先将混合轮系中的定轴轮系和行星轮系区别开,分别计算,最后联立求解。

混合轮系传动比计算的关键是将基本行星齿轮系和定轴轮系区别开。先找出几何轴线运动的行星轮,相应也找到了行星架,然后找出与行星轮啮合且绕固定轴线转动的太阳轮。由行星轮、太阳轮、行星架构成一个基本行星齿轮系。依此方法找出其他基本行星轮后,余下的就是定轴轮系。

【例 10-5】 图 10-10 所示的电动卷扬机的减速器中,已知各齿轮齿数分别为 $z_1 = 24$,$z_2 = 48$,$z_{2'} = 30$,$z_3 = 90$,$z_{3'} = 20$,$z_4 = 40$,$z_5 = 80$。电动机的转速为 $n_1 = 1450\text{r/min}$,试求传动比 i_{1H} 及卷筒 H 的转速 n。

解: 由于卷筒 1 做定轴转动,卷筒上装有双联齿轮 $2 = 2'$,故卷筒 1 为行星架 H,齿轮 $2 = 2'$ 为行星轮。与行星轮 $2 = 2'$ 相啮合的齿轮 1、3 为两个活动的太阳轮。因此,齿轮 1、$2 = 2'$、3、行星架 H 组成了行星轮系;齿轮 3'、4、5 组成了定轴轮系,其中 $n_3 = n_{3'}$,$n_H = n_5$。行星轮系的啮合关系线图为

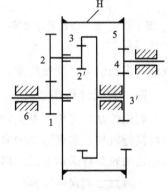

图 10-10　卷扬机的减速器
1,2,2',3,3',4,5—齿轮;6—机架

$$z_1 - z_2 = z_{2'} - z_3$$
$$\vdots$$
$$H$$

根据式(10-3)得

$$i_{13}^{H} = \frac{n_1 - n_H}{n_3 - n_H} = (-1)\frac{z_2 z_3}{z_1 z_{2'}} = -\frac{48 \times 90}{24 \times 30} = -6$$

即

$$n_1 = 7n_H - 6n_3 = 7n_H - 6n_{3'} \tag{10-4}$$

定轴轮系的传动路线为

$$z_{3'} - z_4 - z_5$$

根据式（10-2）得

$$i_{3'5}=\frac{n_{3'}}{n_5}=(-1)\frac{z_4 z_5}{z_{3'}z_4}=-\frac{z_5}{z_{3'}}=-\frac{80}{20}=-4$$

即

$$n_{3'}=-4n_5=-4n_H \qquad (10-5)$$

将式（10-4）代入式（10-5）求解得

$$i_{1H}=\frac{n_1}{n_H}=31$$

$$n_H=\frac{n_1}{i_{1H}}=\frac{1450}{31}=46.77\ (r/min)$$

与 n_1 同向。

第四节　轮系的功用

一、获得较大的传动比

当传动比较大时，若仅用一对齿轮传动，两齿轮的齿数和寿命则相差很大，且导致结构尺寸庞大。若采用轮系和行星轮系则可以很容易获得大的传动比。

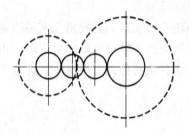

图 10-11　大中心距的齿轮传动

二、实现远距离传动

当两轴相距较远时，若仅采用一对齿轮来传动（图 10-11 中虚线所示），则齿轮的尺寸会很大，致使机构的重量和结构尺寸增大。若改用轮系来传动（图 10-11 中实线所示），则可以大大减小齿轮的尺寸，而且制造、安装也比较方便。

三、实现换向、变速传动

如图 10-5 所示的汽车变速箱传动系统，就是利用定轴轮系得到不同的输出速度，可使汽车以不同的速度前进或倒退，实现换向、变速传动。

四、实现分路传动

利用轮系，可用一个主动轴带动若干从动轴同时转动，从而将运动从不同的传动路线传递给执行机构，实现运动的分路传动。如图 10-12 所示为动力头传动系统，动力头的主动轴通过定轴轮系将运动分成三路传出，带动钻头和铣刀同时切削工件。

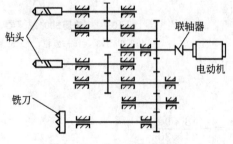

图 10-12　动力头传动系统

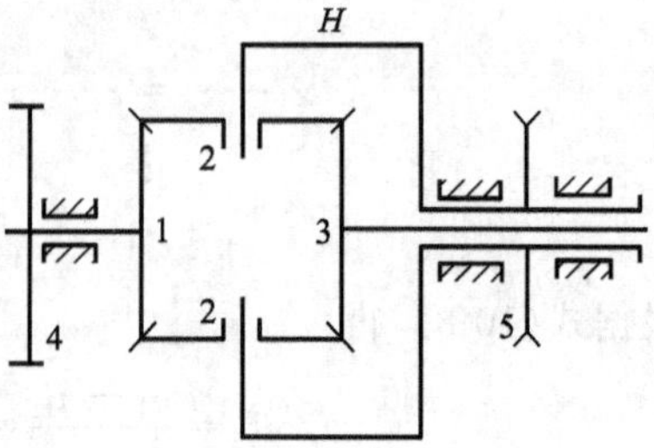

图 10-13　运动合成轮系

1~4—齿轮；5—蜗轮

五、实现运动的合成与分解

机械中常用具有两个自由度的差动行星轮系来实现运动的合成和分解。

1. 运动的合成

图 10-13 所示为滚齿机中的行星轮系工作时，齿轮 4 和蜗轮 5 两路输入（即已知 n_1、n_H），经行星轮系合成，获得齿轮 3 的转速 n_3，n_3 即输出轴转速。该轮系啮合关系线图为

$$4 = 1 - 2 - 3$$
$$\vdots$$
$$H$$

由式(10-2) 可得

$$i_{13}^H = \frac{n_1 - n_H}{n_3 - n_H} = -\frac{z_3}{z_1}$$

该轮系 $z_1 = z_3$，故 $n_3 = 2n_H - n_1$

由外部输入两个转速，另一构件的转速经差动行星轮系合成而获得的机构广泛应用于机床、搓绳机、计算机构等机械装置中。

2. 运动的分解

图 10-14 所示汽车后桥差速器的差动行星轮系与图 10-13 所示机构完全相同，故有

$$2n_4 = 2n_H = n_1 + n_3 \tag{10-6}$$

当汽车在直线上行驶时，轮 1 与轮 3 形同一个整体，转速相同；当汽车绕图示 P 点向左转弯时，为减少车轮磨损，应使车轮与地面做纯滚动，则左、右两轮的转速必须有快慢之分。设汽车的转弯半径为 r，轮距为 $2L$，则两轮转速 n_1、n_3 应与其转弯半径 $(r - L)$、$(r + L)$ 成正比，即

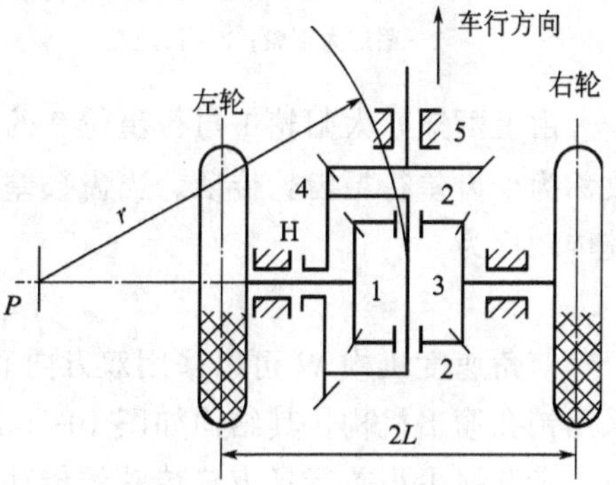

$$\frac{n_1}{n_3} = \frac{r - L}{r + L} \tag{10-7}$$

图 10-14 汽车后桥差速器

联立求解式(10-6)、式(10-7) 得

$$n_1 = \frac{r - L}{r} n_4$$

$$n_3 = \frac{r + L}{r} n_4$$

由此可见，汽车在转弯行驶时，差速器可将一个输入运动以不同的转速分别传递给左、右两个车轮，以实现车轮与地面间的纯滚动。

第五节 几种特殊行星齿轮传动简介

一、渐开线少齿差行星齿轮传动

渐开线少齿差行星齿轮传动如图 10-15 所示。主要由固定太阳轮 1、行星轮 2、行星架 H、等角速度机构 W 和输出轴 V 组成。当行星架 H 作为输入轴高速转动时，行星轮 2 便做行星运动，通过等角速度机构 W 将行星轮的转动同步传递给输出轴 V，由式(10-3) 得

$$i_{21}^H = \frac{n_2 - n_H}{n_1 - n_H} = \frac{z_1}{z_2}$$

将 $n_1 = 0$ 代入，解得

$$i_{HV} = i_{H2} = \frac{n_H}{n_2} = -\frac{z_2}{z_1 - z_2}$$

上式中的负号表示输出轴 V 的转向与输入轴行星架 H 的转向相反。

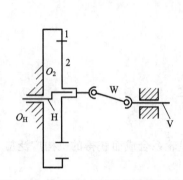

图 10-15　渐开线少齿差行星齿轮传动
1—固定太阳轮；2—行星轮

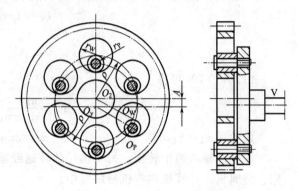

图 10-16　销孔输出机构

由上可知，太阳轮 1 与行星轮 2 的齿数差越少，传动比 i_{HV} 越大，一般齿数差为 $1\sim4$，故称为少齿差行星齿轮传动。当齿数差 $z_1 - z_2 = 1$ 时，此齿轮系称为一齿差行星齿轮传动，其传动比为

$$i_{HV} = -z_2$$

等角速度机构 W 可以采用双万向联轴器、十字滑块联轴器、销孔输出机构。目前广泛采用销孔输出机构，其结构如图 10-16 所示。

渐开线少齿差行星齿轮传动的传动比大、结构紧凑、重量轻、加工容易，但同时啮合的齿数少、承载能力较低，当齿数差少于 5 时，容易产生干涉，为此必须进行复杂的变位设计。这种传动装置适用于中、小型动力传动，广泛应用于起重运输、仪表、轻化、食品、军事工业部门。

二、摆线针轮行星齿轮传动

将一齿差行星齿轮传动机构中的齿轮采用摆线齿廓，则获得摆线针轮行星齿轮传动，如图 10-17（a）所示。固定太阳轮的轮齿为带套的针齿销，称为针轮，行星轮的轮齿为摆线齿，两轮的齿数差为 1，故其传动比为

$$i_{H2} = \frac{n_H}{n_2} - z_2$$

图 10-17（b）所示为一摆线针轮行星齿轮减速器的结构示意图，采用了互成 180°对称布置的两个摆线轮，输出机构为销孔输出机构。

摆线针轮行星齿轮传动的传动比范围较大（单级传动的传动比为 $9\sim87$，两级传动的传动比可达 $121\sim7569$），结构紧凑。由于同时参与啮合的齿数多，故承载能力较强，传动平稳。由于针齿销装有套筒，使针轮与摆线轮之间的摩擦为滚动摩擦，故轮齿磨损小，使用寿命长，传动效率较高。摆线针轮行星齿轮传动广泛应用在国防、冶金、矿山、化工等部门。

三、谐波齿轮传动

谐波齿轮传动如图 10-18 所示，由具有内齿的刚轮 1（相当于太阳轮）、可产生较大弹性变形的柔轮 2（相当于行星轮）及波发生器 H（相当于行星架）组成。波发生器 H 的长度

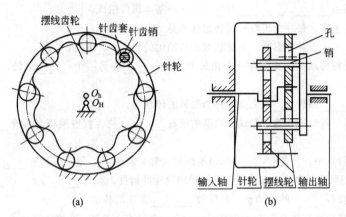

图 10-17 摆线针轮行星齿轮传动

大于柔轮内孔直径，所以将它装入柔轮内孔后，使柔轮产生径向变形而成椭圆状。椭圆长轴两端的柔轮外齿与刚轮内齿啮合，而短轴两端则与刚轮处于脱开状态，其他各点处于啮合与脱开的过渡阶段。一般刚轮固定不动，当主动件波发生器 H 回转时，迫使柔轮的长、短轴发生相应的变位，从而使柔轮与刚轮的啮合区也随着转动。因柔轮比刚轮少 $z_1 - z_2$ 个齿，且柔轮上每一个齿都要与刚轮上的齿依次逐个啮合，故波发生器转一周时，柔轮相对刚轮沿相反方向转动 $z_1 - z_2$

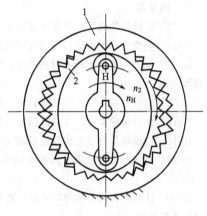

图 10-18 谐波齿轮传动
1—刚轮；2—柔轮

个齿的角度，即反转 $\dfrac{z_1 - z_2}{z_2}$ 周，因此其传动比 i_{H2} 为

$$i_{H2} = \frac{n_H}{n_2} = -\frac{1}{(z_1 - z_2)/z_2} = -\frac{z_2}{z_1 - z_2}$$

在传动过程中，因柔轮产生的径向变形近似于谐波，故称这种传动为谐波传动。

由于谐波齿轮传动不需要等角速度输出机构，因而大大简化了结构，使传动机构体积小、重量轻、安装方便；谐波齿轮传动同时啮合的齿数较多，柔轮采用了高疲劳强度的特殊钢材，故传动平稳，承载能力强；其摩擦损失较小，传动效率高；可获得较大的传动比，单级传动的传动比可达 70～320。但其启动转矩大，且速比越小越严重；柔轮易发生疲劳破坏，需用高疲劳强度的特殊钢材制造。谐波齿轮传动已广泛应用于能源、造船、航空航天、化工等领域。

同 步 练 习

一、填空题

10-1 由若干对齿轮组成的传动系统称为_____。

10-2 根据轮系中齿轮的几何轴线是否固定，可将轮系分为_____轮系、_____轮系和_____轮系三种。

10-3 对平面定轴轮系，始末两齿轮转向关系可用传动比计算公式中_____的符号来判定。

10-4　行星轮系由_____、_____和_____三种基本构件组成。

10-5　在定轴轮系中，每一个齿轮的回转轴线都是_____的。

10-6　惰轮对_____并无影响，但却能改变从动轮的_____方向。

10-7　如果在齿轮传动中，其中有一个齿轮和它的_____绕另一个_____旋转，则这轮系就叫行星轮系。

10-8　轮系中_____两轮_____之比，称为轮系的传动比。

10-9　定轴轮系的传动比，等于组成该轮系的所有_____轮齿数连乘积与所有_____轮齿数连乘积之比。

10-10　在行星转系中，凡具有_____几何轴线的齿轮，称为中心轮，凡具有_____几何轴线的齿轮，称为行星轮，支持行星轮并和它一起绕固定几何轴线旋转的构件，称为_____。

10-11　轮系可获得_____的传动比，并可做_____距离的传动。

10-12　采用行星轮系可将两个独立运动_____为一个运动，或将一个独立的运动_____成两个独立的运动。

二、判断题

10-13　旋转齿轮的几何轴线位置均不能固定的轮系，称为行星轮系。（　　）

10-14　至少有一个齿轮和它的几何轴线绕另一个齿轮旋转的轮系，称为定轴轮系。（　　）

10-15　定轴轮系首末两轮转速之比，等于组成该轮系的所有从动齿轮齿数连乘积与所有主动齿轮齿数连乘积之比。（　　）

10-16　在行星轮系中，凡具有旋转几何轴线的齿轮，就称为中心轮。（　　）

10-17　在行星轮系中，凡具有固定几何轴线的齿轮，就称为行星轮。（　　）

10-18　定轴轮系可以把旋转运动转变成直线运动。（　　）

10-19　对空间定轴轮系，其始末两齿轮转向关系可用传动比计算方式中的 $(-1)^m$ 的符号来判定。（　　）

10-20　计算行星轮系的传动比时，把行星轮系转化为一假想的定轴轮系，即可用定轴轮系的方法解决行星轮系的问题。（　　）

10-21　定轴轮系和行星轮系的主要区别，在于系杆是否转动。（　　）

三、简答题

10-22　怎样区别定轴齿轮系与行星齿轮系？

10-23　定轴轮系的转向如何确定？$(-1)^m$ 方法适用于哪种类型的齿轮系？

10-24　行星齿轮系的传动比与其转化机构的转动比有何区别及联系？

10-25　齿轮系有哪些功用？

10-26　常用的等角速度机构有哪些？

四、计算题

10-27　如图 10-19 所示的齿轮系中，已知 $z_1 = z_2 = z_{3'} = z_4 = 20$，齿轮 1、3、3′和 5 同轴线，各齿轮均为标准齿轮。若已知轮 1 的转速为 $n_1 = 1440\text{r/min}$，求轮 5 的转速。

10-28　如图 10-20 所示的钟表传动系统中，E 为擒纵轮，N 为发条盘，S、M、H 分别为秒针、分针、时针。已知各轮的齿数 $z_1 = 72$，$z_2 = 12$，$z_3 = 64$，$z_4 = 8$，$z_5 = 60$，$z_6 = 8$，$z_7 = 60$，$z_8 = 6$，$z_9 = 8$，$z_{10} = 24$，$z_{11} = 6$，$z_{12} = 24$。试求秒针 S 与分针 M 的传动比 i_{SM} 和分针 M 与时针 H 的传动比 i_{MH}。

10-29　如图 10-21 所示的齿轮系中，已知双头右旋蜗杆的转速 $n_1 = 900\text{r/min}$，$z_2 = 60$，$z_{2'} = 25$，$z_3 = 20$，$z_{3'} = 25$，$z_4 = 20$，$z_{4'} = 30$，$z_5 = 35$，$z_{5'} = 28$，$z_6 = 135$，求 n_6 的大小和方向。

10-30　如图 10-22 所示的齿轮系中，已知各轮的齿数 $z_1 = 48$，$z_2 = 27$，$z_{2'} = 45$，$z_3 = 102$，$z_4 = 120$，设输入转速 $n_1 = 3750\text{r/min}$，试求传动比 i_{14} 和 n_4。

10-31　如图 10-23 所示为卷扬机中的减速器，已知各轮的齿数 $z_1 = 36$，$z_2 = 60$，$z_3 = 23$，$z_4 = 49$，$z_5 = 69$，$z_6 = 31$，$z_7 = 131$，$z_8 = 94$，$z_9 = 36$，$z_{10} = 167$，试求传动比 i_{1H}。

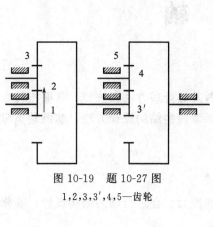

图 10-19　题 10-27 图

1,2,3,3′,4,5—齿轮

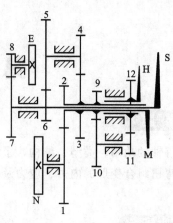

图 10-20　题 10-28 图

1～12—齿轮

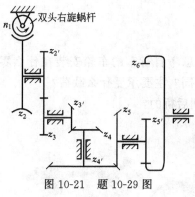

图 10-21　题 10-29 图

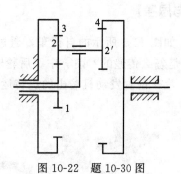

图 10-22　题 10-30 图

1,2,2′,3,4—齿轮

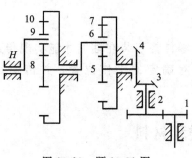

图 10-23　题 10-31 图

1～10—齿轮

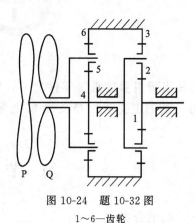

图 10-24　题 10-32 图

1～6—齿轮

10-32　如图 10-24 所示为双螺旋桨飞机的减速器，已知 $z_1 = 26$，$z_2 = 20$，$z_4 = 30$，$z_5 = 18$，$n_1 = 15000\text{r/min}$，试求 n_P 和 n_Q 的大小和方向。

第十一章　轴

了解轴的功用、类型、结构，了解轴的常用材料及热处理方法和选择，掌握扭转、弯曲变形及弯扭组合变形的内力、应力及强度计算方法，掌握的结构设计方法，掌握轴类零件的修理。

具有使用标准、规范、手册、图册等设计资料的能力。会进行轴的结构设计，能修复常见失效形式的轴。

【观察与思考】

• 如图 11-1 所示的自行车，通过仔细观察，请思考自行车的车轮安装在什么零件上？其运动是怎么传递的？前、中、后轮轴的作用有何不同？主要承受什么载荷？
• 汽车前置发动机输出的旋转运动是如何传递到后桥的？

后轴　　　　　　　　　　　　　　　　　　　　　　前轴

图 11-1　自行车

轴是组成机器的重要零件之一，做回转运动的零件都要装在轴上才能实现传递运动和动力。轴的主要功用是支承轴上零件，使其具有确定的工作位置，并传递运动和动力。

第一节　轴的分类和材料

一、轴的分类

1. 按产生变形情况分类

按产生变形情况不同，轴可分为心轴、传动轴和转轴三类。

（1）传动轴　传动轴是指工作时只产生扭转变形或以产生扭转变形为主的轴，如汽车变速箱与后桥差速器之间的轴（图 11-2）。

（2）心轴　心轴是指工作时只产生弯曲变形的轴（仅起支承转动零件的作用，不传递动力），按其是否转动又分为固定心轴和转动心轴。固定心轴工作时不随零件一同转动，如自行车的前轮轴（图 11-3）。转动心轴工作时随零件一同转动，如火车轮轴（图 11-4）。

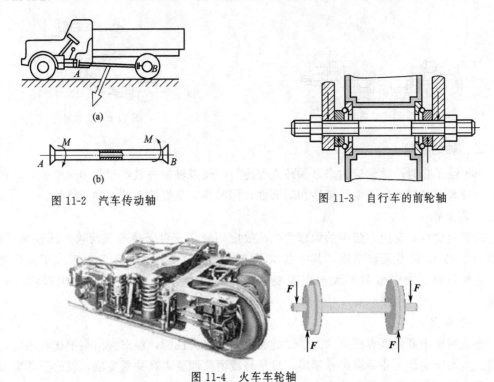

图 11-2　汽车传动轴　　　　　　　　　图 11-3　自行车的前轮轴

图 11-4　火车车轮轴

（3）转轴　转轴是指工作时同时产生弯曲和扭转变形的轴，如减速器中的齿轮轴（图 11-5）。它是机器中最常见的轴。

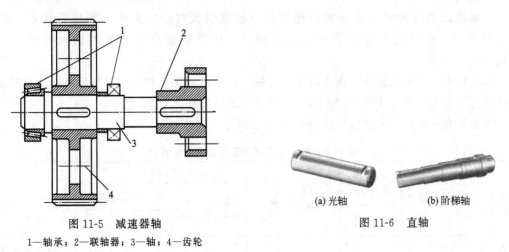

图 11-5　减速器轴

1—轴承；2—联轴器；3—轴；4—齿轮

(a) 光轴　　　(b) 阶梯轴

图 11-6　直轴

2. 按轴线形状分类

按轴线形状不同，轴可分为直轴（图 11-6）、曲轴（图 11-7）和挠性轴（图 11-8）。

直轴按其外形的不同，可分为光轴（轴外径相同）和阶梯轴两种。光轴形状简单，加工容易，应力集中源少，但轴上的零件不易装配和定位；阶梯轴方便轴上零件的装拆、定位和紧固，在机器中应用广泛。

曲轴常用于往复式机械（如内燃机、曲柄压力机等）。挠性轴用于有特殊需要的场合（如电动工具、管路清洁机）。

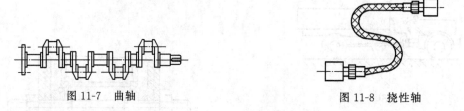

　　　　图 11-7　曲轴　　　　　　　　　　　　　　　　图 11-8　挠性轴

二、轴的材料

由于轴工作时产生的应力多是循环交变应力，所以轴的失效形式常为疲劳破坏，因此轴的材料应具有足够高的强度、韧性和耐磨性，同时要有良好的工艺性和经济性。

1. 碳素钢

碳素钢价廉，对应力集中的敏感性低，故应用较广。对于传递载荷较大或较重要的轴，常用 40、45 和 50 优质碳素钢，其中以 45 钢最常用。这类钢进行调质处理或正火处理可提高其力学性能。对于载荷不大或不重要的轴，可用 Q235、Q255 等普通碳素钢，不需热处理。

2. 合金钢

合金钢比碳素钢具有更高的力学性能和更好的淬火性能，但对应力集中比较敏感，价格较贵。多用于受载大并要求尺寸紧凑、重量轻或耐磨性要求高的重要轴，或处于非常温度或腐蚀条件下工作的轴。常用的合金钢有：20Cr、40Cr、20CrMnTi、40MnB 等，一般采用渗碳、淬火处理。

3. 球墨铸铁

球墨铸铁具有价廉、良好的吸振性和耐磨性以及对应力集中不敏感等优点，但品质不易控制，在使用上受到了一定的限制。常用于制造形状复杂的轴（如曲轴、凸轮轴等）。

轴的毛坯一般用轧制的圆钢或锻件。锻件的内部组织比较均匀，强度较高，所以重要的轴以及大尺寸或阶梯尺寸变化较大的轴，应采用锻件毛坯。

轴的常用材料及其主要力学性能如表 11-1 所示。

表 11-1　轴的常用材料及其主要力学性能

材料	牌号	热处理	毛坯直径 /mm	硬度 （HBS）	力学性能/MPa						备 注
					抗拉强度 σ_b	屈服点 σ_s	抗剪强度 τ_b	许用弯曲应力			
								$[\sigma_b]_{+1}$	$[\sigma_b]_0$	$[\sigma_b]_{-1}$	
普通碳钢	Q235-A				430	235	100	130	70	40	用于不重要或载荷不大的轴
	Q275				570	275	130	150	72	42	
优质碳钢	45	正火	25	≤241	600	355	148	196	93	54	应用最广泛
		正火	≤100	170~217	588	294	138				
		回火	>100~300	162~217	570	285	133				
		调质	≤200	217~255	637	353	155	216	98	59	

续表

材料	牌号	热处理	毛坯直径/mm	硬度（HBS）	力学性能/MPa						备　注
					抗拉强度 σ_b	屈服点 σ_s	抗剪强度 τ_b	许用弯曲应力			
								$[\sigma_b]_{+1}$	$[\sigma_b]_0$	$[\sigma_b]_{-1}$	
合金钢	40Cr	调质	25	241～286	980	785	275	245	118	69	用于载荷较大而无很大冲击的重要轴
			≤100		736	539	199				
			>100～300		686	490	183				
	35SiMn（42SiMn）	调质	25	229	885	735	260	245	118	69	性能接近 40Cr，用于中小型轴
			≤100	229～286	785	510	202				
			>100～300	219～269	740	440	185				
	40MnB	调质	25	207	785	540	210	245	118	69	用于重要轴
			≤200	241～286	736	490	191				
	40CrNi	调质	25	241	980	785	275	275	125	74	低温性能好，用于很重要轴
			≤100	270～300	900	735	243				
	20Cr	渗碳淬火回火	15	56～62HRC	835	540	214	220	100	60	用于要求强度和韧性均较高的轴
			≤60		637	392	160				
	20CrMnTi		15	56～62HRC	1080	835	277				
球墨铸铁	QT400-15			156～197	400	300	125	64	34	25	用于结构形状复杂的轴
	QT600-3			197～269	600	420	185	96	52	37	

第二节　轴 的 结 构

图 11-9 所示为一齿轮减速器中的高速轴。轴与轴承配合的部位称为轴颈（轴段③、⑦），与轮毂配合的部位称为轴头（轴段①、④），连接轴颈和轴头的部分称为轴身（轴段②、⑥）。

轴的结构设计就是使轴具有合理的形状和尺寸。轴在进行结构设计时，主要考虑以下几方面：便于轴上零件的装拆；轴上零件要有可靠的定位、轴向固定和周向固定；具有良好的工艺性；有利于提高轴的强度和刚度，节约材料、减轻质量等。

一、轴上零件的装拆

装配时，先将齿轮处的平键装在轴上，再从左端依次装入圆柱齿轮、套筒、左端轴承，右端轴承从轴的右端装入，将轴置于减速器箱体的轴承孔中，装上左、右轴承端盖，再从左端装入平键和带轮，用轴端挡圈进行轴向固定。拆卸过程与装配过程相反。由此可知，轴的形状通常应采用两头小中间大的阶梯形，否则轴上零件不便装拆。

二、轴及轴上零件的轴向定位

阶梯轴上截面变化的部位称为轴肩，轴肩对轴上零件起轴向定位作用。在图 11-9（a）中，轴段①和②间的轴肩定位带轮，轴环⑤定位齿轮，轴段⑥和⑦间的轴肩使右端轴承定位。左端轴承依靠套筒定位，两端轴承盖使轴在箱体内定位。

轴肩由定位面和过渡圆角组成。轴肩分非定位轴肩和定位轴肩两类。非定位轴肩的直径

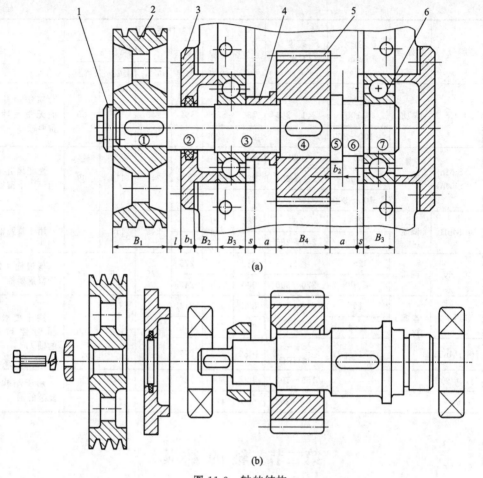

图 11-9　轴的结构

1—轴端挡圈；2—带轮；3—轴承盖；4—套筒；5—齿轮；6—滚动轴承

变化仅为了装配方便或区分加工表面（图 11-9 的轴段②和③、③和④间的轴肩），故轴肩高度 h 无严格要求，只要两轴段的直径稍有变化即可，一般取 $1\sim2$mm。定位轴肩的圆角半径 r 必须小于相配零件毂孔端部的倒角 C_1 或圆角半径 R，以便保证轴上零件能紧靠定位面，如图 11-10 所示。轴肩高 h 必须大于 C_1 或 R，一般取 $h_{\min}\geqslant(0.07\sim0.1)d_1$，但安装滚动轴承的轴肩高度 h 及圆角半径 r 应按滚动轴承的安装尺寸查取。轴环设计与定位轴肩相同，轴环宽度 $b\approx1.4h$。

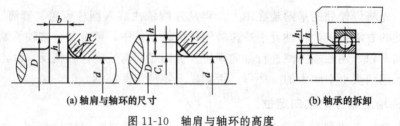

图 11-10　轴肩与轴环的高度

三、轴上零件的固定

1. 轴上零件的轴向固定

轴上零件的轴向固定是为了防止轴上零件在轴向力沿轴向窜动。常用的固定方法有轴肩、套筒、圆螺母与轴端挡圈。

　　轴肩结构简单，轴向固定方便可靠，能承受较大的轴向载荷，不需附加零件，广泛用于各种轴上零件的固定。在轴的中部，当两个零件间相距较近时，常用套筒做双向相对固定（图 11-9 所示的套筒）。采用套筒定位，既能避免因用轴肩而使轴径增大，又可减少应力集中源，但套筒与轴的配合较松，不宜用于高速旋转。

　　当轴上两零件间距较大，可采用螺母固定（图 11-11），它能传递较大的轴向力，但螺纹处有很大的应力集中。

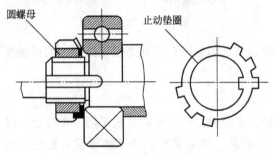

图 11-11　圆螺母与止动垫圈

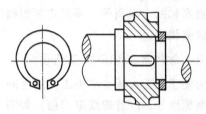

图 11-12　弹性挡圈

　　当轴端部安装零件时，常用轴端挡圈进行轴向固定（图 11-9）。轴端挡圈固定可靠，应用较广。

　　当轴向力不大时可采用弹性挡圈（图 11-12）、紧定螺钉（图 11-13）固定。弹性挡圈大多与轴肩联合使用，轴上的沟槽会产生应力集中，削弱轴的强度。紧定螺钉多用于光轴上零件的固定，其优点是轴的结构简单，零件位置可以调整，紧定螺钉还可以兼作周向固定，但不适用于高速转动的轴。

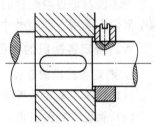

图 11-13　紧定螺钉

2. 轴上零件的周向固定

　　为保证轴可靠地传递运动和转矩，轴上零件应进行周向固定。常用的固定方式有平键、花键、销连接和过盈配合、弹性环连接以及成形连接（图 11-14）。齿轮与轴通常采用过渡配合与键连接；滚动轴承则用过盈配合；受力大且要求零件做轴向移动时用花键连接。

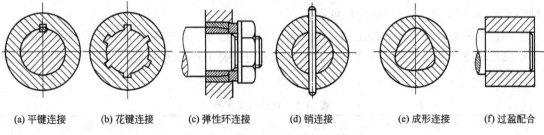

(a) 平键连接　　(b) 花键连接　　(c) 弹性环连接　　(d) 销连接　　(e) 成形连接　　(f) 过盈配合

图 11-14　轴上零件的周向固定方法

四、提高轴的疲劳强度的措施

　　轴截面尺寸突变处会引起应力集中，从而降低轴的疲劳强度。因此结构设计时，相邻轴段的尺寸变化不宜过大，截面尺寸变化处应采用圆角过渡，且圆角半径不宜过小。当与轴相配的轮毂必须采用很小的圆角半径时，为减小轴肩处的应力集中，可采用图 11-15（a）所示的装隔离环或图 11-15（b）所示的内凹圆角结构形式。为加工方便，通常轴上各处的圆角半径应尽可能统一。

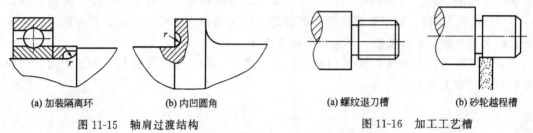

图 11-15　轴肩过渡结构　　　　　　图 11-16　加工工艺槽

（a）加装隔离环　　　（b）内凹圆角　　　　　（a）螺纹退刀槽　　　（b）砂轮越程槽

提高轴的表面质量，降低表面粗糙度，对轴表面采用辗压、喷丸等强化处理，均可提高轴的疲劳强度。

五、轴的加工和装配工艺性

为便于加工，减少装夹工件的时间，同一轴上多个轴段有键槽时应置于同一母线上。轴上车制螺纹处，应有螺纹退刀槽，如图 11-16（a）所示；轴上要磨削加工的轴段，在过渡处应有砂轮越程槽，如图 11-16（b）所示。

为减少加工刀具种类和提高生产率，轴上直径相近的圆角、倒角、键槽宽度、砂轮越程槽宽度和螺纹退刀槽宽度等应尽可能采用相同的尺寸。

为了使与轴过盈配合的零件易于装配，相配轴段的压入端可制出锥度，或在同一轴段的两个部位上采用不同的尺寸公差。

六、确定各轴段的直径和长度

1. 确定各轴段的直径

（1）由最小轴径估算求得的 d_{1min}，即为图 11-9（a）中轴外伸端装带轮①处的直径。

（2）轴段②处的直径 d_2 应大于 d_1，以便形成轴肩，使带轮定位。

（3）装滚动轴承处轴颈③的直径 d_3 应大于 d_2，以便于轴承拆装。该轴段加工精度要求高且 d_3 应符合轴承内径。

（4）装齿轮④处的直径 d_4 要大于 d_3，可使齿轮方便地装拆，并避免划伤轴颈表面。同时与齿轮等零件相配合的轴头直径，应采用标准直径，见表 11-2。齿轮定位靠右段轴环⑤，轴环直径 d_5 应大于 d_4，保证定位可靠。

（5）为装配方便，同一轴上轴承尽量采用相同的型号，故右端轴承⑦处的轴径也为 d_3。

（6）轴段⑥处的直径，除要满足右端轴承的定位要求外，还应保证轴承装拆方便，如图 11-10（b）所示。

表 11-2　轴的标准直径　　　　　　　　　　　　　　　　　　　　　　mm

10	12	14	16	18	20	22	24	25	26	28	30	32	34	36	38	40	42	45	48	50	53	56
60	63	67	71	75	80	85	90	95	100	105	110	118	120	125	130	140	150	160				

2. 确定各轴段的长度

（1）为使套筒、轴端挡圈、圆螺母等能可靠地压紧在轴上零件的端面，轴头的长度通常比轮毂宽度小 2～3mm。

（2）轴颈处的轴段长度应与轴承宽度相匹配。

（3）回转件端面与箱体内壁间的距离 a 为 8～15mm；轴承端面距箱体内壁 s 为 3～5mm；联轴器或带轮与轴承盖间的距离 l 通常取 15～20mm。

（4）其他轴段长度应根据结构、装拆要求确定。

对于传递动力的轴，除具有合理的结构外，还必须满足强度要求。轴受载情况不同，相应产生的变形和强度计算方法亦不同。

第三节 传动轴强度与刚度

一、扭转的概念和外力偶矩的计算

传动轴是指工作时只产生扭转变形或以产生扭转变形为主的轴。扭转变形的受力特点是：杆件两端受到一对大小相等、转向相反、作用面与轴线垂直的力偶作用，其变形特点是：各横截面围绕轴线发生相对转动。杆件的这种变形称为扭转变形。任意两横截面之间产生的相对角位移称为扭转角（图 11-17）。产生扭转

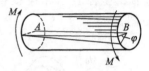

图 11-17 扭转变形

变形的实例很多，图 11-2 所示的汽车传动轴 AB，工作时轴的两端受到转向相反的一对力偶作用而产生扭转变形。此外，操纵阀门时的阀杆、攻螺纹的丝锥、旋转螺钉的改刀和各种传动轴等都是产生扭转变形的杆件，它们都可简化为图 11-17 所示的计算简图。

由于机器中的轴多数是圆轴，故这里只研究圆轴的扭转问题。

工程中，作用在轴上的外力偶很少直接给出。通常给出的是轴所传递的功率和轴的转速，它们之间的关系为

$$M = 9550 \frac{P}{n} \tag{11-1}$$

式中　M——作用在轴上的外力偶矩，N·m；

P——轴传递的功率，kW；

n——轴的转速，r/min。

二、扭矩和扭矩图

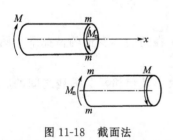

图 11-18 截面法

如图 11-18 所示，用一个截面 m—m 假想将圆轴切成两段，取左段为研究对象。由于整个圆轴处于平衡，故截开后左段也必然平衡。又因为力偶的作用面垂直于轴线，所以在 m—m 截面上的内力也应是作用面垂直于轴线的力偶，此内力偶的力偶矩称为扭矩，用符号 M_n 表示。

由 $\sum M = 0$ 　　$M_n - M = 0$

得　　　　　　　　$M_n = M$

如果取左段为研究对象，可得到相同的结果，只是扭矩 M_n 的方向相反。为使从左右两段所求得的扭矩正负号相同，通常采用右手螺旋法则来规定扭矩的正负号。如图 11-19 所示，如果以右手四指表示扭矩的转向，则拇指的指向离开截面时的扭矩为正；反之为负。

运用截面法可以推知，某截面上的扭矩等于该截面任意一侧所有外力偶矩的代数和，即

$$M_n = \sum M_{截面一侧} \tag{11-2}$$

外力偶矩的正负按右手螺旋法则确定，即在某外力偶作用处，以右手四指表示外力偶的

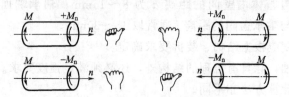

图 11-19　扭矩的正负判断

转向，若大拇指的指向离开该截面时，该外力偶矩取正，反之取负。

当轴受到两个以上的外力偶作用时，不同截面上的扭矩是不同的，为了形象地表示出扭矩随截面而变化的情况，常用平行于轴线的 x 坐标表示横截面的位置，用垂直于 x 轴的坐标表示相应横截面扭矩的大小，描画出扭矩随截面位置变化的曲线称为扭矩图。

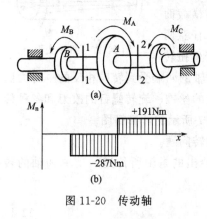

图 11-20　传动轴

【例 11-1】　如图 11-20 所示，传动轴的转速 $n=200\text{r}/\min$，轮 A 输入功率 $P_A=10\text{kW}$，轮 B 和 C 输出功率分别为 $P_B=6\text{kW}$，$P_C=4\text{kW}$。画出此轴的扭矩图。

解：（1）计算外力偶矩

$$M_A=9550\,\frac{P_A}{n}=9550\times\frac{10}{200}=478\ (\text{N}\cdot\text{m})$$

$$M_B=9550\,\frac{P_B}{n}=9550\times\frac{6}{200}=287\ (\text{N}\cdot\text{m})$$

$$M_C=9550\,\frac{P_C}{n}=9550\times\frac{4}{200}=191\ (\text{N}\cdot\text{m})$$

（2）分段计算各截面的扭矩，画扭矩图

BA 段：$M_{n1}=-M_B=-287\text{N}\cdot\text{m}$

AC 段：$M_{n2}=M_C=191\text{N}\cdot\text{m}$

按适当的比例画出扭矩图。从图上可以看出，最大扭矩发生在 BA 段，即

$$M_{nmax}=|M_{n1}|=287\text{N}\cdot\text{m}$$

三、传动轴扭转时的应力

如图 11-21(a) 所示，在圆轴表面上画出圆周线和纵向线。在扭转小变形的情况下 ［图 11-21(b)］，可以观察到下列现象。

① 各圆周线均绕轴线相对地旋转了一个角度，但形状、大小及相邻两圆周线之间的距离均未改变；

② 所有纵向线都倾斜了一微小角度 γ。

根据上述现象，可以得出如下基本假设：圆轴扭转时，各横截面大小、形状、间距都不变，半径仍保持直线，横截面犹如刚性平面一样绕轴线转动。这就是圆轴扭转时的平面假设。

根据平面假设，可得出以下结论。

① 由于相邻两横截面的间距不变，所以横截面上没有正应力；

② 由于相邻两横截面相对地转过了一个角度，即横截面间发生了旋转式的相对错动，出现了剪切变形，故横截面上有切应力存在。因横截面上越远的点，错动程度越大，说明该处的切应力越大。又因半径长度不变，故切应力方向与半径垂直。

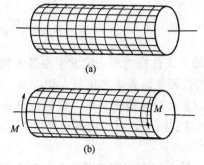

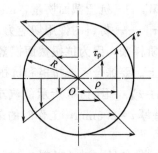

图 11-21　扭转变形实验观察　　　　图 11-22　圆轴扭转的应力分布

由此可得圆轴扭转时横截面上应力分布规律（图 11-22），即横截面上某点的切应力方向与该点所在半径垂直，切应力的大小与该点到圆心的距离成正比，圆心处切应力为零，轴表面处切应力最大。

横截面上距圆心距离为 ρ 处的切应力 τ_ρ 的计算公式为

$$\tau_\rho = \frac{M_n \rho}{I_p} \tag{11-3}$$

式中　I_p——横截面对形心的极惯性矩，是只与截面形状和尺寸有关的几何量，mm^4。

最大切应力发生在截面边缘，即 $\rho = R$ 处，其值为

$$\tau_{max} = \frac{M_n R}{I_p} \tag{11-4}$$

令 $W_n = \dfrac{I_p}{R}$，则上式可写成

$$\tau_{max} = \frac{M_n}{W_n} \tag{11-5}$$

式中　W_n——抗扭截面模量，mm^3。

对于实心圆轴（设直径为 D），有

$$I_p = \frac{\pi D^4}{32} \approx 0.1D^3 \tag{11-6}$$

$$W_n = \frac{\pi D^3}{16} \approx 0.2D^3 \tag{11-7}$$

对空心圆轴（设轴的外径为 D，内径为 d，令 $\alpha = \dfrac{d}{D}$），有

$$I_p = \frac{\pi}{32}(D^4 - d^4) = \frac{\pi D^4}{32}(1 - \alpha^4) \approx 0.1D^3(1 - \alpha^4) \tag{11-8}$$

$$W_n = \frac{\pi D^3(1 - \alpha^4)}{16} \approx 0.2D^3(1 - \alpha^4) \tag{11-9}$$

四、传动轴扭转时的强度计算

圆轴扭转时，产生最大切应力的截面称为危险截面，最大应力所在的点称为危险点。为了保证圆轴受扭时能安全工作，应限制轴内的最大切应力不超过材料的许用切应力。因此，等截面圆轴扭转时的强度条件为

$$\tau_{max} = \frac{M_{nmax}}{W_n} \leqslant [\tau] \tag{11-10}$$

式中　M_{nmax}——危险截面上的扭矩，N·mm；

　　　　W_n——抗扭截面模量，mm³；

　　　　$[\tau]$——材料的许用切应力，MPa。

对于阶梯轴，因为抗扭截面模量 W_n 不是常量，最大工作应力不一定发生在最大扭矩所在的截面上。要综合考虑扭矩和抗扭截面模量 W_n，按这两个因素来确定最大切应力。

【例 11-2】　图 11-3 所示的汽车传动轴 AB，由 45 钢无缝钢管制成，该轴的外径 $D=$ 90mm，壁厚 $t=2.5$mm，工作时的最大扭矩 $M_{nmax}=1.5$kN·m，材料的许用切应力 $[\tau]=$ 60MPa。

（1）试校核轴 AB 的强度；（2）将 AB 轴改为实心轴，试在强度相同的条件下确定轴的直径，并比较空心轴和实心轴的重量。

解：（1）校核轴 AB 的强度

$$\alpha = \frac{d}{D} = \frac{D-2t}{D} = \frac{90-2\times2.5}{90} = 0.944$$

$$W_n = \frac{\pi D^3}{16}(1-\alpha^4) = = \frac{\pi D^3}{16}(1-0.944^4) = 29454 \ (mm^3)$$

轴的最大切应力为

$$\tau_{max} = \frac{M_{nmax}}{W_n} = \frac{1500\times10^3}{29454} = 51MPa < [\tau]$$

故 AB 轴满足强度要求。

（2）确定实心轴直径　根据题意，要求实心轴应与空心轴强度相同，因此要求实心轴的最大切应力 $\tau_{max}=51$MPa。

设实心轴直径为 D_1，则 AB 轴换成实心轴，最大切应力不变，则

$$\tau_{max} = \frac{M_{nmax}}{W_n} = \frac{1500\times10^3}{\frac{\pi}{16}D_1^3} = 51 \ (MPa)$$

$$D_1 = \sqrt[3]{\frac{1500\times10^3\times16}{\pi\times51}} = 53.1 \ (mm)$$

在两轴长度相同、材料相同的情况下，两轴重量之比等于其横截面积之比，即

$$\frac{A_{空心}}{A_{实心}} = \frac{90^2-85^2}{53.1^2} = 0.31$$

上述结果表明，在载荷相同的条件下，空心所用材料只是实心轴的 31%。其原因在于横截面上的切应力沿半径方向成线性分布，圆心附近的应力很小，材料没有充分发挥作用。如果把轴心附近材料向边缘移置，可以充分发挥材料的强度性能。

五、传动轴扭转时的变形

如图 11-17 所示，扭转变形的大小是用两个横截面绕轴线的相对扭转角 φ 来度量。试验结果表明，扭转角 φ 与扭矩 M_n 及两个横截面间的距离 l 成正比，与材料的剪切弹性模量 G 及横截面的极惯性矩 I_p 成反比，即

$$\varphi = \frac{M_n l}{GI_p} \ (rad) \tag{11-11}$$

式中，GI_p 反映了圆轴抵抗扭转变形的能力，称为扭转刚度。

扭转角 φ 表示圆轴扭转变形的大小，但不能反映扭转变形的程度。扭转变形的程度应用

单位长度扭转角 θ 来表示，即

$$\theta = \frac{\varphi}{l} = \frac{M_n}{GI_p} \ (\text{rad/m}) \tag{11-12}$$

对于轴类零件，如果扭转变形过大，将会影响机械传动精度，或引起振动。因此，为了保证轴的正常工作，除应满足强度条件外，对扭转变形也要加以限制，通常要求轴的最大单位长度扭转角 θ_{max} 不超过许用单位长度扭转角 $[\theta]$。因此，轴扭转时的刚度条件为

$$\theta_{max} = \frac{M_n}{GI_p} \leqslant [\theta] \tag{11-13}$$

工程中，许用单位长度扭转角 $[\theta]$ 习惯上用（°）/m，则

$$\theta_{max} = \frac{M_n}{GI_p} \times \frac{180°}{\pi} \leqslant [\theta]$$

许用单位长度扭转角 $[\theta]$ 的数值，可根据轴的工作条件和机器的精度要求，从有关手册中查得。

【例 11-3】 试校核例 11-2 中空心传动轴 AB 的刚度，已知 $G=80\text{GPa}$。

解：

$$\theta_{max} = \frac{M_{nmax}}{GI_p} \times \frac{180}{\pi}$$

$$= \frac{1.5 \times 10^3}{80 \times 10^9 \times 0.1 \times 90^4 \times (1 - 0.944^4)} \times \frac{180}{\pi} = 0.8 \ [(°)/m] \leqslant [\theta]$$

因此，传动轴刚度足够。

第四节 心轴的强度计算

一、平面弯曲的概念

心轴是指工作时只产生弯曲变形的轴。弯曲变形的受力特点是：在通过杆件轴线的平面内，受到力偶或垂直于轴线的外力作用。其变形特点是：杆的轴线由直线变成了曲线。弯曲变形是工程实际中很常见的一种基本变形。如受车厢载荷作用的火车轮轴（图 11-23）、受自重和内部物料重量作用的塔设备（图 11-24）、桥式吊车的大梁（图 11-25）等。

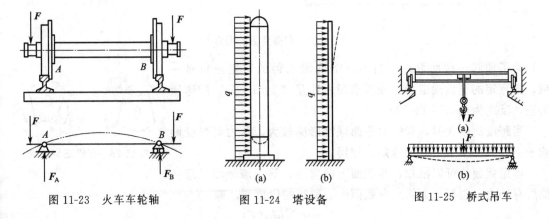

图 11-23 火车车轮轴   图 11-24 塔设备   图 11-25 桥式吊车

工程中使用的构件，其横截面往往具有对称轴（图 11-26）。由横截面的对称轴与构件的轴线所构成的平面称为纵向对称面。如果作用在构件上的外力（包括力偶）都位于纵向对

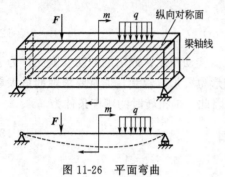

图 11-26　平面弯曲

称面内，则构件的轴线将在纵向平面内变成一条平面曲线，这种弯曲就称为平面弯曲。本节仅研究平面弯曲问题。

二、弯曲的内力和弯矩图

1. 剪力和弯矩

图 11-27 所示的构件，承受集中力 F 作用，由静力平衡方程求出支座反力为

$$F_A = \frac{Fb}{l} \qquad F_B = \frac{Fa}{l}$$

为分析某截面的内力，可运用截面法沿截面 m—m 截开，取左段研究。由于整个构件处于平衡，因此截开后的左段也必然平衡。为了达到平衡，在截面 m—m 上必须作用有一个沿截面的与 F_A 等值、反向的力 F_Q。这种作用线切于截面的内力 F_Q 称为剪力。由于内力 F_Q 与 F_A 构成力偶，使构件有顺时针转动的趋势。为了达到转动平衡，截面 m—m 必须有一个作用面在纵向对称面内的力偶 M。这种作用面在纵向对称面内的内力偶的力偶矩称为弯矩，用符号 M 表示。由平衡方程得

$$\sum F_y = 0 \qquad F_{Ay} - F_Q = 0$$

得

$$F_Q = F_A = \frac{Fb}{l}$$

由 $\sum M_O(F) = 0 \quad M - F_A x = 0$

得

$$M = F_A x = \frac{Fb}{l} x$$

若取右段为研究对象，用同样的方法可求得横截面 m—m 上的剪力 F_Q' 和弯矩 M'，分别与左段截面上的剪力 F_Q 和弯矩 M 互为作用力与反作用力的关系。

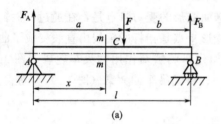

(a)

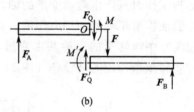

(b)

图 11-27　弯曲变形的内力

为了使同一截面取左、右不同的两段求得的弯矩正负号一致，把弯矩的正负规定为：使所取段弯曲呈"上凹下凸"的弯矩为正，反之为负（图 11-28）。

当跨度比较大时，弯矩对弯曲强度影响较大，剪力对强度影响较小。因此本节只讨论弯矩的作用。

图 11-28　弯矩正负规定

运用截面法可以推知，某截面上的弯矩，等于该截面任意一侧所有外力（包括外力偶）对截面中心取矩的代数和，即

$$m = \sum M_O(F) \tag{11-14}$$

外力对截面中心取矩的正负规定为：假想该截面固定，若某外力单独作用使构件上弯，则外力取矩为正，反之使构件下弯时，外力取矩为负。

【**例 11-4**】 如图 11-29 所示的构件，受载荷 $P = 300N$ 作用，求截面 1-1 和截 2-2 上的弯矩。

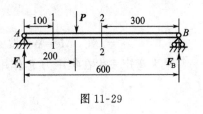

图 11-29

解：（1）求支座的约束反力 由静力平衡方程得

$$\sum M_A(\boldsymbol{F}) = 0$$

$$-200P + 600F_B = 0$$

$$F_B = \frac{200P}{600} = 100 \text{ (N)}$$

$$\sum F_y = 0$$

$$F_A + F_B - P = 0$$

$$F_A = P - F_B = 300 - 100 = 200 \text{ (N)}$$

（2）求弯矩

$$M_1 = 100 \ F_A = 100 \times 200 = 20000 \text{ (N·mm)}$$

$$M_2 = 300 \ F_B = 300 \times 100 = 30000 \text{ (N·mm)}$$

2. 弯矩图

梁横截面上的弯矩一般随横截面的位置而变化，若以坐标 x 表示横截面在梁轴线上的位置，则各截面上的弯矩可以表示为 x 的函数 $M = M(x)$，即弯矩方程。用横坐标表示各截面的位置，用纵坐标表示相应截面上的弯矩值，绘出弯矩 M 随截面位置变化的图形称为弯矩图。正的弯矩值画在横坐标上方，负值则画在下方。

【**例 11-5**】 如图 11-30(a) 所示的齿轮轴受集中力 F 作用，试作轴的弯矩图。

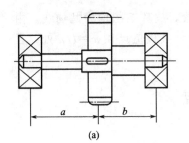 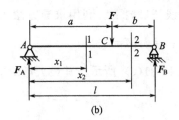 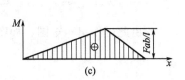

(a) (b) (c)

图 11-30 受集中力作用的齿圆轴的弯矩图

解：（1）求支座反力 由静力平衡方程可解得

$$F_A = \frac{Fb}{l}, F_B = \frac{Fa}{l}$$

（2）列弯矩方程 AC 段的弯矩方程为

$$M_1 = F_A x_1 = \frac{Fb}{l} x_1 \qquad (0 \leqslant x_1 \leqslant a)$$

CB 段的弯矩方程为

$$M_2 = F_B(l - x_2) = \frac{Fa}{l}(l - x_2) \qquad (a \leqslant x_2 \leqslant l)$$

（3）绘制弯矩图 由弯矩方程可知，AC、CB 段梁的弯矩均为 x 的一次函数，故弯矩图均为斜直线，只需求出该直线两端点的数值，例如：

$$x_1 = 0 \text{ 处}, M_1 = 0;$$

$$x_1 = a \text{ 处}, M_1 = \frac{Fab}{l};$$

$$x_2 = a \text{ 处}, M_2 == \frac{Fab}{l};$$

$x_2 = l$ 处，$M_2 = 0$。按一定比例，即可作出的弯矩图，见图 11-30(c)。

最大弯矩发生在集中力 F 作用点处的横截面上，此即危险截面，其最大弯矩值为

$$M_{\max} == \frac{Fab}{l}$$

【例 11-6】 图 11-31(a) 所示为一钢板校平机的示意图，其轧辊可简化为一简支梁，工作时所受压力可近似地简化为均布载荷 q [图 11-31(b)]，试画出弯矩图。

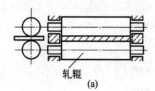 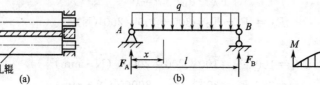 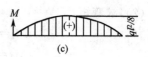

图 11-31　钢板校平机轧辊的弯矩图

解：（1）计算梁的支座反力

$$F_A = F_B = \frac{ql}{2}$$

（2）列弯矩方程

$$M(x) = F_A x - qx\,\frac{x}{2} = \frac{ql}{2}x - \frac{qx^2}{2} \qquad (0 \leqslant x \leqslant l)$$

（3）绘制弯矩图　由弯矩方程可知，弯矩为 x 的二次函数，故弯矩图均为抛物线。由于二次项系数为负，所以抛物线开口向下。利用求导方法可知，其极值点在 $x = l/2$ 处，且当 $x = 0, M = 0; x = \frac{l}{2}, M = \frac{ql^2}{8}; x = l, M = 0$。

由此可作出弯矩图，如图 11-31(c) 所示。其最大弯矩值为

$$M_{\max} = \frac{ql^2}{8}$$

该截面的剪力 $F_Q = 0$。

【例 11-7】 如图 11-32(a) 所示，齿轮轴 C 处受集中力偶作用，试绘制轴的弯矩图。

解：（1）求约束反力　由 $\sum M_A(\boldsymbol{F}) = 0$ 和 $\sum M_B(\boldsymbol{F}) = 0$ 得

$$F_A = \frac{m_0}{l}, \qquad F_B = -\frac{m_0}{l}$$

（2）列弯矩方程　AC 段

$$M(x) = \frac{m_0}{l}x \qquad (0 \leqslant x < a)$$

CB 段 $\qquad M(x) = \frac{m_0}{l}x - m_o = \frac{m_0}{l}(x - l) \qquad (a < x \leqslant l)$

（3）绘制弯矩图　由弯矩方程可以看出，弯矩图是两条斜直线。

AC 段　$x = 0, M = 0$

$$x = a, M = \frac{m_0 a}{l}$$

CB 段　$x = a, M = -\frac{m_0 b}{l}$

$$x=l, M=0$$

由此可作出弯矩图，如图 11-32（b）所示。

由图可见，如果 $a>b$，则最大弯矩发生在集中力偶作用处稍左的横截面上，其值为

$$M_{max}=\frac{M_0 a}{l}.$$

通过以上例题分析可以总结出画弯矩图的规律如下。

① 在构件的某一段内无载荷作用时，弯矩图必为直线。

② 在构件的某一段内有均布载荷作用时，弯矩图是抛物线。若 q 向上，弯矩图的抛物线开口向上；若 q 向下，弯矩图的抛物线开口向下。

③ 在集中力作用的截面，弯矩图发生转折。

④ 在集中力偶作用的截，弯矩图发生突然，突变的值等于集中力偶的力偶矩值。

⑤ 构件的两端点若无集中力偶作用，则端点处的弯矩为零；若有集中力偶作用时，则弯矩为集中力偶的大小。

⑥ 最大弯矩值往往发生在集中力作用处，或集中力偶作用处以及剪力为零的截面处。

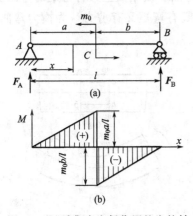

图 11-32　受集中力偶作用的齿轮轴

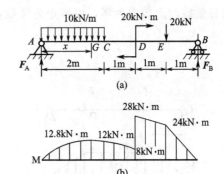

图 11-33　例 11-8 图

【例 11-8】　绘制图 11-33（a）所示构件的弯矩图。

解：（1）求约束反力　由 $\sum M_A(F)=0$、$\sum M_B(F)=0$ 分别求得　$F_A=16\text{kN}, F_B=24\text{kN}$。

（2）判断各段弯矩图的形状　AC 段受向下均布载荷的作用，弯矩图为开口向下向的抛物线；CD、DE、EB 段上无载荷作用，弯矩图为直线。

（3）分段描点绘弯矩图

① AC 段：由 $F_Q=F_A-qx=0$ 得

$$x=\frac{F_A}{q}=\frac{16}{10}=1.6 \text{（m）}$$

该截面 G 为 AC 段上弯矩取极值所在截面，即为抛物线的顶点，其弯矩为

$$M_G=F_A\times1.6-\frac{1}{2}\times10\times1.6^2=16\times1.6-\frac{1}{2}\times10\times1.6^2=12.8 \text{（kN·m）}$$

端点 A 无集中力偶作用，则截面 A 上的弯矩 $M_A=0$。

截面 C 上的弯矩为

$$M_C=F_A\times2-\frac{1}{2}\times10\times2^2=16\times2-\frac{1}{2}\times10\times2^2=12 \text{（kN·m）}$$

② CD 段：$M_C = 12\text{kN} \cdot \text{m}$。

D 点稍左截面上的弯矩为

$$M_D^L = F_A \times 3 - 10 \times 2 \times 2 = 16 \times 3 - 10 \times 2 \times 2 = 8 \text{ (kN} \cdot \text{m)}$$

③ DE 段：截面 D 上受集中力偶的作用，力偶矩为顺时针转向，故弯矩图向上突变，故 D 点稍右截面上的弯矩为

$$M_D^R = M_D^R + 20 = 8 + 20 = 28 \text{ (kN} \cdot \text{m)}$$

截面 E 上的弯矩为

$$M_E = F_A \times 4 - 10 \times 2 \times 3 + 20 = 16 \times 4 - 10 \times 2 \times 3 + 20 = 24 \text{ (kN} \cdot \text{m)}$$

④ EB 段：$M_E = 24\text{kN} \cdot \text{m}$，端点 B 无集中力偶作用，则截面 B 上的弯矩 $M_B = 0$。

弯矩图如图 11-33（b）所示。最大弯矩发生在 D 点稍右的截面上，其值为 $M_{\max} = 28\text{kN} \cdot \text{m}$。

三、纯弯曲的应力

1. 纯弯曲的概念

横截面上既有剪力又有弯矩的弯曲变形称为横力弯曲。横截面上只有弯矩的弯曲变形称为纯弯曲。在图 11-34 中，AC、DB 段内各横截面上既有弯矩又有剪力，为横力弯曲；CD 段内各横截面上剪力为零，而弯矩为常数，为纯弯曲。

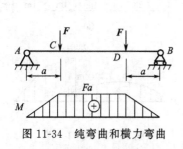

图 11-34　纯弯曲和横力弯曲

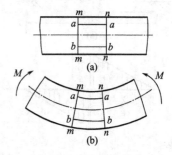

图 11-35　纯弯曲试验

2. 纯弯曲的正应力分布规律

如图 11-35（a）所示，取一矩形截面构件，在其上画上与轴线平行的纵向直线 aa、bb 和与轴线垂直的横向直线 mm、nn。然后在构件的两端施加一对位于纵向对称面的外力偶，使其发生纯弯曲，如图 11-35（b）所示。此时可观察到下列现象。

① 纵向直线变形成为相互平行的曲线，靠近内凹一侧的缩短，靠近外凸一侧的伸长。

② 横向直线变形后仍然为直线，互相转动了一个角度后，仍垂直于变形后的纵向线。

根据所观察到的表面现象，对梁的内部变形情况进行推断，作出如下假设。

① 梁的横截面在变形后仍然为一平面，并且与变形后梁的轴线垂直，只是绕截面内某一轴相对旋转了一个微小角度，这个假设称为平面假设。

② 把构件看成是由许多纵向纤维组成。变形后，由于纵向线与横向直线仍垂直，即直角没有改变，由此可以认为纵向纤维没有受到横向剪切和挤压，只受到单向的拉伸或压缩，即靠近内凹一侧的纤维受压，靠近外凸一侧的纤维受拉。

根据以上假设，构件外凸一侧的纵向纤维伸长，构件内凹一侧的纵向纤维缩短。由于变形是连续的，中间必有一层纵向纤维既不伸长也不缩短，这一层纵向纤维称为中性层（图 11-36），它是构件上缩短区与伸长区的分界面。中性层与横截面的交线称为中性轴，中

性轴通过横截面中心并垂直于外力所在的纵向对称面。

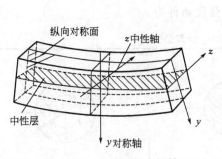

图 11-36　中性层与中性轴

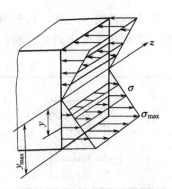

图 11-37　正应力分布规律

由上述试验观察和假设可推得，构件纯弯曲时，其横截面上只有正应力，中性轴一侧为拉应力，另一侧为压应力，并且横截面上各点的正应力与该点到中性轴 z 的距离 y 成正比，即沿截面高度方向正应力按直线规律变化；横截面上到中性轴 z 距离相等的各点，其正应力相同；中性轴上各点正应力为零，离中性轴最远的点正应力最大，如图 11-37 所示。

3. 纯弯曲正应力的计算

横截面上任意一点的正应力的计算公式经推导为

$$\sigma = \frac{My}{I_z} \tag{11-15}$$

式中　σ——横截面上任意一点的正应力，MPa；

　　M——横截面上的弯矩，N·mm；

　　y——横截面上所求应力点至中性轴的距离，mm；

　　I_z——横截面对中性轴 z 的惯性矩，mm^4，它仅与截面形状、大小有关。

一般用式(11-15)计算正应力时，M 与 y 均代入绝对值，而正应力的正（拉）、负（压）由观察判断。

式(11-15) 是根据纯弯曲的情况到出的，但理论证明，对于横力弯曲，只要跨长 l 与截面高度 h 之比大于 5，仍可用式(11-15)计算正应力，误差很小，能满足工程上的需要。

横截面上距离中性轴最远处，其正应力最大。由式(11-15) 得，最大正应力 σ_{max} 为

$$\sigma_{max} = \frac{M_{max}}{I_z} y_{max} \tag{11-16}$$

令

$$W_z = \frac{I_z}{y_{max}} \tag{11-17}$$

则

$$\sigma_{max} = \frac{M_{max}}{W_z} \tag{11-18}$$

式中　W_z——截面对中性轴 z 的抗弯曲截面模量，它只与截面的形状及尺寸有关，是衡量　　　　　截面抗弯能力的几何量，mm^3 或 m^3。

常用截面的 I_z、W_z 计算公式见表 11-3。工程上常用的各种型钢的抗弯截面模量可查有关手册。

四、弯曲强度计算

为了确保构件安全工作，应限制危险截面的最大应力不超过材料的许用应力 $[\sigma]$。因此，对抗拉和抗压强度相同的材料，其弯曲正应力强度条件为

表 11-3　常用截面的 I_z、W_z 计算公式

截面形状			
惯性矩	$I_z=\dfrac{bh^3}{12}$ $I_y=\dfrac{hb^3}{12}$	$I_z=I_y=\dfrac{\pi d^4}{64}\approx0.05d^4$	$I_z=I_y=\dfrac{\pi D^4}{64}-\dfrac{\pi d^4}{64}=\dfrac{\pi D^4}{64}(1-\alpha^4)$ $\approx0.05D^4(1-\alpha^4)$ 式中，$\alpha=\dfrac{d}{D}$
抗弯曲截面模量	$W_z=\dfrac{bh^2}{6}$ $W_y=\dfrac{hb^2}{6}$	$W_z=W_y=\dfrac{\pi d^3}{32}\approx0.1d^3$	$W_z=W_y=\dfrac{\pi D^3}{32}(1-\alpha^4)$ $\approx0.1D^3(1-\alpha^4)$ 式中，$\alpha=\dfrac{d}{D}$

$$\sigma_{\max}=\frac{M}{W_z}\leqslant[\sigma] \tag{11-19}$$

对抗拉和抗压强度不相同的材料，则应对抗拉强度和抗压强度分别计算，即

$$\sigma_{l\max}=\frac{My_{l\max}}{I_z}\leqslant[\sigma_l] \tag{11-20}$$

$$\sigma_{y\max}=\frac{My_{y\max}}{I_z}\leqslant[\sigma_y] \tag{11-21}$$

式中　$[\sigma_l]$——材料的许用拉应力；

　　　$[\sigma_y]$——材料的许用压应力。

【例 11-9】　火车车轮轴如图 11-38(a) 所示，承受重力 $F=35\text{kN}$，材料的许用应力 $[\sigma]=80\text{MPa}$。试设计轴的直径 d。

解：（1）求最大弯矩　绘制弯矩图如图 11-38(b) 所示。其最大弯矩值为 $M_{\max}=8.4\text{kN}\cdot\text{m}$。

（2）计算抗弯截面模量 W_z　由 $\sigma_{\max}=\dfrac{M}{W_z}\leqslant[\sigma]$ 得

$$W_z\geqslant\frac{M_{\max}}{[\sigma]}=\frac{8.4\times10^6}{80}=1.05\times10^5\ (\text{mm}^3)$$

（3）计算轴的直径 d

由 $W_z=0.1d^3$ 得

$$d\geqslant\sqrt[3]{\frac{W_z}{0.1}}=\sqrt[3]{\frac{1.05\times10^5}{0.1}}=102\ (\text{mm})$$

取轴的直径 $d=105\text{mm}$。

【例 11-10】　如图 11-39 所示的圆轴为一变截面轴，AC 及 DB 段直径为 $d_1=100\text{mm}$，CD 段直径为 $d_2=120\text{mm}$，$P=20\text{kN}$，材料的许用应力 $[\sigma]=65\text{MPa}$，试对此轴进行强度

校核。

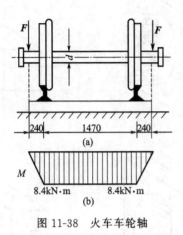

图 11-38　火车车轮轴

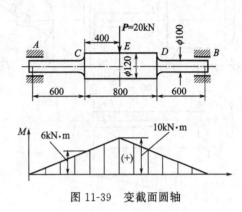

图 11-39　变截面圆轴

解：（1）内力分析　作轴的弯矩图如图 11-39 所示。

（2）确定危险截面的位置　从弯矩图可见，E 截面处有最大弯矩 $M_{max}=10\text{kN}\cdot\text{m}$，而在 $C(D)$ 截面处虽不是最大弯矩，但由于直径较小，也可能是危险截面，因此应分别校核其强度。

（3）校核强度

① 截面 E 处

$$W_{zE}=\frac{\pi d_{E}^{3}}{32}=\frac{\pi\times(120)^{3}}{32}=1.696\times10^{5}\ (\text{mm}^{3})$$

$$\sigma_{E\max}=\frac{M_{E}}{W_{zE}}=\frac{10\times10^{6}}{1.696\times10^{5}}=58.96\ (\text{MPa})<[\sigma]=100\text{MPa}$$

E 截面强度足够。

② 截面 $C(D)$ 处：由弯矩图求得 $M_{C}=6\text{kN}\cdot\text{m}$。

$$W_{zC}=\frac{\pi d_{C}^{3}}{32}=\frac{\pi\times(100)^{3}}{32}=9.82\times10^{4}\ (\text{mm}^{3})$$

$$\sigma_{C\max}=\frac{M_{C}}{W_{zC}}=\frac{6\times10^{6}}{9.82\times10^{4}}=61.1\ (\text{MPa})<[\sigma]=100\text{MPa}$$

C 截面强度足够。

所以此轴安全。

第五节　转轴的强度计算

在机械中，受到纯扭转变形的传动轴和受到纯弯曲变形的心轴是很少见的。通常是同时产生弯曲与扭转变形的转轴。

一、转轴的受力分析

现以图 11-40（a）所示的电动机轴为例，讨论弯曲与扭转变形时的受力分析。电动机在外伸端装有带轮，工作时电动机给轴输入一定的转矩，通过带传动输出功率，带动其他设备工作。设带的紧边拉力为 $2F$，松边拉力为 F，不计带轮自重。

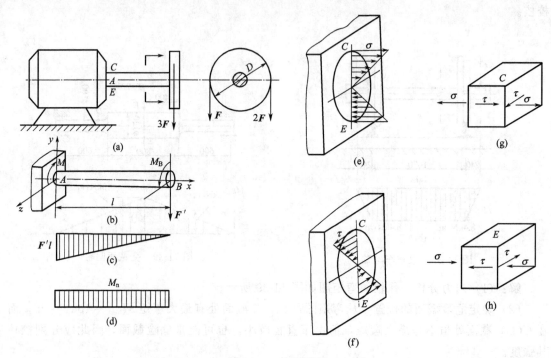

图 11-40　电动机轴

1. 外力分析

如图 11-40(b) 所示，将电动机的外伸部分简化为悬臂梁，将作用于带上的力平移至轴心得力 F' 和一附加力偶 M_B。

$$F'=3F$$

$$M_B=2F\frac{D}{2}-F\frac{D}{2}=\frac{FD}{2}$$

垂直于轴线的力 F' 使轴产生弯曲变形。而附加力偶 M_B 使轴产生扭转变形，故电动机轴是产生弯曲与扭转的组合变形的转轴。

2. 内力分析及危险截面的确定

分别作出轴的弯矩图和扭矩图，如图 11-40(c)、(d) 所示。由内力图可知，固定端 A 为危险截面，其上弯矩和扭矩分别为

$$M=F'l \qquad\qquad M_n=\frac{FD}{2}$$

3. 应力分析及危险点的确定

弯矩 M 引起垂直于横截面的弯曲正应力，扭矩 M_n 引起切于横截面的扭转切应力，固定端 A 截面应力分布如图 11-40(e)、(f) 所示。可见该截面上 C、E 两点处的正应力和切应力分别达到最大值，因此，C、E 两点为危险点，该两点的弯曲正应力和扭转切应力分别为

$$\sigma=\frac{M}{W_z} \tag{11-22}$$

$$\tau=\frac{M_n}{W_n} \tag{11-23}$$

由于 C、E 两点处的正应力和切应力方向分别垂直，若与研究轴向拉伸（压缩）、扭转和弯曲时的强度问题一样，分别建立正应力和切应力强度条件，将导致错误的结果。解决这

类问题时，应综合考虑正应力和切应力的共同影响，为此需讨论应力状态和强度理论。

二、应力状态和强度理论

1. 应力状态的概念

一点处的应力状态，就是受力构件内某一点的各个不同截面上的应力情况。

为了研究一点处的应力状态常采用截取单元体的方法，即围绕该点截取一微小正六面体，此六面体称为单元体，如图 11-40(g)、(h) 所示。因为单元体的边长是无限小量，故可以认为作用在单元体每个面上的应力是均匀分布的，由平衡条件可知，在单元体中相互平行的两平面上的应力是相大小相等、方向相反的。这样单元体六个面上的应力就表达了通过该点互相垂直的三个截面上的应力。同时分析表明，只要知道单元体的三对互相垂直的截面上的应力，则过该点任一斜截面上的应力都能计算出来。因此，可以用单元体将该点的应力状态完全确定和表示出来。

对于任意一个单元体，总可以找到三个互相垂直的平面，在这些平面上只有正应力没有切应力。单元体中切应力为零的平面称为主平面，主平面上的正应力称为主应力，用 σ_1、σ_2、σ_3 表示，并按代数值排列，即 $\sigma_1 \geqslant \sigma_2 \geqslant \sigma_3$。

按照不等于零的主应力数目将应力状态分为以下三类。

① 单向应力状态，只有一个主应力不等于零的应力状态，如图 11-41(a) 所示。

② 二向应力状态，有两个主应力不等于零的应力状态，如图 11-41(b) 所示。

③ 三向应力状态，三个主应力均不为零的应力状态，如图 11-41(c) 所示。

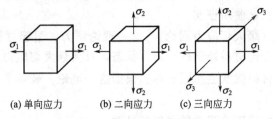

(a) 单向应力　　(b) 二向应力　　(c) 三向应力

图 11-41　三类应力状态

2. 强度理论

在工程实际中，受力构件的危险点往往处于复杂应力状态，三个主应力不同比值的组合，都可能导致材料破坏。企图用试验方法测出每种主应力比值组合下材料的极限应力，显然是不可能的。于是人们不得不从考察材料破坏的原因着手，在有限试验的基础上，研究复杂应力状态下的强度条件。

人们在长期的生产活动中，根据破坏现象，综合分析材料的失效现象和规律，对失效提出各种假说或学说，这些关于材料破坏规律的假设称为强度理论。这些假说或学说认为，材料的失效是应力或应变或应变能等因素引起的。按照这些假说或学说，无论是简单或复杂应力状态，只要破坏类型相同，引起失效的因素也是相同的。这样，就可以利用由简单应力状态的试验结果，建立复杂应力状态的强度条件。至于这些假说是否正确，在什么条件下适用，还必须经受工程实践的检验。

实验和实践表明，材料的破坏的形式主要有塑性屈服和脆性断裂两种，塑性屈服是指材料破坏前发生了显著的塑性变形；而脆性断裂是指在破坏前没有发生显著的塑性变形。所以强度理论也相应地分为两类：一是解释断裂破坏的，其中有最大拉应力理论和最大伸长线应变理论；另一类是解释屈服失效的，其中有最大切应力理论和形状改变比能理论。

(1) 第一强度理论（最大拉应力理论）　这一理论认为，引起材料断裂破坏的主要因素是最大拉应力，即无论材料处于什么应力状态，只要最大拉应力 σ_1 达到材料单向拉伸断裂时的抗拉强度极限 σ_b，材料就发生断裂破坏。根据这一理论，破坏条件为

$$\sigma_1 = \sigma_b$$

相应的强度条件是

$$\sigma_1 \leqslant \frac{\sigma_b}{n} = [\sigma] \tag{11-24}$$

式中　σ_1——构件危险点处的最大拉应力；

$[\sigma]$——单向拉伸时材料的许用拉应力。

试验表明：第一强度理论与脆性材料在单向、二向或三向拉伸、扭转时的破坏较为符合，其破坏由最大拉应力 σ_1 所引起。但它没有考虑其余两个主应力对材料的破坏，而且也不能解释材料在单向压缩、三向压缩等没有拉应力的状态下的破坏。

(2) 第二强度理论（最大伸长线应变理论）　这一理论认为，引起材料断裂破坏的主要因素是最大伸长线应变，即无论材料处于什么应力状态，只要最大伸长线应变 ε_1 达到材料单向拉伸断裂时的最大伸长线应变 ε_1^0，材料就发生断裂破坏。根据这一理论，破坏条件为

$$\varepsilon_1 = \varepsilon_1^0$$

根据推导，按第二强度理论建立的强度条件为

$$\sigma_1 - \mu(\sigma_2 + \sigma_3) \leqslant [\sigma] \tag{11-25}$$

这一理论对石料或混凝土脆性材料压缩时沿着纵向开裂的断裂破坏现象，能做到很好的解释，但未被金属材料的试验所证实。

(3) 第三强度理论（最大切应力理论）　这一理论认为，引起材料断裂破坏的主要因素是最大切应力 τ_{max}，即无论材料处于什么应力状态，只要最大切应力达到材料单向拉伸断裂时的最大切应力 τ_{max}^0，材料就发生屈服破坏。根据这一理论，破坏条件为

$$\tau_{max} = \tau_{max}^0$$

根据推导，按第三强度理论建立的强度条件为

$$\sigma_1 - \sigma_3 \leqslant [\sigma] \tag{11-26}$$

这一理论对塑性材料的屈服现象，按该理论的计算结果与试验结果比较吻合，因此在机械工业中广泛使用。该理论的缺点是未考虑 σ_2 对材料屈服的影响，而且偏于安全。

(4) 形状改变比能理论（第四强度理论）　构件受力后，其形状和体积都会发生改变，同时构件内部积蓄了变形能。单位体积内所积蓄的变形能称为比能。单元体在变形时，与形状改变相对应的那一部分比能称为形状改变比能。在复杂应力状态下，形状改变比能的表达式为（推导从略）

$$u_f = \frac{1+\mu}{6E}[(\sigma_1 - \sigma_2)^2 + (\sigma_2 - \sigma_3)^2 + (\sigma_3 - \sigma_1)^2]$$

这一理论认为，引起材料断裂破坏的主要因素是形状改变比能，即无论材料处于什么应力状态，只要形状改变比能 u_f 达到了材料单向拉伸屈服时的形状改变比能 u_f^0，材料就发生屈服破坏，根据这一理论，破坏条件为

$$u_f = u_f^0$$

根据推导，按第四强度理论建立的强度条件为

$$\sqrt{\frac{1}{2}[(\sigma_1 - \sigma_2)^2 + (\sigma_2 - \sigma_3)^2 + (\sigma_3 - \sigma_1)^2]} \leqslant [\sigma] \tag{11-27}$$

　　大量的试验结果表明，形状改变比能理论比最大切应力理论更好地描述了钢、铜、铝等塑性材料的屈服状态，但由于最大切应力理论的数学表达式简单，因此二者均在工程中得到广泛应用。

　　综合上面的结果，把各种强度理论的强度条件写成统一的形式

$$\sigma_{xd} \leqslant [\sigma] \qquad (11\text{-}28)$$

式中，σ_{xd} 为相当应力。

　　在大多数应力状态下，脆性材料一般发生脆性断裂，宜采用第一、第二强度理论；塑性材料通常以屈服的形式失效，宜采用第三、第四强度理论。另一方面，即使同一材料，其破坏形式也会随应力状态的不同而异。塑性材料在三向拉伸应力状态下，会表现为脆性断裂；而脆性材料在三向压缩下会表现出塑性屈服。因此必须根据失效形式选择相应的强度理论。

三、弯、扭组合变形的强度条件

　　对于弯曲与扭转组合变形，其危险点的应力状态如图 11-40（g）、（h）所示，按第三强度理论根据推导，圆轴弯扭组合的强度条件为

$$\sigma_{xd3} = \sqrt{\sigma^2 + 4\tau^2} = \frac{\sqrt{M^2 + M_n^2}}{W_z} \leqslant [\sigma] \qquad (11\text{-}29)$$

【例 11-11】　如图 11-40（a）所示，电动机轴上带轮直径 $D=300mm$，轴外伸长度 $l=300mm$，轴直径 $d=50mm$，轴材料的许用应力 $[\sigma]=60MPa$。带的紧边拉力为 $2F$，松边拉力为 F。电动机功率 $P=9kW$，转速 $n=715r/min$。试按第三强度理论校核此电动机轴的强度。

　　解：电动机所传递的外力偶矩为

$$M = 9550\frac{P}{n} = 9550 \times \frac{9}{715} = 120.2 \ (N \cdot m)$$

由平衡方程 $M-M_B=0$ 得

$$M_B = \frac{FD}{2} = M$$

$$F = \frac{2M}{D} = \frac{2 \times 120.2}{300 \times 10^{-3}} = 801 \ (N)$$

危险截面 A 上的弯矩和扭矩值分别为

$$M_{max} = F'l = 3Fl = 3 \times 801 \times 100 = 2.403 \times 10^5 (N \cdot mm)$$

$$M_n = M = 120.2 \ N \cdot m = 1.202 \times 10^5 N \cdot mm$$

按第三强度理论校核

$$\sigma_{xd3} = \frac{\sqrt{M^2 + M_n^2}}{W_z} = \frac{\sqrt{(2.403 \times 10^3)^2 + (1.202 \times 10^3)^2}}{\frac{\pi \times 50^2}{32}} = 21.92 \ (MPa) < [\sigma]$$

所以电动机轴强度足够。

四、转轴的交变应力及疲劳破坏

1. 交变应力

　　在前面章节中所研究的构件强度问题时，所涉及的应力均不随时间而变化。但转轴工作时，其应力大小方向常常是随时间做周期性变化的，这种应力称为交变应力。交变应力可由动载荷产生，也可由静载荷产生。例如，图 11-42（a）所示的火车轮轴中，虽然受不变载荷

作用，但由于火车轮轴的转动，横截面上各点到中性轴的距离是随时间变化的，故横截面上的弯曲正应力是随时间变化的。当火车轮轴旋转一周，轴横截面边缘上 A 点的位置由 1→2→3→4→1 变化，A 点的应力从 0→σ_{max}→0→σ_{min}→0 变化。这种交变应力每重复变化一次的过程，称为一个应力循环。

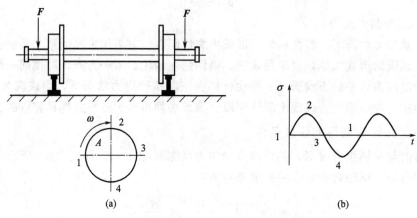

图 11-42　火车轮轴

通常用应力循环中的最小应力与最大应力的比值来说明应力的变化规律，该比值称为循环特性，用 r 表示，即

$$r = \frac{\sigma_{min}}{\sigma_{max}}$$

式中，σ_{max} 与 σ_{min} 都取代数值，拉应力为正，压应力为负。

按循环特性不同，交变应力可分为以下两种。

① 对称循环交变应力：$\sigma_{max} = -\sigma_{min}$，$r = -1$，如图 11-42 所示的车轮轴受到的弯曲正应力就是对称循环交变应力。

② 非对称循环交变应力：$\sigma_{max} \neq -\sigma_{min}$，$r \neq -1$，即除对称循环外的其他交变应力。

在非对称循环中比较常见的是 $\sigma_{min} = 0$ 的情况，这种交变应力称为脉动循环交变应力。如一对啮合的齿轮［图 11-43(a)］，齿轮上任意一个齿自开始啮合到脱离啮合过程中，齿根部的弯曲应力从零逐渐增大到最大，然后又逐渐变为零，如图 11-43(b) 所示。

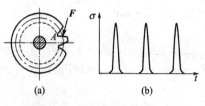

图 11-43　脉动循环交变应力

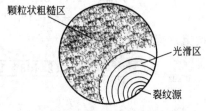

图 11-44　疲劳破坏时的断口情形

2. 疲劳破坏

实践表明，在交变应力作用下的构件，虽然所受应力小于材料的静强度极限，但经过应力的多次重复作用后，构件将产生可见裂纹而突然断裂，而且，即使是塑性很好的材料，断裂时也无显著的塑性变形。构件在交变应力作用下产生的破坏称为疲劳破坏。在交变应力作用下，材料抵抗疲劳破坏的能力称为疲劳强度。

疲劳断裂现象通常可以解释为：当交变应力中的最大应力达到一定数值时，经过应力的多次交替变化后，构件中的最大应力处或在材料有缺陷处，产生极细微的裂纹，这些裂纹在交变应力的反复作用下逐渐扩展。在扩展的过程中，由于应力的交替变化，裂纹两表面时分时合，相互挤压，类似研磨作用，形成断口的光滑区域。经过长期运转后，随着裂纹的不断扩展，有效截面逐渐缩小，当裂纹扩展到使截面不能承受所施加的载荷时，构件就发生脆断，形成断口的粗糙区，如图 11-44 所示。

五、转轴的强度计算

1. 直径估算

对于承受弯曲和扭转组合作用的转轴，由于轴上零件的位置和两轴承间的距离通常尚未确定，所以轴所承受的弯矩无法进行计算，通常按扭转强度条件初步估算轴的最小直径。

由式（11-10）圆轴扭转强度条件可得

$$\tau = \frac{M_n}{W_n} = \frac{9.55 \times 10^6 P}{0.2 d^3 n} \leqslant [\tau]$$

由此可得轴的设计公式

$$d \geqslant \sqrt[3]{\frac{9.55 \times 10^6}{0.2[\tau]}} \times \sqrt[3]{\frac{P}{n}} = C \sqrt[3]{\frac{P}{n}} \tag{11-30}$$

式中　P——轴传递的功率，kW；

　　　n——轴的转速，r/min；

　　　C——由轴的材料和承载情况确定的常数，可按表 11-4 确定。

表 11-4　轴常用的几种材料的 $[\tau]$ 及 C 值

轴的材料	Q235,20	35	45	40Cr,2Cr13,35SiMn
$[\tau]$/MPa	12～20	20～30	30～40	40～52
C	160～135	135～118	118～107	107～98

注：1. 表中所列的 $[\tau]$ 及 C 值，当弯矩相对于扭矩较小时或只受扭矩时，$[\tau]$ 取较大值，C 取较小值；反之 $[\tau]$ 取较小值，C 取较大值。

　　2. 当用 Q235 及 35SiMn 时，$[\tau]$ 取较小值，C 取较大值。

由式（11-30）计算出的直径为轴受扭段的最小直径。若该剖面有键槽时，应将轴径适当放大。当同一截面上开有一个键槽时，增大 4%～5%；当同一截面上开有两个键槽时，增大 7%～10%，然后圆整为标准直径或与相配合零件（如联轴器、带轮等）的孔径吻合。

2. 按弯扭合成强度条件计算

轴的最小直径确定后，完成轴的结构设计，从而轴的主要结构尺寸、轴上零件的位置就确定了，轴各截面的弯矩即可算出。这时可按轴的弯扭合成强度条件对轴进行强度校核。由式（11-29）确定弯扭合成强度条件为

$$\sigma_{xd3} = \frac{\sqrt{M^2 + M_n^2}}{W_z} \leqslant [\sigma]$$

由于一般转轴的弯矩 M 产生的应力为对称循环交变应力，与扭矩 M_n 产生的切应力循环特性不同。考虑两者不同循环特性的影响，对上式中的扭矩乘以折合系数 α，即得危险截面处强度校核式

$$\sigma_{xd} = \frac{M_{xd}}{W_z} = \frac{\sqrt{M^2 + (\alpha M_n)^2}}{0.1 d^3} \leqslant [\sigma_b]_{-1} \tag{11-31}$$

由式(11-31)得轴危险截面处直径的计算公式为

$$d \geqslant \sqrt[3]{\frac{M_{xd}}{0.1[\sigma_b]_{-1}}} \tag{11-32}$$

式中 M_{xd}——相当弯矩，N·mm；

$\quad W_z$——抗弯截面模量，mm^3；

$\quad M$——转轴的合成弯矩，$M = \sqrt{M_H^2 + M_V^2}$，M_H、M_V 分别为水平面和铅垂面内的弯矩；

$\quad \alpha$——根据扭矩性质而定的折合系数。扭矩不变时，$\alpha = 0.3$；扭矩为脉动循环（单向转动）时，$\alpha \approx 0.6$；对频繁正反转的轴，扭矩视为对称循环变化，$\alpha = 1$；

$\quad M_n$——扭矩，N·mm；

$\quad [\sigma_b]_{-1}$——对称循环下的许用弯曲应力（其值查表11-1）。

综上所述，轴的强度校核步骤如下。

① 绘出轴的空间受力简图，将轴上作用力分解成水平分力和铅垂分力。

② 求出水平平面内和铅垂平面内的支反力，分别绘出水平平面内的弯矩图（M_H）和铅垂面内的弯矩图（M_V）。

③ 计算合成弯矩 $M = \sqrt{M_H^2 + M_V^2}$，绘出合成弯矩图。

④ 绘出扭矩图，计算扭矩 M_n。

⑤ 计算危险截面的相当弯矩 $M_{xd} = \sqrt{M^2 + (\alpha M_n)^2}$。

⑥ 按式(11-32)计算危险截面处轴的直径。

⑦ 比较轴径，当 $d_{计} \leqslant d_{设}$ 时，说明轴强度足够，否则重新进行轴的结构设计。

通过以上计算，可以较精确地校核轴某截面的强度或算出轴某截面的直径。设计计算时，应选择轴段上可能的危险截面（一个或几个）进行计算。

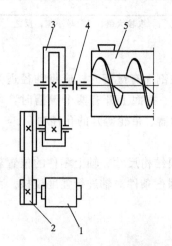

图 11-45　螺旋输送机传动装置
1—电动机；2—带传动；3—减速器；4—联轴器；5—送料筒

【例 11-12】　试设计图 11-45 所示的螺旋输送机中一级圆柱齿轮减速器的从动轴。设计初始数据为：异步电动机的额定功率 $P = 5.5kW$，转速 $n_1 = 1440r/min$，主轴转速 $n_4 = 90r/min$。连续单向运转，载荷变动小，三班工作制，带传动中心距 $a < 500mm$，使用年限 8 年。例 8-4 中已算出：齿轮减速器从动轴齿轮齿数 $z = 170$，模数 $m = 2mm$，齿轮轮毂宽度 $B_2 = 68mm$。

解：（1）选择轴的材料，确定许用应力　选用轴的材料为 45 钢，调质处理查表 11-1，$\sigma_b = 637MPa$，$[\sigma_b]_{-1} = 59MPa$。

（2）初步计算最小轴径　从动轴传递功率

$$P = 5.5 \times 0.95 \times 0.99 \times 0.98 \times 0.99 = 5 \text{ (kW)}$$

由表 11-4 查得 $C = 118 \sim 107$，则

$$d \geqslant C\sqrt[3]{\frac{P}{n}} = (118 \sim 107) \times \sqrt[3]{\frac{5}{90}} = (45.03 \sim 40.83) \text{ (mm)}$$

轴上开一个键槽，将轴径增大 5%，$d \times 1.05 \geqslant 47.28 \sim 42.87mm$。

该轴外端安装联轴器，选用弹性套柱销联轴器，所传递是转矩为

$$T_C = KT = 1.5 \times 9550 \times \frac{5}{90} = 796 \ (\text{N} \cdot \text{m})$$

根据联轴器与轴外伸直径相符合，查手册可用 LT9 型，孔径为 50mm，轴孔长 $B_1 =$ 84mm，为此，取 $d_1 = 50$mm。

（3）轴上零件定位、固定和装配　单级减速器中，可将齿轮安排在箱体中央，相对两轴承对称分布（图 11-46），齿轮右面由轴环定位，左面用套筒轴向定位，周向固定靠平键和过渡配合。两轴承分别以轴肩和套筒定位，周向则采用小过盈配合固定。联轴器以轴肩和轴端挡圈轴向定位，平键用于周向定位。轴做成阶梯形，右轴承从右面装入，齿轮、套筒、左轴承、联轴器依次从左面装入。

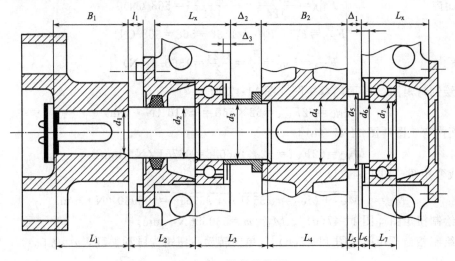

图 11-46　轴系结构图

（4）轴的结构设计

① 轴径的确定。$d_1 = 50$mm；$d_2 = d_1 + 2h = 50 + 2 \times 0.07 \times 50 = 57$mm，考虑该段轴上的密封件尺寸，取 $d_2 = 60$mm；轴承型号初选为 6313 深沟球轴承，轴承宽度 $B = 33$mm，则 $d_3 = 65$mm（符合轴承内径，同时 $d_3 > d_2$，以便于轴承装拆）；$d_4 = 67$mm（取标准直径，$d_4 > d_3$，以便于齿轮装拆）；$d_5 = d_4 + 2h = 67 + 2 \times 0.09 \times 67 = 79$mm（定位轴肩）；$d_7 = 65$mm（同一轴上两轴承型号相同）；$d_6 = 77$mm（查 6313 轴承安装尺寸 d_a，以保证可靠定位）。

② 轴段长度确定。$L_1 = 82$mm（L_1 应比 LT9 型联轴器轴孔长 84mm 短 2～3mm，以便准确定位）；$L_3 = B + \Delta_2 + \Delta_3 + (2 \sim 3) = 33 + 8 + 3 + 2 = 46$mm；$L_4 = 68 - (2 \sim 3) = 66$mm；$L_5 = 1.4h = 1.4 \times (d_5 - d_4) \times 0.5 = 8$mm；$L_6 = \Delta_2 + \Delta_3 - L_5 = 8 + 3 - 8 = 3$mm；$L_7 = 34$mm（轴承宽度为 33mm，挡油环厚度取 1mm）；$L_2 = 44$mm［先确定箱体轴承孔轴向尺寸 L_x，$L_x = \delta + C_1 + C_2 + (5 \sim 10) = 55$mm，轴承端盖厚度 $e = 10$mm，$L_2 = L_x - \Delta_3 - B + e + l_1 = 44$mm］。

③ 两轴承间的跨距。由于 6313 深沟球轴承的支点在中间，则跨距为

$$L = L_3 + L_4 + L_5 + L_6 + L_7 - B = 124 \ (\text{mm})$$

（5）齿轮受力计算　分度圆直径

$$d = mz = 2 \times 170 = 340 \ (\text{mm})$$

外力偶矩 $m=9.55\times10^6\times\dfrac{P}{n}=9.55\times10^6\times\dfrac{5}{90}=530556$ (N·mm)

圆周力 $F_t=\dfrac{2m}{d}=\dfrac{2\times530556}{340}=3121$ (N)

径向力 $F_r=F_t\tan\alpha=3121\times\tan20°=1136$ (N)

(6) 轴的强度计算

① 画轴的受力图，见图 11-47(a)。

② 将齿轮所受的力分解成水平面 H 和铅垂面 V 内的力，见图 11-47(b)、(d)。

③ 求水平面 H 和铅垂面 V 内的支承反力。

H 面内
$$F_{HA}=\dfrac{62\times F_r}{124}=\dfrac{62\times1136}{124}=568 \text{ (N)}$$

$$F_{HB}=F_r-F_{HA}=1136-568=568 \text{ (N)}$$

V 面内
$$F_{VA}=F_{VB}=\dfrac{F_t}{2}=\dfrac{3121}{2}=1560.5 \text{ (N)}$$

④ 绘制弯矩图。H 面内弯矩图 [图 11-47(c)]
$$M_{HC}=62F_{HA}=62\times568=35216 \text{ (N·mm)}$$

V 面内弯矩图 [图 11-47 (e)]
$$M_{VC}=62F_{VA}=62\times1560.5=96751 \text{ (N·mm)}$$

合成弯矩图 [图 11-47(f)]

$$M_C=\sqrt{M_{HC}^2+M_{VC}^2}=\sqrt{35216^2+96751^2}=102960 \text{ (N·mm)}$$

⑤ 绘制扭矩图 [图 11-47(g)]。$M_n=m=530556$N·mm。

⑥ 绘制相当弯矩图 [图 11-47(h)]。单向转动，扭矩为脉动循环，$\alpha=0.6$。

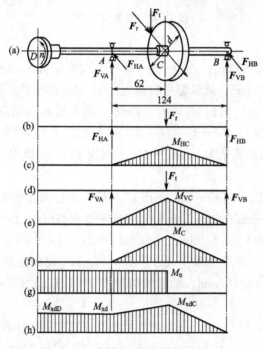

图 11-47 轴的受力图及内力合成图

C 截面

$$M_{xdC}=\sqrt{M_C^2+(\alpha M_n)^2}=\sqrt{102960^2+(0.6\times530556)^2}=334570 \text{ (N·mm)}$$

D 截面和 A 截面 $M_{xdD}=\alpha M_n=0.6\times 530556=318334$（N·mm）

⑦ 校核危险截面 D、C 处的强度

$$d_D\geqslant\sqrt[3]{\frac{M_{xdD}}{0.1[\sigma_b]_{-1}}}=\sqrt[3]{\frac{318334}{0.1\times 59}}=37.79\ (\text{mm})$$

$$d_C\geqslant\sqrt[3]{\frac{M_{xdC}}{0.1[\sigma_b]_{-1}}}=\sqrt[3]{\frac{334570}{0.1\times 59}}=38.42\ (\text{mm})$$

考虑键槽对强度的影响，直径增大 5%，即

$$d_D=37.79\times 105\%=39.68\ (\text{mm})<d_1=50\text{mm}$$

$$d_C=38.42\times 105\%=40.34\ (\text{mm})<d_4=67\text{mm}$$

故该轴的强度满足要求。

（7）校核键连接强度

① 齿轮处。由结构设计得键长 $L=56$mm，工作长度 $l=56-20=36$（因是 A 型键），键高 $h=12$mm，接触高度 $k=6$mm。由于键是标准件，其剪切强度通常是足够的。

键连接工作表面的挤压应力为

$$\sigma_{jy}=\frac{2\times 530556}{67\times 36\times 6}=73.32\ (\text{MPa})<[\sigma_{jy}]=(100\sim 120)\text{MPa}$$

② 联轴器处。$L=70$mm，$l=70-8=62$（因是 C 型键），$h=10$mm，$k=5$mm，则

$$\sigma_{jy}=\frac{2\times 530556}{50\times 62\times 5}=68.46\ (\text{MPa})<[\sigma_{jy}]=(100\sim 120)\text{MPa}$$

故所选键连接合适。

（8）绘制轴的工作图　按有关要求绘制出轴的工作图（零件图），如图 11-48 所示。

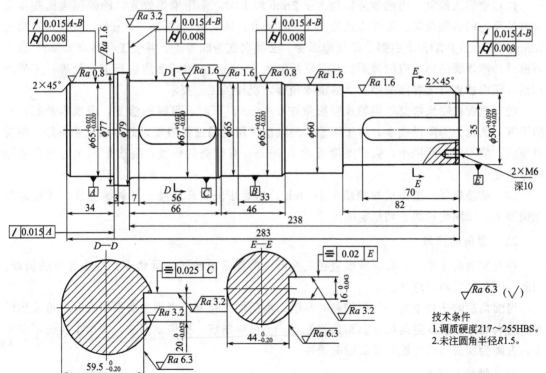

图 11-48　轴的工作图

第六节　轴类零件的修理

　　轴在使用过程中，经常会出现磨损、断裂以及过量变形等失效形式。其最常用的传统修理方法是机加工及堆焊等。修复轴具体内容主要有以下几个方面。

一、轴颈的修复

　　轴颈因磨损而失去原有的尺寸和形状精度，变成椭圆形或圆锥形等，此时常用以下方法修复。

　　（1）镶加零件法修复　当轴颈磨损量小于 0.5mm 时，可用机械加工方法使轴颈恢复正确的几何形状，然后按轴颈的实际尺寸选配新轴衬，如图 11-49 所示。为防止轴衬工作时松动，可用止动螺钉或点焊固定。这种用镶套进行修复的方法可避免轴颈变形，在实践中经常使用。

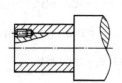

图 11-49　镶加零件法

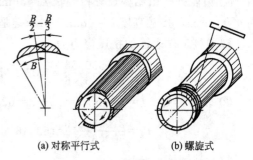

(a) 对称平行式　　　　(b) 螺旋式

图 11-50　轴类零件的堆焊方法

　　（2）堆焊法修复　当轴颈磨损量大于 2mm 以上时，采用堆焊修复，即轴颈表面获得具有特殊性能的熔敷金属。施焊方式如图 11-50 所示，环焊只能焊 25～30mm，直线焊不超过 40mm，不允许在轴面上引弧，每次熄弧后，必须彻底清除焊渣，并使工件冷却到 30℃ 以下再施焊；堆焊层的厚度应使轴颈比其名义尺寸大 2～3mm；堆焊后应进行退火处理；工件冷却后，仔细检查有无焊接缺陷，然后清除炭棒，机械加工至要求。

　　（3）电镀或喷涂修复　当轴颈磨损量在 0.4mm 以下时，可镀铬修复，但成本较高，只适于重要的轴。为降低成本，对于不重要的轴应采用低温镀铁修复，此方法效果很好，原材料便宜，成本低，污染小，镀层厚度可达 1.5mm，有较高的硬度，磨损量不大的也可采用喷涂修复。

　　（4）粘接修复　把磨损的轴颈车小 1mm，然后用玻璃纤维蘸上环氧树脂胶，逐层地缠在轴颈上，待固化后加工到规定的尺寸。

二、圆角的修复

　　在交变载荷作用下，常因轴颈直径突变部位的圆角被破坏或圆角半径减小导致轴折断。因此，圆角修复不可忽视。

　　当圆角的磨伤较小时，可用细锉或车削、磨削加工修复；当圆角磨损很大时，可采用堆焊，退火后车削至规定的尺寸。圆角修复后，不可有划痕、擦伤或刀迹，圆角半径也不能减小，否则会削弱轴的性能并导致轴的损坏。

三、螺纹的修复

　　当轴表面上的螺纹碰伤、螺母不能拧入时，可用圆板牙或车削加工修整。若螺纹滑牙或掉牙，可先把螺纹全部车削掉，然后进行堆焊，再车削加工修复。

四、键槽的修复

当键槽只有小凹痕、毛刺或轻微磨损时，可用细锉、油石或刮刀等进行修整。当键槽磨损较大时，可扩大键槽，并配大尺寸的键；在轴强度和结构允许时，也可在将轴旋转90°或180°重新加工键槽，如图 11-51 所示，开槽前需先把旧键槽用气焊或电焊填满。

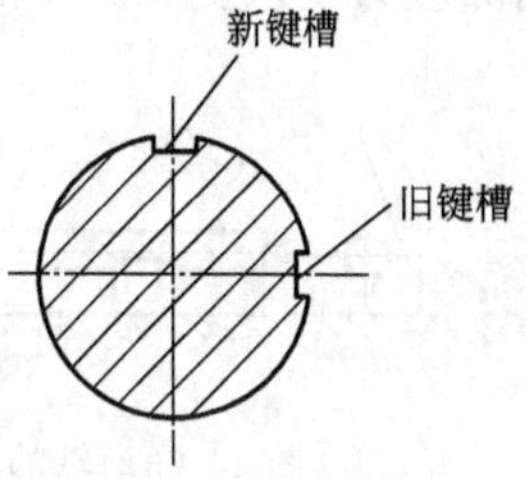

图 11-51　键槽修理

五、裂纹的修复

轴出现裂纹后若不及时修复，就有折断的危险。

对于轻微裂纹还可采用粘接修复。先在裂纹处开槽，然后用环氧树脂填补和粘接，待固化后进行机械加工修复。

对于承受载荷不大或不重要的轴，其裂纹深度不超过轴直径的 10％时，可采用焊补修复。焊补前，必须认真做好清洁工作，并在裂纹处开好坡口。焊补时，先在坡口周围加热，然后再进行焊补。为消除内应力，焊补后需进行回火处理，最后通过机械加工达到规定的技术要求。

对于承受载荷很大或很重要的轴，其裂纹深度超过轴直径的 10％或存在角度超过 10°的扭转变形，应予以调换。

六、折断的修复

一般受力不大或不重要的轴折断时，可用图 11-52 所示的方法进行修复。其中图（a）所示为用焊接法把断轴两端对接起来。焊接前先在两轴端面钻好圆柱销孔、插入圆柱销，然后开坡口进行对接，圆柱销直径一般为断轴外径的 0.3～0.4 倍。图（b）所示则用双头螺柱代替圆柱销。

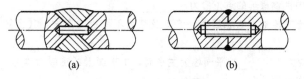

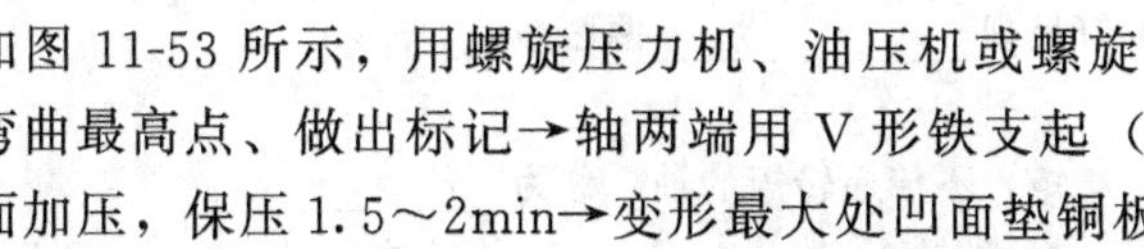

(a)　　　　　　　　　(b)

图 11-52　断轴修复

七、弯曲变形的矫直

（1）压力矫直　如图 11-53 所示，用螺旋压力机、油压机或螺旋千斤顶等进行施压矫直。其工艺为：测量弯曲最高点、做出标记→轴两端用 V 形铁支起（轴下垫软铜、铝等软料）→变形最大处凸面加压，保压 1.5～2min→变形最大处凹面垫铜板后用手锤敲击铜板 3 次→卸压并测量→循环施压至要求。压力矫直法适用于硬度值低于 35HRC 和直径长度比值小于较小的轴。

（2）火焰矫直　如图 11-54 所示，火焰矫直是用氧-乙炔火焰对变形凸出部位一点或几点快速加热，并急剧冷却，使加热区金属产生收缩从而矫直。加热温度不宜超过材料的相变温度，一般为 500～550℃；弯曲的位置和方向必须找正确，加热火焰与弯曲方向要一致，否则会出现扭曲或更多的弯曲。其工艺为：找出弯曲最大凸出点，确定加热区→按零件直径确定火焰喷嘴→均匀变形和扭曲采用条状加热，变形严重采用蛇状加热，加工精度高的细长轴用点状加热→快速冷却→检测→重复加热矫直至要求。矫直后对轴的加热处低温退火,以消除应力,恢复到原来的力学性能和技术要求。

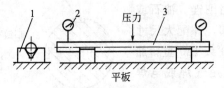

图 11-53 轴的压力矫直法
1—V形铁;2—千分表;3—轴

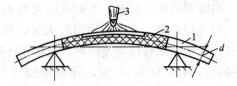

图 11-54 轴的热矫直
1—轴;2—石棉芯;3—加热用氧-乙炔焰喷嘴

同 步 练 习

一、填空题

11-1 自行车的中后轴是_____轴,而前轮轴是_____轴。

11-2 为了使轴上零件与轴肩紧密贴合,应保证轴的圆角半径_____轴上零件的圆角半径或倒角 C。

11-3 减速箱中的齿轮直径大小不等,在满足相同的强度条件下,高速齿轮轴的直径一般要比低速齿轮轴的直径_____。

11-4 当实心圆轴的直径增加 1 倍时,其抗扭强度增加到原来的_____倍,抗扭刚度增加到原来的_____倍。

11-5 一根空心轴的内外径分别为 d、D,当 $D=2d$ 时,其抗扭截面模量为_____。

11-6 直径和长度均相等而材料不同的两根轴,在相同的扭矩作用下,最大切应力 τ_{max}_____同,扭转角 ϕ_____同。

11-7 纯弯曲时,其横截面上只有_____应力,中性轴一侧为拉应力,另一侧为___应力,各点的正应力与该点到中性轴 z 的距离 y 成_____比,到中性轴 z 距离相等的各点的正应力_____,中性轴上各点正应力为_____,离中性轴最远的点正应力_____。

11-8 一般单向回转的转轴,考虑启动、停车及载荷不平稳的影响,其扭转切应力的性质按_____处理。

11-9 单元体中切应力为_____的平面称为主平面,主平面上的正应力称为_____,按照不等于零的主应力数目将应力状态分为_____三类。

11-10 大小、方向常常是随时间做周期性变化的应力称为_____。

11-11 按循环特性不同,交变应力可分为_____。

11-12 疲劳断裂的断口呈现_____、_____两区域。

二、选择题

11-13 工作时只承受弯矩,不传递转矩的轴,称为_____。

A. 心轴　　　　　　B. 转轴　　　　　　C. 传动轴　　　　　　D. 曲轴

11-14 图 11-55 中所画圆轴受扭转时,截面上的切应力分布不正确的_____。

11-15 实心扭转圆轴的危险截面上_____存在切应力为零的点。

A. 一定　　　　　　B. 一定不　　　　　　C. 不一定

11-16 当材料和横截面积相同时,空心圆轴的抗扭承载能力_____实心圆轴。

A. 大于　　　　　　B. 等于　　　　　　C. 小于

11-17 第一强度理论认为引起材料断裂破坏的主要因素是_____。

A. 最大拉应力　　　　B. 最大伸长线应变　　　C. 最大切应力　　　D. 形状改变比能

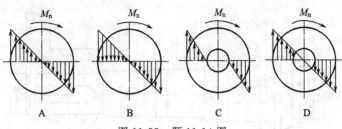

图 11-55　题 11-14 图

11-18　构件在_____作用下产生的破坏称为疲劳破坏。

A. 切应力　　　　　　　B. 正应力　　　　　　　C. 交变应力　　　　　　D. 静应力

11-19　按弯扭合成计算轴的应力时，要引入系数 α，这 α 是考虑_____。

A. 轴上键槽削弱轴的强度　　　　　　　B. 合成正应力与切应力时的折算系数

C. 正应力与切应力的循环特性不同的系数　　D. 正应力与切应力方向不同

11-20　转动的轴，受不变的载荷，其所受的弯曲应力的性质为_____。

A. 脉动循环　　　　　　B. 对称循环　　　　　　C. 静应力　　　　　　　D. 非对称循环

11-21　对于受对称循环转矩的转轴，计算弯矩（或称当量弯矩）$M_{ca} = \sqrt{M^2 + (\alpha T)^2}$，$\alpha$ 应取_____。

A. $\alpha \approx 0.3$　　　　B. $\alpha \approx 0.6$　　　　C. $\alpha \approx 1$　　　　D. $\alpha \approx 1.3$

11-22　根据轴的承载情况，_____的轴称为转轴。

A. 既承受弯矩又承受转矩　　　　　　　B. 只承受弯矩，不承受转矩

C. 不承受弯矩，只承受转矩　　　　　　D. 承受较大轴向载荷

三、简答题

11-23　轴受载荷的情况可分为哪三类？试分析自行车的前轴、中轴、后轴的受载情况，说明它们各属于哪类轴？

11-24　轴上零件的轴向及周向固定各有哪些方法？各有何特点？各应用于什么场合？

11-25　图 11-56 中 I、Ⅱ、Ⅲ、Ⅳ 轴是心轴、转轴还是传动轴？

11-26　轴上零件的周向和轴向定位、固定方式有哪些？各适用于什么场合？

11-27　多级齿轮减速器高速轴的直径总比低速轴的直径小，为什么？

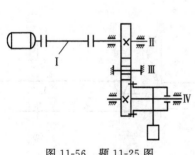

图 11-56　题 11-25 图

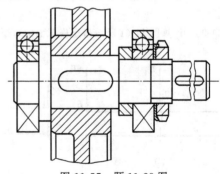

图 11-57　题 11-28 图

11-28　分析图 11-57 所示的轴结构的错误，并加以改正。

11-29　已知图 11-58 中轴的外伸端直径 $d = 30\,\text{mm}$，试根据结构设计的要求，确定轴其余各段的直径（d_1、d_2、d_3、d_4、d_5）。

11-30　简述轴颈修复方法。

11-31　如何矫直轴的弯曲变形？

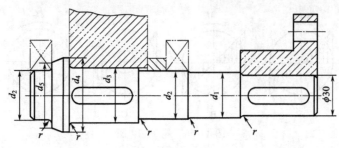

图 11-58 题 11-29 图

四、计算题

11-32 试求图 11-59 所示各轴的指定横截面上的扭矩。

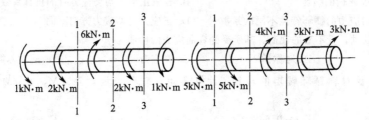

图 11-59 题 11-32 图

11-33 如图 11-60 所示的传动轴的转速为 $n=200 \text{r/min}$，由主动轮 B 输入功率 $P_B=60 \text{kW}$，由从动轮 A、C 和 D 分别输出功率为 $P_A=18 \text{kW}$，$P_C=12 \text{kW}$，$P_D=30 \text{kW}$，若 $[\tau]=20 \text{MPa}$，$[\theta]=0.5$（°）/m，$G=82 \text{GPa}$，试按强度和刚度条件选定轴的直径。

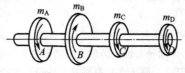

图 11-60 题 11-33 图

11-34 题 11-33 图中各轮应如何排列才能使受力情况更为合理？并按强度条件选定合理安排后时轴的直径。

11-35 计算图 11-61 所示指定横截面的弯矩。

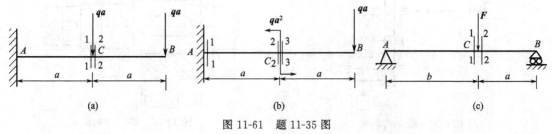

图 11-61 题 11-35 图

11-36 画出图 11-62 所示的各构件的弯矩图，并求 $M_{\max}$。

11-37 圆轴受载如图 11-61 所示，材料的许用应力 $[\sigma]=125 \text{MPa}$，试设计轴的直径。

11-38 图 11-64 所示的二级圆柱齿轮减速器。已知高速级传动比 $i_{12}=2.5$，低速级传动比 $i_{34}=4$。若不计轮齿啮合及轴承摩擦的功率损失，试计算三根轴传递转矩之比，并按扭转强度估算三根轴的轴径之比。

11-39 试设计某直齿圆柱齿轮减速器从动轴。已知传递的功率 $P=7.5 \text{kW}$，大齿轮转速 $n_2=$

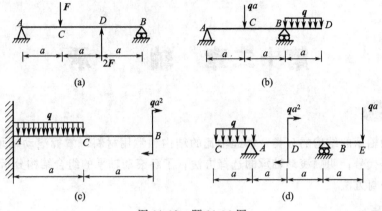

图 11-62 题 11-36 图

730r/min，齿数 $z_2 = 50$，模数 $m = 2$mm，齿宽 $b = 60$mm，采用深沟球轴承，单向传动，轴的跨距为 120mm。

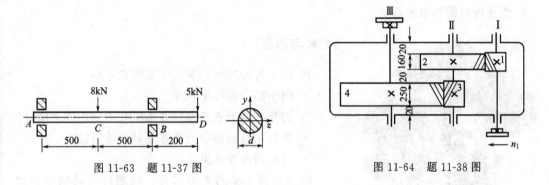

图 11-63 题 11-37 图

图 11-64 题 11-38 图

第十二章　轴　　承

　　了解滑动轴承的结构的分类，掌握轴瓦的结构和常用材料。掌握滚动轴承的基本类型、结构、特点和代号；明确滚动轴承的选择方法；了解滚动轴承的组合结构分析，掌握滚动轴承的润滑和密封方法。

　　1. 会选择滚动轴承；
　　2. 能对轴承进行寿命计算；
　　3. 能正确装配和维护轴承。

图 12-1　减速器

【观察与思考】

　　图 12-1 为减速器，请仔细观察其结构：
- 图中哪个部件是轴承？
- 为什么轴不直接安装在机架孔中而用轴承隔开？
- 轴系在减速器中的位置是如何确定的？
- 如何选择轴承类型？

　　轴承是支承轴的重要部件，它通过与轴颈的接触来支承轴及轴上零件，保持轴和轴上传动件的工作位置和旋转精度，减少摩擦与磨损，并承受由轴传递给机架的载荷。按支承处相对运动表面摩擦性质的不同，轴承可分为滑动轴承和滚动轴承两大类。滚动轴承内有滚动体，运行时轴承内存在着滚动摩擦，摩擦、磨损较小，效率高，润滑简单、互换性好和启动阻力，且滚动轴承生产已标准化、系列化，有专门厂家生产，供应充足，价格便宜，因而滚动轴承的设计只需根据使用要求，选择合适的轴承类型和型号即可，故滚动轴承应用十分广泛。滑动轴承工作时轴承和轴颈的支承面间形成直接或间接的滑动摩擦，具有工作平稳、噪声小、耐冲击能力和承载能力大等优点，因此，在高速、重载、高精度及结构要求对开等场合下，如汽轮机、内燃机、大型电机、机床、铁路机车等机械中广泛应用滑动轴承。

第一节　滑动轴承的类型、结构与材料

一、滑动轴承的类型和结构

　　常用滑动轴承已标准化，一般尽量选择标准形式。滑动轴承按工作表面间润滑和摩擦状态的不同，分为液体摩擦滑动轴承和非液体摩擦滑动轴承。液体摩擦滑动轴承是指在满足一

定的条件（相对运动、几何形状、润滑等）下，在轴颈与轴承的摩擦表面间能形成一层具有一定厚度的润滑油膜，它能将相对运动着的两金属表面完全分隔开而不直接接触，降低了摩擦和磨损；非液体摩擦滑动轴承在轴颈与轴承的摩擦表面间虽然也能形成一定的润滑油膜，但油膜很薄，不能完全避免两金属表面凸起部分的直接接触，因此摩擦和磨损相对较大。

按轴承承载方向的不同，滑动轴承可分为向心滑动轴承（承受径向载荷）和推力滑动轴承（承受轴向载荷）。

1. 向心滑动轴承

（1）整体式向心滑动轴承　图 12-2 所示为整体式向心滑动轴承，由轴承座 1、轴套 2 等组成，轴承座用螺栓与机座连接，顶部装有润滑油杯，轴套压装在轴承座中，并用骑缝螺钉止动。整体式滑动轴承已标准化，结构简单，制造方便，价格低廉，刚度较大，但装拆时必须做轴向移动，且轴套磨损后，间隙无法调整，只能更换轴套。整体式轴承多用于低速轻载和间歇工作的场合。

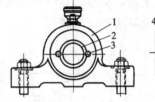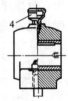

图 12-2　整体式向心滑动轴承
1—轴承座；2—轴套；3—骑缝螺钉；4—润滑油杯

（2）剖分式向心滑动轴承　图 12-3 所示为剖分式向心滑动轴承，由轴承座 1、轴承盖 2、下轴瓦 3、上轴瓦 4 以及双头螺柱 5 组成。轴承盖上部开有螺纹孔，便于安装油杯或油管。为了便于对中和防止横向错动，轴承座与轴承盖的剖分面上制成阶梯形止口。剖分面有水平（剖分正滑动轴承）和 45°斜开（剖分斜滑动轴承）两种，使用时应保证径向载荷的实际作用线与剖分面的垂直中心线夹角在 35°以内。剖分式轴承装拆方便，可通过改变剖分面上的垫片厚度来调整轴承孔和轴颈之间的间隙，当轴瓦磨损严重时，更换轴瓦方便，且已标准化，因此，应用广泛。

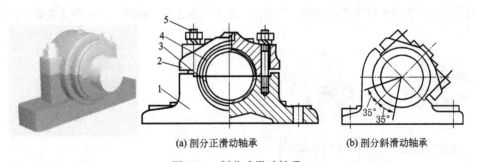

(a) 剖分正滑动轴承　　　　　　(b) 剖分斜滑动轴承

图 12-3　剖分式滑动轴承
1—轴承座；2—轴承盖；3—下轴瓦；4—上轴瓦；5—双头螺柱

（3）调心式滑动轴承　如图 12-4(a) 所示，调心式滑动轴的轴瓦外表面和轴承座孔均为球面，能自动适应轴或机架的变形，以避免如图 12-4(b) 所示的局部磨损，适合轴承宽度 B 与轴颈直径 d 之比大于 1.5 的场合。

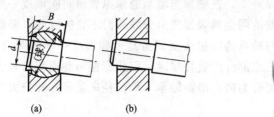

图 12-4　调心式滑动轴承

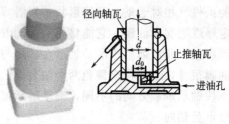

图 12-5　立式推力滑动轴承

2. 推力滑动轴承

推力滑动轴承用来承受轴向载荷，有立式和卧式两种。图 12-5 所示为立式推力滑动轴承，由轴承座、径向轴瓦、止推轴瓦组成。为了使止推轴瓦工作面受力均匀，止推轴瓦底部制成球面。推力滑动轴承按支承面的形式不同，分为实心式、空心式、单环式和多环式四种，如图 12-6 所示。实心式结构简单，端面上的压力分布很不均匀，中心压力最大，润滑油易被挤出，所以极少采用；空心式和环状式克服了这一缺点，应用较广；载荷较大时可以采用多环式，而且能承受双向的轴向载荷。

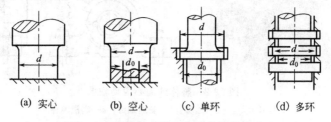

(a) 实心　　　　(b) 空心　　　(c) 单环　　　　(d) 多环

图 12-6　推力滑动轴承轴颈的结构形式

二、轴瓦的结构

轴瓦是轴承中直接与轴颈接触的重要零件，它的结构和性能直接影响到轴承的寿命、效率和承载能力。轴瓦的结构有整体式和剖分式两种。图 12-7(a) 所示为整体式轴瓦（轴套），用于整体式滑动轴承；图 12-7(b) 所示为剖分式轴瓦，用于剖分式轴承，一般下轴瓦承受载荷，上轴瓦不承受载荷。为节约贵重金属，常制成双金属轴瓦，即以钢、铸铁或青铜做瓦背，以提高轴瓦的强度，在瓦背的内表面上浇注一层减摩材料（如轴承合金等），其厚度一般为 0.5～6mm，此层材料称为轴承衬。为使轴承衬牢固地黏附在瓦背上，应在瓦背上预制燕尾形沟槽等，如图 12-8 所示。

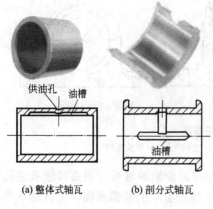

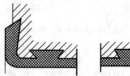

(a) 整体式轴瓦　　　(b) 剖分式轴瓦

图 12-7　轴瓦结构

图 12-8　轴瓦瓦背沟槽形状

为便于润滑油流到整个轴瓦工作面上，应在非承载区开设供油孔和油沟。油沟的轴向长度约为轴瓦长度的 80%，以防止润滑油流失。油沟形状如图 12-9 所示。

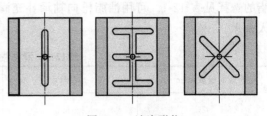

图 12-9　油沟形状

三、滑动轴承的材料

滑动轴承的壳体一般为铸铁，如果壳体是机械设备的一组成部分（无轴承座的整体式滑动轴承），则其材料与机械设备本体材料相同。轴承材料通常是指轴瓦和轴承衬的材料。

滑动轴承轴瓦的主要失效形式是磨损、胶合和疲劳破坏，因此，轴瓦材料应具备良好的减摩性能、抗胶合性、导热性及工艺性，足够的强度，一定的塑性，对润滑油有较高的吸附能力等。常用的轴瓦（或轴衬）材料有以下几种。

（1）轴承合金　主要成分为铜、锡、锑、铅，以锡或铅作为基体的轴承合金又称为巴氏合金，其抗胶合能力强，摩擦因数小，塑性和跑合性能好。但价格高，且机械强度低，只适合作为轴承衬的材料。

（2）青铜　主要成分为铜与锡、铅或铝组成的合金，其跑合性差，但硬度高，熔点高，机械强度、耐磨性和减摩性较好，价格低廉，故应用广泛。

（3）铸铁或减摩铸铁　铸铁中含有的石墨被磨落后可起到辅助润滑作用，且其耐磨性好，价格便宜，但质脆、跑合性差，常用于低速轻载和无冲击的场合。

（4）粉末冶金材料　粉末冶金材料是用不同的金属粉末经高压烧结而成的多孔性结构材料。这种轴承的孔隙中能吸储大量润滑油，故又称为含油轴承。当轴颈旋转时，由于热膨胀使孔隙减小，润滑油被挤出起到润滑作用。而当停止工作冷却，润滑油受毛细管作用又被吸回到孔隙中。因此，这种轴承能在较长时间不供油的条件下工作。粉末冶金材料价格低廉，耐磨性好，但韧性差。适用于低速平稳、加油困难或要求清洁的机械（如食品、纺织机械等）。

（5）非金属材料　常用作轴承材料的非金属材料有酚醛塑料、聚酰胺（尼龙）和聚四氟乙烯等，这些材料具有耐磨、耐蚀，摩擦因数小，吸振性好，具有自润滑性能，但导热性差，承载能力低。

第二节　滑动轴承的维护与装配

滑动轴承在使用过程中，由于设计参数、制造工艺和使用工作条件的千变万化，经常出现各种形式的失效，致使滑动轴承过早损坏，需要维修。

一、滑动轴承的润滑

滑动轴承中常用的润滑剂有润滑油和润滑脂，其中润滑油应用最广。在某些特殊场合也可以使用石墨、二硫化钼等固体润滑剂或水、气体等。

1. 脂润滑

脂润滑用于低速、轻载或间歇工作等不重要场合。滑动轴承润滑

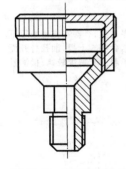

图 12-10　旋转式油杯

脂的选择见表 12-1。可用油脂枪向轴承补充润滑脂或用图 12-10 所示旋转式油杯将润滑脂挤入轴承。

表 12-1　滑动轴承润滑脂的选择

轴颈圆周速度 v/m·s^{-1}	p/MPa	工作温度 t/℃	选用脂润滑
<1	1～6.5	<55～75	2 号钙基脂 3 号钙基脂
0.5～5	1～6.5	<110～120	2 号钠基脂 1 号钙钠基脂
0.5～5	1～6.5	−20～120	2 号锂基脂

2. 油润滑

大多数滑动轴承都采用油润滑。非液体摩擦滑动轴承润滑油的选择可参考表 12-2，其润滑方法和装置如表 12-3 所示。

表 12-2　滑动轴承润滑油的选择（工作温度 10～60℃）

轴颈圆周速度 v/m·s^{-1}	轻载 $p<3$MPa		中载 $p=3～7.5$MPa		重载 $p>7.5～30$MPa	
	运动黏度 $v_{(40℃)}$/mm²·s^{-1}	滑油牌号	运动黏度 $v_{(40℃)}$/mm²·s^{-1}	滑油牌号	运动黏度 $v_{(100℃)}$/mm²·s^{-1}	滑油牌号
<0.1	80～150	L-AN100 L-AN150	140～220	L-AN150 L-CKD220	470～1000	L-CKD460 L-CKD680 L-CKD1000
0.1～0.3	65～125	L-AN68 L-AN100	120～170	L-AN100 L-AN150	250～600	L-CKD220 L-CKD320 L-CKD460
0.3～1.0	45～70	L-AN46 L-AN68	100～125	L-AN100	90～350	L-AN100 L-AN150 L-CKD220 L-CKD320

表 12-3　滑动轴承油润滑方式与装置

润滑方式	润滑装置	特点和应用
滴油润滑	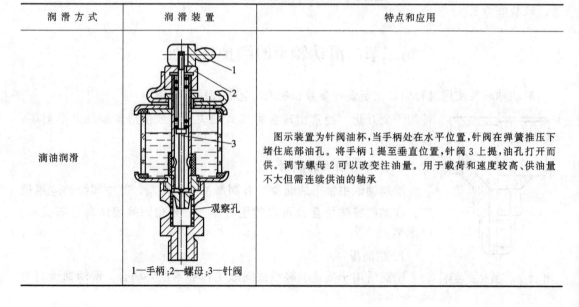 1—手柄；2—螺母；3—针阀	图示装置为针阀油杯，当手柄处在水平位置，针阀在弹簧推压下堵住底部油孔。将手柄 1 提至垂直位置，针阀 3 上提，油孔打开而供。调节螺母 2 可以改变注油量。用于载荷和速度较高、供油量不大但需连续供油的轴承

续表

润滑方式	润滑装置	特点和应用
芯捻或线纱润滑	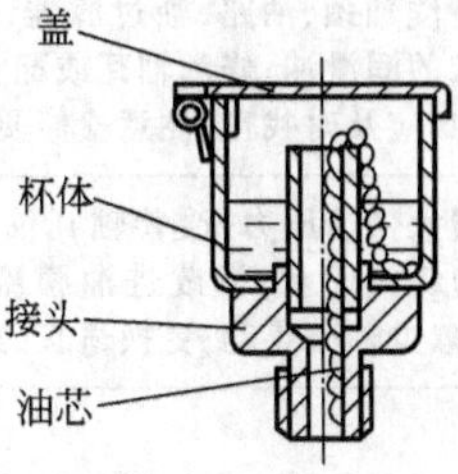 盖 杯体 接头 油芯	芯捻油杯是利用芯捻或线纱的毛细管和虹吸作用实现连续供油,供油量无法调节,用于载荷、速度不大的场合
油环润滑	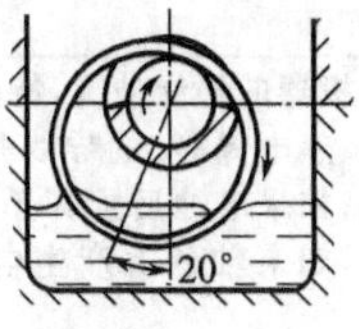 20°	利用油环将油带到轴颈上进行润滑。适用于轴颈转速范围为 60~100r/min<n<1500~2000r/min,转速太低油环不能把油带起,过高油会被甩掉
飞溅润滑	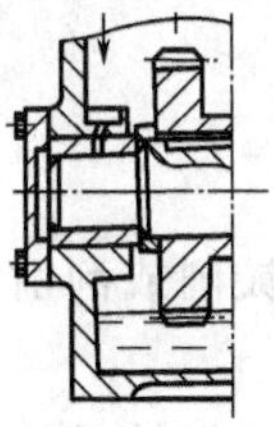	利用浸在油池中的回转件将油带到轴颈上进行润滑。这种方法简单、可靠,但旋转零件的速度不能大于 20m/s
浸油润滑	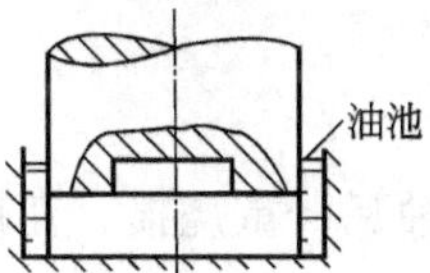 油池	部分轴承直接浸在油中,供油充足,但搅油损失大,转速不能太高
压力循环润滑	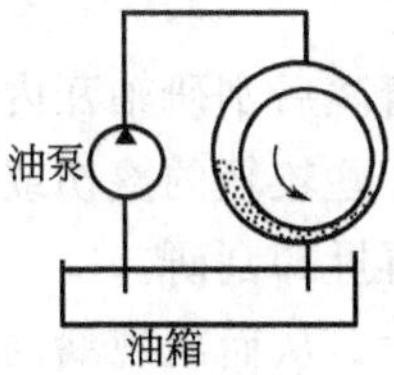 油泵 油箱	利用油泵使润滑油达到一定压力后输送到润滑部位,润滑可靠、完善,但结构复杂、费用高。适用于重载、高速、精密机械的润滑

二、滑动轴承常见故障及维护

滑动轴承常见的故障、产生原因及维护措施见表 12-4。

表 12-4 滑动轴承常见故障、产生原因及维护措施

故障特征	产生原因	维护措施
胶合	轴承过热、载荷过大;操作不当;温度控制系统失灵;润滑不良;安装不对中	防止过热,加强检查;防止润滑油不足或油中混入杂质,安装不对中;胶合较轻的轴瓦可刮研修复
疲劳破裂	由于不平衡引起的振动、轴的挠曲与边缘载荷、过载等,引起轴承巴氏合金疲劳破裂;轴承检修安装质量不高	提高安装质量,减少振动;防止偏载和过载;采用适宜的巴氏合金及结构;严格控制轴承温升
拉毛	大颗粒的污垢带入轴承间隙内,并嵌藏在轴承衬上,使轴承与轴颈接触时,形成硬块,在运转时会严重地刮伤轴的表面,拉毛轴承	注意油路洁净;检修中,应注意将金属屑或污物清洗干净

故障特征	产生原因	维护措施
磨损及刮伤	润滑油中混有杂质、异物及污垢,检修方法不妥,安装不对中,润滑不良,使用维护不当,质量控制不严	清洗轴颈、油路、油过滤器,并更换洁净的符合质量要求的润滑油;修刮轴瓦或配上新轴瓦;如发现安装不对中,应及时找正;注意检修质量
穴蚀	由于轴承结构不合理,轴的振动,油膜中形成蒸气泡,蒸汽泡破裂,轴瓦局部表面产生真空,引起小块剥落产生穴蚀破坏	增大供油压力;改善轴瓦油沟、油槽形状,修饰沟槽的边缘或形状,以改进油膜流线的形状;减小轴承间隙,减少轴心晃动;更换适宜的轴瓦材料
变形	超载、超速,使轴承局部区域应力超过弹性极限,出现塑性变形;轴承转动不良,润滑不良,油膜局部压力过高	防止超载、超速;加强润滑、安装对中;防止发热
电蚀	由于绝缘不好或接地不良,或产生静电,在轴颈与轴瓦之间形成一定的电压,穿透轴颈与轴瓦之间的油膜而产生电火花,把轴瓦打成麻坑	检查机器的绝缘情况,特别要注意一些保护装置(如热电阻、热电偶等)的导线是否绝缘完好;检查机器接地情况;如果电蚀后损坏不太严重,可以刮研轴瓦;检查轴颈,如果轴颈上产生电蚀麻坑,应打磨轴颈去除麻坑

三、滑动轴承的修复方法

1. 整体式向心滑动轴承

① 当轴套孔磨损时,一般用调换轴套并通过镗削、铰削或刮削的方法修复。也可用塑性变形法,即以减小轴套长度和缩小内径的方法修复。

② 没有轴套的轴承内孔磨损后,可用镶套法修复,即把轴承孔镗大,压入加工好的衬套,然后按轴颈修整,使之达到配合要求。

2. 剖分式向心滑动轴承

(1) 换瓦　一般在下列条件下需要更换新瓦:当轴瓦严重烧损、瓦口烧损面积大、磨损深度大、用刮研与磨合不能挽救;瓦衬的轴承合金减薄到极限尺寸;轴瓦发生碎裂或裂纹严重时;磨损严重,径向间隙过大而不能调整。

(2) 刮研　当轴承擦伤和严重胶合(烧瓦)时,清洗后刮研轴瓦内表面,然后再与轴颈配合刮研,直到重新获得满意的接触精度为止。对于一些较轻的擦伤或某一局部烧伤,可以通过清洗并更换润滑油,然后在运转中磨合,而不必再拆卸刮研。

(3) 调整径向间隙　轴承因磨损而使径向间隙增大,从而出现漏油、振动、磨损加快等现象时,经常用增减轴承瓦口之间的垫片重新调整径向间隙来改善上述缺陷。修复时若能撤去轴承瓦口之间的垫片,则应按轴颈尺寸进行刮配。如果轴承瓦口之间无调整垫片时,可在轴衬背面镀铜或垫上薄铜皮,但必须垫牢防止窜动。轴衬上合金层过薄时,可重新浇注抗磨合金或更换新轴衬后刮配。

(4) 缩小接触角度、增大油楔尺寸　轴承随着运转时间的增加,磨损逐渐增大,形成轴颈下沉,接触角度增大,使润滑条件恶化,加快磨损。在径向间隙不必调整的情况下,可用刮刀开大瓦口、减小接触角度、缩小接触范围、增大油楔尺寸的办法来修复。有时这种修复与调整径向间隙同时进行,将会得到更好的修复效果。

(5) 补焊和堆焊　对磨损、刮伤、断裂或有其他缺陷的轴承,一般用气焊进行衬焊或堆焊修复轴瓦。对常用的巴氏合金轴承采用补焊,主要的修复工艺是:用扁錾、刮刀等工具对需要补焊的部位进行清理,做到表面无油污、残渣、杂质,并露出金属光泽;选择与轴承材质相同的材料作为焊条,用气焊对轴承补焊,焊层厚度一般为 2~3mm,较深的缺陷可补焊多层；补焊面积较大时，可将轴承底部浸入水中冷却，或间歇作业，留有冷却时间；补焊后要再加工，局部补焊可通过手工整修与刮研完成修复，较大面积的补焊可在机床上进行切削加工。

（6）重新浇注轴承瓦衬 对于磨损严重而失效的滑动轴承，补焊或堆焊已不能满足要求，这时需要重新浇注轴承合金，这是非常普遍的修复方法。其主要工艺过程是：浇注前用喷灯火烤或把旧瓦放入熔化合金的坩埚中使轴瓦上的旧轴承合金熔掉；检查和修正瓦背，使瓦背内表面无氧化物，呈银灰色，瓦背的几何形状符合技术要求，使瓦背在浇注之前扩张一些，保证浇注后因冷却收缩能和瓦座很好贴合；清洗、除油、去污、除锈、干燥轴瓦，使它在挂锡前保持清洁；挂锡，包括将锌溶解在盐酸内的氯化锌溶液涂刷在瓦衬表面，将瓦衬预热到 $250\sim270℃$，再次均匀地涂上一层氯化锌溶液，撒上一些氯化铵粉末并成薄薄的一层，将锡条或锡棒用锉刀挫成粉末，均匀地撒在处理好的瓦衬表面上，锡受热即熔化，使瓦衬表面挂上一层薄而均匀且光亮的锡衣，若出现淡黄色或黑色的斑点，说明质量不好，需重新挂；熔化轴承合金，包括对瓦衬预热，选用和准备轴承合金，将轴承合金熔化，并在合金表面上撒一层碎木炭块，厚度在 20mm 左右，减少合金表面氧化，注意控制温度，既不要过高，也不能过低，一般锡基轴承合金的浇注温度为 $400\sim450℃$、铅基轴承合金的浇注温度为 $460\sim510℃$；浇注轴承合金，浇注前将瓦衬预热到 $150\sim200℃$，浇注的速度不宜过快，要连续、均匀地进行，浇注温度不宜过低，避免砂眼的产生，要注意清渣，将浮在表面的木炭、熔渣除掉；质量检查，通过断口来分析判断缺陷，若质量不符合技术要求则不能使用。

（7）塑性变形法 对于青铜轴套或轴瓦可采用塑性变形法进行修复，主要有镦粗、压缩和校正等方法。镦粗法是用金属模和芯棒定心，在上模上加压，使轴套内径减小，然后再加工其内径，适用于轴套的长度与直径之比小于 2 的情况下；压缩法是将轴套装入模具中，在压力的作用下使轴套通过模具把其内、外径都减小，减小后的外径可用金属喷涂法恢复原来的尺寸，然后再加工到需要的尺寸；校正法是将两个半轴瓦合在一起，固定后在压力机上加压成椭圆形，然后将半轴瓦的接合面各切去一定厚度，使轴瓦的内外径均减小，外径可用金属喷涂法修复，最后加工到所要求的尺寸。

四、滑动轴承的装配

滑动轴承的装配工作，是保证轴和轴承工作面之间获得均匀而适当的间隙、良好的位置精度和应有的表面粗糙度值，在启动和停止运转时有良好的接触精度，保证运转过程中结构稳定可靠。

1. 整体式向心滑动轴承的装配

整体式动轴承中轴套和轴承座之间一般为过盈配合，可根据尺寸的大小和过盈量的大小，采取相应的装配方法。尺寸和过盈量较小时，可用锤子加垫板敲入；尺寸和过盈量较大时，宜用压力机或螺旋拉具进行装配。

（1）装配前的准备

① 准备所需的量具和工具。

② 按照图纸要求检查轴套和轴承座的表面情况和配合过盈量是否符合要求，然后按轴颈将轴套刮研好，并留出一定的径向配合间隙，其值为 $(0.001\sim0.002)d$，d 为轴颈直径，mm。

③ 按照图纸要求检查轴套油孔、油槽和油路，在确认油路畅通后可进行装配。

（2）装配

① 装配时，轴套应涂润滑油，可用压力机将轴套压入轴承座孔内或用大锤将轴套打入轴承座孔内。但在敲打时，必须使用软金属垫和导向环或导向芯轴，如图 12-11 所示。

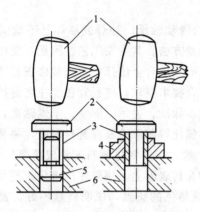

图 12-11 轴套的装配方法

1—锤子；2—垫板；3—轴套；4—导向环；5—导向芯轴；8—轴承座

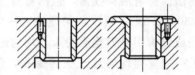

图 12-12 轴套定位方法

② 为了防止轴套转动或移动，可用紧固螺钉或定位销固定，如图 12-12 所示。

③ 轴套压入后，由于轴套和轴承座之间为过盈配合，所以轴套内径可能会减小。因此在未装入轴颈之前测量轴套和轴颈的直径，通常选择离轴套两端部 $10 \sim 12\,\text{mm}$ 处和中间的断面，按互相垂直的两个方向用内径千分尺进行测量，检查其圆度、圆柱度和间隙，如图 12-13 所示。如果轴套内径确有减小，可用铰刀或三角刮刀来修正，使之达到规定的配合间隙。

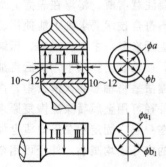

图 12-13 轴套和轴颈的测量

2. 剖分式向心滑动轴承的装配

(1) 轴瓦与轴承体的装配 上、下轴瓦与轴承盖和轴承座的接触面积不得小于 $40\% \sim 50\%$，用涂色法检查，着色要均布。如不符合要求，对厚壁轴瓦应以轴承座孔为基准，刮研轴瓦背部，同时应保证轴瓦台肩能紧靠轴承座孔的两端面，达到 H7/f7 配合要求，如果太紧，应刮轴瓦；薄壁轴瓦的背面不能修刮，只能进行选配。为达到配合的紧固性，厚壁轴瓦或薄壁轴瓦的剖分面都要比轴承座的剖分面高出 $0.05 \sim 0.1\,\text{mm}$，如图 12-14(a) 所示。轴瓦装入时，为了避免敲毛剖分面，可在剖分面上垫木板，用锤子轻轻敲入，如图 12-14(b) 所示。

(2) 轴瓦的定位 用定位销和轴瓦上的凸肩来防止轴瓦在轴承座内做圆周方向转动和轴

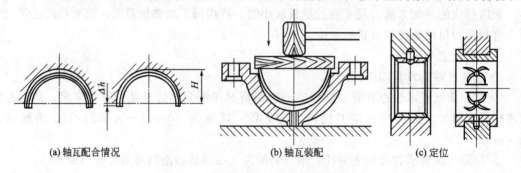

(a) 轴瓦配合情况　　　　(b) 轴瓦装配　　　　(c) 定位

图 12-14 剖分式向心滑动轴承的装配

向移动，如图 12-14(c) 所示。

（3）轴瓦的粗刮　上、下轴瓦粗刮时，可用工艺轴进行研点。其直径要比主轴直径小 $0.03\sim0.05$mm。上、下轴瓦分别刮削。当轴瓦表面出现均匀研点时，粗刮结束。

（4）轴瓦的精刮　粗刮后，在上、下轴瓦剖分面间配以适当的调整垫片，装上主轴合研，进行精刮。精刮时，在每次装好轴承盖后，稍微紧一紧螺母，再用锤子在轴承盖的顶部均匀地敲击几下，使轴瓦盖更好地定位，然后再紧固所有螺母。紧固螺母时，要转动主轴，检查其松紧程度。主轴的松紧可以随着刮削的次数，用改变垫片尺寸的方法来调节。螺母紧固后，主轴能够轻松地转动且无间隙，研点达到要求，精刮

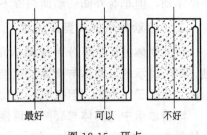

图 12-15　研点

即结束。合格轴瓦的研点分布情况如图 12-15 所示。刮研合格的轴瓦，配合表面接触要均匀，轴瓦的两端接触点要实，中部 1/3 长度上接触稍虚，且一般应满足如下要求。

高精度机床	直径≤120mm	20 点/(25×25) mm^2
	直径>120mm	16 点/(25×25) mm^2
精密机床	直径≤120mm	16 点/(25×25) mm^2
	直径>120mm	12 点/(25×25) mm^2
普通机床	直径≤120mm	12 点/(25×25) mm^2
	直径>120mm	10 点/(25×25) mm^2

（5）清洗轴瓦　将轴瓦清洗后重新装入。

第三节　滚动轴承的类型、代号及选择

一、滚动轴承的结构

如图 12-16 所示，滚动轴承一般由内圈 1、外圈 2、滚动体 3 和保持架 4 组成。当内、外圈相对旋转时，滚动体沿内、外圈滚道滚动。保持架的作用是把滚动体彼此均匀地隔开。滚动体是滚动轴承中的关键零件，常用滚动体形状如图 12-17 所示。

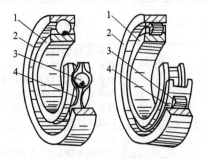

图 12-16　滚动轴承的结构
1—内圈；2—外圈；3—滚动体；4—保持架

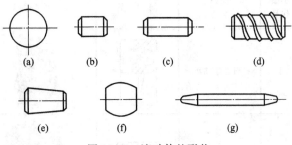

图 12-17　滚动体的形状

滚动体与内、外滚道要求具有较高的硬度和接触疲劳强度，同时要求具有良好的耐磨性和抗冲击韧性，一般用含铬的合金钢（滚动轴承钢）制造，如 GCr15、GCr15SiMn 等，经

淬火处理，硬度不低于 60HRC。工作表面需经磨削和抛光。保持架一般用低碳钢板冲压而成，也可用有色金属或塑料制造。

滚动轴承内圈与轴颈配合，外圈与轴承座或机座配合。运转时，一般是内圈随轴转动而外圈不动，但也有外圈转动而内圈不动或内、外圈都转动的。

二、滚动轴承的类型及特性

按滚动体的形状可分为球轴承和滚子轴承。球轴承的滚动体与套圈滚道接触处为点接触，滚子轴承的滚动体与套圈滚道接触处为线接触，因此，球轴承的摩擦、承载能力及耐冲击能力比滚子轴承小，但极限转速比滚子轴承高。

滚动轴承中滚动体与套圈滚道接触处的法线 $n—n$ 与垂直于轴承轴心线的平面的夹角称为接触角 α，接触角 α 越大，轴承承受轴向载荷的能力就越大。

按承载方向和公称接触角不同，滚动轴承可分为向心轴承和推力轴承两大类，各类轴承的公称接触角及其承载方向如表 12-5 所示。

滚动轴承的基本类型、代号及特性如表 12-6 所示。

表 12-5 滚动轴承公称接触角及承载方向

轴承类型	向 心 轴 承 (0°≤α≤45° 主要承受径向载荷)		推 力 轴 承 (45°<α≤90° 主要承受轴向载荷)	
	径向接触轴承	向心角接触轴承	推力角接触轴承	轴向接触轴承
公称接触角 α	$\alpha=0°$	$0°<\alpha\leq45°$	$45°<\alpha<90°$	$\alpha=90°$
承载方向	只能承受径向载荷 (深沟球轴承例外)	能同时承受 径向和轴向载荷	能同时承受 轴向和径向载荷	只能承受轴向载荷
图 例				

表 12-6 常用滚动轴承的基本类型及特性

类型代号	类型名称	简 图	实物图	承载方向	性能和特点
1	调心球轴承				承受径向载荷为主，一般不宜承受纯轴向载荷；能自动调心，允许角偏差不超过 2°~3°；适用于多支点传动轴、刚性较小的轴以及难以对中的轴
2	调心滚子轴承				性能和特点与调心球轴承基本相同，但承载能力大些；允许角偏差不超过 1.5°~2.5°；常用于轧钢机、大功率减速器、吊车车轮等重载情况

续表

类型代号	类型名称	简　图	实物图	承载方向	性能和特点
3	圆锥滚子轴承				可同时承受径向和单向轴向载荷；外圈可分离，轴承间隙容易调整。允许角偏差 $2'$；常用于斜齿轮轴、锥齿轮轴和蜗杆减速器轴等；一般成对使用
4	双列深沟球轴承				与深沟球轴承特性类似，但能承受更大的双向载荷，适合应用在一个深沟球轴承的负荷能力不足的轴承配置
5	推力球轴承 51000				只能承受轴向载荷，51000 型用于承受单向轴向载荷，52000 型用于承受双向轴向载荷；不宜在高速下工作；常用于起重机吊钩、蜗杆轴和立式车床主轴的支承等
	双向推力球轴承 52000				
6	深沟球轴承				主要承受径向载荷，也能承受一定的轴向载荷；极限转速高，高速时可用来承受不大的纯轴向载荷；承受冲击能力差；价格低廉，应用最广；允许角偏差不超过 $2'\sim10'$；适用于刚性较大的轴，常用于机床齿轮箱、小功率电动机等
7	角接触球轴承 $\alpha=15°$(C) $\alpha=25°$(AC) $\alpha=40°$(B)				可同时承受径向和单向轴向载荷；接触角 α 越大，承受轴向载荷的能力越大，一般成对使用；高速下能正常工作；允许角偏差不超过 $2'\sim10'$；适用于刚性较大的轴，常用于斜齿轮及蜗杆减速器中轴的支承等
8	推力圆柱滚子轴承				只能承受单向轴向载荷，承载能力比推力球轴承大得多，不允许有角偏差

续表

类型代号	类型名称	简　图	实物图	承载方向	性能和特点
N	圆柱滚子轴承			$\uparrow F_r$	承受径向载荷的能力大，能承受较大的冲击载荷；内、外圈可分离；允许角偏差不超过 $2'\sim4'$；适用于刚性较大，对中性良好的轴，常用于大功率电动机、人字齿轮减速器等

三、滚动轴承的代号

滚动轴承的代号是表示轴承的结构、尺寸、公差等级和技术性能等特征的一种代号，由数字和字母组成，一般印刻在轴承座圈的端面上。按照 GB/T 272—93 规定，滚动轴承代号包括基本代号、前置代号和后置代号组成，见表 12-7。

表 12-7　滚动轴承代号的组成

前置代号	基　本　代　号					后　置　代　号						
	五	四	三	二	一							
轴承分部件代号	类型代号	尺寸系列代号		内径代号		内部结构代号	密封与防尘结构代号	保持架及其材料代号	特殊轴承材料代号	游隙代号	多轴承配置代号	其他代号
		宽度系列代号	直径系列代号									

1. 基本代号

基本代号是核心部分，由类型代号、尺寸系列代号和内径代号组成，一般用数字或字母与数字组合表示，最多五位。

（1）内径代号　右起第一、二位数字表示。对 $d=10\sim480\text{mm}$（$d=22\text{mm}$、28mm、32mm 除外）的常用轴承，其内径代号的表示方法见表 12-8。对 d 大于或等于 500mm 以及 $d=22\text{mm}$、28mm、32mm 的内径代号直接用公称直径的毫米数表示，但用 "/" 与尺寸系列代号分开，如深沟轴承 62/22 公称直径的为 22mm。

表 12-8　滚动轴承内径代号

内径代号	00	01	02	03	04～96
轴承内径/mm	10	12	15	17	代号×5

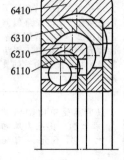

图 12-18　尺寸系列比较

（2）尺寸系列代号　为满足不同的使用条件，同一内径的轴承其滚动体尺寸不同，轴承外径和宽度有所不同，如图 12-18 所示。尺寸系列代号由直径系列代号和宽度系列代号组成，见表 12-9。直径系列代号表示同一内径但不同外径的系列，用右起第三位数字表示。宽度系列代号表示内、外径相同，但宽（高）度不同的系列，用右起第四位表示。当宽度系列代号为 "0" 时通常不标注，但对圆锥滚子轴承（3 类）和调心滚子轴承（2 类）不能省略 "0"。

表 12-9　尺寸系列代号

直径系列		向心轴承								推力轴承			
		宽度系列								高度系列			
		宽度尺寸依次递增 →								高度尺寸依次递增 →			
		8	0	1	2	3	4	5	6	7	9	1	2
外径尺寸依次递增 ↓	7	—	—	17	—	37	—	—	—	—	—	—	—
	8	—	08	18	28	38	48	58	68	—	—	—	—
	9	—	09	19	29	39	49	59	69	—	—	—	—
	0	—	00	10	20	30	40	50	60	70	90	10	—
	1	—	01	11	21	31	41	51	61	71	91	11	—
	2	82	02	12	22	32	42	52	62	72	92	12	22
	3	83	03	13	23	33	—	—	—	73	93	13	23
	4	—	04	—	24	—	—	—	—	74	94	14	24
	5	—	—	—	—	—	—	—	—	—	95	—	—

注：表中"—"表示不存在此种组合。

（3）类型代号　表示轴承的类型，用 1 位数字或 1～2 位字母表示，如表 12-6 所示。

2. 前置代号

在基本代号之前，用字母表示成套轴承的分部件。例如"L"表示可分离轴承的可分离内圈或外圈；"R"表示不带可分离内圈或外圈的轴承；"K"表示滚子和保持架组件；"KIW"表示无座圈推力轴承等。

3. 后置代号

紧接基本代号之后或与基本代号以"—"、"/"隔开，用字母或数字表示轴承的内部结构、材料、公差等级、游隙和其他特殊要求等内容，常用的几个后置代号如下。

（1）内部结构代号　表示了不同的内部结构，用紧跟在基本代号后的字母表示，例如，接触角为 $\alpha=15°$ 的角接触轴承，用字母 C 表示。

（2）公差等级代号　滚动轴承公差等级分为 0、6、6x、5、4、2 共六级，依次由低级到高级。分别用/P6、/P6x、/P5、/P4、/P2。如 6208/P6，标注在轴承代号后。0 级为普通级，应用最广，不标注。

（3）游隙代号　滚动轴承内、外圈与滚动体之间存在一定的间隙，因此，内、外圈有一定的相对位移。内、外圈其中之一固定，另一套圈沿径向的移动量称为径向游隙，沿轴向的移动量称为轴向游隙。滚动轴承的游隙分为 1、2、0、3、4、5 六组，径向游隙依次增大，标注方法分别为 /C1、/C2、/C3、/C4、/C5，0 组游隙又叫基本游隙，不标注。

当公差代号与游隙代号需同时表示时，可简化标注，如 /P63 表示轴承公差等级为 6 级，径向游隙为 3 组。

滚动轴承代号示例如下。

基本代号为 6202，表示深沟球轴承，宽度系列代号为 0、直径系列代号为 2，内径 d =15mm；

基本代号为 N212，表示圆柱滚子轴承，宽度系列代号为 0、直径系列代号为 2，内径 d =60mm。

　　7312AC/P5，表示轴承内径 $d=60\text{mm}$、公称接触角 $\alpha=25°$、公差为 5 级、宽度系列代号为 0、直径系列代号为 3 的角接触球轴承。

　　N2318/P6，表示内径 $d=90\text{mm}$、公差等级为 6x 级、宽度系列代号为 2、直径系列代号为 3 的外圈无挡边的圆柱滚子轴承。

四、滚动轴承的选择

　　滚动轴承的选择包括类型选择、精度选择和尺寸选择。

1. 类型的选择

　　滚动轴承类型选择合适与否，直接影响机器的结构尺寸、工作可靠性及经济性。滚动轴承的类型选择时应结合表 12-6 中介绍的各类滚动轴承的基本特点，综合考虑受载荷条件；转速条件、装调性能、调心性能、经济性和其他特殊要求等。

　　(1) 载荷条件　轴承所受载荷的大小、方向和性质是选择轴承类型的主要依据。在同样外形尺寸下，滚子轴承比球轴承的承载能力大，所以在载荷较大或有冲击载荷时宜选用滚子轴承。受纯径向载荷时，应选用径向接触向心轴承；受纯轴向载荷时，应选用轴向接触推力轴承；同时承受径向和轴向载荷时，则应根据轴向载荷和径向载荷的相对大小选用深沟球轴承或不同公称接触角的角接触轴承；当轴向载荷比径向载荷大很多时，常采用推力轴承和深沟球轴承的组合结构。应该注意的是推力轴承不能承受径向载荷，圆柱滚子轴承和滚针轴承不能承受轴向载荷。

　　(2) 转速条件　滚动轴承转动速度过高会使摩擦面间产生高温，引起润滑失效，从而导致滚动体产生回火或胶合破坏。滚动轴承在一定载荷和润滑条件下运转所允许的最高转速称为极限转速。在同样条件下，球轴承的极限转速比滚子轴承的极限转速高，所以在转速较高且旋转精度要求较高时，应优先选用球轴承。受不太大的纯轴向载荷作用且转速较高时，可用深沟球轴承或角接触球轴承代替推力轴承。如轴承的工作转速超过其极限转速，还可通过提高轴承的公差等级、适当增大径向游隙等措施来满足要求。

　　(3) 装调性能　如轴承的径向尺寸受安装条件限制时，应选用径向尺寸较小的轴承或滚针轴承；轴向尺寸受安装条件限制时，应选用轴向尺寸较小的轴承；为便于安装、拆卸和调整轴承间隙，还可选用内外圈可分离的轴承，如圆锥滚子轴承、圆柱滚子轴承、滚针轴承等。

　　(4) 调心性能　对刚度较差或安装时难以精确对中的轴系，应选用具有调心性能的调心球轴承或调心滚子轴承支承。

　　(5) 经济性　在满足使用要求的情况下应尽量选用价格低廉的轴承。一般球轴承的价格低于滚子轴承，公差等级越高价格越昂贵，在同精度的轴承中深沟球轴承的价格最低。选用高精度轴承时应进行性能价格比的分析。

2. 尺寸选择

　　即确定内径代号和尺寸系列。

　　(1) 内径代号　由轴的结构设计确定轴颈直径 d，一般情况内径代号为 $d/5$。

　　(2) 尺寸系列代号　对中、小设备，直径系列初选 0、1、2，宽度系列初选用 0、1。轴承型号选定后再进行寿命计算。

3. 精度选择

　　一般机械传动宜选用普通级（0 级）精度，但对旋转精度有严格要求的机械，应选高精度的轴承。

第四节 滚动轴承的计算

一、失效形式及计算准则

① 当 $n \geqslant 10\text{r/min}$ 时，滚动轴承内、外套圈滚道和滚动体受变应力作用（图 12-19），其主要失效形式是疲劳点蚀。为了防止疲劳点蚀现象的发生，滚动轴承应进行动载荷计算（寿命计算）。

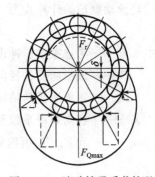

② 对于高转速轴承，除疲劳点蚀外，其工作面过热而导致的轴承失效也是重要的失效形式，因此，除了要进行寿命计算外还要验算其极限转速。

③ 当 $n < 10\text{r/min}$、间歇摆动或不转动的滚动轴承，一般

图 12-19 滚动轴承受载情况

不会产生疲劳点蚀，但可能因过大的静载荷或冲击载荷，使套圈滚道与滚动体接触处产生过大的塑性变形，因此，低速重载的滚动轴承应进行静载荷计算。

此外，由于使用、维护和保养不当或密封、润滑不良等因素，也能引起轴承早期磨损、胶合、内外圈及保持架破损等不正常失效。

二、动载荷计算

1. 轴承的寿命和基本额定寿命

（1）轴承的寿命　单个轴承中任一元件出现疲劳点蚀前运转的总转数或一定转速下的工作小时数称为轴承的寿命。

（2）可靠度　相同型号的一批轴承在同一条件下运转，期望能达到或超过某一规定寿命的百分率称为轴承寿命的可靠度。

（3）基本额定寿命　同一型号尺寸的一批轴承，即使工作条件完全相同，由于材料组织及工艺过程中存在差异等原因，各个轴承的寿命也不相同，有的甚至相差几十倍。基本额定寿命是指同一批轴承在相同的运转条件下，可靠度为 90%（破坏率 10%）时的寿命，用 L_{10}（简写为 L）表示，单位为 10^6r（10^6 转）。对于给定转速 n 时，轴承寿命可用 L_h（单位为小时）表示。L 与 L_h 的换算关系为

$$L_\text{h} = \frac{10^6}{60n} L \tag{12-1}$$

2. 轴承的基本额定动载荷

基本额定寿命与承受的载荷有关，作用在轴承上的载荷越大，其寿命越短。当轴承基本额定寿命为 10^6 转，即 $L = 1$ 时，轴承所能承受的载荷称为基本额定动载荷，用 C 表示，单位为 kN。即在基本额定动载荷 C 作用下，轴承工作 10^6 转而不点蚀失效的可靠度 $R = 90\%$。滚动轴承的基本额定动载荷 C 是在一定试验条件下确定的，对向心轴承（包括角接触轴承）而言是指纯径向载荷，称为径向基本额定动载荷，用 C_r 表示；对推力轴承（包括接触轴承）而言是指纯轴向载荷，称为轴向基本额定动载荷，用 C_a 表示。C_r、C_a 值可由轴承手册中查出。

3. 当量动载荷

在实际工作中，滚动轴承一般同时承受径向载荷和轴向载荷，与上述试验条件不一致，

因此，在进行轴承寿命计算时，需要将实际载荷折算成与确定基本额定动载荷的载荷条件一直的当量动载荷，用 P 表示。在当量动载荷作用下，轴承的寿命与实际载荷作用下的寿命相同。

当量动载荷的计算式为

$$P = f_p(XF_r + YF_a) \tag{12-2}$$

式中　f_p——考虑振动、冲击等的影响而引入的载荷系数，见表 12-10；

　　　F_r——轴承所受的径向载荷，N；

　　　F_a——轴承所受的轴向载荷，N；

　　X,Y——径向载荷系数和轴向载荷系数，它们根据相对轴向载荷 F_a/C_0，由判断系数 e 和 F_a/F_r 值确定，见表 12-11。

表 12-10　载荷系数 f_p

载荷性质	载荷系数 f_p	应用举例
无冲击或轻微冲击	1.0～1.2	电动机、汽轮机、通风机、水泵等
中等冲击或中等惯性力	1.2～1.8	车辆、动力机械、起重机、造纸机、冶金机械、选矿机、水力机械、卷扬机、木材加工机、传动装置、机床等
强大冲击	1.8～3.0	破碎机、轧钢机、石油钻机、振动筛等

表 12-11　径向系数 X 和轴向系数 Y

轴承类型		F_a/C_0	e	$F_a/F_r > e$		$F_a/F_r \leqslant e$	
				X	Y	X	Y
深沟球轴承 （6 类）		0.014	0.19		2.30		
		0.028	0.22		1.99		
		0.056	0.26		1.71		
		0.084	0.28		1.55		
		0.11	0.30	0.56	1.45	1	0
		0.17	0.34		1.31		
		0.28	0.38		1.15		
		0.42	0.42		1.04		
		0.56	0.44		1.00		
角接触球轴承（7 类）	7000C（$\alpha = 15°$）	0.015	0.38		1.47		
		0.029	0.40		1.40		
		0.058	0.43		1.30		
		0.087	0.46		1.23		
		0.12	0.47	0.44	1.19	1	0
		0.17	0.50		1.12		
		0.29	0.55		1.02		
		0.44	0.56		1.00		
		0.58	0.56		1.00		
	7000AC（$\alpha = 25°$）	—	0.68	0.41	0.87	1	0
	7000B（$\alpha = 40°$）	—	1.14	0.35	0.57	1	0
圆锥滚子轴承（3 类）		—	$1.5\tan\alpha$	0.4	$0.4\cot\alpha$	1	0
调心球轴承（1 类）		—	$1.5\tan\alpha$	0.65	$0.65\cot\alpha$	1	0

注：F_a/C_0 为表上中间值时用插值法；C_0 是轴承的径向基本额定静载荷；α 为公称接触角，不同型号的轴承有不同的值，查机械设计手册可获其值，并可直接查得相应的 e 和 Y 值。

4. 寿命计算公式

图 12-20 所示为试验得出的某轴承的载荷 P 与寿命 L 的关系曲线，也称为 P-L 疲劳曲线。疲劳曲线的数学表达式为

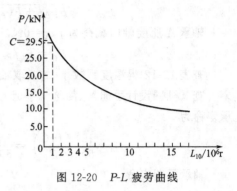

图 12-20 P-L 疲劳曲线

$$LP^{\varepsilon} = 常数$$

式中 ε ——轴承寿命指数，对于球轴承 $\varepsilon = 3$，滚子轴承 $\varepsilon = 10/3$。

当轴承基本额定寿命为 10^6 转，即 $L=1$ 时，轴承所能承受的载荷为基本额定动载荷 C，因此，可得

$$LP^{\varepsilon} = 1 \times C^{\varepsilon} = 常数$$

考虑到轴承工作温度高于 100℃ 时，轴承的基本额定动载荷化 C 有所降低，故引入温度修正系数 f_T，对 C 值进行修正，得

$$L = \left(\frac{f_T C}{P}\right)^{\varepsilon} \quad (10^6\,\text{r}) \tag{12-3}$$

或

$$L_h = \frac{10^6}{60n}\left(\frac{f_T C}{P}\right)^{\varepsilon} \quad (\text{h}) \tag{12-4}$$

当已知轴承转速 n、当量动载荷 P 和预期寿命 L_h' 时，则可将上式变换为

$$C' = \frac{P}{f_T}\sqrt[\varepsilon]{\frac{60nL_h'}{10^6}} \leqslant C \quad (\text{kN}) \tag{12-5}$$

式中 C' ——待选轴承所需额定动载荷。

预期寿命 L_h' 可参考表 12-13 或按实际工作时间计算。按实际工作时间计算时，如果未特别说明，通常年工作日按 300 天（或按每年 52 周，每周工作日 5 天）计算。

表 12-12 温度系数 f_T

轴承工作温度 /℃	≤100	125	150	200	250	300
温度系数 f_T	1	0.95	0.90	0.80	0.70	0.60

表 12-13 轴承预期寿命 L_h' 参考值

应 用 场 合	轴承预期寿命 L_h'/h
不经常使用的仪器设备	500
短时间或间断使用，中断时不致引起严重后果	4000~8000
间断使用，中断时会引起严重后果	8000~12000
每天工作 8h 的机械	12000~20000
24h 连续工作的机械	40000~60000

【例 12-1】 试计算例 11-12 螺旋输送机中一级圆柱齿轮减速器的从动轴上所选深沟球轴承 6313 的寿命。

解：例 11-12 中已算出：$F_{HA} = F_{HB} = 568\text{N}$，$F_{VA} = F_{VB} = 1560.5\text{N}$，因此，轴承 A、B 受力相同，只需计算其中一个轴承的寿命。

轴承 A 所受径向载荷为

$$F_{rA} = \sqrt{F_{HA}{}^2 + F_{VA}{}^2} = \sqrt{568^2 + 1560.5^2} = 1660 \text{ (N)}$$

轴承 A 所受轴向载荷为 $f_{aA} = 0\text{N}$，查表 12-10 得载荷系数 $f_P = 1.2$，故当量动载荷

$$P_A = f_P f_{Ra} = 1.2 \times 1660 = 1992 \text{ (N)}$$

查表 12-12 得温度系数 $f_{T=1}$，取轴承寿命指数 $\varepsilon = 3$

查《机械设计手册》（简称《手册》）得：该轴承的基本额定动载荷 $C_r = 72.2\text{kN}$，则轴承寿命为

$$L_h = \frac{10^6}{60n}\left(\frac{f_T C}{P}\right)^\varepsilon = \frac{10^6}{60 \times 90}\left(\frac{1 \times 72200}{1992}\right)^3 = 8.8 \times 10^6 \text{ (h)}$$

轴承预期寿命

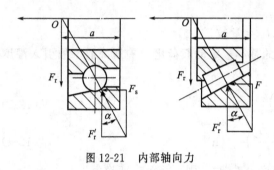

图 12-21　内部轴向力

$$L_h = 8 \times 300 \times 24 = 576000 \text{ (h)}$$

故轴承寿命大于预期寿命。

5. 角接触轴承的轴向载荷计算

（1）角接触轴承的内部轴向力　如图 12-21所示，角接触向心轴承的结构特点是在滚动体与外圈滚道接触处存在着接触角 α。因此，当它承受径向载荷 F_r 时，外圈对滚动体产生的法向反力将分解为径向分力 F_r' 和轴向分力 F_s。所有滚动体上轴向分力的和称为轴承的内部轴向力 F_s（轴向派生力），其方向由轴承外圈宽边指向窄边，大小按表 12-14 计算。

表 12-14　角接触轴承的内部轴向力

轴承类型	圆锥滚子轴承（3 类）	角接触球轴承(7 类)		
		70000C($\alpha = 15°$)	70000AC($\alpha = 25°$)	70000B($\alpha = 40°$)
F_s	$F_r / 2Y$	eF_r	$0.68F_r$	$1.14F_r$

（2）角接触轴承的轴向载荷　在轴承的内部轴向力 F_s 作用下，轴承的内、外圈将有脱开的趋势。为了保证正常工作，角接触轴承常成对使用，安装方式一般有两种。图 12-22（a）所示为正安装，两轴承外圈窄边相对，轴的实际支点偏向两支点内侧，这种安装结构简单，装拆方便；图 12-22（b）所示为反安装，两轴承外圈窄边相背，轴的实际支点偏向两支点外侧，反安装适合于传动零件处于外伸端的场合。简化计算时可近似认为支点在轴承宽度的中点处。

计算轴承所受的轴向载荷时，既要考虑轴向外载荷 F_x 和内部轴向力 F_s 的作用，还要考虑到安装方式的影响。如果把轴和轴承内圈视为一体，并以它为脱离体考虑轴的轴向平衡，就可确定各轴承所受的轴向载荷。如图 12-23（a）所示为一对正安轴承，轴上作用有径向外载荷 F_R 和轴向外载荷 F_A，轴承 1 和 2 分别承受径向力 F_{r1}、F_{r2}，内部轴向力分别为 F_{s1}、F_{s2}。

① 当 $F_{s1} + F_A > F_{s2}$ 时，如图 12-23（b）所示，轴将有向右移动的趋势，此时右端盖将施加一平衡力 W 顶住轴承 2，使轴承 2 内、外圈被压紧（紧端）；使轴承 1 处于放松状态（松端）。此时的平衡条件为

$$W + F_{s2} = F_{s1} + F_A$$

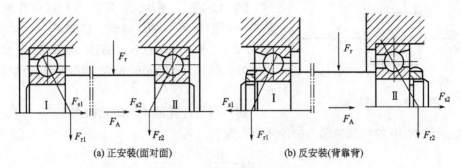

(a) 正安装(面对面)　　　　　　　　(b) 反安装(背靠背)

图 12-22　角接触轴承安装方式

得
$$W = F_{s1} + F_A - F_{s2}$$

作用在轴承 2 上的轴向载荷 F_{a2} 为

$$F_{a2} = W + F_{s2} = F_{s1} + F_A - F_{s2} + F_{s2} = F_{s1} + F_A$$

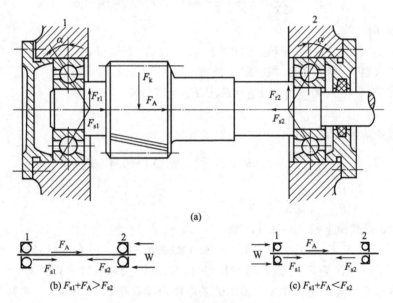

(a)

(b) $F_{s1} + F_A > F_{s2}$　　　　　　　(c) $F_{s1} + F_A < F_{s2}$

图 12-23　角接触轴承的轴向力分析

1,2—轴承

由于轴承 1 的内、外圈处于放松状态，其上的轴向载荷仅为自身的内部派生力 F_{s1}，即

$$F_{a1} = F_{s1}$$

② 当 $F_{s1} + F_A < F_{s2}$ 时，如图 12-23(c) 所示，轴将有向左移动的趋势，轴承 1 被压紧而轴承 2 被放松，用上述方法可求得

$$F_{a1} = F_{s2} - F_A$$

$$F_{a2} = F_{s2}$$

由此可得，计算角接触轴承轴向力的步骤如下。

a. 根据轴承安装方式，绘出轴向派生力 F_{s1}、F_{s2}；

b. 根据各轴向力 F_A、F_{s1}、F_{s2}，判断"紧端"和"松端"；

c. "紧端"轴承的轴向载荷 F_a 等于除本身的内部轴向力外的其余轴向力的代数和；

d. 而"松端"轴承的轴载荷等于"松端"本身的内部轴向力。

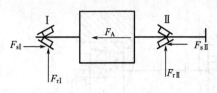

图 12-24　斜齿轮轴

【例 12-2】　图 12-24 所示为一斜齿轮轴，轴上装有一对型号为 30310 轴承。已知 $F_A = 4800\mathrm{N}$，$F_{r1} = 6000\mathrm{N}$，$F_{r2} = 3200\mathrm{N}$。若要求预期寿命 $L'_h = 12000\mathrm{h}$，转速 $n = 1000\mathrm{r/min}$，载荷平稳，试校核该轴承。

解：（1）计算轴承上的轴向载荷 F_{a1}、F_{a2}　查表 12-14 得轴承 30310 的内部轴向力的计算公式为

$$F_s = \frac{F_r}{2Y}$$

查机械设计手册得 $Y = 1.7$，$e = 0.35$

$$F_{s1} = \frac{F_{r1}}{2Y} = \frac{6000}{2 \times 1.7} = 1765 \,(\mathrm{N}) \qquad 方向指向右$$

$$F_{s2} = \frac{F_{r2}}{2Y} = \frac{3200}{2 \times 1.7} = 941 \,(\mathrm{N}) \qquad 方向指向左$$

因 F_{s2} 与 F_A 同向，故

$$F_A + F_{s2} = 4800 + 941 = 5741 \,(\mathrm{N}) > F_{s1}$$

故轴承 1 为"紧端"，轴承 2 为"松端"。故有

紧端　　　　　　　　　　　$F_{a1} = F_A + F_{s2} = 5741\mathrm{N}$

松端　　　　　　　　　　　$F_{a2} = F_{s2} = 941\mathrm{N}$

（2）求当量动载荷 P_1、P_2　因

$$\frac{F_{a1}}{F_{r1}} = \frac{5741}{6000} = 0.957 > e \qquad 故 \ X_1 = 0.4 \quad Y_1 = 1.7$$

$$\frac{F_{a2}}{F_{r2}} = \frac{941}{3200} = 0.294 < e \qquad 故 \ X_2 = 1 \quad Y_2 = 0$$

查表 12-10 得载荷系数 $f_p = 1.1$，则

$$P_1 = f_p(X_1 F_{r1} + Y_1 F_{a1}) = 1.1 \times (0.4 \times 6000 + 1.7 \times 5741) = 13376 \,(\mathrm{N})$$

$$P_2 = f_p(X_2 F_{r2} + Y_2 F_{a2}) = 1.1 \times (1 \times 3200 + 0 \times 941) = 3520 \,(\mathrm{N})$$

（3）校核轴承　查手册得 30310 轴承的基本额定动载荷 $C_r = 130\mathrm{kN}$，常温下工作的温度系数 $f_T = 1$（表 12-12），则该轴承所需基本额定动载荷 C' 为

$$C' = \frac{P}{f_T} \sqrt[\varepsilon]{\frac{60nL'_h}{10^6}} = \frac{13376}{1} \times \sqrt[\frac{10}{3}]{\frac{60 \times 1000 \times 12000}{10^6}} = 96468 \,(\mathrm{N}) < C_r$$

所选轴承合适。

三、静载荷计算

对于转速很低（$n < 10\mathrm{r/min}$）、基本不转或缓慢摆动的轴承，设计时必须进行静强度计算。转速较高但承受重载或冲击载荷的轴承，除必须进行寿命计算外，也应进行静强度计算。

1. 滚动轴承的基本额定静载荷

在承受载荷最大的滚动体与滚道接触中心处，引起的接触应力达到某一定值（调心球轴承为 4600MPa，其他球轴承为 4200MPa，所有滚子轴承为 4000MPa）时的静载荷，称为滚动轴承的基本额定静载荷，用 C_0 表示。向心轴承指径向额定静载荷，用 C_{0r} 表示；推力轴承指轴向额定静载荷，用 C_{0a} 表示其值可查轴承标准。

2. 当量静载荷

当轴承同时承受径向和轴向静载荷时，应折算成一个方向和大小恒定的当量载荷，在其作用下，滚动体和滚道接触处的最大塑性变形与实际载荷作用下产生的变形相同。当量静载荷的计算公式为

$$P_0=X_0F_r+Y_0F_a \tag{12-6}$$

式中 X_0、Y_0——径向和轴向静载荷系数，见表 12-15。

若计算出的 $P_0 < F_r$，则应取 $P_0 = F_r$；对只承受径向的轴承，$P_0 = F_r$；对只承受轴向静载荷的轴承，$P_0 = F_a$。

3. 轴承静载荷计算

按静载荷能力选择轴承，应满足下列条件

$$C_0 \geqslant S_0 P_0 \quad 或 \quad \frac{C_0}{P_0} \geqslant S_0 \tag{12-7}$$

式中 S_0——静载荷安全系数，见表 12-16；

C_0——基本额定静载荷。

表 12-15 径向和轴向静载荷系数 X_0、Y_0 值表

轴 承 类 型		单列轴承		双列轴承	
		X_0	Y_0	X_0	Y_0
深沟球轴承		0.6	0.5	0.6	0.5
角接触球轴承	$\alpha=15°$	0.5	0.46	1	0.92
	$\alpha=20°$		0.42		0.84
	$\alpha=25°$		0.38		0.76
	$\alpha=30°$		0.33		0.66
	$\alpha=35°$		0.29		0.58
	$\alpha=40°$		0.26		0.52
	$\alpha=45°$		0.22		0.44
圆锥滚子轴承		0.5	$0.22\cot\alpha$	1	$0.44\cot\alpha$

表 12-16 静强度安全系数 S_0

工 作 条 件	回转轴承		非回转轴承	
	球轴承	滚子轴承	球轴承	滚子轴承
对旋转精度及平稳性要求较高，或承受较大的冲击载荷	1.5~2	2.5~4	0.4	0.8
一般情况	0.5~2	1~3.5	0.5	1
对旋转精度及平稳性要求较低，没有冲击和振动	0.5~2	1~3	$\geqslant 1$	$\geqslant 2$

【例 12-3】 试对 7206AC 角接触轴承进行静强度计算。已知轴承所受载荷 $F_a=2000N$，$F_r=2800N$，工作转速 $n=350r/min$，有冲击载荷。

解：（1）计算当量静载荷 查手册 7206AC（$\alpha=25°$）轴承的 $C_{0r}=14200N$，查表 12-15 得 $X_0=0.5$，$Y_0=0.38$，可得

$$P_{0r}=X_0F_r+Y_0F_a=0.5×2800+0.38×2000=2160（N）$$

$$P_{0r} = F_r = 2800\text{N}$$

取较大值，即 $P_{0r} = 2800\text{N}$。

（2）静强度校核　查表 12-16，取安全系数 $S_0 = 1.5 \sim 2$，得

$$C_{0r} / P_{0r} = 14200/2800 = 5 > S_0$$

所以轴承的静强度足够。

第五节　滚动轴承的组合设计

为了保证滚动轴承的正常工作，除了要合理选择轴承的类型和尺寸，还应正确、合理地进行轴承的组合设计，妥善解决轴承的轴向位置固定、轴承与其他零件的配合、轴承的调整与装拆以及润滑密封等方面的问题。

一、轴承的轴向固定

为了轴承能承受轴向载荷，并固定轴在机器中的相对位置，轴承内外圈应分别固定在轴和轴承座上。

1. 内圈的固定

如图 12-25（a）所示，利用轴肩进行单向固定，只能承受单向的轴向力，其结构简单，装拆方便；图 12-25（b）是利用轴肩与弹性挡圈进行双向固定，弹性挡圈只能承受较小的轴向力，不宜用于高速；图 12-25（c）是利用轴肩与轴端挡圈进行双向固定，能承受中等轴向力，允许较高转速；图 12-25（d）是利用轴肩与圆螺母进行双向固定，能承受较大的轴向力，可用于高速场合。

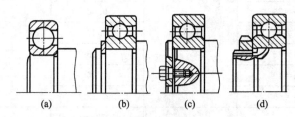

(a)　　　　(b)　　　　(c)　　　　(d)

图 12-25　轴承内圈固定方法

2. 外圈的固定

如图 12-26（a）所示，利用轴承端盖进行单向固定，可承受单向较大的轴向力，其结构简单，固定可靠，调整方便；图 12-26（b）是利用挡肩与弹性挡圈进行双向固定，可承受较小的双向轴向力，结构简单，装拆方便，占用空间小；图 12-26（c）是利用轴承端盖与挡肩进行双向固定，能承受较大的轴向力，结构简单，固定可靠，机座孔加工不方便；图 12-26（d）是利用轴承端盖与衬套挡肩进行双向固定，机座孔加工方便，轴向位置调整方便。

二、轴系的轴向固定

由轴、轴承和轴上零件等组成的轴系相对于机座必须具有确定可靠的工作位置，轴在工作中受热伸长后的伸长量也必须得到补偿，因此，需要对轴系的轴向固定方式进行设计。常用的轴系轴向固定方法有以下三种基本形式。

1. 两端单向固定

如图 12-27 所示，轴的两个支点中每一个支点都能限制轴的单向移动，两个支点合起来

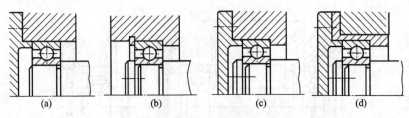

图 12-26 轴承外圈固定方法

就限制了轴的双向移动，这种固定方式称为两端单向固定。它结构简单，适用于工作温度变化不大（≤70℃）、支点跨距较小（L≤400mm）的场合。为了防止轴因受热伸长，使轴承游隙减小甚至造成卡死，对于深沟球轴承，可在轴承盖与轴承外圈端面间留出热补偿间隙 a（a＝0.2～0.4mm），间隙量可用调整轴承盖与机座端面间的垫片厚度来控制 ［图 12-27 (a)］；如果采用的是向心角接触轴承，补偿间隙留在轴承内部，间隙 a 在图中则不应画出 ［图 12-27(b)］。

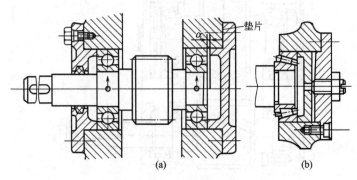

图 12-27 两端单向固定

2. 一端双向固定、一端游动

如图 12-28(a) 所示，一端支承的轴承内、外圈均双向固定，以限制轴的双向移动，另一支承的轴承可做轴向游动，这种固定方式称为一端双向固定、一端游动。这种固定方式适用于跨距较大、温度变化较大的轴。选用深沟球轴承作为为游动支承时，应在轴承外圈与端盖间留较大间隙（一般为 3～8mm）；选用圆柱滚子轴承作为游动支承时，游动发生在内、外圈之间，因此，游动轴承的内、外圈均应进行双向固定，以避免内、外圈同时移动，造成过大错位，如图 12-28(b) 所示。

3. 两端游动

如图 12-29 所示的人字齿轮传动，大齿轮轴采用双支点单向固定方式支承，已限制了其轴向移动。若小齿轮轴采用同样的方式支承，因人字齿轮本身具有的相互轴向限位作用，很有可能因加工或安装误差导致齿轮卡死或轮齿两侧严重受力不均。此时可将小齿轮轴用两端游动（全游式）方式支承，使其在运转中能自由游动以自动调整工作位置。

三、轴承组合的调整

轴承组合的调整包括轴承间隙和轴系位置的调整。

1. 轴承游隙的调整

为保证轴承正常工作，在装配轴承时，一般都需要留有适当的轴向间隙。如图 12-27(a) 所示，用增减轴承盖与机座间垫片厚度进行调整；如图 12-30 所示，利用调整螺钉 1 压紧或

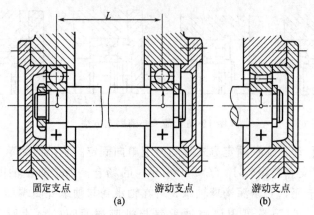

固定支点　　　　游动支点　　　　游动支点

(a)　　　　　　　　　　　　　(b)

图 12-28　一端双向固定、一端游动

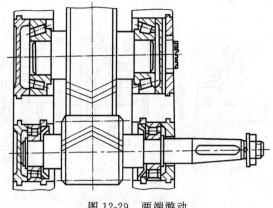

图 12-29　两端游动

放松压盖 3，使轴承外圈移动进行调整，调整好后，用螺母 2 锁紧。

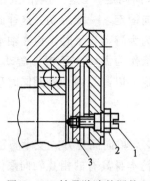

图 12-30　轴承游隙的调整

1—调整螺钉；2—螺母；3—端盖

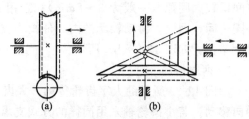

图 12-31　轴系位置要求

2. 轴系位置的调整

　　轴承组合位置调整的目的是使轴上零件具有准确的工作位置。如图 12-31(a) 所示的圆锥齿轮传动，要求两锥齿轮的节锥顶点相重合，如图 12-31(b) 所示的蜗杆传动，要求蜗轮中间平面要通过蜗杆的轴线等，都需要进行轴向位置的调整来满足要求。图 12-32 所示锥齿轮轴系的两轴承均安装在套杯 3 中，增减垫片 1 使得套杯（整个轴系）相对箱体移动，达到调整锥齿轮轴的轴向位置的目的；增减垫片2则是用来调整轴承游隙的。

1
2
3

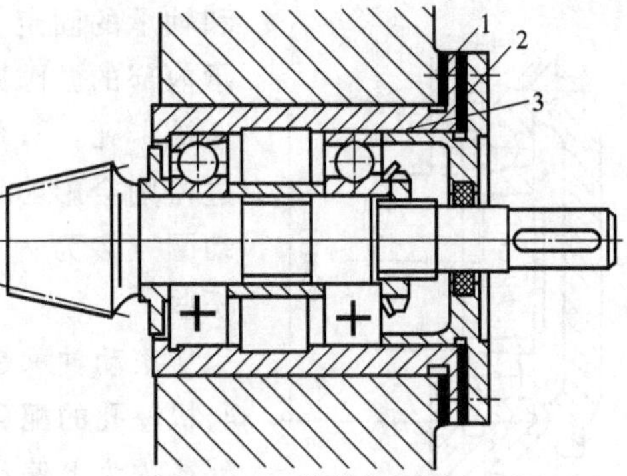

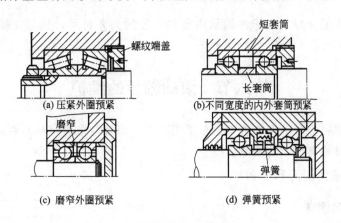

图 12-32　锥齿轮轴系
1,2—垫片；3—套杯

四、滚动轴承的预紧

轴承预紧的目的是提高轴承的旋转精度和刚度。对某些可调游隙的轴承，常在安装时施加一定的轴向预紧力，消除轴承内部的原始游隙，并使套圈和滚动体接触处产生微小弹性变形，这种方法称为轴承的预紧，常用的方法如图 12-33 所示。

五、支承部分的刚度和同轴度

轴和轴承座必须有足够的刚度，以免因过大的弹性变形造成轴承内外圈轴线的相对偏斜，严重影响滚动轴承的寿命和旋转精度。因此，轴承座处的箱体壁应有足够的厚度，并设置加强肋以提高刚度，如图 12-34 所示。

螺纹端盖
(a) 压紧外圈预紧
短套筒
长套筒
(b)不同宽度的内外套筒预紧
磨窄
(c) 磨窄外圈预紧
弹簧
(d) 弹簧预紧

图 12-33　轴承预紧的常用方法

对于同一轴上的两端的轴承座孔，必须保持同心，为此，两个支点处的轴承尽可能采用相同的外径尺寸，以便两个轴承孔一次镗出。当同一轴上装有不同外径的轴承时，可采用图 12-35 所示的轴承套杯进行补偿，使两轴承座孔的直径相等，以便一次镗孔。

六、滚动轴承的配合

滚动轴承的内圈与轴颈及外圈与机座孔之间应选择恰当的配合，以保证轴承的旋转精度

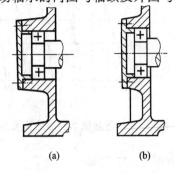

(a)
(b)

图 12-34　支承刚度对比

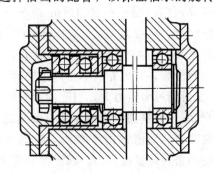

图 12-35　轴承套杯

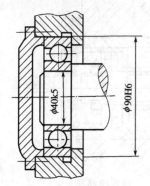

图 12-36 轴承配合标注方法

和轴承的固定。滚动轴承的配合不宜过紧或过松。过紧会使轴承内部的游隙减小甚至完全消除，结果使滚动体转动不灵活甚至被卡死，致使轴承无法正常工作，配合过紧还会使装拆困难；过松则会影响轴承的旋转精度，降低轴承的承载能力。一般转动圈（多为内圈）的配合较紧，固定圈（多为外圈）的配合松些。

滚动轴承是标准件，轴承内圈与轴的配合采用基孔制，外圈与机座孔的配合采用基轴制。国家标准规定，滚动轴承的内孔与外径均为上偏差为零、下偏差为负的公差带，比通常的配合要紧得多。

选择滚动轴承配合的基本原则是：承载大、振动大、转速高、散热条件好、不经常拆卸、非游动支承，采用较紧的配合，反之选择较松的配合。对于一般机械，内圈与轴常用配合公差带有 n6、m6、k6、js6；外圈与机座孔常用公差带有 G7、H7、J7、K7 等。

在图纸上标注配合时，不标注轴承内径和外径的公差符号，只标注轴颈直径和座孔直径，如图 12-36 所示。

第六节 滚动轴承的维护

滚动轴承的使用寿命不仅与选型是否适当有关，而且与维护使用是否正确、使用是否合理、保养是否及时等有很大的关系。

一、滚动轴承的润滑和密封

1. 滚动轴承的润滑

在滚动轴承的工作过程中，选择合适的润滑方式并设计可靠的密封装置，是维持正常运转，保证使用寿命的重要条件。

滚动轴承的润滑剂和润滑方式的选择都与速度因子 dn 值有关。d(mm) 是轴颈直径，n(r/min) 是转速，dn(mm·r/min) 值实际反映了轴颈的线速度。

当 dn 值在 $(2\sim3)\times10^5$ mm·r/min 范围内时采用脂润滑，可按表 12-17 选择合适的润滑脂。润滑脂不易流失，密封简单，使用周期长，一般在装配时加入润滑脂，其填充量不得超过轴承空隙的 1/3～1/2，润滑脂过多阻力大，引起轴承发热。

当 dn 值过高或有润滑油源（如齿轮减速器）时采用油润滑。润滑油内摩擦小，散热效果好，但供油系统和密封装置较复杂。润滑油黏度牌号根据 dn 值由图 12-37 选择。

滚动轴承的润滑方式按表 12-18 选择。

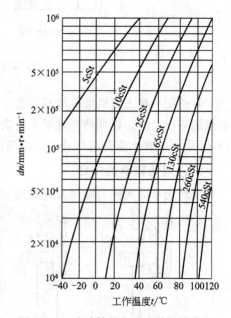

图 12-37 滚动轴承润滑油黏度的确定

表 12-17 滚动轴承润滑脂的选择

工作温度 /℃	dn 值 /mm·r·min^{-1}	使用环境	
		干燥	潮湿
0～40	＞80000	2 号钙基脂或钠基脂	2 号钙基脂
	＜80000	3 号钙基脂或钠基脂	3 号钙基脂
40～80	＞80000	2 号钠基脂	3 号钡基脂或锂基脂
	＜80000	3 号钠基脂	

表 12-18 滚动轴承润滑方式的选择

轴承类型	dn 值/10^4mm·r·min^{-1}				
	脂润滑	油润滑			喷雾
		油浴	滴油	循环油	
深沟球轴承	16	25	40	60	＞60
调心球轴承	16	25	40	50	
角接触球轴承	16	25	40	60	
圆柱滚子轴承	12	25	40	60	
圆锥滚子轴承	10	16	23	30	
调心滚子轴承	8	12	20	25	
推力球轴承	4	6	12	15	

2. 滚动轴承的密封

滚动轴承的密封装置分为接触式和非接触式两大类，见表 12-19。

表 12-19 滚动轴承常用密封类型

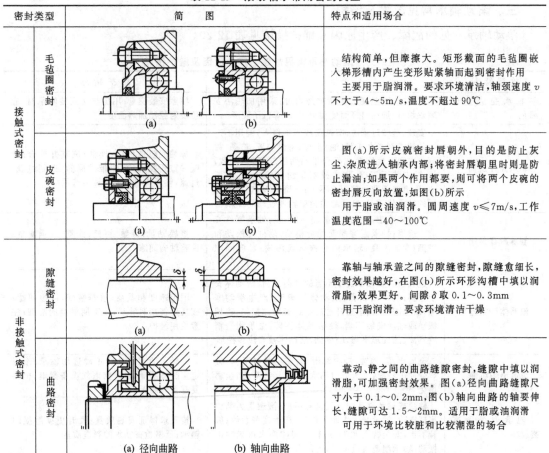

密封类型		简 图	特点和适用场合
接触式密封	毛毡圈密封	(a) (b)	结构简单，但摩擦大。矩形截面的毛毡圈嵌入梯形槽内产生变形贴紧轴而起到密封作用 主要用于脂润滑。要求环境清洁，轴颈速度 v 不大于 4～5m/s，温度不超过 90℃
	皮碗密封	(a) (b)	图(a)所示皮碗密封唇朝外，目的是防止灰尘、杂质进入轴承内部；将密封唇朝里时则是防止漏油；如果两个作用都要，则可将两个皮碗的密封唇反向放置，如图(b)所示 用于脂或油润滑。圆周速度 $v \leqslant 7$m/s，工作温度范围 -40～100℃
非接触式密封	隙缝密封	(a) (b)	靠轴与轴承盖之间的隙缝密封，隙缝愈细长，密封效果越好，在图(b)所示环形沟槽中填以润滑脂，效果更好。间隙 δ 取 0.1～0.3mm 用于脂润滑。要求环境清洁干燥
	曲路密封	(a) 径向曲路 (b) 轴向曲路	靠动、静之间的曲路缝隙密封，缝隙中填以润滑脂，可加强密封效果。图(a)径向曲路缝隙尺寸小于 0.1～0.2mm，图(b)轴向曲路的轴要伸长，缝隙可达 1.5～2mm。适用于脂或油润滑 可用于环境比较脏和比较潮湿的场合

二、滚动轴承的保管与使用

1. 滚动轴承的保管

保管滚动轴承的基本任务是使轴承不生锈。轴承厂生产的轴承均经过严格的油封与包装。轴承出厂后的防锈期为一年。库存每隔10～12个月应重新进行油封，确保轴承不生锈。轴承重新油封的步骤为清洗轴承上原有的防锈油脂、涂上新的防锈油脂以及包装已涂油的轴承。长期存放时，应在温度低于65%、温度为20℃左右的条件下，存放在高于地面30cm的架子上。另外，保管场所应避开直射阳光或寒冷的墙壁。

2. 滚动轴承的使用

使用过程中应注意轴承的具体使用条件（载荷的波动、环境的变化等），对轴承进行定期或不定期的维护保养和检修，确保轴承运转的安全可靠。轴承的使用注意事项如下。

① 维护保养应严格按照机械运转条件的作业标准，定期进行。内容包括监视运转状态、补充或更换润滑剂、定期拆卸的检查等。

② 运转中发现异常状态，包括轴承运转的声音、振动、温度、润滑剂的状态等的变化，应立即停机检修。

③ 保持轴承及其周围环境的清洁，防止灰尘、杂质的侵入。

④ 操作时使用恰当的工具，防止轴承意外损坏；注意避免轴承与手的直接接触，以防止锈蚀。

三、滚动轴承常见故障及维护

滚动轴承常见的故障、产生原因及维护措施见表12-20。

表 12-20　滚动轴承常见故障、产生原因及维护措施

故障特征	产生原因	维护措施
轴承变成蓝或黑色	使用中，因温度过高而被烧灼过；采用加热法安装轴承时，加热过高而使轴承退火，降低了硬度	注意安装质量；用加热法安装轴承时，应按规定控制加热温度
轴承温升过高	安装、运转过程中，有杂质或污物侵入；使用不适当的润滑剂或润滑脂（油）不够；密封装置、垫圈、衬套等之间发生摩擦或配合松动而引起摩擦；过载、过速；安装不正确，如内外圈偏斜，安装座孔不同心，滚道变形及间隙调整不当；选型错误，选择不适用的轴承代用时，会因超负荷或转速过高而发热	加油或疏通油路；换油，调整并磨合；调整并重新装配；加强维护保养；控制过载、过速；轴承应根据有关资料选用
轴承声音异响	滚动体或滚道剥落严重，表面不平；轴承零件安装不适当；轴承因磨损而配合松动，附件有松动和摩擦；润滑不良；轴承内有铁屑或污物；轴向间隙太小	更换轴承；调整、更换、修复；加强润滑；调整轴向间隙
滚动体严重磨损	超载、超速；轴承受了不当的轴向载荷；滚动体安装歪斜；润滑剂太稠；滚动体不滚动，产生滑动摩擦，以致磨伤；轴承温升过高导致滚动体损伤；机械振动或轴承安装不当，使滚动体挤碎；轴承制造精度不高，热处理不当，硬度低，滚动体被磨成多棱形	限定速度和载荷；重新装配，调整间隙；按规定使用润滑剂，或定期更换润滑剂；注意使用维护
滚道出现坑疤	金属剥落、锈蚀；缺少润滑剂；使用材料不当；轴承受冲击载荷；电流通过轴承，产生局部高温，金属熔化	按轴承的工作性能正确选用轴承；按规定定时加润滑油；严禁电气设备漏电，机器要有接地装置
轴承内外圈有裂纹	轴颈或轴承座孔配合面接触不良；滚道受力部位出现空隙，轴承受力大而不均匀，产生疲劳裂纹；拆装不当，安装时受到敲打；轴承间隙磨大造成冲击振动；轴承制造质量不良，内部有裂纹	按要求保证安装质量；及时更换磨损的轴承；严格检查轴承的制造质量

续表

故障特征	产生原因	维护措施
轴承金属剥落	受冲击力和交变载荷及滚动体表面接触应力反复变化;内外圈安装歪斜,轴向配合台阶不垂直,轴孔不同心;间隙调整过紧;轴承配合面之间落入铁屑或硬质脏物;轴颈或轴承座孔呈椭圆形,导致滚道局部负担过重;选代用轴承型号不符合规定	找出过载原因,予以排除;重新安装;调整间隙;正确使用轴承;保持干净,加强密封;正确选用轴承
滚动体被压碎	安装间隙过小,挤压力过大;使用时受到剧烈冲击;润滑剂中混入坚硬的铁屑等污物;滚动体原来有裂纹或轴承运行时间过长	合理调整间隙;注意润滑剂的洁净;按规定时间更换或检修轴承
安装后手转不动	轴承清洗不干净,滚动体与滚道间有砂粒或铁屑;保持架变形,滚动体与轴承圈碰触;轴承和(或壳孔)的配合过紧(过盈量过大,轴承游隙减少)或轴承原始游隙太小	注意清洗质量;注意安装质量;刮研轴径(或壳孔径),使其配合过盈量适当减小;轴承原始游隙太小,无法修理,必须更新
轴承滚道产生刮痕	轴承上下圈不平行;转速过大;滚动体在滚道上滑动;润滑剂不干净	按要求保证安装质量;按使用要求正确选用轴承;加强润滑管理

四、滚动轴承的拆卸与检查

1. 滚动轴承的拆卸

滚动轴承的拆卸方法与其结构有关,常用的有击卸法、拉卸法、推压法及热拆法等。

(1) 击卸法　如图 12-38 所示,用击卸法拆卸轴承时,敲击力一般加在轴承内圈,不应加在轴承的滚动体和保持架上,此法简单易行,但容易损伤轴承。当轴承位于轴的末端时,用小于轴承内径的铜棒或其他软金属材料抵住轴端,轴承下部加垫块,用手锤轻轻敲击,即可拆下。

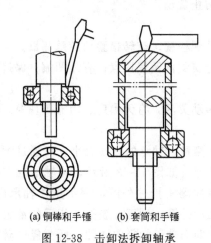

(a) 铜棒和手锤　　　(b) 套筒和手锤

图 12-38　击卸法拆卸轴承

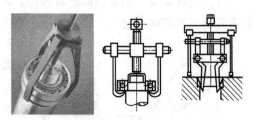

图 12-39　拉卸法拆卸轴承

(2) 拉卸法　如图 12-39 所示,采用专门拉卸器拆卸轴承。拆卸时,拉卸器的螺杆顶在轴端,旋转手柄,轴承就会被慢慢拉出来。拆卸轴承内圈时,拉具两脚应向内,卡于轴承内圈端面上;拆卸轴承外圈时,拉具两脚弯角应向外张开。为便于滚动轴承的拆卸,轴上定位轴肩的高度应小于轴承内圈的高度,轴承外圈在座孔内也应该留出足够的高度,如图 12-40

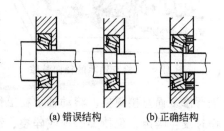

(a) 错误结构　　　(b) 正确结构

图 12-40　轴肩和轴承座孔的高度

所示。

（3）推压法　如图 12-41 所示，用压力机推压轴承，该方法工作平稳可靠，不损伤机器和轴承。压力机有手动推压，机械式或液压式压力机。

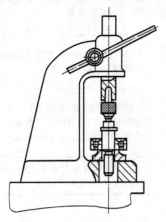

图 12-41　压力机拆卸轴承

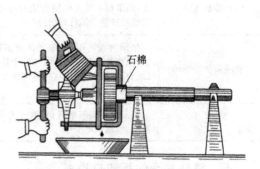

图 12-42　热拆法拆卸轴承

（4）热拆法　热拆法常用于拆卸紧配合的轴承，先将加热至 100℃左右的机油用油壶浇注在待拆的轴承上，待轴承圈受热膨胀后，即可用拉具将轴承拉出。如图 12-42 所示，先将拉具安装在待拆的轴承上，并施加一定拉力；加热前，要用石棉绳或薄铁板将轴包扎好，防止轴受热胀大，否则将很难拆卸，从轴承箱壳孔内拆卸轴承时，只能加热轴承箱壳孔，不能加热轴承；浇油时，将油平稳地浇在轴承套圈或滚动体上，并在其下方置一油盆，收集流下的热油，避免浪费和烫伤；操作者应戴石棉手套，防止烫伤。

2. 滚动轴承的检查

检查时将轴承彻底清洗干净，检验主要内容有外观检视、空转检验及游隙测量。

（1）外观检视　检视内外圈滚道、滚动体有无金属剥落及黑斑点；有无凹痕；保持架有无裂纹，磨损是否严重，铆钉是否有松动现象。

（2）空转检验　手拿内圈旋转外圈，轴承是否转动灵活，有无噪声、阻滞等现象。轴承旋转不均匀和旷动量过大，可通过手的感觉来判断。

推动轴承外圈

图 12-43　检查轴承的径向游隙

（3）游隙测量　轴承的磨损大小，可通过测量其径向游隙来判定。如图 12-43 所示，将轴承放在平台上，使百分表的测头抵住外圈，一手压住轴承内圈，另一手往复推动外圈，则百分表指针指示的最大与最小数值之差，即为轴承的径向游隙。所测径向游隙值一般不应超过 0.1～0.15mm。

五、滚动轴承的修复方法

由于滚动轴承构造比较复杂，精度要求高，修复受到一定条件的限制，因此，滚动轴承损坏后一般不进行修复而直接更换。滚动轴承在工作过程中如发现脱皮、剥落、滚动体表面产生凹坑、工作时发生噪声、保持架磨损或碎裂、裂纹、配合松动以及拆卸后轴承转动仍过紧等现象时，应及时更换。

在某些情况下，如使用大中型轴承、特殊型号轴承，购置同型号的新轴承比较困难，或轴承个别零件磨损，稍加修复即可使用，并能满足性能要求等，从解决生产急需、从节约的角度出发，修复旧轴承还是非常必要的。常用修复方法有选配法、电镀法、电焊法及修整保持架等。

（1）选配法 它不需要修复轴承中的任何一个零件，只要将同类轴承全部拆卸，并清洗、检验，把符合要求的内外圈和滚动体重新装配成套，恢复其配合间隙和安装精度即可。

（2）电镀法 凡选配法不能修复的轴承，可通过外圈和内圈滚道镀铬，恢复其原来尺寸后再进行装配。镀铬层不宜太厚，否则容易剥落，降低力学性能，也可用镀铜、镀铁。

（3）电焊法 圆锥或圆柱滚子轴承的内圈尺寸若能确定修复，可采用电焊修补。其工艺过程是：检查、电焊、车削整形、抛光、装配。

（4）修整保持架 轴承保持架除变形过大、磨损过度外，一般都能使用专用夹具和工具进行整形。若保持架有裂纹，可用气焊修补。为了防止保持架整形和装配时断裂，应在整形前先进行正火处理，正火后再抛光待用。若保持架有小裂纹，也可通过校正后用粘接剂修补。

如果在维修过程中需要更换的轴承缺货，且又不便于修复，这时可考虑代用。代用的原则是必须满足同种轴承的技术性能要求，特别是工作寿命、转速、精度等级。代用的方法主要有：直接代用；加垫代用；以宽代窄；内径镶套改制代用；外径镶套改制代用；内外径同时镶套代用；用两套轴承代替一套轴承等。

第七节 滚动轴承的装配

一、滚动轴承的装配要点

① 滚动轴承上标有代号的端面应装在可见部位，以便于将来更换时查对；

② 轴颈或壳体孔台阶处的圆弧半径应小于轴承的圆弧半径，以保证轴承轴向定位牢靠；

③ 为了保证滚动轴承工作时有一定的热胀余地，在同轴的两个轴承中，必须有一个轴承的外圈或内圈可以在热胀时产生轴向移动；

④ 轴承的固定装置必须可靠，紧固适当；

⑤ 装配过程严格保持清洁，密封严密；

⑥ 装配后，轴承运转灵活，无噪声，工作温升不超过规定值；

⑦ 将轴承装到轴颈上或支承孔中时，不能通过滚动体传力，要先装紧配合后装松配合。

二、滚动轴承的装配方法

滚滚动轴承的装配工作主要是实现内座圈与轴颈的配合以及外座圈与轴承座的配合，其装配过程主要包括清洗、检查、装配和间隙调整等操作步骤。

1. 清洗

（1）零件的清洗 安装轴承前应用柴油或煤油清洗轴、壳体等零件，并用干净布（不能用棉纱）将配合表面擦干净，然后涂上一薄层油，以利安装。所有润滑油路都应清洗、检查，保证通畅。

（2）滚动轴承的清洗 用防锈油封存的轴承可用柴油或煤油清洗；用高黏度油和防锈油脂防锈的轴承，先把轴承浸入轻质矿物清洗油内，待防锈油脂溶化后取出，冷却后再用柴油或煤油清洗；两面带防尘盖或密封圈的轴承，在出厂前已加入润滑剂，只要轴承内的润滑剂没有损坏或变质，安装此类轴承时可不进行清洗；涂有带防锈润滑两用脂的轴承，在安装时也可不清洗。轴承清洗后应立即添加润滑剂，涂油时应使轴承缓慢转动，使油脂进入滚动体和滚道之间。轴承用润滑油（脂）必须清洁，不得混有污物。

2. 滚动轴承、轴颈和轴承座的检查

（1）滚动轴承的检查　滚动轴承清洗好后，应仔细检查，其检查项目如下：轴承内是否清洁干净；轴承内外座圈、滚动体和隔离圈是否生锈、毛刺、碰伤和裂纹；轴承的内座圈是否能与轴肩紧密相靠；轴承的间隙是否合适；轴承转动是否轻快自如，有无难以转动或突然卡住的现象；轴承的附件是否齐全。

（2）轴的检查　首先将轴顶在车床两顶尖上（或将轴放置于平板上用 V 形铁支承），用千分表检查是否弯曲变形，若有变形应进行车、磨加工或校直。

轴与轴承配合面不应有毛刺或碰痕，否则应先用油光锉锉掉，再用细砂布加润滑油打磨光滑。轴肩对轴的垂直度可用直角尺来检查，轴肩根部圆角半径可用圆角尺或样板来检查，轴肩根部圆角半径应小于轴承内圆圆角半径，方能保证轴承紧靠轴肩。

（3）轴承座孔的检查　测量轴承座孔的圆度和圆柱度，如果该孔的圆度和圆柱度超过允许值则进行修理；检查轴承座孔轴肩的垂直度，若轴肩与旋转中心线不垂直，应予修整。

3. 滚动轴承的装配方法

常用的装配方法有压入法和温差法等。

（1）压入法

① 内圈与轴颈紧配合、外圈与轴承座孔松配合的轴承安装。可用压力机将轴承先压装在轴上，再将轴连同轴承一起装入轴承座中。压装时应采用装配套管，如图 12-44（a）所示。装配套管的内径应比轴颈直径大，外径应小于轴承内圈的挡边直径，以免压在保持架上。装配套管受锤击的端面应加工成球形。

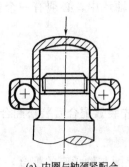 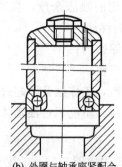 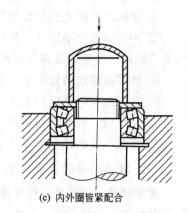

(a) 内圈与轴颈紧配合　　　　(b) 外圈与轴承座紧配合　　　　(c) 内外圈皆紧配合

图 12-44　装配套管安装轴承

在无压力机或不能使用压力机的地方，可用大锤敲击装配套管来安装轴承（敲入法）。

② 内圈与轴颈松配合、外圈与轴承座孔紧配合轴承的安装。将轴承先压入轴承座中，装配套管的外径应略小于壳孔的直径，如图 12-44（b）所示，然后再装轴。

③ 内圈与轴颈、外圈与轴承座孔都是紧配合轴承的安装。装配套管端面应加工成能同时压紧轴承内、外圈端面的圆环，如图 12-44（c）所示，把轴承压入轴上和轴承座孔中。此

种方法适用于能自动调心的向心球轴承的安装。

（2）温差法

① 热装法。热装前把轴承或可分离型的轴承套圈放入油中均匀加热到 80～100℃（不应超过 100℃），然后取出迅速装到轴上。热装轴承需有熟练的操作技巧。当轴承加热后取出时，应立即用干净的布（不能用棉纱）擦去附在轴承表面的油渍和附着物，一次将轴承推到顶住轴肩的位置。在冷却过程中应始终顶紧，或用小锤通过装配套管轻敲轴承，使其靠紧。为了防止安装倾斜或卡死，安装时应略微转动轴承。

② 冷装法。先将轴颈放在冷却装置中，用干冰（沸点－78.5℃）或液氮（沸点－195.8℃）冷却到一定温度，一般不低于－80℃，以免材料冷脆。冷却后迅速取出，插装在轴承内座圈中。

加热或冷却温度可按下式计算

$$t = \frac{i+\Delta}{\alpha d} + t_0 \qquad (℃)$$

式中　　i——轴承和轴颈或轴承座孔的实际过盈量，mm；

　　　　Δ——装配间隙，mm；

　　　　α——被加热或冷却件的线胀系数，℃$^{-1}$；

　　　　d——被加热或冷却件的直径，mm；

　　　　t_0——装配时的环境温度，℃。

三、常见轴承的装配

1. 向心球轴承的装配

向心球轴承是属于不可分离型轴承，采用压入法装入机件，不允许通过滚动体传递压力。若轴承内圈与轴颈配合较紧，外圈与轴承座孔配合较松，则先将轴承压入轴颈，如图 12-44(a) 所示，然后，连同轴一起装入壳体中；若外圈与轴承座孔配合较紧，则先将一个轴承压入壳体孔中，如图 12-44(b) 所示，再将轴装入壳体中的轴承内，第二个轴承采用图 12-44(c) 所示的方法装入。还可以采用轴承内圈热胀法、外圈冷缩法或壳体加热法以及轴颈冷缩法装配，其加热温度一般在 60～100℃ 范围内的油中热胀，其冷却温度不得低于－80℃。

2. 向心推力轴承和圆锥滚子轴承的安装

向心推力球轴承和圆锥滚子轴承，常常是成对安装，在安装时应调整轴向游隙。轴承游隙或预紧量的大小与轴承的布置、轴承间的距离、轴和轴承座材料有关，应根据工作要求决定。同时，还应考虑轴承运转中温升对游隙的影响。轴承游隙的调整方法见图 12-27(a) 和图 12-30。

3. 推力轴承的安装

推力轴承的紧圈与轴一般为过渡配合，活圈与轴承座轴承孔规定留有间隙，因此这类轴承较容易装配。双向推力轴承的紧圈应在轴向固定，以防相对移动。

① 检查与轴一起转动的紧圈和轴中心线的垂直度。

② 双向推力球轴承或两只单向推力球轴承对置装配在水平轴上时，要求精确调整轴向间隙。轴向间隙的调整，通常采用改变侧盖调整垫片厚度的方法来进行，如图 12-45 所示。高速运转的轴承应适应预紧，以防止由滚动体惯性力矩引起的有害滑动。

③ 检查轴承中不旋转的推力座圈（活圈）和轴承座孔的间隙 a，如图 12-46 所示。此间隙 a 对于 $\phi 90mm$ 的轴承为 0.5mm，对于 $\phi 100mm$ 以上的轴承为 1.0mm。

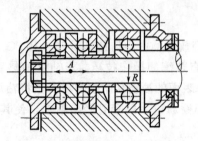

图 12-45　双向推力球轴承用侧盖的
　　　　　调整垫片调整轴向间隙

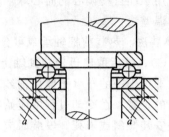

图 12-46　推力球轴承的装配

同 步 练 习

一、填空题

12-1　轴承是支承_____的重要部件，并承受由____传递给机架的载荷。

12-2　按支承处相对运动表面摩擦性质的不同，轴承可分为_____和_____两大类。

12-3　滑动轴承按工作表面间润滑和摩擦状态的不同，分为_____和_____。

12-4　按轴承承载方向的不同，滑动轴承可分为_____和_____。

12-5　整体式向心滑动轴承装拆时必须_____，且轴套磨损后，间隙_____，只能更换_____。

12-6　剖分式向心滑动轴承可通过改变剖分面上的_____来调整轴承孔和轴颈之间的间隙。

12-7　宽径比较大于 1.5 的滑动轴承，为避免因轴的挠曲而引起轴承"边缘接触"，造成轴承早期磨损，可采用_____轴承。

12-8　轴瓦是轴承中____与轴颈接触的重要零件，在瓦背的内表面上浇注一层减摩材料称为_____。

12-9　滑动轴承轴瓦的油沟应该开在_____载荷的部位，其轴向长度约为轴瓦长度的_____。

12-10　滑动轴承轴瓦的主要失效形式是_____、_____与_____。

12-11　螺旋传动中的螺母、滑动轴承的轴瓦、蜗杆传动中的蜗轮，多采用青铜材料，这主要是为了提高_____能力。

12-12　没有轴套的轴承内孔磨损后，可用镶套法修复，即把轴承孔____，压入加工好的衬套。

12-13　采用调整径向间隙方法修复剖分向心滑动轴承时，若能撤去轴承瓦口之间的垫片，则应按_____进行刮配。

12-14　整体式动轴承中轴套和轴承座之间一般为_____配合，_____较小时，用锤子加垫板敲入。

12-15　装配剖分式向心滑动轴承时，上、下轴瓦与轴承盖和轴承座的接触面积不得小于_____。

12-16　典型的滚动轴承一般由_____、_____、_____和_____组成。

12-17　滚动轴承的接触角 α 越大，轴承承受_____的能力就越大。

12-18　圆锥滚子轴承承受轴向载荷的能力取决于轴承的_____。

12-19　当宽度系列代号为"0"时通常____，但对_____类和_____不能省略"0"。

12-20　滚动轴承的主要失效形式是_____和_____。

12-21　按额定动载荷计算选用的滚动轴承，在预定使用期限内，其失效概率最大为_____。

12-22　对于回转的滚动轴承，一般常发生疲劳点蚀破坏，故轴承的尺寸主要按_____计算确定。

12-23　滚动轴承轴系支点轴向固定的结构形式是：_____；_____；_____。

12-24　轴系支点轴向固定结构形式中，两端单向固定结构主要用于温度_____的轴。

12-25　其他条件不变，只把球轴承上的当量动载荷增加 1 倍，则该轴承的基本额定寿命是原来的_____。

12-26　滚动轴承的维护保养内容包括_____、补充或更换_____、_____检查等。

12-27　拆卸滚动轴承的常见方法有_____、_____、_____及_____等。

12-28　滚动轴承上标有代号的端面应装在_____部位，以便于将来更换时查对。

12-29　将滚动轴承先压入轴承座中时，装配套管的外径应略_____壳孔的直径。

12-30　采用压入法安装滚动轴承时，装配套管的内径应比轴颈直径____，外径应____轴承内圈的挡边直径。

二、选择题

12-31　巴氏合金是用来制造_____。

A. 单层金属轴瓦　　　B. 双层或多层金属轴瓦　　　C. 含油轴承轴瓦　　　D. 非金属轴瓦

12-32　在滑动轴承材料中，_____通常只用作为双金属轴瓦的表层材料。

A. 铸铁　　　　　　　B. 巴氏合金　　　　　　　C. 铸造锡磷青铜　　　D. 铸造黄铜

12-33　在_____情况下，滑动轴承润滑油的黏度不应选得较高。

A. 重载

C. 工作温度高

B. 高速

D. 承受变载荷或振动冲击载荷

12-34　若转轴在载荷作用下弯曲较大或轴承座孔不能保证良好的同轴度，宜选用类型代号为____的轴承。

A. 1或2　　　　　　　B. 3或7　　　　　　　C. N　　　　　　　　D. 6

12-35　一根轴只用来传递转矩，因轴较长采用三个支点固定在水泥基础上，各支点轴承应选用____。

A. 深沟球轴承　　　　B. 调心球轴承　　　　C. 圆柱滚子轴承　　　D. 调心滚子轴承

12-36　滚动轴承内圈与轴颈、外圈与座孔的配合____。

A. 均为基轴制

C. 均为基孔制

B. 前者基轴制，后者基孔制

D. 前者基孔制，后者基轴制

12-37　为保证轴承内圈与轴肩端面接触良好，轴承的圆角半径 r 与轴肩处圆角半径 r_1 应满足____的关系。

A. $r = r_1$　　　　　　B. $r > r_1$　　　　　　C. $r < r_1$　　　　　　D. $r \leqslant r_1$

12-38　____不宜用来同时承受径向载荷和轴向载荷。

A. 圆锥滚子轴承　　　B. 角接触球轴承　　　C. 深沟球轴承　　　D. 圆柱滚子轴承

12-39　____只能承受轴向载荷。

A. 圆锥滚子轴承　　　B. 推力球轴承　　　　C. 滚针轴承　　　　D. 调心球轴承

12-40　____通常应成对使用。

A. 深沟球轴承　　　　B. 圆锥滚子轴承　　　C. 推力球轴承　　　D. 圆柱滚子轴承

12-41　跨距较大并承受较大径向载荷的起重机卷筒轴承应选用____。

A. 深沟球轴承　　　　B. 圆锥滚子轴承　　　C. 调心滚子轴承　　　D. 圆柱滚子轴承

12-42　____不是滚动轴承预紧的目的。

A. 增大支承刚度　　　B. 提高旋转精度　　　C. 减小振动噪声　　　D. 降低摩擦阻力

12-43　滚动轴承的额定寿命是指同一批轴承中____的轴承能达到的寿命。

A. 99%　　　　　　　B. 90%　　　　　　　C. 95%　　　　　　　D. 50%

12-44　角接触轴承承受轴向载荷的能力，随接触角 α 的增大而____。

A. 增大　　　　　　　B. 减小　　　　　　　C. 不变　　　　　　　D. 不定

12-45　滚动轴承的代号由前置代号、基本代号和后置代号组成，其中基本代号表示____。

A. 轴承的类型、结构和尺寸

C. 轴承内部结构变化和轴承公差等级

B. 轴承组件

D. 轴承游隙和配置

12-46　滚动轴承的类型代号由____表示。

A. 数字　　　　　　B. 数字或字母　　　　　C. 字母　　　　　D. 数字加字母

三、简答题

12-47　滑动轴承常用的轴瓦和轴承衬材料有哪些？对轴瓦和轴承衬材料有哪些基本要求？

12-48　滚动轴承的主要类型有哪些？各有何特点？

12-49　说明下列滚动轴承代号的意义，绘制其结构简图，并在图中标明轴承的受力方向。

轴 承 代 号	简 图 及轴承类型名称	轴承内径 /mm	尺寸系列	类型	公差等级
30310					
6308/P5					
7324AC					
N2315					

12-50　角接触轴承或调心轴承为什么尽量成对使用？

四、结构题

12-51　分析图 12-47 所示轴系结构的错误，说明错误原因，并画出正确结构。

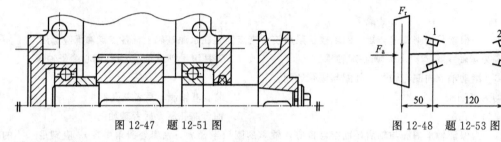

图 12-47　题 12-51 图　　　　　　　图 12-48　题 12-53 图

五、计算题

12-52　某 6310 滚动轴承的工作条件为径向力 $F_r = 10000\mathrm{N}$，转速 $n = 300\mathrm{r/min}$，轻度冲击（$f_p = 1.35$），脂润滑，预期寿命为 2000h。验算轴承强度。

12-53　如图 12-48 所示为圆锥齿轮轴和单列圆锥滚子轴承的组合支承示意图，轴承型号为 30210。已知作用在齿轮上的轴向力 $F_a = 980\mathrm{N}$，径向力 $F_r = 1050\mathrm{N}$，方向如图所示。转速 $n = 1400\mathrm{r/min}$，预期寿命 $L_h = 25000\mathrm{h}$，载荷较平稳，试校核轴承。

参 考 文 献

[1] 谭放鸣主编．机械设计基础．北京：化学工业出版社，2004.
[2] 霍振生主编．机械技术应用基础．北京：机械工业出版社，2003.
[3] 米广杰，刘永海主编．机械设计基础．北京：化学工业出版社，2008.
[4] 倪森寿主编．机械基础．北京：高等教育出版社，2002.
[5] 隋明阳主编．机械基础．北京：机械工业出版社，2008.
[6] 张麦秋主编．化工机械安装与修理．北京：化学工业出版社，2010.
[7] 吴先文主编．机械设备维修技术．北京：人民邮电出版社，2008.
[8] 边秀娟主编．机械零部件设计与应用．北京：化学工业出版社，2012.
[9] 季明善主编．机械设计基础．北京：高等教育工业出版社，2005.